天下文化
BELIEVE IN READING

在加州聖荷西舉行的 2019 年全球開發者大會結束後，強尼・艾夫（右）在例行的企業行銷活動中向提姆・庫克（左）展示最近發布的 Mac Pro。（AP Photo/Jeff Chiu）

1978 年，在阿拉巴馬州南部羅柏達爾高中就讀的提姆・庫克以蓬鬆的髮型、勤奮的工作態度，以及參與學校樂隊而聞名。（Breahna Crosslin）

大家都知道提姆・庫克和他的朋友麗莎・絲特拉卡・庫柏很愛開玩笑地合唱〈往日情懷〉，他們的同學說這是庫克「老掉牙的笑話」一個例子。（Breahna Crosslin）

在新堡理工學院修習工業設計時，強尼・艾夫設計出他第一款手機「演說家」。這款未來主義的設備重新想像了傳統產品，將之塑造成一個問號的形狀。圖為他在 2014 年《浮華世界》雜誌舉辦的新銳企業峰會中討論該產品的情景。（Kimberly White/Getty Images for Vanity Fair）

2014 年，提姆・庫克抵達北京，與中國移動集團董事長奚國華敲定了一項具有里程碑意義的交易，將 iPhone 帶入中國最大的行動網路業者。這項醞釀六年才確定的協議讓蘋果公司在中國的銷售業績突飛猛進。（Reuters/Kim Kyung-Hoon）

賈伯斯去世後，強尼・艾夫（右）開始更頻繁地與同行友人馬克・紐森（左）合作。2016 年，兩人為倫敦克拉里奇酒店設計了聖誕節主題大廳，將重點放在白樺林內的一株小常青樹上。（shutterstock）

強尼・艾夫組建了一個約有二十多名成員的設計菁英團隊，他們開發了蘋果公司的大部分產品，包括 2014 年亮相的蘋果手錶。（Leander Kahney）

面臨對中國出口的iPhone徵收關稅的威脅，提姆·庫克與唐納·川普建立起個人關係，幫助公司避免財務懲罰。川普在 2019 年的一次電視會議上誤將這位執行長稱為「提姆・蘋果」。（AP Photo/Manuel Balce Ceneta）

提姆・庫克與羅琳・鮑威爾・賈伯斯一起走上Met Gala的紅毯。（Reuters/Eduardo Munoz）

2019 年，提姆・庫克將好萊塢明星帶到蘋果園區，推出了人們期待已久的電視服務。這是一項備受矚目的訂閱服務，也是公司將重點從銷售更多 iPhone 轉向銷售更多軟體與服務的戰略的最前沿。（AP Photo/Tony Avelar）

蘋果公司在新的蘋果園區上估計花費了 50 億美元，這是史蒂夫・賈伯斯的最後一個產品。其圓形內部的跨距比帝國大廈的高度還長。（shutterstock）

2017 年，提姆・庫克在蘋果公司發布 iPhone 十週年紀念版的活動中為蘋果公司新園區的史蒂夫・賈伯斯劇院揭幕。（AP Photo/Marcio Jose Sanchez）

蘋果進行式

從革新到鍍金，解鎖Apple高成長動能的秘密

After Steve

How Apple Became a
Trillion-Dollar Company and Lost Its Soul

特里普・米克爾 Tripp Mickle ——著　林潔盈——譯

獻給我的妻子阿曼達（Amanda）

也獻給我的父母瑪麗蓮與拉斯（Marilynn and Russ）

一個機構是一個人拉長的身影。

——愛默生（Ralph Waldo Emerson）

理性的人改變自己適應世界；不理性的人試圖改變世界順應自己。因此，一切進步都取決於不理性的人。

——蕭伯納（George Bernard Shaw）

Contents

作者的話 Author's Note

這是一本紀實作品，以過去五年的第一手報導為基礎，其中包括為《華爾街日報》（*The Wall Street Journal*）報導蘋果公司的四年。我訪問了兩百多名現任與前任蘋果員工，提供來自公司各層面的觀點。我還採訪了他們的家人、友人、供應商、競爭對手與政府官員，其中有許多人在幾個月的時間裡分別與我聊了好幾個小時。大多數人同意提供幫助，條件是我不能將他們列為消息來源，因為蘋果公司過去曾對談論其業務的人訴諸法律手段。我還參考了幾十年來的新聞報導、書籍、法庭文件與其他出版材料。這些資料來源在書末有詳細說明。

書中出現的對話取自錄影或錄音，或是根據熟悉所描述事件的人物回憶來進行重建。遇到記述有所矛盾時，我會採用最可信的敘述，必要時也會在書末的筆記中提供注釋，詳細描述其他回憶。

人物介紹 Cast of Characters

- 提姆．庫克（Tim Cook）：蘋果公司執行長（二〇一一年迄今），全球營運高級副總裁，營運長（一九九八年至二〇一一年）
- 強尼．艾夫（Jony Ive）：首席設計長（二〇一五年至二〇一九年），設計高級副總裁，設計團隊成員（一九九二年至二〇一五年）

業務主管

- 安琪拉．阿倫茲（Angela Ahrendts）：零售部門高級副總裁（二〇一四年至二〇一九年）
- 凱蒂．柯頓（Katie Cotton）：全球通訊部門高級副總裁（一九九六年至二〇一

四年）

- 艾迪．庫伊（Eddy Cue）：服務部門高級副總裁（二〇一一年迄今，於一九八九年進入蘋果公司）
- 史蒂夫．道林（Steve Dowling）：通訊部門副總裁（二〇一五年至二〇一九年，於二〇〇三年進入蘋果公司）
- 托尼．法戴爾（Tony Fadell）：iPod 部門高級副總裁（二〇〇五年至二〇〇八年，於二〇〇一年進入蘋果公司）
- 史考特．福斯托（Scott Forstall）：iOS 軟體部門高級副總裁（二〇〇七年至二〇一二年，於一九九七年進入蘋果公司）
- 格雷格．喬斯維亞克（Greg Joswiak）：全球行銷部門高級副總裁（二〇二〇年迄今，於一九八六年進入蘋果公司）
- 盧卡．梅斯特里（Luca Maestri）：高級副總裁與財務長（二〇一四年迄今，於二〇一三年進入蘋果公司）
- 鮑伯．曼斯菲爾德（Bob Mansfield）：硬體工程部門高級副總裁（二〇〇五年至二〇一二年，於一九九九年進入蘋果公司，在二〇一二年後繼續擔任未來計

畫的顧問）

- 迪爾芮・歐布萊恩（Deirdre O'Brien）：零售部門暨人事部門高級副總裁（二〇一九年迄今，於一九八八年進入蘋果公司）
- 彼得・奧本海默（Peter Oppenheimer）：高級副總裁與財務長（二〇〇四年至二〇一四年，於一九九六年進入蘋果公司）
- 丹・里喬（Dan Riccio）：硬體工程部門高級副總裁（二〇一二年至二〇二一年，於一九九八年進入蘋果公司）
- 喬恩・魯賓斯坦（Jon Rubinstein）：硬體工程部門與 iPod 部門高級副總裁（一九九七年至二〇〇六年）
- 菲爾・席勒（Phil Schiller）：全球行銷部門高級副總裁（一九九七年至二〇二〇年，分別於一九八七年與一九九七年兩次進入蘋果公司）
- 布魯斯・休厄爾（Bruce Sewell）：高級副總裁與法務長（二〇〇九年至二〇一七年）
- 傑夫・威廉斯（Jeff Williams）：營運長（二〇一五年迄今，於一九九八年進入蘋果公司）

工業設計

- 巴特・安德烈（Bart Andre）：設計師（一九九二年迄今）
- 羅伯特・布倫納（Robert Brunner）：工業設計總監（一九九〇年至一九九六年）
- 丹尼・柯斯特（Danny Coster）：設計師（一九九四年至二〇一六年）
- 丹尼爾・德尤利斯（Daniele De Iuliis）：設計師（一九九二年至二〇一八年）
- 朱利安・霍尼希（Julian Hönig）：設計師（二〇一〇年至二〇一九年）
- 理查・霍華斯（Richard Howarth）：設計師（一九九六年迄今）
- 鄧肯・柯爾（Duncan Kerr）：設計師（一九九九年迄今）
- 馬克・紐森（Marc Newson）：設計師（二〇一四年至二〇一九年），LoveFrom公司（二〇一九年迄今）
- 提姆・帕西（Tim Parsey）：工業設計工作室經理（一九九一年至一九九六年）
- 道格・薩茨格（Doug Satzger）：設計師（一九九六年至二〇〇八年）
- 克里斯多福・史特林格（Christopher Stringer）：設計師（一九九五年至二〇一七年）

・尤金・黃（Eugene Whang）：設計師（一九九九年至二〇二一年）
・里科・佐肯多弗（Rico Zorkendorfer）：設計師（二〇〇三年至二〇一九年）

軟體團隊

・伊姆蘭・喬德里（Imran Chaudhri）：設計師（一九九五年至二〇一六年）
・格雷格・克里斯蒂（Greg Christie）：人機介面設計部門副總裁（一九九六年至二〇一五年）
・艾倫・戴（Alan Dye）：人機介面設計部門副總裁（二〇一二年迄今），創意總監（二〇〇六年至二〇一二年）
・亨利・拉米羅（Henri Lamiraux）：軟體工程部門副總裁（二〇〇九年至二〇一三年，於一九九〇年進入蘋果公司）
・理查・威廉森（Richard Williamson）：設計師（二〇〇一年至二〇一二年）

行銷人員

・淺井弘樹（Hiroki Asai）：全球行銷傳達部門副總裁（二〇一〇年至二〇一六

年，於二〇〇〇年進入蘋果公司）

- 保羅．德內夫（Paul Deneve）：蘋果歐洲分公司銷售暨行銷經理（一九九〇年至一九九七年）；專案部門副總裁（二〇一三年至二〇一七年）
- 鄧肯．米爾納（Duncan Milner）：TBWA\Media Arts Lab 首席創意長（二〇〇〇年至二〇一六年）
- 詹姆斯．文森特（James Vincent）：TBWA\Media Arts Lab 行政總裁；TBWA\CHIAT\DAY 總經理，蘋果公司（二〇〇〇年至二〇〇六年）

音樂人

- 德瑞博士（Dr. Dre）：Beats 公司共同創辦人
- 吉米．艾歐文（Jimmy Iovine）：Beats 公司共同創辦人
- 特倫特．雷澤諾（Trent Reznor）：Beats 公司首席創意長
- 傑夫．羅賓（Jeff Robbin）：消費者應用部門副總裁

工程師

・傑夫・道伯（Jeff Dauber）：工程師（一九九九年至二〇一四年，資深總監，Apple Silicon 團隊，架構與技術團隊）
・尤金・金（Eugene Kim）：工程師（二〇〇一年迄今，於二〇一八年獲得副總裁頭銜）

營運

・托尼・布列文斯（Tony Blevins）：採購部門副總裁（二〇〇〇年迄今）
・尼克・弗倫扎（Nick Forlenza）：製造設計部門副總裁（二〇〇二年至二〇二〇年）

服務

・傑米・埃利希特（Jamie Erlicht）：全球影片主管（二〇一七年迄今）
・彼得・斯特恩（Peter Stern）：雲端服務部門副總裁（二〇一六年迄今）
・札克・范・安伯格（Zack Van Amburg）：全球影片主管（二〇一七年迄今）

董事會

- 詹姆斯．貝爾（James Bell）（二〇一五年迄今）
- 米奇．德雷克斯勒（Mickey Drexler）（一九九九年至二〇一五年）
- 艾爾．高爾（Al Gore）（二〇〇三年迄今）
- 鮑勃．艾格（Bob Iger）（二〇一一年至二〇一九年）
- 蘇珊．華格納（Susan Wagner）（二〇一四年迄今）

時尚

- 安德魯．博爾頓（Andrew Bolton）：大都會藝術博物館服裝研究所首席策展人
- 卡爾．拉格斐（Karl Lagerfeld）：設計師
- 安娜．溫圖（Anna Wintour）：美國版《時尚》雜誌總編

同行

- 馬丁．達比斯爾（Martin Darbyshire）：橘子設計顧問公司共同創辦人暨執行長
- 吉姆．道頓（Jim Dawton）：橘子設計顧問公司設計師，新堡理工學院同學

・克萊夫・格林耶（Clive Grinyer）：橘子設計顧問公司共同創辦人
・彼得・菲利浦斯（Peter Phillips）：橘子設計顧問公司合夥人

提姆・庫克與強尼・艾夫的父母

・唐納德・庫克（Donald Cook）
・潔拉爾汀・庫克（Geraldine Cook）
・麥克・艾夫（Mike Ive）
・潘・艾夫（Pam Ive）

序幕 Prologue

這位藝術家在聖荷西一家劇院昏暗的走廊裡來回踱步，等待上台的提示。他知道自己的台詞，也了解人們的期望。意識到別人正在研究自己，他面無表情，內心活動絲毫沒有顯露出來。

那是二〇一九年六月初，蘋果公司的一次年度發表會結束後，強尼·艾夫（Jony Ive）應邀出席一場產品發表活動。蘋果公司的年度發表會好比儀式性的表演，是這家神祕公司展示其最新驚奇的盛典，而艾夫在這些產品的設計中扮演了相當重要的角色。他穿著寬鬆的亞麻褲、圓領衫和開襟毛衣，已經五十二歲的他，不需要再向誰證明什麼。我們可以毫不誇張地說，他的觀察方式與他對純粹簡單線條的熱愛，重新塑造了這個世界的審美觀。然而，他從不滿足於自己的創作，總是注意到別人看不見的缺陷，例如他認為手錶厚了一公釐，或是iPhone零件之間極其微小的隙縫。他在機器裡看到了詩意。他從花朵的曲線與熱帶水域的色彩中找到靈感。在他眼中，模仿是出自懶惰的剽竊，而非奉承。當他站在團隊成員之間，他們會覺得一切問題都能迎刃而解，任何突破都是可能的。

然而，他在這家劇院裡，就像個跑龍套的小配角，在昏暗的燈光下等待著自己的那一刻，在一張放著新型Mac Pro電腦的橡木桌前打發時間。他知道這台電腦的每一個細節。當他的設計團隊討論著深海珊瑚的孔洞如何為海洋珊瑚帶來生命時，他就在工作室裡；在那段對話幫助創造出一個具有一系列重疊孔洞以利空氣和熱量吸入排出的鋁製電腦機殼時，他就在一旁看著。最終的呈現，是一台與以往截然不同的電腦。

站在他最新的驚奇之前，艾夫顯得很無聊。

然後，劇院入口處傳來一陣嗡嗡聲。蘋果公司執行長提姆．庫克（Tim Cook）在哥倫比亞廣播公司晚間新聞主播諾拉．奧唐奈（Norah O'Donnell）的陪同下，大步走進房間。記者與攝影師倉促隨著庫克倒退，以懸吊式麥克風和攝影機捕捉他的一舉一動。五十八歲的庫克身材苗條，肌肉發達，這是日復一日早起運動、長期以烤雞和蒸蔬菜為主的健康飲食所帶來的成果。他執掌這家全球最大的上市公司將近十年，期間公司營收大幅成長，將其市值提升至將近一兆美元。對於來自阿拉巴馬州小鎮的庫克來說，登上公司頂峰是一段了不起的旅程，畢竟就出身而言，他其實更可能成為連鎖餐廳經理，而非躍身成為世界上最令人欽佩的執行長。

在許多方面，庫克都與艾夫截然相反。庫克是從公司內部供應部門一步步向上升遷。他的才能並非創造新產品。相反地，他發明了許多方法將利潤最大化，壓榨供應商，並說服其他供應商建造城市規模的工廠以生產更多產品。他將庫存視為惡魔。他知道如何用尖銳的問題讓下屬冷汗直流。雖然一開始是試算表奇才，但他很快就蛻變成為一名政治家，與美國總統和中華人民共和國的政治領袖建立起全球聯盟。他的一句話，就可能讓全球股市一落千丈。

向他致敬的攝影機快門聲不絕於耳。艾夫走進騷動的人群，向庫克打招呼。然後，兩人轉向電腦，按著設計好的腳本自然地扮演著各自的角色。

艾夫表現得好像在向頂頭上司介紹他從未見過的產品。庫克裝出一副非常好奇的模樣，彷彿他沒有意識到這只是一種行銷模式。這種矯揉造作讓部分觀眾忍不住露出一抹賊笑。

這一刻如此尷尬，艾夫幾乎無法忍受。他在燈光下只停留了幾分鐘，一完成他的台詞，在攝影機聚焦在庫克身上時藉機離開。幾乎沒有人注意到他穿過人群，從側門溜走，從會場消失。

事實是，艾夫近年來已逐漸淡出人們的視線。蘋果不再是他美麗的創作，他也不再是這場演出的主角。攝影師不再為他按下快門，新聞主播也不再邀請他對設計發表詩意評論。外界想知道該公司如何處理關稅、移民與隱私等問題。他們想要的是庫克。蘋果公司的創新精神早已被該公司的核心經營團隊遮蔽。

第一章

chapter 1

還有一件事

One More Thing

強尼．艾夫在位於帕羅奧圖（Palo Alto）富麗堂皇的兩層樓住家外下定了決心。那是二〇一一年十月四日星期二的清晨，暴雨警告系統讓矽谷地區通常陽光明媚的平地籠罩在厚重的雲層下。倘若情勢更佳，艾夫可能即將抵達庫比蒂諾（Cupertino）。當天，蘋果公司在那裡舉辦了一場特別活動，介紹他設計的一款新iPhone。然而，他卻跳過這個節目，跑去看他的老闆、朋友與精神伴侶史蒂夫．賈伯斯（Steve Jobs）。

艾夫進入一間早已變成醫院的房子。醫護人員在裡面來回穿梭，罹患胰臟癌的賈伯斯虛弱到只能躺在床上。他躺在由書房改造成的臥室裡，那裡有台電視，提供世界上唯一的蘋果產品發表會視訊串流，一場為蘋果公司這位長久以來的表演家舉辦的私人放映。

造訪此地讓艾夫倍感壓力。自賈伯斯在該年年初休病假以來，他持續把艾夫和蘋果公司設計、軟體、硬體與行銷團隊的其他主管召集到家裡來。在屋裡，這位總裁體重減輕與活動量減少的程度讓人感受到時光的流逝。他的面容愈形憔悴，雙腿已經萎縮，宛如僵硬的樹枝。他不太下床了，床上到處都是家人的照片、處方藥罐、成堆的紙張、顯示器與機器。儘管如此，他仍然拒絕停止工作。

「蘋果對我來說不是一份工作，」他會告訴他們。「這是我生活的一部分。我喜歡這些東西。」

那一天，當艾夫走向賈伯斯躺著的房間時，他看到了能「凍結時間」的攝影師哈羅德．埃傑頓（Harold Edgerton）所拍攝的一件作品，照片呈現出一顆懸浮於太空藍色背景的紅蘋果，被子彈擊中後果核爆炸的瞬間。

大約十五英里外，提姆．庫克把車停在無限迴圈一號（Infinite Loop 1）蘋果公司總部外的柏油路面停車場。這間公司占地三十二英畝，由六棟白色建築構成的環形園區位於庫比蒂諾，就在二八〇號州際公路旁、連鎖餐廳 BJ's 啤酒屋後面。對於一家年利潤近兩百六十億美元的公司來說，這是個毫不起眼的營運基地。

這也許是庫克職業生涯中最重要的一個星期二。兩個月前，賈伯斯將他從營運長拔擢為執行長。此番晉升的時機讓全世界大吃一驚。蘋果公司與賈伯斯隱瞞了賈伯斯病情的嚴重性，讓員工、投資者與媒體無法了解他不斷惡化的健康狀況。當賈伯斯把權力移交給他的長期副手時，他向員工和投資者保證，自己將繼續參與產品開發與企業策略，但表示庫克將領導公司業務，而這樣的形勢也將這間公司的後台經理推到產品發表活動的最前線。

再過幾個小時，大約三百名記者與特別來賓將抵達蘋果園區，參加庫克的首次主題演講。這類活動通常在舊金山的大型禮堂或會議中心舉行，但這次活動是在園區後側一個被稱為「市政廳」（City Hall）的狹小演講室裡舉行。蘋果公司的活動統籌團隊刻意選擇了這個離自家總部很近的小場地。賈伯斯是該公司最棒的表演家，庫克卻不是。蘋果公司的這位聯合創始人將企業簡報變成了產品劇場，用精心製作的故事引導觀眾，以簡潔的語言闡述新設備的用途，從而引起潛在客戶的興趣，刺激銷售。他曾大肆宣傳 iPhone 為手機、音樂播放器與網路通訊設備三機一體的產品；超薄的 MacBook Air 筆電在他手中就好比一隻銀色的兔子，薄到可以從一只棕色的信封袋裡拿出來；他讓全世界相信，iPod 的用途不只播放歌曲，而是能改變人們發現與享受音樂的方式。相較於站在觀眾面前，評估供應鏈物流的工作讓庫克感到更自在。在從前的發表會中，庫克登台往往扮演次要角色，詳細說明電腦銷售數量或展店數字。然而，隨著蘋果公司原本的男主角病重，庫克這位預備演員晉身主演行列的時機已經到來。

在市政廳召開發表會，降低了庫克首次亮相的風險。這個會場的大小相當於外百老匯劇場的規模，給可能寫下負面評論的記者與評論家的席次更少。會場位於蘋果園區，庫克從辦公室步行便能抵達，整整一週都在會場裡反覆排練。他花了很多時間熟悉講稿，努力克服可能的怯場問題。會場規模意味著攝影機更少，工作人員更少，噪音也更小。熟悉的環境讓他能將注意力集中在最重要的任務上：好好說出他的台詞。

員工將當天發布的新手機暱稱為「給史蒂夫」（For Steve）。

在過去三十年間，賈伯斯以獨特的眼界鞏固了自己的地位，以致於有人將他與李奧納多．達文西（Leonardo da Vinci）和湯瑪斯．愛迪生（Thomas Edison）相提並論。他和自學成才的工程師友人史蒂夫．沃茲尼克（Steve Wozniak）在他父母位於加州洛思阿圖斯（Los Altos）的農場家中工作，開發出以大眾市場為導向的第一批電腦之一，那是個帶有鍵盤與電源的灰色盒子，可以顯示圖形。一九七七年，他們的公司正式註冊為蘋果電腦公司（Apple Computer Inc.），這個名字的靈感來自賈伯斯最喜歡的披頭四樂團與他們成立的蘋果唱片。賈伯斯對自家電腦的厚顏推銷，被一些人貶斥為毫無實質內容的話術，但蘋果二代電腦（Apple II）確實成為第一批獲得商業成功的個人電腦，在一九八〇年公司上市前，為該公司帶來一億一千七百萬美元的年銷售額。它讓賈伯斯與沃茲尼克晉身為百萬富翁，也以一個從車庫白手起家的故事奠定了兩人在矽谷神話中的地位。

賈伯斯是一位具有設計眼光的行銷大師，他在一九八四年用麥金塔電腦重新定義了個人電腦的類別，這是一款為普羅大眾設計的電腦，可以藉由點擊滑鼠而非敲打鍵盤操控。他將麥金塔電腦定位為能讓科技民主化的機器，並成功取代當時最大的電腦製造商 IBM。他與 Chiat/Day 廣告公司合作，製作了一支名為「一九八四」的歐威爾式超級盃廣告，將麥金塔電腦與蘋果公司塑造為一名揮舞著長柄大錘的奧運短跑運動員，擊碎了投射著「老大哥」的巨大螢幕。一週後，賈伯斯在蘋果公司最早的大型年會活動中揭開了這台電腦的神祕面紗。在庫比蒂諾一個漆黑的禮堂裡，賈伯斯打開電腦，讓它為自己發聲說：「你好，我是麥金塔。能夠從袋子裡出來真是太好了。」

然而，一九八五年銷量暴跌的狀況，導致董事會將賈伯斯趕下台，改由前百事公司高級主管約翰．史考利（John Sculley）出任蘋果公司執行長。史考利將蘋果推向了新的銷售高峰，直到微軟公司的視窗軟體開始削減蘋果的市占率。蘋果公司進入筆電市場的時間較晚，內鬥導致史考利下台。史考利的繼任者麥可．史賓德勒（Michael Spindler）於一九九三年接手，他讓蘋果電腦充斥著整個市場，而此一策略僅僅加劇該公司的困境，在兩年內損失了將近二十億美元。於一九九六年瀕臨破產之際，蘋果與賈伯斯達成協議，收購了賈伯斯於流放期間創辦的 NeXT 桌上型電腦公司。

賈伯斯重返蘋果公司，點燃了史上最引人矚目的商業回歸事件。他刪減了產品陣容，並以 NeXT 的操作系統為基礎，推出更快、更現代的 OS X 軟體系統，還率先開發了一款半透明糖果色的桌上型電腦，稱為 iMac，讓公司的銷售額恢復成長。二〇〇一年，他藉著 iPod 的上市，將蘋果公司從電腦領域推入消費電子產品市場，將許許多多售價九十九美分的歌曲放進消費者的口袋。二〇〇七年問世的 iPhone 引進了觸控式螢幕系統，改變了通訊方式，成為史上最暢銷的產品之一；它的繼任者 iPad 於二〇一〇年推出，重新定義了平板電腦。一連串產品的成功讓賈伯斯成為受人崇拜的英雄。

蘋果公司最忠實的顧客對該公司的狂熱及保護程度，完全不亞於宗教膜拜團體的成員，有些人甚至把公司商標或廣告詞紋在手腕上。作為公司執行長，賈伯斯對這些蘋果迷有著一種近乎救世主般的控制，而他的日常穿著（黑色高領毛衣、Levi's 501 牛仔褲與紐巴倫運動鞋）更為他帶來一種傳教士的氣質。他能扭曲現實。當他的想法因為工程或製造受限時，他拒絕妥協，而是去說服他的設計師與工程師團隊，讓他們實現看似不可能的目標。他的說服力十足，以致於有些人認為他甚至能度過死亡危機。

儘管賈伯斯並未參加當天活動前的彩排，蘋果公司的部分領導階層在當天早上抵達市政廳時還在想：他會來嗎？

工作人員為他在演講室前面保留了一個靠走道的座位，用一塊黑布蓋住褐色椅子的椅背，上面標示白色的「保留席」字樣。鄰座是蘋果公司法務長布魯斯．休厄爾（Bruce Sewell），他知道賈伯斯出席的可能性不高。就在那幾天，賈伯斯的健康狀況惡化，但他從前曾為所有人帶來驚喜，連和他關係最密切的幾位顧問也沒有放棄希望，認為在活動開始時，這個空位會被填上。

提姆．庫克從帶有白色蘋果公司商標的黑色螢幕後方走進房間時，現場燈光很暗。少數觀眾禮貌性地鼓掌時，他薄薄的嘴唇露出了平淡的微笑。庫克的穿著模仿了賈伯斯穿著三宅一生高領毛衣的休閒時尚風格，不過他穿的是另一個服飾品牌布魯克兄弟（Brooks Brothers）的黑色寬幅棉布鈕釦襯衫，在人群前來回踱步之際，簡報遙控器在他手裡轉啊轉的。

「早安，」他說。「這是我被任命為執行長以來的第一場產品發表會。我敢肯定你們不知道。」

他不自然地笑了笑，希望他一本正經講出來的笑話能消弭房間裡的緊張氣氛。少部分觀眾勉強笑了笑。雖然沒什麼人了解這個笑話的笑點所在，庫克還是繼續講下去。「我愛蘋果，」他說。「能在這裡工作將近十四年是我此生的榮幸，這個新角色更是讓我感到非常興奮。」

當他將焦點轉移到蘋果公司不斷增長的零售業務時，聲音變得更加有自信。他說，公司剛在中國開了兩家很棒的直營店。上海的那家店在第一個週末就接待了十萬名顧客，而蘋果公司在洛杉磯的旗艦店在開業一個月後才達到這個數字。庫克將話題轉換到 Mac、iPod、iPhone 與 iPad 產品等業務亮點，並搭配線圖與圓餅圖加以說明。「今天早上我很高興能告訴大家，我們已跨越二．五億台的銷售大關。」他說道。「今天，我們要更進一步！」

庫克把舞台讓給賈伯斯其他幾位高級副手。行動軟體部門主管史考特・福斯托（Scott Forstall）詳細介紹了新的訊息傳遞功能；服務部門主管艾迪・庫伊（Eddy Cue）接著演示 iCloud；而行銷部門主管菲爾・席勒（Phil Schiller）則發表了 iPhone 4S，其特點是更長的電池壽命與更好的攝影鏡頭，但從外觀看來與前代產品一樣。發表會的高潮是由福斯托現場示範蘋果推出的新虛擬助理 Siri。只要按下按鈕並以語音提問，就能顯示天氣、股價和附近有哪些希臘餐館。

「相當不可思議，不是嗎？」庫克在重新上台時問道。「只有蘋果公司能製造出如此驚人的硬體、軟體與服務，並將它們結合成一個如此強大且一體化的體驗。」

他的熱情未能說服立場堅定的科技媒體。觀眾中的記者與技術分析師對此無動於衷。一名技術分析師對《華爾街日報》表示，這次簡報「令人失望」；另一位分析師則對蘋果堅持使用三・五英寸螢幕而未推進至四英寸的決定表示失望。粉絲在推特上同樣抱怨連連。投資者拋售股票，導致蘋果股價下跌百分之五，數十億美元的市值因此蒸發。這可以說是票房慘敗。

庫克與蘋果的其他主管沒時間處理公眾的反應。發表會結束後，賈伯斯的妻子羅琳（Laurene Jobs）發訊息給庫克、席勒、庫伊與全球溝通部門副總裁凱蒂・柯頓（Katie Cotton）等幾位高級副手，請他們去家裡一趟。這群人聚在一起，被恐懼籠罩：要不是賈伯斯不喜歡這次的發表會，把他們叫過去嚴厲訓斥一番，就是他的健康狀況惡化了。

他們飛快趕到大約十五分鐘路程的賈伯斯家中，希望等著他們的是賈伯斯的怒火。想像他的憤怒，比面對自身因其健康狀況致使無法出席，而感到無以名狀的絕望要容易得多。

當他們抵達這座都鐸式住宅時，當天早上與賈伯斯單獨相處的強尼・艾夫已經離開。羅琳告訴這群企業高級主管，賈伯斯狀況不好，想和他們每個人單獨說說話。他不會訓斥他們，而是覺得告別的時間到了。

第二天下午，即二〇一一年十月五日，整個無限迴圈響起一個又一個訊息通知鈴聲。一則通知出現在蘋果員工的 iPhone 上，宣布「蘋果公司聯合創始人史蒂夫・賈伯斯去世，享年五十六歲。」這是歷史上第一次，一名由創始人領導的公司員工，透過這位創始人所創造、由員工賦予生命的革命性產品，獲悉他們的長期執行長去世的消息。

當經理亨利．拉米羅（Henri Lamiraux）的 iPhone 收到通知時，他正與二十幾名軟體工程師開會討論產品計畫。他停下會議，分享了這個消息，看著其他程式設計師一一掏出自己的手機，確認這個沒人願意相信的事實。眾人一語不發，默默走出會議室。

不到十五英里處，艾夫坐在賈伯斯家外面的花園裡。那天的十月天空霧濛濛的，他的鞋子太緊了。庫克加入他的行列，兩人一起坐了很久。當艾夫憶起賈伯斯對他說的最後一句話時，他只感到麻木。賈伯斯對他說：「我會懷念我們在一起的談話。」

半島上的更遠處，在發表會結束後即刻動身出差的法務長布魯斯．休厄爾被困在一架剛剛降落在舊金山國際機場的飛機客艙裡。同機旅客的手機開始嗡嗡作響，周圍迴盪著人們刻意壓低、倒抽一口氣的聲音。附近有人小聲地說：「你看到了嗎？」儘管休厄爾還沒打開手機，他馬上知道自己的老闆過世了。雖然周圍乘客與賈伯斯沒有私人關係，但他們還是因為手中的蘋果設備感受到與他的聯繫。此時，這些人正在思考一個他在整段航程都在預先準備的問題：賈伯斯的死，對蘋果和世界意味著什麼？

賈伯斯的訃告占據了《紐約時報》（*The New York Times*）與《華爾街日報》的頭版。他被譽為將舊金山半島果園[1]轉變為全球創新中心的推手。雖然他不是硬體工程師或軟體程式設計師，但他定義了蘋果公司的產品目標，聚集了人才，並督促團隊實現許多人最初認為不可能完成的目標。他之所以能促成這一切，是因為他富有魅力的領導風格，以及願意承擔巨大風險的態度，即使他偶有刻薄舉止，仍能激發員工的忠誠度。「蘋果失去了一位有遠見與創造力的天才，世界也失去了一個了不起的人。」庫克在給員工的信中如是說。「我們將繼續從事他深愛的工作，以此紀念他。」庫克也向他們保證，蘋果公司不會改變。

賈伯斯早已預料到未來的隱患。迪士尼公司（Walt Disney Company）在聯合創始人去世後陷入困境的情形，一直讓賈伯斯感到不安；在寶麗萊公司（Polaroid）迫使其創始人埃德溫．蘭德（Edwin Land）離開公司後，賈伯斯曾嚴詞告誡該公司

1. 編注：早期舊金山半島以果園和花卉馳名，直到二十世紀六〇年代，這裡一直是全球最大的水果生產及包裝地區。

高層；索尼公司（Sony）因為失去盛田昭夫（Akio Morita）這位隨身聽背後的行銷大師的引導而迷失方向，也讓他擔憂不已。他認為，曾經偉大的公司在成為壟斷企業後往往開始走下坡，放緩創新，他們製造的產品變得可有可無。最終，他們讓銷售人員負責，優先考量銷售量而非銷售內容。像英特爾（Intel）與惠普（Hewlett Packard）這樣的公司則不同。賈伯斯告訴他的傳記作者華特．艾薩克森（Walter Isaacson），「他們創造了能夠持續發展的公司，不僅僅是為了賺錢。我希望蘋果也能成為這樣的公司。」（二〇一五年，惠普公司在經營七十五年後被分拆。到二〇二〇年，英特爾在製造更小巧、性能更強的晶片方面已落後競爭對手。）

和賈伯斯相似，華特．迪士尼（Walt Disney）憑藉著遠見、野心與機遇建立了自己的帝國。他在密蘇里州的農場長大，夢想成為一名漫畫家。一九二三年，他搬到好萊塢，與哥哥洛伊一起創辦迪士尼兄弟製片廠（Disney Brothers Studio）。迪士尼專注於構想故事，並協助創作出兄弟倆的第一個熱門角色，幸運兔奧斯華（Oswald the Lucky Rabbit）。根據發行合約，奧斯華的版權被授予發行商環球影業，因此迪士尼重新塑造了另一個大耳朵的角色，將之命名為「米老鼠」。這個角色在迪士尼於影片中加入聲音元素後突然開始走紅，聲音這個新奇元素讓它在全球造成轟動。他聘請更多動畫師，開發出高飛及唐老鴨等新角色，之後更推出長篇電影《白雪公主與七矮人》（*Snow White and the Seven Dwarfs*）。

迪士尼的公司結構與賈伯斯的蘋果公司類似。公司架構是扁平的，員工沒有頭銜，每個人都直接以姓名稱呼。「如果你對公司很重要，」迪士尼表示，「你會知道的。」

蘋果公司的哲學也是如此。在賈伯斯去世前，該公司只有三個「長」：執行長、營運長與財務長。另外有七個人在經營團隊中擔任高級副總裁。副總裁約有九十名，負責開發與管理公司銷售的產品。在這些副總裁下面有高級總監與總監。名義上，每個人都向財務總監匯報。這種結構能消除賈伯斯所不屑的官僚主義，如此一來，他就能直接與公司內最有才華的員工溝通。

華特．迪士尼也藉由建立一間事事都經過他手的公司，營造出類似的輕鬆工作環境。在他於一九六六年死於肺癌後，公司的產能停滯不前，因為人們開始問「華特會怎麼做？」而非讓自己的創意發想大躍進。到一九八〇年代，該公司在電影市場的占有率已降到百分之四。這樣的低迷情景一直持續到一九八四年，在麥可．艾斯納（Michael Eisner）成為迪士尼公司總裁並投資了一系列賣座電影後，該公司的票房與財務狀況才得以恢復。

另一個讓賈伯斯痴迷的是寶麗萊（Polaroid）。他將該公司的聯合創始人埃德溫・蘭德視為美國最偉大的發明家之一。蘭德所擁有的許多特質如遠見、幹勁與銷售能力，也都出現在賈伯斯身上。他在賈伯斯之前就倡導建立了一間集結科技與人文藝術的公司。他先發明了將產品覆上偏光膜以減少眩光的工藝，包括將這樣的技術運用在太陽眼鏡上，然後才創設了寶麗萊公司。後來，他又發明了一種製作即時照片的工藝。從一九四八年推出第一台相機到一九七六年柯達公司開發出類似產品的這段時間，寶麗萊公司一直是世界上最卓越的相機製造商。蘭德的下一項發明是一台即時家用攝影機，這個產品失敗了，他也因此被趕出公司。蘭德離開後，寶麗萊改進了現有產品，而非推出新產品，這導致賈伯斯在一九八三年左右訪問該公司時曾訓斥其管理階層，當時的寶麗萊已經成了一家無足輕重的公司。

索尼是賈伯斯最了解的公司。一九八〇年代，他曾訪問過索尼公司在日本的總部，並會見該公司的聯合創始人盛田昭夫。和賈伯斯一樣，盛田昭夫和另一位聯合創始人井深大（Masaru Ibuka）在做出產品決策時也倚賴自身的直覺。隨身聽的誕生是因為井深大要求，要有一部能帶上國際航班的攜帶式音樂播放器。盛田昭夫測試了一台早期的原型機，並於四個月後推出產品，同時在「人類為什麼學會走路」的大標題下方，用巧妙的平面廣告展示了這款設備。該產品大受歡迎，而索尼也在接下來的十年間開發出八十個型號。在盛田昭夫的領導下，索尼收購了唱片公司與電影公司，認為公司將透過控制在其音樂播放器與電視上播放的歌曲和電影獲益。盛田昭夫於一九九四年辭去董事長職位。該公司接著任命一位主力行銷人員擔任社長，他的目標是讓索尼的行事風格更偏向一個傳統的企業巨頭，而非依創始人的直覺行事的公司。此後，該公司的電子產品業務一落千丈，萎靡不振，未能再創佳績。

三家偉大的公司，由三位極具創造力的創始人領導；失去了創始人，一切都不一樣了。

賈伯斯希望蘋果能跳脫迪士尼、寶麗萊與索尼的命運。二〇〇八年，他聘請耶魯大學管理學院院長喬爾．波多爾尼（Joel Podolny），創建了蘋果大學。他希望有一個課程，能讓蘋果公司的新進員工了解該公司與同業的不同之處。波多爾尼在面談過程中問到應該開設幾門課，以及教員人數應該有多少，賈伯斯對此嘲諷道，

「如果我知道這些問題的答案，我就不需要僱用像你這樣的人了。」波多爾尼堅持不懈地創建了一個學程，裡面有像是「蘋果公司的傳達方式」之類的課程，強調出產品與簡報的清晰性與簡單性。學程裡還有一些重要決策的案例研究，例如蘋果公司決定讓 iPod 與 iTunes 和微軟視窗系統相容。

然而，要確保蘋果公司的成功，需要的不只是將賈伯斯的思維系統化。這位執行長並不專注於哈佛商學院的組織行為概念。他建立的公司經營起來就像一隻海星。他就坐在幾個分支的交叉點上，專注於行銷、設計、工程與供應鏈管理等方面的卓越成就。想要的時候，他會爬到分支的末端，親自參與，以他認為合適的方式指揮每個部門。

過世之前，賈伯斯力圖讓蘋果公司這隻海星的每一隻腳維持一體。他一一接觸經營團隊的成員，促使他們承諾在公司多待幾年。他告訴他們，「提姆會需要你們的。」他敦促董事會給經營團隊發放限制性股票，在他去世後幾天，董事會在一次緊急會議上滿足了這項要求。每位高階主管獲得十五萬限制性股票單位，其中一半於二〇一三年發放，另一半在二〇一六年發放。當時，每人獲得價值約六千萬美元的股票，獲贈者為休厄爾、福斯托、席勒、財務長彼得．奧本海默（Peter

Oppenheimer）、硬體部門主管鮑伯．曼斯菲爾德（Bob Mansfield）、以及供應鏈大師傑夫．威廉斯（Jeff Williams）。才加入經營團隊、仍在試用期的庫伊得到的數額較少。艾夫據信獲得超過六千萬美元的授與，但他的獎金未被披露，因為他已被安排避免遭歸類為公司高管，所獲得的報酬也就無人能知。最大的一筆給了庫克，他獲得一百萬股，時價三億七千五百萬美元，這不僅提升了庫克在華爾街的地位，也讓他凌駕於其他人之上，因為他獲得了通常只有矽谷被神化的企業創始人才可能擁有的財富。

賈伯斯去世後的第二天早上，庫克將經營團隊召集到位於無限迴圈一號四樓的公司董事會會議室裡。賈伯斯的椅子在倒數第二個位置，仍然是空的。庫克坐在它的右邊，席勒坐在它的左邊，一如既往。開會的時候，他們會把中間那張空椅子保留一段時間，這是一種視覺上的提醒，表示賈伯斯與他們同在。

庫克鼓勵大家分享對賈伯斯的回憶。對他們中的許多人來說，失去賈伯斯彷彿失去至親。十多年來，他們的每一個商業決策幾乎都由賈伯斯批准。他們分享了有關賈伯斯的故事與個人回憶。庫克向團隊保證，他希望保留賈伯斯所創建的公司核心與靈魂，無意立即做出任何改變。當他們在講述故事時，有一種共同的意識，即他們能給賈伯斯的最大尊重，不僅是將公司延續下去，還要能製造出色的產品，讓公司走在科技的最前沿。

兩週後，數千名蘋果員工聚集在無限迴圈的草坪上，參加賈伯斯的追悼會，紀念他的生平。蘋果帝國在各地的直營店都因為這個正式的哀悼日而關店一天，讓全球各地的員工能收看活動直播。當庫克走上兩側為賈伯斯黑白肖像的舞台時，園區裡的人群歡呼了起來。在庫克眼中，賈伯斯有遠見、不墨守成規且具有獨創性，是有史以來最偉大的執行長，也是最傑出的創新者。他沒有提到任何關於兩人關係的個人故事。雖然賈伯斯將公司託付給了庫克，但庫克一直認為自己的執行長是個謎。對於那些和他們一起工作的人來說，他們之間的關係是他們對公司的奉獻。庫克冷靜的言詞反映出兩人之間務實的關係。

庫克說：「我了解史蒂夫，他會希望蘋果能擺脫他離世的陰霾，讓我們的注意力回到他熱愛的工作上。」他將手放在胸口，然後列舉出賈伯斯對公司定位的核心原則：堅信團隊而非個人能成就偉大的事業；員工必須拒絕接受「夠好」的工作成果，始終奮發以實現「極佳」的工作成果，承諾他們創造的每一項產品都是美麗的。

「他到最後一天還在想著蘋果，」庫克表示，「他對我和你們所有人最後的一個建議，就是永遠不要問他會怎麼做，他說：『只要做對的事就行。』」

賈伯斯的指導賦予了庫克高度。它顯示庫克是最後一批與這位遠見者交談的人，也提醒著員工，已故的執行長選擇庫克來領導他們。庫克的話警告他們，公司的未來將與過去有所聯繫，但不會受到束縛。沒有賈伯斯，公司的定位將不得不改變。

艾夫在庫克之後走上講台，把太陽眼鏡掛在黑色圓領衫的領口。他放下手中的筆記，看著聚集在他面前的哀悼者，對一個厭惡公開演講的人來說，這是個可怕的景象。

台下的群眾經常看到艾夫與賈伯斯在他們所站的院子邊共進午餐。他們知道賈伯斯將艾夫視為蘋果公司僅次於執行長本人的第二重要人物。他們回憶說，賈伯斯不在辦公室時，常常可以在附近的設計工作室裡找到他。在那裡，艾夫率領由大約二十名工業設計師組成的獨立工作團隊，繪製出蘋果產品的草圖，這些產品再次為公司業務帶來生命，也為艾夫贏得比公司其他人都更多的營運權力。那幾天，艾夫焦慮不已，試圖尋找合適的詞語來描述他們之間深厚的工作關係與長期的友誼。

「你們知道史蒂夫過去經常對我說，『嘿，強尼，這裡有個很蠢的想法。』」他開始說道。「有時這些點子真的很蠢。」

眾人都笑了起來。

「有時它們真的很可怕。」他繼續說道。接著他停頓了一下。當他將食指移到下一行時，他左手腕上的銀色手錶在陽光下閃閃發光。「但有時它們真的讓人大感震驚，不知所措，讓我們倆無言以對。大膽、瘋狂、極佳的想法；或是安靜、簡單的想法，它們的微妙之處與細節傳達出深刻的思想。」

艾夫的談話讓人聽得出了神，當他講到賈伯斯以敬畏之心對待創作過程，也理解想法是脆弱的，很容易在起飛前就被粉碎時，眾人靜了下來。艾夫與賈伯斯經常一起旅行，賈伯斯對卓越的要求如此之高，以致於他在入住旅館後從未打開過自己的行李箱。他會坐在床上，等著賈伯斯打電話來說：「嘿！強尼，這家旅館很糟。我們走吧！」

眾人笑了起來，然後又漸漸安靜下來，聽著艾夫描述與賈伯斯一起開發新產品的感覺，以及他如何花好幾個月的時間去推動許多人認為不可能完成的事情。

「他不斷地質疑：這樣夠好嗎？這是對的嗎？」艾夫說道。「儘管他獲得了所有的成功，所有的成就，但他從來不去假設，不會想當然地認定我們最終能達到目的。」

當艾夫拿起他的筆記時，他告訴眾人，蘋果公司安排了一場紀念賈伯斯的特別演出。他說：「請大家和我一起歡迎我們的朋友酷玩樂團！」然後走下講台，回到附近白色帳篷下的座位，此時，這個曾在蘋果公司 iPod 廣告中出現的英國樂團開始演奏他們的第一首暢銷單曲〈黃色〉。

當主唱克里斯．馬汀（Chris Martin）忍不住對著麥克風慟哭時，艾夫與經營團隊就在一旁看著，他們茫然的臉龐掩蓋了悲傷與內心所有的焦慮。他們職業生涯中最重要的人走了。沒有他，蘋果公司該怎麼走下去？

答案將主要取決於庫克和艾夫。

第二章

chapter 2

藝術家

The Artist

員工稱之為「至聖所」（holy of holies）。這間設計工作室位於無限迴圈的二號大樓，是園區裡最受尊敬的空間。在這裡，未來的產品誕生了，過去的工藝品被重新想像。窗戶上的有色玻璃與上鎖的門，保護著強尼·艾夫與他的團隊免受好奇人士的打擾。工作室裡有一個玻璃間的接待櫃檯，是助理審查訪客的地方。在他們身後，二十名設計師、幾名模型師與幾位塗料、金屬與塑料方面的專家正在評估材料。工作室對人員出入的控制非常嚴格，因此獲得允許進入的識別證，被認為是公司的最高榮譽之一。

賈伯斯去世後，蘋果公司的大祭司強尼·艾夫拖著腳步走過接待櫃台，遲鈍的腳步讓他整個人顯得更加沉重。理了平頭的他，頂著兩天沒剃的鬍子，神情有些恍惚。在過去的幾年裡，他的臉上總是掛著平易近人的微笑，態度彬彬有禮。現在，悲傷所致，他顯得邋遢憂鬱。

工作室給人一種陰魂不散的感覺。在過去十年間，賈伯斯幾乎每天都會去工作室走走，渴望看看設計團隊正在進行的工作，提出改善建議。這位執行長懷著崇敬的心情走進這個空間，從不揭開設計團隊用來遮蓋工作的黑布，而是等待設計師為他掀起。他尊重設計師對美學的感知，尊重他們在定義曲線、想像訂製色彩與選擇材料方面對精確性的執著，這使得設計在蘋果公司的階級結構中牢牢占據著首位。賈伯斯有一雙設計師的眼睛。有一次，他經過一款即將上市的 iPhone 原型機前，大聲叫道，「這是什麼鬼東西？」原型機的弧度與拋光在製作過程中稍微做了一些變更，但他一眼就發現差別，並對此反感。他要求他們解決這個問題。沒有了他，團隊就失去了推動著他們工作的反饋。

賈伯斯的離去深深觸動了艾夫，很多時候，他蜷縮在工作室邊上一張超大的淡橡木色桌子旁，與團隊中為數不多的女性設計師輕聲交談。在他的同事看來，這就像是沒完沒了的治療，艾夫彷彿迷失在悲傷之中。

強尼・艾夫從小就想成為像他父親一樣的人。

全名強納森・保羅・艾夫（Jonathan Paul Ive）的他，一九六七年出生於倫敦郊區，是麥克・約翰・艾夫（Michael John Ive）與潘梅拉・瑪麗・沃爾福德（Pamela Mary Walford）所生兩個孩子中的老大。他的雙親在倫敦東部的清福德（Chingford）長大，這是一個由都鐸式連棟房屋組成的安靜社區，兩人相識於大約有五十名教友的蘇沃斯通福音教會（Sewardstone Evangelical Church）。他們都是忠誠的教徒，也都成了老師。友人眼中聰明伶俐的潘曾經教授神學，後來成為一名治療師；努力工作且熱中學習的麥克則成了高中老師，教授設計與技術。

麥克對這些領域的興趣源於他周圍的社區。清福德坐落在一座森林覆蓋的小山丘上，俯瞰著好幾座用於冷卻附近工廠、軋銅廠與發電站的水庫。水庫再過去就是倫敦，這座城市向外延伸，一直延伸到清福德所在的埃塞克斯郡（Essex）。社區的許多居民都是在當地工廠工作的工程師，包括強尼·艾夫的祖父在內，他在附近的皇家輕兵器工廠（Royal Small Arms Factory）從事機械加工設備的工作。他們撫養的孩子與孫子都有成為工程師、機械工與工匠的傾向。

麥克在十幾歲的時候開始學習木工與金工，後來進入肖迪奇培訓學院（Shoreditch Training College），一所培養未來工藝技術教師的學校。麥克在肖迪奇將新舊融合起來，專攻歷史悠久的銀器工藝，同時也對現代機械工程產生興趣。

畢業後，他開始在東倫敦的一所學校教授工藝、設計與技術，對象是十六至十九歲的男孩。他教學生切割金屬與鑄鋁，也分享自己的作品以激發學生的靈感，包括一把有複角接頭的椅子和一個純銀咖啡壺。他經常帶兒子去工作坊裡觀看學生操作。強尼·艾夫大約四歲時，他父親與當地的一個基督教團體合作，在工作坊裡建造了一艘氣墊船，好用在非洲查德湖上運輸醫療用品。他與工程師提姆．朗利（Tim Longley）花了三年時間指導這個計畫，確定設計並引導學生組裝機器。

強尼．艾夫還是個孩子時，就經常靜靜地跟著父親，聽麥克解釋如何鑄鋁、雕刻玻璃纖維或將螺旋槳塑造成旋轉器。之後，強尼會靜靜站著，看著學生們拙劣地修補木頭或安裝鉚釘。他們說，強尼就像一個看著週六早晨卡通的孩子般，全神貫注。

將近五十年後，艾夫說自己仍然「非常清楚地記得，那艘氣墊船是如何建造的。」

在接下來的幾年裡，當強尼開始拆解收音機、鬧鐘與任何他能找到的東西，分析它們的零件以了解其運作原理時，總受到父親的鼓勵。在聖誕節，他最喜歡的禮物是父親在密德薩斯理工學院（Middlesex Polytechnic）的工作室裡全心全意陪著他的一天，這所學校離他們家不遠，麥克在那裡找到一份指導設計教師的工作。強尼可以製作任何他能想到的東西，無論是卡丁車、家具、樹屋等，但是有一個條件：首先，他必須親手畫出來。在製作前畫草圖的做法，讓他意識到人們對產品投注了多少心血。

隨著年齡增長，他開始在週末隨著父親開車到各地去參觀商店，瀏覽貨架。他們會肩並肩站著，拿起一件東西，例如烤麵包機，討論它是怎麼做出來的。「為什麼他們使用鉚釘而非螺絲？」強尼會如此提問，然後聽著父親從多年教學與設計經驗中總結出的答案。同行老師覺得這樣子打發週六著實乏味，但他們很欣賞這種父子互動的方式，因為他們知道這是影響孩子未來成就的最重要因素之一。

一九七九年，麥克加入教育部，擔任皇家督學（Her Majesty's Inspector），這是個全國性的政府職位，負責監督整個英格蘭南部的設計教學，也負責讓國家的設計學程現代化。艾夫一家因此從清福德搬到斯塔福德（Stafford）。一夜之間，強尼從熟悉的倫敦郊區移居到倫敦往北兩小時車程的鄉村。他的父母在布羅克頓（Brocton）一處新開發社區購屋，那是一棟有著白色窗框的紅磚平房。村子裡有一間郵局和一座高爾夫球場，但沒有酒吧。社區緊鄰坎諾克查斯（Cannock Chase），那是一片連綿起伏的草地，兩側是松樹林與樺樹林，當地傳說有狼人出沒。

強尼進入附近的沃爾頓高中（Walton High School）就讀，馬上給他一千五百名同學留下深刻的印象。他體格魁偉、獨立且敏感，具有青少年中罕見的成熟及自信。他與老師平等對話，並對當時的熱門議題如女性主義和反種族主義逐漸產生興趣。他擁抱自己在藝術與設計方面的優勢，對自己在傳統學科的相對弱勢不以為意。當許多同學還在糾結自己是誰、想做什麼的時候，他已經計劃去一所技術學院學習設計。他對同學羅布·查特菲爾德（Rob Chatfield）表示，「我可能會在考試時拿個C，但這樣就夠了。」

儘管如此，他還是有強烈的決心與完美主義者的衝動。他參加橄欖球校隊，用他健壯的體格在列陣爭球時取得優勢。在一次比賽中，他的鼻子被踢了一腳，鮮血從臉上流下。他一言不發地擦了擦臉，又跳回列陣爭球的隊伍中，他的胸口劇烈起伏，臉部因為沮喪漲得通紅。體育老師擔心他受傷，或是不小心傷到別人，在比賽重新開始前把他換下來。還有一次，他帶著自己的爵士鼓去參加一個展示與討論活動。身為平克·佛洛伊德樂團（Pink Floyd）粉絲的他，為一起用腳打拍子的同學帶來一段經典搖滾樂。同學們很喜歡他的表演，但他卻一臉失望地回到自己的座位。他對自己有嚴格的標準，並確信自己在某個地方漏拍了。

雖然學校裡沒人怕他，但也沒什麼人願意跟他過不去。一次體育課上，學生分成小組踢足球，艾夫看到學校裡的一個惡霸要求自認是書呆子的查特菲爾德擔任守門員。查特菲爾德拒絕了，但那個惡霸很堅持。他說：「你給我過去。」

查特菲爾德回答：「不要。」

那個惡霸又說：「你給我過去！」

艾夫走上前去，叫了惡霸的名字。他瞪大了眼睛，因為那個惡霸朝他轉了一圈，最終決定還是放棄這場爭議為佳。看著這一幕，查特菲爾德欽佩地發現，艾夫介入此事不是為了引人注意，而是因為他認為這樣做是正確的。

到了高中最後一年，艾夫開始穿上黑衣，將及肩的蓬亂深色長髮梳成龐克頭。他腋下夾著一本作品集，有個穩定交往且非常好學的女友海瑟·佩格（Heather Pegg），她是父親督學同事的女兒。雖然他不必然是最受歡迎的風雲人物，但學弟妹都認為他是學校裡最酷的一個孩子。他全身散發自信。沃爾頓的地理老師強森先生（Mr. Johnson）在學校中心一個被稱為「水井」（Well）的大型開放區域授課。這裡有一條走廊與其他教室相連，因此上課時偶爾會有其他學生經過。這種情況發生時，強森先生會因為課堂被打斷而訓斥這些學生。然而，當艾夫腋下夾著作品集，如同八〇年代魅力四射的音樂家般漫步經過時，強森先生會抬起頭微笑。「都好嗎，強尼？」他喊道。全班同學都感覺得到，即使是最嚴厲的老師，也欣賞艾夫的風格和走過虎穴的自信。

艾夫看來可能像個搖滾明星，但在學校外面，卻像個唱詩班的少年歌手。在許多英國人已經放棄宗教信仰的時候，艾夫一家活躍於當地一個名為懷爾德塢基督教團契（Wildwood Christian Fellowship）的福音派教會。會眾週日上午會在斯塔福德邊上一棟五百平方英尺的單層磚造建築裡聚會。教會佈道的重點是要成為耶穌的門徒。艾夫的朋友認為他是一名虔誠的基督徒，認真看待自己的信仰。他與海瑟參加同一個教會，就像在清福德的福音教會相遇的艾夫父母一樣，強尼與海瑟後來也結婚了。

艾夫在青少年時期的作品集裡，有一頁又一頁用藍色墨水畫在棕色牛皮紙上的草圖。當中繪有許多鐘錶、彩繪玻璃、歌德式建築、還有一個讓他終生痴迷的產品：輕薄且精細複雜的電話。

這些細膩的素描讓沃爾頓的設計老師戴夫・懷廷（Dave Whiting）感到懷疑。懷廷表示，「他的作品太好了，以致於我認為不是他畫的。」懷廷堅信艾夫得到父親的幫助，於是向藝術系的同事詢問艾夫交出的作品，才確信這些作品的確是學生自己畫的——是「一位出色製圖者」的作品。

在艾夫十幾歲時，他的父親在位於英格蘭鄉村中心的羅浮堡大學（Loughborough University）為他爭取到一個名額，參加為設計教師開設的暑期密集課程。一位名叫大衛・瓊斯（David Jones）的設計教師負責教授製圖課程。艾夫的父親有一種工程學的思維方式，瓊斯則有平面設計師的感受性。瓊斯告訴學生，紙與筆是發揮想像力的手段，是激發設計師為這個世界創造各種可能性的工具。他教老師們在白色畫架上繪製草圖，然後讓老師們模仿他，就像大人教小孩學習字母表一樣，藉此提高他們的繪畫技巧。這門課讓艾夫接觸到這個職業中不同於父親所教授的另一面。在那之前，麥克的同事一直認為強尼可能會攻讀工作室藝術（studio art）學位，但是後來強尼清楚意識到，他可以把自己的藝術感受性帶入設計領域。

回到沃爾頓後，精進的製圖技術幫助他設計了一台投影機，作為畢業設計作品。他想重新設計學校裡常見的笨重投影機，因為它們有個缺點：沒有一個是攜帶式的。與其在教室之間推來推去，他設想了一台可以摺疊成公事包大小、讓教師能帶著走的投影機。

麥克將完成的投影機帶到辦公室，和同事們分享。他把將近兩英尺見方的黑色箱子放在一個同事辦公室的桌子上，當他召集幾個同事進行示範時，臉上露出了笑容。他說：「我一定要給你們看看這東西。」然後打開這個有著萊姆綠飾邊的黑色箱子，慢慢打開蓋子。投影機緩緩展開，露了出來，液壓系統發出細微的聲響。麥克舉起投影機的手臂，演示放大鏡與燈光如何透過菲涅耳透鏡將圖像投射到牆上。他眉開眼笑地聽著同事們對他十七歲兒子的傑作讚嘆不已。「我們這輩子從來沒看過這樣的東西，」麥克的同事拉爾夫．塔貝爾（Ralph Tabberer）回憶道。「它移動與運作的方式有種古怪的趣味。」

一九八三年，在艾夫從沃爾頓畢業之前，來自英國各地的設計教師聚集在羅浮堡大學參加一場會議。麥克協助組織了這次活動，並邀請倫敦羅伯茨韋弗集團（Roberts Weaver Group）總經理菲利普．葛雷（Philip Gray）擔任演講嘉賓。葛雷抵達時，麥克正在演講廳前的門廳，那裡展示著全國各地設計學生的作品。他瀏覽著這些用蠟筆、麥克筆和鋼筆畫的草圖，目光鎖定在一張有人體工學手柄設計的牙刷圖像上。

葛雷說：「真是個人才！」

麥克答道：「那是我兒子設計的。」

會議結束後不久，艾夫就隨著父親去倫敦，在位於羅伯茨韋弗集團的辦公室裡與葛雷會面，該公司位於諾丁丘地區一條由前馬車房構成的磚砌小巷中。艾夫剛開始申請大學，不太確定該申請哪所學校。麥克希望葛雷能提供幫助。

在附近一家義大利小酒館午餐時，葛雷建議艾夫考慮新堡理工學院（Newcastle Polytechnic），這是一所一流的設計職業學校。這所學校擇優錄取學生，競爭激烈，大約有兩百五十名學生申請設計學院的二十五個名額。葛雷認定了艾夫的才華，同意為他提供每年一千五百英鎊的私人獎學金，條件是他在校期間要到羅伯茨韋弗集團實習，畢業後進入公司全職工作。這種不尋常的安排充分證明了艾夫的才華。

隔年，艾夫進入新堡理工學院就讀。坐火車到那裡需要四個半小時，穿過連綿的綠色農田，來到英格蘭的東北角。北部工業地區富含煤炭且靠近北海的寒冷水域，一度以製造業領先全國，但當艾夫的火車穿過流經新堡的泰恩河時，附近的煤礦場一一關閉，這裡製造的蒸汽機也被電力火車所取代。

新堡理工學院的設計學院位於斯奎爾斯大樓（Squires Building）的三樓，這是一棟看來笨重的一九六〇年代長方形建築，立面為昏暗的褐色磚牆。每天，艾夫都會爬上狹窄的樓梯間，出現在燈光昏暗的走廊裡，這條走廊就像是工廠的裝配線，有四間相鄰的工作室，學生每年沿線往前進，直到畢業為止。左邊的第一間工作室是艾夫開始在這裡學習的地方，裡面有大約三十張繪圖桌，散發著馬克筆和化學纖維板的味道。空氣中瀰漫著恐懼：害怕缺乏想像力，害怕錯過截止期限，害怕同學對成品的批評。

「競爭非常激烈，」艾夫在新堡的友人吉姆．道頓（Jim Dawton）表示。「你想有好表現，當周圍的人的表現都很棒時，你會想使出看家本領。」

由於他和女友海瑟維持著異地戀，而且一直是個忠實的基督徒，艾夫得以在一個創意團隊中脫穎而出，這群人會去附近的酒吧喝酒發洩精力，到市中心的比格市場逛夜總會喝通關，還會去泰恩河上的燕尾服公主號狂歡，因為裡面有個旋轉舞池，當地學生將這艘船稱為「搖擺舞」。

艾夫的繪畫技巧讓同學們留下了深刻的印象。他會用淡藍色、柔和的黃色與咖啡色的淺色鋼筆素描，再用黑色細線筆修飾輪廓，最後以鉛筆暈染加上陰影與深度。在第一年，他以一種不尋常的方式測試了自己的繪畫技巧。由於生活拮据，再加上每週郵寄到斯塔福德給海瑟的信件與素描所費不貲，他決定在一個信封上畫郵票。他畫了一幅堪稱完美的伊麗莎白女王肖像，然後將信封放進郵筒。當海瑟回信時，他知道自己騙過了皇家郵政。

「一切順利，」他笑著告訴友人肖恩．布萊爾（Sean Blair）。

興奮之餘，他把省錢計畫變成了一場遊戲。他每週畫郵票，但這些郵票愈來愈不寫實，直到有一天，他以創意叛逆的心情畫了一個卡通式的女王。

新堡理工學院為艾夫提供了一個職業課程和一些傳統的大學課程。學生有一半以上的時間在學習設計與製造產品的要素。他們研究材料及工業流程、人體工學、電子學和生產管理。他們約有四成的時間用於學習包浩斯等運動的設計理論，包浩斯是一場將藝術、產品設計、美術史和建築史融合為一體的德國設計運動。

這些課程提升了艾夫的品味。一九八〇年代是個被激進後現代設計淹沒的年代，那個時期的設計充滿誇張的顏色、不匹配的形狀與異想天開的裝飾，反映出人們當時沉溺放縱的心態。被稱為「曼菲斯」（Memphis）的義大利設計運動，其名稱來自巴布．狄倫（Bob Dylan）的荒謬歌曲〈再次與曼菲斯藍調一起困在莫比爾〉

（*Stuck Inside of Mobile with the Memphis Blues Again*），它拋棄了二十世紀中期的極簡主義，轉而選擇成為具有雅痞趣味的家具公司。他們的設計包括一張由半圓形綠色桌腳與三角形黑色桌腳支撐的黃色辦公桌。從曾經的紐約索尼大廈到洛杉磯福克斯廣場，全都採用了當時流行的裝飾。這些裝飾華麗的概念讓艾夫感到厭惡，他認為形狀與顏色的不協調是一種視覺上的冒犯。他更喜歡紐約西格拉姆大廈所呈現的對稱形象，那種包浩斯風格有序、線性的手法。他成了德國設計師迪特．拉姆斯（Dieter Rams）功能主義感性的信徒，拉姆斯曾以極簡風格的收音機與吹風機讓百靈公司（Braun）成為一個家喻戶曉的名字，在他的設計哲學中，不受時間影響的永恆設計關乎「少，卻更好」（less but better）的概念。雖然艾夫很欣賞義大利設計師埃托雷．索特薩斯（Ettore Sottsass）色彩明亮與圓鼓鼓的裝飾作品，但艾夫的同學表示，他就像《源頭》（*The Fountainhead*）一書的主角霍華德．洛克（Howard Roark），很有原則，無法容忍探索更活躍風格的同學。有一次，一個朋友做了一個帶有華麗裝飾細節的產品模型，艾夫否定了它，說它缺乏「完整性」。兩人的友誼因此破裂，而這位同學在餘生中一直懷疑這是因為他汙辱了艾夫的設計理念。

艾夫不但表現出製作產品時對細節的觀察力，對產品行銷也有相當的敏感度。

在校的第一年，有件作業是要做一個熨斗，艾夫做了一個有水箱的鈍頭熨斗，看起來就像直升機駕駛艙。一個與底座分離的板機手柄，讓熨斗看來很有攻擊性。他用暗紫色的細節與標誌讓這個全白的產品更加突出。當時，雷諾汽車（Renault）正為一款汽車打廣告，稱其為「街上的硬漢」。艾夫從同學的評論中借用了這句話，給他的熨斗打上「床單上的硬漢」的口號。

這熨斗的設計鞏固了艾夫在教授與同學眼中作為班級明星的地位，但他認為自己大部分作品都很糟糕。他在多年後回憶道，「我很沮喪，因為從概念上講，我做不出自己想做的東西。」在他職業生涯的大部分時間裡，這種不足的感覺一直困擾著他，讓他因為冒名頂替症候群[1]而焦躁不安。

一九八七年，艾夫履行了對羅伯茨韋弗集團的承諾，在這家位於諾丁丘的公司實習了一段時間。這個街區還沒有在休．葛蘭（Hugh Grant）與茱莉亞．羅勃茲（Julia Roberts）的電影中成為好萊塢明星，但是由於幾個街區之外的另一間設計公司五角設計聯盟（Pentagram），此處逐漸成為設計師匯集的中心。艾夫和在閣樓辦公室裡的全職工作人員一樣拿到了一塊繪圖板。他那一頭龐克髮型馬上引起了同事的注意。「他看起來像一把牙刷，」後來成為艾夫畢生摯友的資深設計師克萊夫．格林耶（Clive Grinyer）如是說。

進入公司後不久，艾夫走進公司聯合創始人巴里．韋弗（Barrie Weaver）的辦公室，目不轉睛地盯著一組日本製計算機、釘書機與鋼筆的陳列。他問了一些有關這些東西如何製造的問題，就像和父親一起逛商店時一樣。他的好奇心與視覺敏感性讓韋弗留下深刻的印象，後來韋弗指派艾夫為日本的斑馬公司（Zebra）設計一款錢包。韋弗告訴艾夫，公司得向斑馬公司展示產品的製作方式，包括飾縫在內，否則該公司就會生產自己的版本。艾夫回到自己的工作區，開始切割折疊白色厚紙板，為他想做的錢包做出精確的模型。他將紙疊起來，做出皮革的厚度，並在上面壓印以增加紋理。然後他用筆在錢包的邊緣點上每一個針腳。他的細膩給同事留下深刻的印象，他們不再把他視為一個實習生，而是開始把他當作同行對待。

不工作的時候，艾夫會纏著年紀較長的格林耶發問。格林耶釘在桌子上方的一張素描讓他著迷，那是一張電腦外殼的傾斜散熱孔。當格林耶告訴他，那是他在美

1. 編注：冒名頂替症候群（Impostor syndrome），一種常出現於高成就人士身上的現象，表現為無法將自身的成功歸因於自己的能力，並擔心有朝一日被人識破為冒牌貨。

國加州工作時畫的，艾夫睜大了雙眼。

「在那裡工作是什麼樣？」艾夫問道。

「和這裡不一樣，」格林耶答道。在英國，設計師往往開發出一些概念，然後被客戶拒絕。格林耶表示，在舊金山，設計師的想法獲得資助，並按照設想來實現。對艾夫來說，這聽起來像是「當時最熱門的地方」，格林耶多年後回憶道。「他很驚訝、也很喜歡那裡的態度，那是一個能讓設計起飛的環境。」

艾夫對舊金山的迷戀與他在羅伯茨韋弗集團的現實經歷形成鮮明的對比。他藉由設計打破界限的衝動讓一些客戶感到不舒服，導致他們拒絕他的想法或要求改變。想法遭拒讓人受傷，要求改變則令人煩惱。艾夫曾為一個想要新電鑽的工具製造商畫了一個外觀光滑、具有未來主義風格的手持式電鑽，手把還是藝術性十足的鑽石形。栗紅和紫色的搭配看起來很漂亮，但很難想像握在一個戴著工地安全帽、身材魁梧的男人手中。客戶以太過優雅為由回絕了這個設計。「他不過是擁有雄心勃勃的想法，並且把東西畫得很漂亮，」韋弗說。「你會看到外形，但你不知道怎麼做出來。」

回到新堡後，艾夫在著手設計之前，會花更大心力去定義產品應該是什麼。他認為那個時代的兒童助聽器讓使用者感到羞辱。國民保健署提供的產品，是一個能夾在衣襟上的無線電接收器，以一根電線和一個笨重的粉紅色耳機相連。艾夫想做出一種看起來又酷又時髦的設備，就像人們到處帶著走的索尼隨身聽。他參觀了一所小學，與聽障兒童交談，他們告訴艾夫，助聽器的外觀讓他們感到羞恥。他告訴友人，改進後的設計既能幫助孩子們聽到聲音，又能減輕他們因為與眾不同而感受到的壓力。他期望孩子們在學校的注意力能提高，成績變更好，家長的憂慮也能減少。他設計的產品是一個連著皮帶扣的長方形白色接收器與耳機，學生能夠藉此聽到老師對著麥克風說的話。

在新堡，電腦不是設計學程的核心，但是在畢業前，艾夫接觸到他的第一台麥金塔電腦。他當時仍擔任督學的父親，成了蘋果電腦的擁護者，鼓勵學校採購蘋果電腦，因為對學習設計的學生來說，蘋果電腦比更普遍的 BBC Micro 電腦容易使用[2]。艾夫很快就明白了箇中原因。採用點擊式滑鼠的麥金塔電腦相較於他看過的任何電腦都更直觀。他覺得自己跟這家公司有一種聯繫，促使他對這家公司進行了

2. 譯注：BBC Micro 是艾康電腦公司為英國廣播公司的電腦素養提升計畫設計和生產的家用電腦。

研究。他喜歡「一九八四」廣告中的叛逆精神，也在麥金塔電腦中看到這種精神。艾夫在多年後告訴《紐約客》雜誌（*The New Yorker*），「我對其製造者的價值觀有種感覺。」

為了畢業，新堡的學生必須要選擇一個熟悉的概念，對它進行重新想像。學校將之稱為「藍天」計畫，這個名稱鼓勵學生想像不受當前生產能力限制的未來產品。

艾夫對信用卡的興起產生了興趣，開始思考這種廉價塑膠材料與人們刷卡消費之間的脫節。他還想知道，即使持卡人必須等待郵寄的紙本帳單，商家如何能立即追蹤一筆消費。他想像了一個世界：人們在這裡隨身攜帶鵝卵石大小的圓形徽章，在結帳時將徽章放在一台迷你電腦上。這個光亮的黑色徽章可以在一個口袋型計算器大小的設備上顯示交易資訊。新堡學院教授約翰．艾略特（John Elliott）說：「他賦予它一種貴重感與鐘錶匠的精巧。」幾十年後，當蘋果公司發布名為「Apple Pay」的零接觸支付系統時，艾略特想起了艾夫的「藍天」計畫，並表示，「他領先了二十年。」

年末，當學生聚集在一起展示他們的期末計畫時，艾夫的簡報脫穎而出。每個人都將作品放在八乘四英尺的木板上，於斯奎爾斯大樓展示，讓教授在給出最後成績前仔細審查。同學們用照片與作品資訊將木板塞得滿滿的，而艾夫的板子上卻有大量留白。他在其中一塊板子上固定了一個雜誌架，用來放置他的「藍天」報告與徽章。在另外兩塊板子上，則稀稀疏疏地放上作品的照片。這是房間中最低調的展示，反映出他正在形成的「少即是多」的理念。當外部評鑑人員羅素·馬洛伊（Russell Malloy）走到展板前時，他不知道該如何反應。他轉向艾略特與其他教授徵求意見。他問道，「你們最高可以打幾分？」最高分通常是七十分，相當於A。從來沒人詢問教授要打更高分該怎麼辦。他們私下討論了一會兒，然後告訴馬洛伊，請他為作品打他認為最合適的分數。馬洛伊給艾夫打了九十分。

「你確定嗎？」評審小組負責人問道。

「我從未見過這樣的東西，」馬洛伊表示。「他應得的。」

在英國皇家藝術學會（Royal Society of Arts）主辦的設計比賽中，艾夫也給評審委員留下類似的印象。該學會成立於十八世紀，自一九二四年就開始舉辦工業設計比賽，為學生提供旅行獎勵與補助。艾夫參加了一個以電話為題的設計比賽。長久以來，他一直覺得把手放在臉的一側去握著電話是很不自然的動作。他認為這造成了操作電話實際所需的兩個部位——即嘴巴與耳朵之間的脫節。他將電話重新想像成一個活潑、有稜有角的設備，有一個牙刷大小的細長形接收器，使用者可以拿著它，像麥克風一樣對著它講話。這個電話的造型看起來就像個問號。為了將它做好，艾夫在公寓裡製作了幾百個形狀與角度有著細微差異的保麗龍模型。最後的版本由白色塑料製成，按鍵為淡紫色。他將之命名為「演說家」（Orator）。「我當時挺得意的，」他在幾十年後提起這個名稱時如此說道。這個為他贏得五百英鎊旅行獎金的模型，讓他的同學大為震驚。「這是前所未見的設計，」比艾夫高一屆的新堡校友克雷格．蒙西（Craig Mounsey）表示。

然而，艾夫認為這是一件失敗的作品。他將這件作品帶到一間辦公室去拍攝人們使用它的情景，發現使用者拿著的時候並不自在，因為它看起來太不一般。這暴露出他多年來一直糾結的缺陷：做出一個看來激進的產品是不夠的；人們必須要能與之連結。人們必須了解這項產品原本的運作方式，否則就不知道該如何使用它。

一九八九年夏天，艾夫得意洋洋地帶著獎金搭上飛往加州的班機。矽谷在他腦海中仍然是一個神祕的地方，在那裡，設計師在改變世界的電腦與其他產品中，擁有巨大的發言權。它被宣傳成一個陽光普照之地，豐碩的果園已經被綿延三十英里的科技園區取代，滿是晶片製造商、新創公司與創投公司。矽谷之名來自矽晶片，這裡生產的矽晶片催生了個人電腦的時代，讓二十三歲的史蒂夫·賈伯斯成為百萬富翁。來自世界各地的年輕工程師、設計師與企業家受到發跡可能性的吸引，紛紛湧向矽谷，追求下一個引領風潮的新事物。

艾夫是個好奇的朝聖者。多年來，他一直聽著格林耶談論加州，他想看看這地方是否符合自己的想像。他與幾家設計公司安排了資訊式面談，其中包括新月設計公司（Lunar Design）。新月設計由附近聖荷西州立大學（San Jose State University）工業設計畢業生羅伯特·布倫納（Robert Brunner）共同創辦，該公司最近從蘋果公司獲得了一台新電腦的設計工作，是一間正在嶄露頭角、有著輕鬆衝浪者氛圍的新銳設計公司。

艾夫推開了這家距離史丹佛大學不遠的設計公司大門，走入一個讓人聯想到影集《邁阿密風雲》（*Miami Vice*）、以電光藍色與粉紅色為主色調的大廳。空間裡瀰漫著從樓下印度餐廳飄來的印度烤雞香味。艾夫拖著一個裝了他作品的箱子走到附近的桌子旁，打開箱子，向布倫納展示他那未來主義風格的無線電話。他掀開「演說家」的頂部，露出一系列可拆卸的內部組件模型。布倫納目不轉睛地看著艾夫說明這些組件的作用與電話的組裝方式。雖然甫從學校畢業，艾夫已經能夠從外觀到製造過程，完整地解釋整部電話。

他一邊說，布倫納一邊思考：我該如何僱用這個孩子？他當時沒有任何空缺職位，但在他們結束討論時，他試圖讓艾夫知道自己對他感興趣。布倫納說：「讓我們保持聯繫，看看你會去哪裡。」

布倫納的興趣讓艾夫很激動，他已經被加州迷住了。這位年輕設計師返回英國後，向皇家藝術學會提交了一份旅行報告。他寫道：「我立刻愛上了舊金山，迫切希望在未來的某個時候能夠回到那裡。」隨著時間的推移與布倫納的幫助，他將能實現願望。

艾夫重回倫敦羅伯茨韋弗集團的時間並不長。一九九〇年，該公司在英國銀行危機中財務崩潰倒閉。艾夫因為在新堡求學期間所獲財務支持而簽訂的合約因此作廢，他加入了友人格林耶與另一位設計師馬丁．達比斯爾（Martin Darbyshire）創辦的公司。這些合夥人將公司命名為橘子設計顧問公司（Tangerine）。

他們在東倫敦肖迪奇區霍克斯頓廣場（Hoxton Square）附近一間有高天花板與粗糙木地板的後工業閣樓設立了一間辦公室，這個區域在當時是一個滿是脫衣舞俱樂部和同性戀酒吧的紅燈區。當時經濟不景氣，工作很少。為了招攬生意，他們在設計雜誌上刊登廣告，製作概念設計來展示他們的能力。艾夫開始為一家名為「理想標準」（Ideal Standard）的公司做設計，這家衛浴公司在英國設計協會（Design Council）的一個展覽上看到艾夫在新堡設計的助聽器後對他產生了興趣。因為這個設計案，他的公寓滿是浴室洗手台的保麗龍模型。有一天，吉姆．道頓去找他，發現艾夫正忙著用吸塵器清理地板上的保麗龍碎屑。艾夫轉向道頓，將吸塵器的軟管對著他的臉，微笑著從他的鼻子裡吸出保麗龍細屑。

加入橘子設計後，艾夫和海瑟搬進布萊克希斯的一間公寓。他請了幾天假，打算將公寓粉刷裝飾一番。當他週一出現在辦公室時，顯得有些沮喪，他坦承那幾天自己只粉刷了一扇窗戶。他把窗戶拆下來，一次又一次地粉刷，直到符合自己的期望為止。

「他要求完美，」達比斯爾說。「在關注細節方面，他完全就是肛門滯留人格。」[3]

雖然艾夫的工資不高，他仍為自己的公寓買了一台 Rega Planar 黑膠唱片機，而且還是在購買任何家具之前就先買下。艾夫後來養成一個昂貴的嗜好，終生痴迷於收藏製作精良、設計巧妙的設計產品，這台黑膠唱片機就是其中之一。

為了理想標準公司的設計案，艾夫與格林耶跑去位於薩默塞特（Somerset）的艾夫父母家。當他們在車庫裡堆起一個個水槽和馬桶的模型時，艾夫從哲學的角度談論水的重要性。他翻閱了有關水的流動的海洋生物學書籍，並從古希臘陶器中尋找靈感。由此產生的設計，是個靠在一根與牆壁呈一定角度的柱子上的半橢圓形洗臉盆。他們在紅鼻子日（Red Nose Day）於理想標準公司展示了這些模型。紅鼻子日是一個喜劇救濟組織（Comic Relief）舉辦的慈善活動，當天該公司執行長以其超現實風格戴著一個紅色鼻子參與了整場會議。會議結束後，戴著小丑鼻子的執行長表示擔心，認為水槽的製造成本太高，而且與該公司較為沉穩的設計風格相去太遠。

他問道，「如果水槽因為太重而倒下，砸在孩子身上怎麼辦？」

這個水槽的設計被退回了。艾夫在返回倫敦的途中感到洩氣沮喪。他被迫面對自己作為設計師的局限性。他挑戰規範的熱情與對計畫的深入研究，可能讓他不願意為滿足客戶而對自己的設計做出妥協。這樣的態度使得在橘子設計這樣的公司裡工作變得複雜，因為公司的成長來自於滿足客戶。他意識到，設計公司的工作可能不適合他。艾夫後來表示，「我就不該接近設計業務。」

非常需要人推一把的艾夫，從一個舊識那裡得到了幫助。一九八九年，蘋果公司聘請新月設計的布倫納，也就是艾夫前往加州時曾拜訪的對象，請他建立一個內部工業設計團隊。蘋果公司當時正在將產品線從桌機拓展到筆記型電腦與個人數位助理。從前的設計（有垂直與水平凹陷線條的米白色電腦）曾讓麥金塔獲得成功，但後來已經顯得過時。布倫納想要一個更有動態感的外觀，以反映出新設備的流動性。布倫納亟於尋找新創意，他想起了艾夫，於是提議讓橘子設計接手一個計畫，設計四款蘋果產品：一台平板電腦、一個行動鍵盤和兩台桌上型電腦。

這個以「主宰」（Juggernaut）為代號的計畫讓艾夫感到害怕。這是他第一次有機會與一家他欣賞的設計公司合作。他承擔了設計平板電腦的職責，而在工作室

3. 編注：肛門滯留人格（anal retentive），心理學的學術理論之一，該類型人格特質易出現固執、堅持己見、希望事物井然有序等特徵。

裡埋頭苦幹的他，有時會假裝在一個保麗龍鍵盤模型上打字。最終的設計有一個角度像繪圖板一樣傾斜的螢幕。

模型完成後，艾夫將它們裝箱寄給蘋果公司。他先放入用氣泡紙包好的模型，接著將相應的草圖放在上面。他又在最上面放了印有橘子設計商標的圓領衫，用白色紙巾包好，再用印有公司商標的貼紙黏在一起。這種細心的程度讓同事大吃一驚，他們早已習慣設計公司將模型裝箱後，倒入緩衝材料了事。艾夫將運往蘋果公司的紙箱化作一種體驗，他認為在包裝上投入的心血與在製作過程中投入的心血一樣重要。

這個紙箱立刻給布倫納留下深刻的印象。他邀請橘子設計的合作夥伴訪問庫比蒂諾。在他們展示作品後，他將艾夫拉到一邊。他希望擴大成長中的蘋果設計團隊，而且感覺到艾夫對蘋果公司很有興趣。「這裡的大門永遠是敞開的。」他說。「考慮一下吧。」

看著布倫納求才若渴的行為，達比斯爾與格林耶判斷，主宰計畫不僅僅是設計幾個行動裝置這麼簡單。新興公司從世界級公司那裡得到簡報機會，向來不是偶然。布倫納想要僱用他們的合夥人。回到倫敦後，當艾夫走進他們在霍克斯頓廣場的辦公室時，格林耶撲過去抓住他，問道：「他們得逞了，對吧？」

艾夫咧嘴一笑，什麼也沒說。

「去吧！」格林耶說道。

艾夫感到很矛盾。他知道，他所仰慕的公司提供了一個非常棒的機會。這將使他擺脫取悅客戶的負擔，增加收入，也能藉此搬去加州。但他對於離開英國到另一個國家建立家庭，遠離父母親，尤其是在他的職業生涯中扮演極重要角色的父親，感到非常擔憂。

他猶豫不決了好幾個星期。除了其他顧慮外，他還為自己是否能勝任這份工作感到苦惱。當時的他只有二十五歲，剛從學校畢業沒幾年，而且他的許多設計從未進入生產階段。他怎麼可能在一家擁有偉大設計遺產的公司裡成得了事呢？

在一個溫暖的日子裡，艾夫和他大學時期的友人史蒂夫．貝利（Steve Bailey）在倫敦散步，他們停下來坐在長椅上，俯瞰一條流入泰晤士河的河流。他稱之為家的城市在他面前展開，他實在很難把這一切留在身後。他告訴貝利，他不確定自己是否已經做好準備，能夠勝任在蘋果公司的新角色。蘋果公司的設計遺產令人生畏。該公司的麥金塔電腦重新界定了使用者與電腦互動的方式，比其競爭對手出售的任何產品都更平易近人。雖然艾夫在同行眼中已取得相當的成就，但他不信任這些讚譽，仍然在自己的許多作品中看到缺陷。貝利表示，「他真的很緊張。」在蘋果公司，艾夫擔心他作為一名設計師的缺點會暴露出來。他很擔心自己的前途。

第三章

chapter 3

經營者

The Operator

員工稱之為「瓦爾哈拉」（Valhalla）[1]。行政樓層位於無限迴圈一號大樓的頂樓，是蘋果商業帝國的中心。公司的經營團隊由十人組成，每週一都會聚集在行政樓層的會議室，用四小時的時間討論公司業務。每週的會議反映了一個龐大科技巨頭的等級制度，係由一個小團體評估業務的每一個細節，從新商店的開發到新產品類別的探索。

賈伯斯去世後，蘋果的商業之王庫克不得不調整適應，獨自領導週一的會議。當賈伯斯任命他為執行長時，庫克曾設想向他的前任尋求建議。然而他卻發現自己失去了引導，只能靠自身的力量來處理複雜的損失與領導問題。

庫克是出了名的孤僻，不愛談論私事，但他的行為卻向同事透露了他在導師去世後的感受。他並沒有搬進賈伯斯以前的辦公室，而是把它像墳墓一樣封閉起來。文件散落在桌子上，白板上仍然有賈伯斯女兒的畫作。有些日子，庫克會推開門，走進去感受前老闆的存在。他把這些反省的時刻比擬為造訪墓地。

在週一，庫克試圖創造出一種近似於賈伯斯在世時的工作氣氛。高階主管們魚貫走進會議室，按著共同默契圍繞著一張大會議桌坐下來，面前是賈伯斯生前用來勾勒自己想法的白板。當他們向同事匯報自己的職責領域如硬體和軟體時，有幾個人開始覺得倦怠。賈伯斯能憑藉直覺與大腦作出即時、本能的決定，而庫克的動作慢，喜歡分析。他並沒有像賈伯斯那樣要求員工創造出一個更大的iPhone，而是建議探討不同的尺寸來評估改變的好處。一些團隊成員抱怨他無法做出決定，其他人則接受他蒐集資訊後提供方向的做法。

在最初幾個月的一次會議上，庫克在同事們繼續討論時，一言不發地起身溜出會議室。門在他身後關上，房間裡靜了下來，所有人都在等他回來。他穿過走廊來到辦公室，在辦公桌前坐下。最後，經營團隊中的一名成員決定去看一下，結果發現這位執行長陷入了沉思。

庫克抬起頭問道，「你們開完會了嗎？」

這位主管回答道，「我們在等你。」

提姆．庫克從小就想過上與父親不同的生活。

全名提摩西．唐納德．庫克（Timothy Donald Cook）的他，一九六〇年出生

1. 編注：在北歐神話中，瓦爾哈拉是位於阿斯嘉的一處雄偉的大廳，由奧丁統治。

生於阿拉巴馬州的莫比爾，是唐納德．多齊爾．庫克（Donald Dozier Cook）與潔拉爾汀．梅傑斯（Geraldine Majors）所生三個兒子中的老二。他的父母在阿拉巴馬州南部相距三十英里的地方長大，那是個處處是農場、寬闊橡樹與高大松樹的地方。他父親的中間名來自他上學的那個同名小鎮，一個被稱為「火絨帶」（Tinder Belt），介於佛羅里達狹長地帶以北、蒙哥馬利郡以南的偏遠農村。庫克家族在一百多年前來到此地，從北卡羅萊納州與南卡羅萊納州漂流到這個安德魯．傑克森將軍（General Andrew Jackson）打敗馬斯科吉聯盟（Muscogee Creek Confederacy）後交給定居者的地區。他的父親靠販賣農產品與開牛奶運輸車養家。多齊爾的一條聯外道路向西北延伸到阿拉巴馬州的喬治安娜，那是潔拉爾汀長大的地方。

唐納德對自己在鄉下長大的出身很自豪，講話時總帶著南方農村的口音。有一天，他會誇耀自己的二兒子是「那種不會放棄任何事的人。他就是個拚命三郎。」他教孩子們要謙遜，對任何炫耀財富的行為感到不屑。當庫克終於成為蘋果公司高階主管時，他給父親買了一輛卡車，結果唐納德經常抱怨這份禮物。「我不知道他為什麼要買卡車給我。」他在喝咖啡時告訴朋友。他不希望有人認為他只是在裝模作樣。

庫克的父親有一種勞動者的態度，這是他一輩子辛勤工作鍛鍊出來的。取得高中學歷後，他在莫比爾的阿拉巴馬乾船塢暨造船公司（Alabama Dry Dock and Shipbuilding Company）找了一份工作，接著於韓戰期間被徵召入伍。他在軍隊裡成了補給員，為運輸人員、彈藥與口糧到前線的貨運卡車提供零件。他喜歡管理庫存，認為這是「軍隊中最好的工作」。他在南韓待了十八個月，然後回到墨西哥海灣，在那裡的造船廠謀生。他和潔拉爾汀結婚並組成家庭，有了三個兒子。這一家從莫比爾搬到海灣另一邊的佛羅里達州彭薩科拉，也就是庫克的祖父卡尼住的地方。他們一直住在那裡，直到最小的傑拉德要入學時。那是一九七〇年，美國南方腹地正在加速廢除種族隔離。法官下令，曾經抵制學童混合就讀接送計畫的彭薩科拉必須取消種族隔離。當時的局勢非常緊張，當地中學的白人與黑人學生爆發爭執，其中一些是由於南部聯盟的形象所引起。屬於中下階層的庫克一家搬到附近阿拉巴馬州的鮑德溫郡，即潔拉爾汀的雙胞胎妹妹定居處。唐納德說，他們之所以選擇羅柏達爾[2]這個地方，是因為這裡有一所涵蓋幼稚園到十二年級的單一學園，讓

2. 編注：羅柏達爾（Robertsdale），美國阿拉巴馬州鮑德溫郡下屬的一座城市。

他的三個兒子可以一起上學。

羅柏達爾是一個小型農業社區，雙車道的公路縱橫交錯在廣闊且平坦的玉米田、棉花田和馬鈴薯田之間。橡樹林與高聳的松樹標示著兩座農場的交界。乳牛在草地上吃草。一條穿越小鎮的鐵路將收成運送到北方的蒙哥馬利。空曠豐產的平坦土地，鼓勵了大面積單層農場住宅的發展。這個城鎮幾乎全是白人，居民將此地比做《安迪格里菲斯秀》（*The Andy Griffith Show*）中虛構的北卡羅萊納州梅伯里鎮。兩千三百名居民中的大部分都在附近的農場、當地的家庭式商店、或是製造內衣、睡衣與胸罩的名利場紡織廠（Vanity Fair）工作。孩子們自由自在地在社區裡活動，居民在當地人經營的雜貨店採購，每個人在週日禮拜後都會去當地一家以香酥炸雞聞名的強尼梅（Johnnie Mae's）餐廳用餐。上學日從基督青年（Youth in Christ）的虔誠祈禱開始，季節則以中學美式足球賽和鄰近的灣岸捕蝦節（Gulf Shores Shrimp Festival）為標誌。

庫克一家在小鎮上取得了一個罕見的成就，他們設法出了名，卻又不為人知。唐納德與潔拉爾汀會去學校參加親師座談活動，但從來不參加家長教師聯誼會。他們偶爾會去羅柏達爾聯合循道會，但不是特別活躍。雖然他們很友善，但他們會遠離當地報紙的社交活動版，那裡刊載的是有關花園俱樂部聚會、後院燒烤和晚餐派對等活動。他們不太與人交往，也把這個習慣傳給了兒子。

小時候，提姆會看著父親唐納德早早起床，開將近一個小時的車去莫比爾的船廠上工。唐納德在那裡擔任二級助手，協助焊工與其他技術工人，打掃他們的工作區域，為他們搬運器材。他在莫比爾灣的潮濕環境中工作，將千噸級的船隻吊上支撐座進行維修。工資大約是每小時五美元。他未曾抱怨，但提姆知道父親不喜歡這份工作，他這麼做是為了養家餬口。父親在船塢裡艱辛、毫無樂趣的工作讓提姆難以忘懷，也讓他夢想著要找到一份自己喜歡的工作。

庫克的雙親向他灌輸了努力工作的重要性。他在十歲時就有了第一份工作。多年來，他曾在附近的莫比爾送過《訂閱新聞報》（*Press-Register*），在 Tastee Freez 連鎖快餐店煎漢堡，也曾在當地的李氏藥局打雜，做著拖地打掃、貨品上架與收銀員的工作。在李氏藥局工作時，他表現出的主動性與商業敏銳將決定他的一生，他根據品牌受歡迎程度重新整理香菸區，進而提高了銷售額。

庫克也把類似的紀律帶到學校。他和農民、工廠工人與碼頭工人的兒女們一起在一棟有白色窗框的單層磚造建築裡上課。他忙於課業與工作，但從未遲交作業或製造麻煩。儘管如此，他也沒把自己太當回事。他的老師老師將他比喻為一隻黃金獵犬：一個隨遇而安的學生，總是面帶微笑，與同學一同歡樂。雖然他是學校裡最機靈、最聰明的學生，但在課堂討論時卻很害羞安靜。老師為了鼓勵他參與，經常問道，「提姆，你怎麼想？」

「他是那種你無法很了解的孩子，」學校樂隊指揮艾迪·佩吉（Eddie Page）表示。他的化學老師肯·布雷特（Ken Brett）稱他是個高智力者，「說話溫和，容易相處，勤勉做作業。」有好幾年，同學們稱他為「最好學的人」（Most Studious）。

中學時期，他設定了他的第一個主要目標：進入奧本大學（Auburn University）。對於這個父母沒有大學學歷的孩子來說，這是一個很有野心的夢想。他的選擇部分受到阿拉巴馬州的文化影響，大學美式足球有著至高無上的地位。每個人似乎都對阿拉巴馬大學與奧本大學的年度對抗賽有著休戚與共的興趣，前者以培養該州的醫生、律師與全國美式足球冠軍而聞名，後者則以培養農民、工程師與海斯曼獎得主聞名[3]。羅柏達爾支持藍橘色球衣的奧本大學，而非紅白色球衣的阿拉巴馬大學，而且庫克周圍都是該州這所技術學院的球迷。

一九七一年，庫克在電視上觀看了他的第一場奧本-阿拉巴馬對抗賽。奧本老虎隊以三十一比七輸掉了比賽。庫克一直對這場比賽的失利耿耿於懷，直到隔年，兩隊進行了一場令他終生難忘的比賽。在阿拉巴馬州伯明罕的軍團球場（Legion Field），奧本隊在比賽結束前十分鐘以十六比〇落後阿拉巴馬隊。奧本隊成功射門後，阻擋了阿拉巴馬隊最後一波攻勢，阻止了隨後的棄踢，並回敬一個二十五碼的達陣；幾分鐘後，他們阻擋了第二次棄踢，又回敬另一次達陣，最後贏得比賽。這個結果簡直不可思議，以致於全州民眾都記得這樣一場「棄踢-巴馬-棄踢」的賽事（**Punt-Bama-Punt game**）。不到一年，庫克告訴母親，他想要以「某種方式」進入奧本大學。

在庫克一家搬到羅柏達爾時，這裡是個種族分裂的地方。這個社區是非公認的「日落鎮」，在整個美國南部，這個詞是用來指稱基於種族限制而不鼓勵黑人於入

3. 譯注：海斯曼獎是每年一度頒發給美國大學美式橄欖球最佳球員的獎項。

夜後外出的城鎮。當羅柏達爾的夜幕降臨時，黑人居民會回到位於臨近城鎮如洛克斯利（Loxley）與銀丘（Silver Hill）等地的家中。一九六九年，當地學校開始將這些城鎮的黑人學生送入羅柏達爾。有些當地人抵制種族融合。首批進入羅柏達爾高中就讀的一個黑人學生家庭，還曾經在自家郵箱裡發現過管狀炸彈。

庫克一家搬到鎮上後，就面臨著種族緊張的局勢。在就讀六或七年級時，他騎著新買的十段變速自行車返家途中，遇到一群戴著頭罩的人站在當地一個黑人家庭的草坪前，草坪上有個燃燒的十字架。他震驚地停了下來，看著這些人高喊種族歧視的口號，然後聽到一扇窗戶玻璃破碎的聲音。

「住手！」庫克喊道。一個男人轉向他，掀開了頭罩。他認出這人是當地一間教堂的執事，並非來自自己的教會。震驚之餘，他騎著自行車走了。

幾十年來，庫克一直無法忘懷三K黨的形象。在他成為蘋果公司執行長後，他曾在一次演講中提到這段經歷，但並未提供太多細節。「在離我住處不遠的地方，我曾經目睹一個十字架燃燒的場面，那個景象至今歷歷在目。」他說道，「這永遠改變了我的生活。」演講結束後，蘋果公司的職員協助為《紐約時報》對庫克的一篇人物側寫證實了這個故事，其中就包括與這位執事與那輛自行車相關的細節。當羅柏達爾的人們讀到這篇文章時，許多人被激怒了。從前的同學、鄰居與友人對庫克利用自己的顯赫地位，對自己家鄉進行如此負面的描述表示反感。讓他們更沮喪的是，眾人都相信《紐約時報》描述的事件從未發生過。

這篇文章使庫克在家鄉遭人唾棄。多年來，從前的同學與鄰居都在爭論這個故事的正確性。儘管有位老師記得庫克在幾十年前曾講過一個類似的故事，其他人卻將其拆穿。他們指出，當時的羅柏達爾並沒有任何黑人屋主，而且距離最近的黑人居所離庫克家有好幾英里遠。有些人不記得庫克在那麼年輕時就擁有過一輛十段變速自行車。庫克的中學摯友麗莎·絲特拉卡·庫柏（Lisa Straka Cooper）給他發了電子郵件，問他如何認出另一間教堂的執事，以及他是否曾告訴父母焚燒十字架一事。她說：「如果這是真的，你需要補充細節：那是誰的院子，你是否仍與他們保持聯繫。」

庫柏回憶道，「他說：『我有什麼動機要撒謊呢？』」她告訴庫克，羅柏達爾的人不相信他。從那以後，這對老朋友就沒怎麼說話了。

上高中時，庫克身材削瘦，穿著一九七〇年代風格的寬領襯衫和喇叭褲，頂著一頭看來像是蘑菇雲的蓋耳髮型。他在十年級學了長號之後，在學校樂隊裡找到了自己的社交團體。由於開始學習樂器的時間較晚，起初他和初中生一起練習，努力追趕同齡人。他經常大口吹氣，以致於吹出響徹整個房間的「破音」。他的樂隊老師佩吉先生會搖著頭訓斥他，「提姆，你在那裡施加了八十磅的壓力，太多了！」

雖然他大部分時間都和樂隊成員在一起，庫克在學校也會和運動員與戲劇班的同學往來。不過他很少在週末去網球場，那是同學們一起消磨時間和交際的地方，也是中學生聚在一起喝啤酒的地方。他的同齡人中幾乎沒人有印象在校外和他交際過。「提姆很奇怪，有點與眾不同。」比庫克低一屆的強尼·利特爾（Johnny Little）表示。「他大部分都和女孩在一起。」

庫克將庫柏視為他最親密的朋友之一。她當時正和一位剛畢業的羅柏達爾大學畢業生交往，後來也嫁給了這個人，所以庫克經常陪她參加一些活動，例如返校日。他們都很喜歡芭芭拉·史翠珊（Barbra Streisand）與勞勃·瑞福（Robert Redford）主演的電影《往日情懷》（*The Way We Were*），還會為對方哼唱那首熱門歌曲，渲染著傷感的歌詞。

「回憶照亮了我內心的角落……」庫柏帶頭唱著。

「散落的照片裡是我們留下的笑臉……」庫克會接著出聲。

當同學們開始翻白眼，庫克和庫柏會哈哈大笑，堅信自己是歇斯底里地惹人厭。

庫克將他大部分的課外時間都傾注在學校畢業紀念冊上。作為業務經理，他幾乎到哪兒都帶著筆記本，在爬上自行車騎往羅柏達爾之前，他會把筆記本放入肩上的背包裡。他在課堂上會打開筆記本，查看當地企業的名單，例如Tastee Freez、坎貝爾餐廳（Campbell's Restaurant）與東區花店（Eastside Florist）等。他會追蹤企業對畢業紀念冊的廣告承諾，確認它們是否已經付款。

當紀念冊製作小組在中午時分開始聚會時，庫克會向指導老師芭芭拉．戴維斯（Barbara Davis）匯報廣告銷售與募款情況。他們會制定計畫，鼓勵一些企業開支票支付全版四分之一或半版廣告。教授代數與三角函數的戴維斯女士，早已習慣畢業紀念冊業務經理等到付款期限到了才急著收款。庫克是她第一個在製作期間就開始收款的學生。他的堅持與責任感是她選擇他擔任這份工作的部分原因。在三年的數學課中，庫克從來沒有遲交作業，而且也是表現最好的學生之一。她在幾十年後回憶道，「他很有效率，也很可靠。」

仍然想進入奧本大學的庫克，在中學的最後一年開始擔心自己為大學所做的準備。他的化學老師是一名美式足球教練，在上課時先簡短介紹了一些物理與化學性質，接著就給學生時間自由打牌、讀書或交際。庫克與另一位特優生同學特蕾莎·普羅查斯卡（Teresa Prochaska）很擔心自己學得不夠。他們向學校的輔導員表達了自己的顧慮。「別擔心，」輔導員說。「你們沒問題。」

當普羅查斯卡與庫克分別以第一名和第二名畢業時，他們證明了輔導員是正確的。

在一九七〇年代的阿拉巴馬州南部，以及美國南部所謂「聖經帶」（Bible Belt）的大部分地區，同性戀被視為一種罪惡。許多人將舊約聖經的段落解讀為禁止同性間的關係。有些人認為同性戀是一種變態，另一些人則認為這是「不自然的」。在羅柏達爾這個小型農業社區，不接受同性戀的態度創造了一種環境，同學與老師都表示他們不會猜測任何人是同性戀。同性戀是一個陌生的概念，在這個以白人為主的基督教小鎮，這種差異被認為是不可能的。

這種氣氛讓庫克在居民中成了外人。即使在那時，他也知道自己與眾不同，儘管他從未向友人談及自己的這種異類感；他沒有向自己最好的朋友敞開心房談論他的希望或夢想；他沒有參加校園裡基督學生會的活動，在那裡討論上帝、罪惡與救贖；他沒有談過對女孩的迷戀或女朋友；他沒去參加太多社交活動；他也沒有和自己最親密的友人說自己可能是同性戀。相反地，他創造出一個完美主義者的光環，在這個光環下，獲得好成績與進入奧本大學是他的優先目標，比同齡人的日常興趣更重要。在眾人眼中，他對未來的重視解釋了他的與眾不同。

庫克精心打造的形象，在一個恐同情緒偶爾會浮出水面的環境中保護了他。羅柏達爾中學有個老師單身，而且是個娘娘腔。有一天在學校，這位老師正和一群學生談話，另一位學校職員帶著一名學生經過。「你最好不要跟那個怪胎講話。」這名職員在提及這位老師時表示。庫克的英文老師菲．法里斯（Fay Farris）就站在附近，立即斥責這名職員的不包容。學生很喜歡這位老師，也感謝她的介入。但這樣的交流同時顯示出那個年代的偏執。

庫克完成高中學業時，他的母親告訴李氏藥局的同事，說庫克正與鄰近弗利市的一個女孩約會。他的性取向將影響到他的大部分生活。

一九七七年，庫克收到他夢寐以求的奧本大學錄取通知。這所大學創建於一八五九年，當時名為東阿拉巴馬男子學院（East Alabama Male College），後來改名為阿拉巴馬農業暨機械學院（Agricultural and Mechanical College of Alabama），最後又以其所在城鎮為名。奧本大學位於阿拉巴馬州中部的平坦平原上，遠離海灣沿岸的海風，一年中大部分時間都很悶熱。

庫克加入了一個由八位羅柏達爾畢業生組成的團體，一起在校園對面的尼爾之家租了公寓。他們住在有部分隔牆的小房間裡，有書桌、雙床和一個廚房。附近的校園有枝葉繁茂的橡樹、蔓生的木蘭與一棟兩層樓的磚造建築。學生生活以美式足球為中心。週六的校園充滿了「戰鬥老鷹！」的呼喊聲（學校的口號），身著藍橘色上衣的學生魚貫湧向體育場。場外一座高聳鐵絲網鳥舍裡的老鷹，會於開球前在球場上表演俯衝。座位在二十六區的庫克陶醉於比賽日的壯觀場面，即使是奧本隊表現不太好的賽季。

離家的距離使庫克得以重新塑造自己。高中時期很少和朋友去網球場喝啤酒的他，進入奧本後也開始上酒吧，畢竟喝酒是學生生活中很重要的社交活動。當時有個名為「漏斗熱」（Funnel Fever）的喝啤酒比賽，學生還會因為啤酒稅上漲兩分錢大表抗議。「我得說，那真的是竭盡所能地狂歡，」庫克多年後回憶道。

庫克參與了學生會的電影委員會，安排放映如《黑湖妖譚》（*Creature from the Black Lagoon*）與《美國風情畫》（*American Graffiti*）之類的電影。他會在門口檢查學生證，並在燈光暗下來之前報幕，當叛逆的大學生嘲笑他、向他扔東西時，盡力站得直挺挺的。這段經歷讓他了解到，簡潔在公開演講中的重要性。

在宿舍裡，庫克不厭其煩地放著他最喜歡的滾石樂隊（Rolling Stones）歌曲〈駝獸〉（Beast of Burden），直到一名室友再也無法忍受，抓起黑膠唱片，像扔飛盤一樣扔出了陽台。

奧本形塑了庫克的認同。該校的校訓與他產生了共鳴。校訓是由奧本大學的第一位美式足球教練喬治．佩特里（George Petrie）於一九四三年所寫：「我相信這是一個現實的世界，我只能倚賴自己的收入。因此，我相信工作，勤奮工作。我相信教育，它給我知識，讓我能聰明地工作，也訓練我的心智與雙手，讓我能熟練地工作。我相信誠實與真實，沒有這些，我就無法贏得同伴的尊重與信任。」

庫克需要致力於課業。他在羅柏達爾能輕鬆獲得的好成績，在奧本大學工業暨系統工程系就讀時就沒那麼容易。這個科系是一項很實際的選擇，一方面因為他想成為一名工程師，另一方面因為學校的工讀計畫，讓他在學季之間可以去里奇蒙的雷諾茲鋁業公司（Reynolds Aluminum）打工賺錢，好支付兩百美元的學費。工業工程起源於二十世紀早期，是隨著製造商尋求改善生產的方法而發展起來的。它與其他工程學科不同，因為它不太強調科學，而是強調運用數學來鑑別改善複雜流程的方法，例如創造更有效率的生產線或簡化醫院急診室流程以提高效率。庫克就像他許多同學一樣，喜歡數學與人的交集。這個課程教會他思考與質疑一切。他的同學表示，他們學會了對每件事都要提出的一個問題是：「為什麼要這麼做？」學校告訴他們，常見的答案「它就是這樣做的」是不可接受的，並敦促他們提出後續疑問，藉此幫助他們分離出過去做法的重要之處，並辨認出可以改善的地方。這些技能重塑了庫克的生活，為他奠定分析商業決策與選擇最佳結果的基礎。

庫克的班級很大，他很自然地就隱身在同學之間。同學表示，他們幾乎不認識庫克，在他們的印象中，庫克是個安靜的捲髮男，「並不是特別聰明或有能力。」在薩義德・馬格蘇德魯（Saeed Maghsoodloo）開的統計學課上，庫克溜到第三或第四排的第一個座位上，記筆記，但不會問問題或參與討論。他很少在上課時與其他學生互動，也從未在諮詢時間去找馬格蘇德魯，但他從不缺課，考試成績也總是很好。他的教授們都很欣賞他從複雜材料中快速找到問題癥結的能力。

一九八二年，庫克被選入工業工程學院榮譽社團阿爾法皮姆（Alpha Pi Mu）。他成為工程學院學生諮詢委員會的代表。在一次委員會會議上，他提出一份報告，一位在場的ＩＢＭ招募人員於會後找上他，力勸他加入藍色巨人的大家族。庫克同時也在考慮安盛資訊（Andersen Consulting）和奇異公司（General Electric）的機會，但他最後接受了ＩＢＭ的工作。

這個決定將他推向了電腦世界，一個他從未真正考慮過的領域，並幫助他形成了這樣的信念：一個有價值的人生需要結合準備工作與好運氣。幾十年後，當他回到奧本大學，在二〇一〇年的畢業典禮上發表演講時，他激勵畢業生預先做好準備，就像他那天遇上ＩＢＭ的招募人員一樣，他們的機會也會到來。他說：「我們不太能控制機會到來的時機，但我們可以控制自己的準備工作。」

庫克在個人電腦時代的黎明進入ＩＢＭ公司。他未來的老闆史蒂夫·賈伯斯和史蒂夫·沃茲尼克從在加州的車庫開始，一起推動了個人電腦的普及。電腦的廣泛吸引力激發了世界科技巨頭ＩＢＭ公司，將其業務線從企業和大學使用的大型主機擴大到一般人放在家中使用的電腦。

在上級的授權下，ＩＢＭ公司的兩位經理菲利普．唐．埃斯特里奇（Philip "Don" Estridge）與威廉．羅威（William Lowe）領導開發了一款 Apple II 電腦的競爭對手，買家可以依自己的需求安裝自己選擇的軟體與磁碟驅動器。由此產生的ＩＢＭ個人電腦大受歡迎，其背後的部門從一九八〇年的零銷售額，到庫克進入公司的一九八二年，銷售額已經成長到十億美元。由於銷售量非常大，《時代》雜誌放棄了慣用的「年度風雲人物」稱號，將該電腦命名為「年度風雲機器」。

對庫克來說，ＩＢＭ是個完美的地方。這個已經存在了幾十年的藍色巨人帝國，是一個充滿了結構、等級制度與行話的官僚巨無霸。它的成功歷史為它贏得了世界最佳管理公司的聲譽。高階主管穿著漿過的白襯衫，將表現出色的青年人才稱為「HiPos」，意指「高潛力」。該公司的從眾文化並不適合每一個人，尤其是賈伯斯，他將蘋果公司塑造成一個受到啟發的革命者，挑戰的是ＩＢＭ公司這個沒有靈魂的運算帝國。

庫克不是革命者。他來自羅柏達爾，剛從奧本大學畢業，是個負責任的年輕人，他很高興能在距離父兄工作的造船廠很遙遠的地方找到一份工作。ＩＢＭ將他安排到業務正蓬勃發展的北卡羅萊納州羅里市，擔任生產工程師。這份工作讓他置身於ＩＢＭ設計生產線的最前沿，這些生產線將讓急速發展的電腦與印表機事業的組裝工作自動化。公司正處於創造新機器人的陣痛期，例如IBM 7535，它在傳送帶上方盤旋，拾起個別鍵盤鍵，將它們放到正確的位置。自動化的努力並不總是能成功。反覆試驗顯示，在某些情況下，由於零件之間的空間狹小，使用人力比機器人更具成本效益。儘管如此，庫克很快就脫穎而出，被列入「高潛力」名單上具有管理潛力的二十五名新進人才之一。

庫克在材料管理方面嶄露頭角。ＩＢＭ當時正將個人電腦的組裝業務從佛羅里達州轉移到北卡羅萊納州，而他的工作可能決定生產的成敗。他負責取得製造個人電腦的零件，沒有材料，生產線就會停止運作，如果材料太多，公司就得承擔庫存過剩的成本。庫克實施了及時訂購流程，如此一來，庫存材料的數量就能與每天生產的電腦數量相合。ＩＢＭ公司在一九七〇年代採用了日本的做法，當時該公司試圖抵抗來自亞洲日益激烈的競爭，成為全球成本最低的電腦生產商。這家公司也讓庫克了解到尋找可靠、低成本供應商的重要性。為了發展個人電腦業務，ＩＢＭ捨棄了數十年來傾向自行製作零件的做法，轉而向規模較小的供應商取得低價替代品。這種做法讓該公司在個人電腦業務上迅速趕上蘋果公司，也將其成本降到最低。雖然管理供應商與將庫存最小化成為庫克的一個強項，但他的精力與職業道德才是提升其形象的主因。

在聖誕節與新年之間，他自願負責ＩＢＭ個人電腦業務的製造經營。這讓他的老闆們有時間陪伴家人，也讓庫克負責運送對ＩＢＭ年終業績至關重要的產品。庫克的老闆們開始將他視為一個可靠的領導者，並建議ＩＢＭ出錢讓他去附近杜克大學（Duke University）的福夸商學院（Fuqua School of Business）夜間班攻讀ＭＢＡ學位。金融、策略與行銷等課程拓展了他對供應鏈範疇之外商業學科的認識。在行銷方面，他研究了賈伯斯著名的「一九八四」廣告。他對ＩＢＭ忠心耿耿，但也很喜歡這支廣告。

一九八七年九月五日，庫克發現自己遇上了麻煩。那是南方秋天的一個週六，是大學美式足球迷打開波本威士忌和啤酒，花一整天看球賽的日子。杜克大學在德罕主場迎戰柯蓋德大學，全國排名第五的奧本大學則在主場迎戰德克薩斯大學，展開新賽季的比賽。四年前，德克薩斯長角牛隊毀了奧本大學獲得全國冠軍的機會，此次奧本老虎隊以三十一比三的勝利報了仇。那天，庫克開車穿過德罕時被警察逮捕。此一事件的詳細記錄並不存在，但現場的一名警官表示，庫克很可能發生了一場小事故，而口氣中有酒精。德罕警察局給他開了輕率駕駛與酒後駕車（DWI）的罰單。

後來，他認了罪責較輕的輕率駕駛。當時的美國，杜絕酒後駕車的運動正在起步階段，法官對酒後駕車相對寬鬆，經常減輕指控，在北卡羅萊納州尤其如此。但是對庫克這個非常有責任心、曾經公開指控種族不公的羅柏達爾年輕人來說，這是他第一次以一種可能傷害他人的方式犯錯。

不久之後，庫克面臨另一個意想不到的個人挑戰：他被診斷出罹患多發性硬化症。這種疾病可能導致他的大腦功能喪失，並損害他的脊髓。他後來才知道這是誤診，但這次的健康恐慌促使他為多發性硬化症的研究籌募資金，也自我反省了一段時間。

大約在那個時期，他發現自己在問：我的人生目標是什麼？

「我開始明白，生活的目的不是要熱愛你的工作，」他在二十年後對一群牛津大學的學生表示。「而是以某種方式為人類服務，而這麼做的結果將意味著你會熱愛你的工作。我開始意識到我的所在位置無法做到這一點。」

庫克在杜克大學以全班前百分之十的成績畢業後，繼續留在ＩＢＭ工作。一九九二年，也就是四年以後，他在製造部門的老闆意外離開ＩＢＭ。離職時，該公司正準備生產它的第一台低成本電腦 PS/ValuePoint，希望能在聖誕節前發貨。ＩＢＭ的季度成績就靠它了。

年僅三十一歲的庫克，在假期前承擔起生產二十五萬台電腦的責任。儘管壓力很大，他還是完成了任務。ＩＢＭ完成了它所需電腦數量的運送，達到了假期的業績。之後，公司將庫克拔擢為北美執行總監，讓他負責監督美國、墨西哥、加拿大和拉丁美洲的製造與經銷。這次升職提高了他的知名度，也讓他被一家名為「智能電子」（Intelligent Electronics）的上市個人電腦批發商看上了。這家總部位於費城的公司迫切需要一位營運專家協助提高盈利，在庫克於ＩＢＭ的前老闆的推薦下，智能電子向庫克伸出了橄欖枝。前老闆稱讚這位阿拉巴馬年輕人敏銳、負責且處變不驚。

這些正是智能電子公司的創始人理查．桑福德（Richard Sanford）在尋找的特質。電腦批發業務的利潤很低，只有大約百分之三，而且智能電子大約一半的利潤，來自一些業界人士認為有問題的會計操作。它向ＩＢＭ及蘋果等公司收取的行銷費用超過了它在宣傳手冊與廣告上的花費。一九九四年，這種做法引發了美國證券交易委員會的調查和集體訴訟。公司股票價格暴跌百分之二十五。該公司在不承認責任的情況下達成和解，但訴訟案仍然在公司內部造成混亂，其前財務主管托馬斯．科菲（Thomas Coffey）將之比作「戰場狀況」。

庫克的目光越過了戰場殘骸。智能電子公司給了他一條出路，讓他得以擺脫在ＩＢＭ毫無前景的工作。在新任執行長路易斯．郭士納（Louis Gerstner）的領導下，藍色巨人正從一個專注於製造電腦的企業過渡到專注於銷售服務的企業。爬上企業階梯的高階主管們來自銷售與行銷背景，沒有製造背景。智能電子公司的提議給了庫克一個機會，讓他從重要性不斷下降的業務抽身，成為一家上市公司的高級職員。他將向董事會報告，並建立自己的團隊；他的總薪酬將是三十萬美元，外加股票。同樣重要的是，他看到一家陷入困境、需要修補的企業，一個他有威信能解決的挑戰。因此，他接受了這份位於丹佛的工作，這也是他第一次踏出美國東南部。他與約在同一時間加入公司的科菲一起，著手研究如何降低成本，扭轉經營困境。

智能電子公司的倉庫比它所需要的多，而且其客戶訂單管理系統並不統一。它藉由收購競爭對手快速成長，卻未能適當整合這些業務。當時，一些客戶希望智能電子能完成一個訂單，提供思科（Cisco）的網路設備與IBM的電腦，但這些設備往往分散在丹佛的四個倉庫裡。庫克發現，公司自家倉庫之間的卡車運輸浪費了許多時間與金錢。他想整合公司的庫存以降低成本，並將倉庫移到距離運輸合作夥伴聯邦快遞（FedEx）更近的地方，以加快執行速度。在他任職的第一年，他關閉了該公司的五個倉庫，裁減了三百個工作崗位，用位於聯邦快遞主要機場航廈、占地五十萬平方英尺的曼菲斯倉庫代替。供應鏈的整頓削減了成本，減輕了企業的壓力。

然而，雖然該公司的利潤有所提高，毛利潤還是下降了。一九九六年，庫克與科菲在董事會上提出簡報，希望能扭轉局勢。他們建議籌措資金以全面整頓訂單管理系統，或是將公司掛牌出售。麥肯錫顧問公司（McKinsey）被請來評估這些提案，也同意該公司應該投資或出售。董事會決定出售公司，而不是把錢投入重建計劃。競爭對手英邁公司（Ingram Micro）提出的價格低於科菲與庫克的預估值。隨著談判的拖延與英邁公司拒絕提高價格，科菲愈來愈沮喪，但庫克還是保持冷靜。他耐心催促對方提高出價。最後，他說服英邁公司提高了幾百萬美元的價格，以七千八百萬美元成交。科菲說：「如果不是提姆，這筆交易不會成。」

出售過程結束時，康柏電腦（Compaq）與庫克安排了一次會議，討論智能電子公司如何幫助這家電腦公司徹底改造其組裝流程。負責康柏電腦製造業務的格雷格．佩奇（Greg Petsch）希望終止經銷商為滿足客戶所要求之規格，而增加記憶體或改變硬碟的做法。他希望康柏公司能自己按照客戶要求製造電腦。庫克馬上明白，佩奇希望透過整合倉庫以提高生產效率，就像他在智能電子的作為。他的聰明才智讓佩奇留下深刻的印象，當時佩奇曾拜訪過其他十個經銷商，這些經銷商並不太能理解他想做什麼。會議結束後不久，佩奇致電庫克，問他是否想到康柏公司面試一個職位。佩奇向庫克保證，康柏公司有一種家庭文化。他說：「我想你應該能融入。」

對正在逐步為智能電子的業務收尾的庫克來說，這個提議來得正是時候。康柏公司讓他負責公司的庫存，該公司的銷售額從一九九一年的三十億美元暴增到他加入的一九九七年將近三百四十億美元。這是他整個職業生涯中一直在努力爭取的工作類型。

當庫克到任時，康柏公司正處於解決庫存問題的陣痛期。倉庫與生產空間的比例為二比一。為了跟上持續增加的訂單，公司需要改善庫存管理，如此一來才能減少所需的樓地板面積。庫克的做法是在生產輪班之前一個小時安排送貨，努力讓庫存採購迎合需求。這種安排意味著康柏公司每天只有兩個小時的庫存，也就是十二個小時生產輪班之前的那一小段時間。公司的現金流改善了，成本下降。更好的是，它騰出了倉庫空間，安裝更多組裝線以生產更多電腦。庫克的干預為公司省了一大筆錢。

一九九八年初，佩奇接到獵人頭公司的電話，想知道他是否有興趣進入蘋果公司。史蒂夫．賈伯斯剛返回蘋果公司，該公司最高經營主管已經離職。賈伯斯急著找人幫他扭轉該公司陷入困境的供應鏈。佩奇拒絕了他們。他問招募人員，「我為什麼要離開世界第一大電腦公司去蘋果呢？」

佩奇拒絕以後，招募人員找上了庫克。庫克同樣也拒絕了他們的提議。他已經在智能電子公司遭遇過陷入困境的業務，後來在全球最大的電腦製造商康柏公司獲得一份自己喜歡的工作。他為什麼要放棄這些，去加入一家瀕臨破產的公司？

然而，蘋果公司的招募人員堅持說：「你至少見見史蒂夫．賈伯斯吧？」

庫克停下來思考了一下。「見史蒂夫．賈伯斯？」他想著，「那個創造了整個個人電腦產業的人？為什麼不呢？」

庫克同意了。不久之後，他飛往加州帕羅奧圖，參加安排在週六的會面。在一間帶著小廚房與會議室的小型辦公室裡，賈伯斯開始闡述他振興蘋果公司的策略。他打算走一個跟其他電腦製造商完全不同的方向。康柏電腦、IBM、戴爾公司將目標鎖定商業客戶。賈伯斯想讓蘋果公司專注在需要家用電腦的一般消費者。他的目標是以創新的設計來贏得美國消費者的青睞，而且正在開發一款最終以彩虹色系推出的電腦。庫克深深被打動了。他寫下加入蘋果公司的利弊，發現帳本上幾乎沒有對蘋果有利之處，然而在聽了賈伯斯的一番話以後，他強烈地感受到：我想做這個。

「我想，你知道，我在這裡可以有所貢獻，而且和他一起工作是一輩子的榮幸，」庫克多年後回憶道。「我想，就去做吧！為它努力一下！……去西部吧，年輕人！往西方去！」

庫克沒有讓他的浪漫主義影響談判。在接受這份工作之前，他堅持要求蘋果公司承諾支付他在康柏公司放棄的薪資和期權，總計超過一百萬美元，超過了蘋果公司當時給高階主管的任何待遇。

賈伯斯聽到這個要求時脾氣就炸了。「蘋果不可能給這個數字！」他對找來庫克的招募主管里克．狄瓦恩（Rick Devine）大吼道。「你在想什麼？你懂數學嗎？」

狄瓦恩一直等到賈伯斯說完。

「史蒂夫，你的現實是，蘋果將再次成為一家偉大的公司，」他說。「提姆的現實是，他願意讓蘋果成為一家偉大的公司，但他已經在一家偉大的公司工作了。他不像你那麼有錢。」

電話裡沉默了一會兒。

「把它辦好。」賈伯斯說。

幾週後，庫克走進佩奇的辦公室，說他說要談談。佩奇馬上知道他這個年輕的副手在想什麼。

「我有些壞消息。」庫克說。

「你要去蘋果嗎?」佩奇問道。

「是的,」庫克說。「應該吧。」

庫克看著自己生性樂觀的老闆就像洩了氣一樣。後來,佩奇把庫克叫回他的辦公室。他告訴庫克,他計劃在一年後從康柏公司經營主管的職位上退休。他希望庫克能接下他的位子。雖然他們只合作了八個月,但佩奇擁有康柏的股票,希望公司股價上漲。作為股東,他認為讓庫克留在公司能確保股價上漲。

「如果你留下,我就提前離開。」佩奇說道。

庫克搖了搖頭。「我做出了承諾,」他說。「我必須遵守諾言。」

第四章

chapter 4

留下他

Keep Him

每天早上，人們可以看到強尼．艾夫的 Saab 敞篷跑車沿著二八〇號州際公路朝庫比蒂諾駛去。那是一九九二年，艾夫買了這輛車，每天往返四十五英里通勤去蘋果總部。他喜歡看著飄在水晶泉水庫（Crystal Springs Reservoir）上方青山上的霧氣。在溫暖的週末，他會把頂篷放下來，開著車在舊金山四處閒逛，讚嘆著陽光的充沛。

他與海瑟找了一間兩房住宅安頓了下來，房子位於該市卡斯楚區，一個坐落在幾個公園之間的繁華山谷。當時，舊金山尚未被科技產業吞沒，仍然是一個文化人與銀行家的城市，一個根植於反主流文化的地方，作家傑克．凱魯亞克（Jack Kerouac）與「垮掉的一代」（Beat Generation）已經讓位給海特街的嬉皮和卡斯楚區公開的同性戀社群。它的教會區有一種充滿活力的協作性藝術場景，將民俗藝術和塗鴉概念融合在一起，而在治安不好的市場南區，在倉庫舉行的銳舞派對將這個城市推上該國電子舞曲音樂的前沿。

艾夫全心投入工作，每週工時達七八十個小時。他不再留龐克頭，改剃平頭，經常穿著剪裁考究的粗花呢套裝與厚重的靴子。他表現出的外在形象是一個彬彬有禮的英國人，謙遜、親切且敏感，但在外表下有著完美主義者的動力、野心與決心，想按照自己的想像做出產品。

設計團隊位於一棟低矮的水泥辦公建築裡，離蘋果無限迴圈園區一個街區。艾夫是這個規模不大但持續成長的團隊的第九位成員。第一天，他沿著一個彎曲的藍色入口通道走了進去，來到一個沒有牆壁的閣樓式空間，裸露的天花板有二十五英尺高。傳統的小隔間以開放的方式布置，以便合作，也為製作模型的笨重機器留出空間。這個自由流動的空間會讓人想起藝術家的工作室。

艾夫開始著手開發第二版的牛頓（Newton），即該公司的平板電腦。於一九八五年趕走史蒂夫·賈伯斯的蘋果公司執行長約翰·史考利，將牛頓稱為第一台掌上型電腦，一個可以收發傳真與電子郵件、追蹤約會與做筆記的個人數位助理。蘋果公司為牛頓的研發投注了一億美元。第一版牛頓的特點是螢幕有個上蓋，使用者在長時間使用時可以將上蓋夾在底部。艾夫認為這個裝置給人陌生感。他當時表示：「它沒能提供一個使用者得以掌握的隱喻。」聖誕節前，他正在畫概念圖改進牛頓的設計，突然有個想法：如果把它做得像速記員的筆記本會怎樣？他設計了一個雙鉸鏈，讓上蓋可以翻上來蓋在裝置上，扣在背側。鉸鏈折疊處有一個可容納手寫筆的插槽，就像線裝筆記本的線圈能夠放筆一樣。

這台牛頓（Newton MessagePad）為艾夫贏得了一系列的設計獎，但這個產品卻失敗了。它標榜的手寫辨識技術效果很差，還被《辛普森家庭》拿來大開玩笑。這是個代價高昂的錯誤。一九九二年，蘋果公司的利潤飆升，但在接下來的一年間，康柏與ＩＢＭ將電腦售價調降三成，點燃個人電腦的價格戰，蘋果公司的利潤也隨之跌到谷底。蘋果公司執行長約翰·史考利因此辭職。董事會接著請來了麥可·史賓德勒，一個熱中銷售的德國人，他想把蘋果的重點從電腦外觀轉移到處理器運轉速度上。他用戰爭的隱喻談論一切，並將公司重新定位，將重點放在擊敗競爭對手。

沒有賈伯斯，蘋果公司陷入危機，再也不是艾夫想像中的設計聖地。為了扭轉銷售下滑的局面，史賓德勒將產品線從幾台電腦擴大到四十多種，降低成本的壓力也隨之增加。艾夫與同事開發產品的時間被壓縮成一半。艾夫的老闆羅伯特·布倫納與工程師和高階主管就產品計畫爭執不休，因為量身訂做的設計團隊變成了生產普通灰盒子的生產線。

即將到來的蘋果公司二十週年給了設計師一個機會，讓他們能製作一款特別版的麥金塔電腦以茲紀念。布倫納亟於提醒同事與客戶設計的重要性，主張設計一台更輕薄的電腦，並配備立體聲和影片播放器。他讓艾夫負責領導這個計畫。在設計過程中，艾夫同樣對喇叭進行了深入的調查研究，如同他在新堡設計助聽器時一樣。他問的問題包括：誰以前做過這樣的事情？我們能從他們使用的材料中學到什麼？它能否啟發我們做得更好？

「這就是強尼，那種真正深刻的思考，」當時的工作室經理提姆．帕西（Tim Parsey）表示。「天才在工作就是這樣的。」

這項任務提升了艾夫的地位，讓他超越了在蘋果公司日常電腦上苦幹的同事。嫉妒隨之而來，但艾夫與同事良好的關係，克服了這種嫉妒心理。他與丹尼爾．德尤利斯（Daniele De Iuliis）共乘上班，這位英籍義大利設計師把自己從在英格蘭布里斯托經營義大利餐廳的家人處習得的祕訣教給大家，讓同事學會泡製道地的卡布奇諾後，成了團隊的核心人物。在同事看來，艾夫與德尤利斯的緊密關係似乎既自然又有算計的成分。他意識到德尤利斯在同事之間贏得的尊重，於是他們一起開始為這個不斷壯大的團隊招募新成員，找出他們在工作與性格上都很欣賞的人。漸漸地，艾夫成了團隊的領導者，以勤勉的態度與天賦贏得其他人的欽佩，並以在提出自己的意見前傾聽他人對計畫的看法，贏得同事的信任。布倫納很快就將這名二十八歲的年輕人升為工作室經理。

艾夫以他一貫對細節的執著與關注完成了這個計畫。這台電腦以壓鑄金屬底座為特色，底座連接著一個有金屬側片的塑膠外殼。電源線緊緊地卡在一個夾子裡，緊貼在機器背後。鍵盤底座的特點是高品質黑色皮革製作的手托。電腦的液晶螢幕兩側採包裹了灰色細布的Bose揚聲器。這些精緻細節加起來的價格令人咋舌，高達九千美元。蘋果公司最後只賣了一萬一千台。

這個設計案可以用歷盡艱辛來形容。布倫納在計畫進行到一半的時候退出蘋果公司，他厭倦了持續不斷的會議，渴望回到顧問工作。離職前，他鼓勵他的老闆，也就是電腦硬體部門主管霍華德．李（Howard Lee），將艾夫升為設計總監。李想在世界各地徵才，但布倫納警告他，「你會失去這個團隊。」當時的蘋果公司沒有能力從外面徵才。在史賓德勒的領導下，原本已經陷入困境的業務愈形惡化。它低估需求，不得不召回一台起火的筆記型電腦，還解僱了百分之十六的員工以控制失控的成本。執行長最終不得不下台，由董事會成員吉爾．阿梅里奧（Gil Amelio）上任。

艾夫就在這種圍城的氛圍中被加冕為設計總監。金融分析師開始預測該公司將破產，新聞媒體報導說蘋果是昇陽電腦（Sun Microsystems）的收購目標。一篇又一篇的文章將蘋果描述為「四面楚歌的電腦製造商」。艾夫對這些負面新聞感到憤怒。「蘋果是一家聲名顯赫的公司，」他對《設計週刊》（*Design Week*）表示，「它損失了數十億，也賺了數十億。說它會消失，簡直胡說八道。」

他在公眾面前趾高氣揚的模樣掩蓋了他內心的沮喪。工作室有時會花上幾個月時間設計一台電腦，結果因為蘋果公司沒有足夠的資金將它付諸實現而胎死腹中。他考慮離職返回英國，這個可能性讓他感到焦慮。「在你做了我所做的事情以後，你會怎麼辦，而且你才二十九歲？」他問一位英國記者。「也許我會去皇家藝術學院修個碩士學位。」

一九九七年七月的一天，艾夫在蘋果公司園區的演講廳「市政廳」後面坐了下來，參加關於公司問題的全體員工大會。他聽到財務長弗雷德．安德森（Fred Anderson）說他將擔任公司執行長，這是四年來的第四位執行長。在迫使賈伯斯離開這個他親手讓它變成美國偶像的公司十二年後，蘋果公司收購了這位聯合創始人的新創公司 NeXT。安德森表示，他將與賈伯斯合作，將 NeXT 整合到蘋果體系中。賈伯斯的回歸讓員工感到不安，他們對這位個人電腦先驅的欽佩被他長期以來粗魯、不成熟和吹毛求斯的名聲消磨殆盡。當賈伯斯走到這些沮喪的員工面前時，他證實了他們的擔憂。

「這地方怎麼了？」他問道。「產品糟透了！毫無吸引力可言！」

這些批評預示著麻煩。儘管艾夫多年來一直稱蘋果的產品平淡無奇，但這位新老闆的批評更加嚴厲，貶低了蘋果公司的大多數人與事。他打算殺死牛頓，讓NeXT的高階主管擔任領導職務，又有什麼理由讓他留下設計團隊？

儘管存在不確定性，艾夫仍努力保持設計團隊的團結。這個團隊擁有許多從世界各地最棒的顧問公司挖來的國際人才，其中包括英國人（德尤利斯、理查・霍華斯〔Richard Howarth〕、鄧肯・柯爾〔Duncan Kerr〕）、紐西蘭人（丹尼・柯斯特〔Danny Coster〕）、澳洲人（克里斯・史特林格〔Chris Stringer〕）與美國人（道格・薩茨格〔Doug Satzger〕與巴特・安德烈〔Bart Andre〕）。他們全都因為賈伯斯打算聘請世界知名設計師，並解僱他們的謠言而感到窘迫不安。為了鼓舞士氣，艾夫安排與團隊成員進行一對一的午餐約會。他把來自辛辛那提的設計師薩茨格帶到一家義大利餐廳。他們入座以後，艾夫試圖為園區的混亂帶來秩序。

他說：「我們不確定史蒂夫回來以後會拿這個團隊怎麼辦。」

薩茨格承認，他很擔心失業。他問道：「如果史蒂夫把所有人都開除了，我們該怎麼辦？」

「我會試著把整個團隊都保留下來，」艾夫說。他提出了與團隊一起成立一家設計公司的想法，但他不希望任何人在知道賈伯斯的打算之前離開。

不出所料，賈伯斯採取行動，真打算聘請一位世界級設計師。他與開發過 IBM ThinkPad 的理查德・薩柏（Richard Sapper）接觸過，也和曾為法拉利（Ferrari）和瑪莎拉蒂（Maserati）工作的義大利汽車設計師喬傑托・吉烏賈羅（Giorgetto Giugiaro）聯繫。他還見了他的前合夥人青蛙設計（Frog Design）的哈特穆特・艾斯林格（Hartmut Esslinger），他曾參與最初的麥金腦電腦開發。艾斯林格告訴賈伯斯，艾夫很有才華。「留住他，」艾斯林格建議道。「你只需要一件一鳴驚人的產品。」

在賈伯斯造訪工作室之前，艾夫已打算辭職。團隊已經把辦公室整理好，也把幾件作品擺出來讓賈伯斯檢閱，其中包括德尤利斯設計、代號「瑪麗蓮」的平板電腦，以及一台外觀像花生殼、被稱為「華爾街」的筆記型電腦。賈伯斯衝進門來，在房間裡走來走去，聲音洪亮，充滿活力。冷靜矜持的艾夫跟他打招呼後，展示了準備好的模型。房間裡的設計師看著艾夫回答賈伯斯問題的同時，個個在一旁裝忙。賈伯斯的問題意味著他喜歡這些作品。

「媽的，你的效率不高，是吧？」賈伯斯帶著責備卻欽佩的語氣問道。房間裡的設計師都鬆了一口氣。賈伯斯認可了工作室，認為他們把工作做得很好，但他們設計的產品沒有上架，意味著艾夫未能說服蘋果公司的管理團隊按照設計師的提案去做。由於賈伯斯認為蘋果公司之前的管理高層是一群白痴，所以他原諒了艾夫沒能說服的失敗，並將注意力放在他對設計的思考上。當艾夫講到團隊正在實驗的形狀與材料時，賈伯斯聽得津津有味，而當他們討論到他們可以做些什麼的時候，賈伯斯整個人都歡快了起來。

「我們能相互理解，」艾夫多年後回憶道。「我突然明白了我為什麼喜歡這家公司。」

振興蘋果公司的工作立刻展開。賈伯斯打賭，聚焦在連接網路的「網路電腦」將是個人電腦的下一波浪潮。他希望蘋果公司能走在這個轉變的最前沿，推出一款省去軟碟機的一體式桌上型電腦，鼓勵人們透過網路取得軟體與資訊。他把這個設計工作交給了艾夫。

由於公司前途未卜，艾夫召集了整個團隊來進行這個設計案。在此之前，他們有太多產品需要設計，以致於團隊成員都要獨立工作，但賈伯斯已淘汰大多數產品，期能集中精力，轉而生產更少、更好的電腦。蘋果的設計師群圍坐在綠谷工作室的一張桌子旁，討論各種創意。桌上有用來畫草圖的活頁紙、彩色鉛筆和鋼筆。賈伯斯鼓勵他們設計出一款讓人快樂的電腦，而艾夫也以此為基礎，向設計團隊提出許多問題。他問道：我們希望人們對這台電腦有什麼感覺？它應該給我們什麼樣的觀感？我們如何做出一台看起來新穎但不具威脅性的東西？團隊成員的想法逐漸凝聚起來，認為電腦必須像電視卡通《傑森一家》（*The Jetsons*）一樣，充滿未來感卻又令人熟悉。他們在會議上一邊討論，薩茨格一邊畫出一個和當時的電視機有點像的蛋型電腦，另一位設計師克里斯·史特林格則畫了一個色彩繽紛的糖果機。這個團隊最近才用半透明塑膠做了一台筆記型電腦，艾夫很喜歡使用這種材料的想法，因為它可以讓電腦螢幕看起來就像漂浮在太空中。他和丹尼·柯斯特帶頭開始設計。蛋形、色彩與半透明的概念被結合做成模型，向賈伯斯展示。

艾夫對這個概念寄予厚望，但賈伯斯退回了十幾個模型。艾夫堅持不懈，指著另一個模型仔細解釋。他告訴賈伯斯。「它給人的感覺是，它剛剛出現在你的桌上，或是正要離開去別的地方。」這種玩具般的描述讓這位執行長印象深刻。當他在後來的複審中看到一個改良版時，他愛上了這個模型，更開始帶著他在園區裡到處展示。他看到這件產品一鳴驚人的潛力。

方向確定後，設計團隊開始集中精力選擇材料與顏色。他們為機殼選擇了當時最堅固的一種塑料——聚碳酸酯，因為它顯色性極佳。設計團隊製作了三種顏色的模型：橘色、紫色與藍綠色，其中藍綠色的靈感來自一位會衝浪的設計師帶進工作室的一塊海玻璃。他們決定將這種藍綠色稱為「邦迪藍」（Bondi Blue），指的是雪梨邦迪海灘明亮的藍色海水，那是設計案負責人科斯特最喜歡的一個衝浪地點。由於電腦內部是可見的，他們也把零組件做了出來。

在獲知賈伯斯事後才會考慮成本時，艾夫感到非常振奮。他的設計團隊開發出來的塑膠機殼需要專門的訂製工序，才能做得堅固且半透明。這個機殼的成本是每台六十美元，為標準電腦機殼成本的三倍，但賈伯斯支持這項開支。艾夫還額外加了一個把手，這不是為了讓人能夠把電腦拿起來，而是為了這讓電腦變得更容易親近。他想讓它變成人們想要觸摸的東西。賈伯斯馬上就懂了，並說：「這太酷了！」有些工程師反對這項特色，因為它增加了製造成本，但賈伯斯否決了他們的意見。這是一種新的行事風格：設計掛帥。

一九九八年五月初，當蘋果公司準備推出 iMac 時，賈伯斯衝進了位於庫比蒂諾的德安薩學院（De Anza College）弗林特表演藝術中心（Flint Center for the Performing Arts），渴望在即將到來的活動中、向全世界公開展示之前，先在預演時看看這台電腦。這個擁有兩千四百個座位的大型劇院距離蘋果公司園區兩英里，一是賈伯斯的聖地。將近十五年前，他曾站在那裡的舞台上，推出了麥金塔電腦，一部重新定義人們使用電腦方式的設備。賈伯斯堅持要求蘋果公司在同一地點發表這個新裝置，一部他希望具有同樣變革意義的設備。

賈伯斯大步走向舞台，iMac 放在一張小桌子上。這是他第一次看到最終產品，他想確定這台電腦看起來和他預想的一樣。當他走近時，他愣住了。他看到的不是一個可以插入光碟片的插槽，而是一個能退出光碟托盤的按鈕。這不是他印象中同意的設計。

「這他媽的是什麼?!」他氣得爆粗口。賈伯斯嚴厲斥責蘋果公司的硬體工程部門主管喬恩．魯賓斯坦（Jon Rubinstein），後者解釋說，賈伯斯想要的東西並不存在。賈伯斯憤怒異常，以致於一些在台上看著他的人，擔心他可能會取消產品發表會或推遲產品發布。

後來，艾夫在後台找到依然沮喪的賈伯斯。「史蒂夫，你在想的是下一台 iMac，」他解釋道，平靜地指出未來有插槽電腦的計畫。「我們正在努力改善，但我們得發布這款才行。」

賈伯斯吸了口氣。他臉上的怒氣開始消失。「我明白了，」他說。「我知道了。」之後，艾夫與賈伯斯一起離開，這位執行長的手臂垂在艾夫肩上。長期與賈伯斯合作的執行製作韋恩．古德里奇（Wayne Goodrich）當時也在場，他後來說，艾夫有一種不可思議的方式，能讓這位情緒不穩定的執行長安定下來。他說：「從那一刻起，只要強尼在房間裡，史蒂夫就如釋重負。」

後來，當賈伯斯在全場觀眾面前介紹這台電腦時，他先放了一系列四四方方的米色個人電腦的照片，然後從舞台中間的桌子上拉下一塊黑布，展示了這台 iMac。他誇口道：「它看起來就像來自另一個星球，一個有更好設計師的好星球。」

這台新電腦的需求量前所未有。蘋果公司在全球每十五秒就售出一台 iMac。至該年年底，iMac 銷售已達八十萬台，成為美國最暢銷的電腦，也是公司歷史上銷售最快的電腦。這台電腦轟動一時，連艾夫都想親眼看看那個盛況。

開賣當天，艾夫家附近的電腦商店在午夜開門營業。艾夫加入了七十名不同年齡層顧客的行列，站在店門外等待，想成為第一批買到這台電腦的人。他看著人們輕拍、撫摸著 iMac，聽著他們以通常只會用於填充玩具的可愛形容詞來描述這台電腦。如他所願，這台電腦會讓人想觸摸。

iMac 的成功很大程度上得歸功於艾夫。報紙與雜誌爭相報導這位基本上沒什麼名氣的設計師。美聯社（Associated Press）稱他「和藹可親、平易近人、卻又走在時代尖端、才華洋溢」，而《紐約每日新聞》（*New York Daily News*）則將他譽為電腦界的喬治・亞曼尼（Giorgio Armani）。在他的祖國，他因為這項設計贏得了設計博物館（Design Museum）頒出的第一個年度設計師獎（Designer of the Year），獲得兩萬五千英鎊的獎金。

但顧客確實發現了一個缺陷：艾夫設計出一個狀似冰球的滑鼠。它的線很容易纏成一團，扁平的形狀意味著使用者得用手握得緊緊的才能使用。然而，這個錯誤並未減緩銷售。

賈伯斯決定推出更多顏色。領導色彩設計的薩茨格買了幾十種塑膠製品，從色彩鮮豔的盤子到透明的保溫瓶都有。薩茨格將這些東西放在桌上讓賈伯斯檢查。賈伯斯反感了。「東西太多了，」他說道，接著轉向薩茨格又加了一句，「你很遜。」接下來的三週，薩茨格倉促做出十五個模型，他使用了食用色素和其他染料，顏色包括琥珀啤酒與無花果葉等。他把這些模型拿給賈伯斯看，賈伯斯走進房間，把他不喜歡的放在一邊，其中包括黃色。他說：「看起來像尿。」他保留了葡萄色、萊姆色與橘子色，也要求了粉紅色。他決定使用 Life Savers 糖果的顏色。

艾夫感到很驚訝。在大多數公司，這樣的決定得花上好幾個月的時間。賈伯斯只花了半小時。

iMac 成功改變了蘋果公司的形象與資產負債表。該公司不再像一九九七年那樣，僅僅宣傳它是一家「不同凡想」（Think Different）的公司，而是提供了一種糖果色的產品，與市面上其他電腦非常不一樣。它讓蘋果公司連續三年都有年利潤，完全扭轉了賈伯斯回歸當年蘋果損失十億美元的局面。這家原本被描述為陷入困境的公司，如今再度崛起。

桌上型電腦的工作鞏固了艾夫與賈伯斯的關係。當賈伯斯需要一個能一鳴驚人的產品時，正如艾斯林格所言，艾夫做到了；當艾夫盡力爭取一個所費不貲的特色時，賈伯斯證明自己是個絕佳的贊助人，能無視於工程師對成本的顧慮。賈伯斯縮小蘋果產品線的舉動讓設計團隊能更加聚焦。在他到來之前，這個團隊一直在設計不同的電腦，通常有不同的顏色、風格與材料。設計 iMac 的合作過程成了進步的模板，艾夫會指派一名主設計師管理一款產品，但卻把整個團隊拉到一起來開發它。

「在史蒂夫之前，那間辦公室的每個人都相信『我的設計最棒』，」薩茨格表示。「很快地，這種感覺消失了。只剩下公開對話。」

二〇〇一年初，賈伯斯將設計工作室搬到無限迴圈，和艾夫在一起的時間更多了。蘋果公司按照設計師的期望，在工作室裡安裝了一台濃縮咖啡機，整個空間瀰漫著濃濃的咖啡香，揚聲器播放著柔和的電子音樂。朝向庭院的窗戶是深色的，以免被人窺視。設計師忙著討論他們的計畫，倚在及腰的桌子上畫草圖。在一間截止日期的壓力可能讓工程師感到煩躁的公司裡，這個設計師空間給同事的感覺彷彿武術教室：平靜、專注且具目的性。

賈伯斯和艾夫發現，兩人對設計的感受性有一部分是重疊的。艾夫對迪特·拉姆斯「少，卻更好」哲學的傾向，呼應了賈伯斯在一九八〇年代蘋果公司宣傳冊中提到的理念：「簡單是複雜的極緻表現。」他們的極簡主義直覺似乎蔓延到他們的生活中，艾夫把那頭蓬亂的黑髮剃得乾乾淨淨，賈伯斯每天都穿著同樣的三宅一生黑色高領毛衣。他們還有一個共同的強迫症，都會去剖析產品所使用的材料以及其製造過程。同事們表示，他們挑剔的眼光助長了一種無言的競爭。兩個人都想打敗對方，看誰能找出那些導致蘋果產品達不到各自宏圖的小瑕疵。

賈伯斯善於尋找創意夥伴。蘋果公司是在他與史蒂夫·沃茲尼克的合作中萌芽。在接下來的幾年裡，他與艾夫的關係將成為他在蘋果公司的第二幕核心。賈伯斯與艾夫之間的相互平衡，就像前者最喜歡的樂團團長，比較憤世嫉俗的約翰·藍儂（John Lennon）和比較感性的保羅·麥卡尼（Paul McCartney）。賈伯斯健談、直接且堅持，艾夫安靜、穩重且有耐心。賈伯斯可以直言不諱地說出他的好惡，指示艾夫的工作方向，而艾夫在賈伯斯發怒或表達想法時能夠讓賈伯斯冷靜下來，讓賈伯斯重新思考。

賈伯斯意識到兩人之間關係的重要性，對待艾夫與其他副手的態度也不同。易於霸凌與貶損他人的賈伯斯，從未故意傷害艾夫，因為艾夫認為思想是脆弱的。賈伯斯賦予艾夫權力，讓艾夫成為產品發展的核心。「強尼和我一起想出大部分產品，然後把其他人拉進來問，『嘿，你對這個有什麼看法？』」賈伯斯告訴他的傳記作者艾薩克森。「他既了解大局，也了解每個產品最微小的細節。他理解蘋果公司是一家產品導向的公司。他不只是一個設計師。」

在賈伯斯的領導下，艾夫的完美主義愈演愈烈。二〇〇二年，蘋果公司的領導階層同意將筆記型電腦外殼從鈦改成可塑性更高的鋁。它們選擇了一家日本製造商生產電腦機殼，艾夫因此動身前往東京，和產品主設計師巴特·安德烈及在工廠生產線將設計化為現實的工程師尼克·弗倫扎（Nick Forlenza）一起評估他們的工作。艾夫安排在東京大倉飯店見面，這是東京歷史最悠久的豪華飯店之一。

會議當天，蘋果公司與製造商的代表團輕快地穿過飯店的金色大廳，經過高及脛骨的桌子，來到一間包廂。一位日本高階主管從一個公文信封中拿出幾個鋁製筆記型電腦外殼，讓艾夫審查。製造商將這些零件打磨成閃亮的緞銀色，反射出天花板上的人工光。艾夫的手在其中一個機殼上徘徊，將它舉向燈光。他瞥見了與他設計規格的細微偏差，雙手因為驚慌而顫抖。他突然站了起來，心煩意亂地離開了這群人。

弗倫扎擔心零件有缺陷，拿起一支紅色麥克筆遞給艾夫。「圈出錯誤的地方，」他說。「我讓他們去處理。」

艾夫瞪著他。「我有個不同的想法，」他說。「給我一桶紅油漆。我要把這東西浸進去，然後把做對的地方擦掉。」

艾夫把一塊鋁板舉過頭頂，在頭頂的燈下轉來轉去，向弗倫扎展示反射如何顯示出幾乎難以察覺的瑕疵。他希望能消除這些瑕疵。弗倫扎向供應商解釋了這個問題，兩週後，當他們再次檢查這個零件時，這些瑕疵消失了。

隨著蘋果公司產品線的擴大，艾夫也逐步提高對供應鏈的審查力道。二〇〇三年SARS爆發時，該公司正在準備生產第一台鋁製桌上型電腦Power Mac G5。這台塔式電腦的寬度與高度和一個購物紙袋相當，側面是光滑的鋁板，前後面板上的小孔讓人聯想到柑橘刨絲刀。

艾夫想親眼看著它從生產線出來，所以他和經營團隊成員搭著SARS結束之後的最初幾個航班飛往香港，接著前往深圳。艾夫在接下來的四十天都睡在工廠宿舍，每天待在生產線。他在審查生產線時，情緒可能相當緊張。在組裝過程中，他會抓住同事，指著一名正在粗魯對待零件的工廠工人。

「我不想讓他碰我們的產品，」他會說。「看看他是怎麼觸碰它的側面！」

在Power Mac的生產過程中，艾夫曾停下一切，因為他認為一個塑膠透氣孔看起來像是被噴漆噴過。他認為用噴漆來掩蓋劣質零件的做法不可取，應該盡量少用。雖然透氣孔位於設備的後方，他仍與工廠合作，發展出一種金屬電鍍技術，將零件表面鍍鎳。這既費時又昂貴，但他拒絕妥協。

有一天，艾夫走到弗倫扎身邊，遞給他一張紙，上面用黑墨水畫了一個L型支架的草圖，支架以鉸鏈連接到電腦螢幕。他問：「你覺得你能做出這個嗎？」弗倫扎難以置信地看著那張草圖。他專注在完成眼前的桌上型電腦，而艾夫已經設想出一個未來的產品。他們討論了如草圖所示彎曲一塊鋁的難度，並同意對此進行調查。

幾天後，當艾夫與弗倫扎前往香港機場搭機返國時，由於疫情的影響，機場幾乎空無一人。他們在機場休息室的一個空酒吧找了位置，點了咖啡。當艾夫啜飲著卡布奇諾時，他盯著不鏽鋼吧台，悄悄地說：「我可以看到這個吧台的每一條接縫。」

弗倫扎隨著艾夫的目光看向吧台。他除了三十英尺的光滑銀色金屬表面外，什麼也沒看到。他想，看來憂鬱的艾夫一定有透視能力吧。

「你的生活肯定他媽的很悲慘，」弗倫扎說道。

在接下來的一年裡，弗倫扎與他的團隊前往芝加哥，與一家汽車零件公司合作，設計出一種機械技術來製造艾夫的 L 型電腦展示架。這個設計帶來了兩個製造層面的挑戰：那種厚度的鋁板上有暗線，彎曲鋁板可能會讓它的外側像橘子皮一樣皺縮。艾夫希望盡量減少這兩個缺陷。在供應商的協助下，弗倫扎的團隊分析了鋁的晶粒細化劑，確定硼元素是造成暗線的原因，調整晶粒可以減少暗線，以這樣的做法達到了艾夫的部分期望。當弗倫扎告訴艾夫，他們藉由深入供應鏈學到了什麼的時候，艾夫笑了。「我們從來沒有獲得過這樣的控制權，」他說。「既然我們知道它是怎麼製作的，我們就可以控制它的外觀。」

控制成為艾夫信條的一部分。他開始將自己的影響力從草圖與模型擴展到材料。他拉攏了弗倫扎，把這位經營主管變成設計工作室的延伸。艾夫不喜歡弗倫扎經營團隊的名稱：「外殼」（Enclosures）。有一天，在弗倫扎的工作室裡，艾夫拿著紅筆走到白板前，寫下十幾個備選方案，最後在「製造設計」這個詞下面畫了線，並把它和與他合作最密切的兩個團隊「工業設計」與「產品設計」的名稱結合起來。這樣的結果是一個設計三角，多年來一直形塑著蘋果公司的產品。工業設計師定義了產品的外觀；產品設計師決定組件如何運作；製造設計師監督所有東西的組裝方式。雖然產品設計要向硬體部門匯報，製造設計需要向營運部門匯報，但兩個小組的領導都欣然接受了與設計工作室密切合作的機會。他們大部分時間都和艾夫一起，而艾夫正在悄悄地重新塑造公司，將設計工作室置於經營的前沿。隨著時間推移，他會教這群人把自己當成工匠，是他的延伸。

三個設計團隊一起工作，可以提高產品品質、減少缺陷數量、並增加產量。蘋果公司的每個人都更高興了，特別是在產品需求激增時。

賈伯斯在回歸後力圖創造一個攜帶式音樂播放器。新興的MP3市場激起了下一代索尼隨身聽的夢想。在硬體工程部門主管喬恩·魯賓斯坦發現東芝公司的半導體部門創造了一個可以容納一千首歌曲的微型磁碟驅動器後，這個計畫開始迅速發展。他力爭買下東芝生產的每一個磁碟的權利。為了經營這個計畫，賈伯斯聘請了托尼·法戴爾（Tony Fadell），一名曾經參與通用魔術公司（General Magic）個人數位助理設備相關工作的硬體工程師。魯賓斯坦與法戴爾負責組裝零件，而蘋果公司的行銷主管菲爾·席勒則提出了用一個滾輪來瀏覽歌曲目錄的想法，這個概念是受到 Bang & Olufsen 公司的一部電話機所啟發。他們將這些材料交給艾夫進行包裝。

艾夫是在往返舊金山與庫比蒂諾之間通勤的路上，靈光一現想到這個設計概念的。在思考如何賦予塊狀組件美感時，他想像了一台純白色的 MP3 播放器，背面的材質為拋光鋼。金屬會讓人有重要的感覺，有一種重量，傳達出藝術家為該設備所容納的數千首歌曲所付出的努力，而白色的播放器與耳機則讓該設備看起來大膽卻不顯眼，讓它剛好插在最早的黑色索尼隨身聽與它的亮黃色後繼者之間。

這個設計面臨了來自內部的阻力。同事們質疑它的不鏽鋼外殼與模製機身，也挑戰艾夫將蘋果商標刻在背面而非正面的想法。他們同時對採用白色而非更常見黑色耳機的想法表示懷疑。儘管有不同的觀點，賈伯斯仍支持艾夫與設計團隊的提案。

從形狀到顏色，這款設備微妙地延伸自艾夫於新堡從隨身聽發想製作的助聽器。蘋果公司當時已經打算將白色用在電腦上。設計工作室傾向使用白色，因為設計師認為顏色會疏遠人，在量產的狀況下尤其如此。白色是清新的、輕盈的、可接受的，這讓他們能做出一個單一的款式，不需要以五顏六色來吸引所有人。對於 iPod，艾夫想要一種新的白色。負責色彩材料的薩茨格和同事一起創造了一種飽和的白色，他們稱之為「月亮灰」（Moon Grey）。

蘋果公司於二〇〇一年十月推出 iPod 後，其廣告公司 TBWA\Media Arts Lab 認為白色外殼是它在擁擠的 MP3 播放器市場上最獨特的特徵，當時這個市場上大約還有五十種其他同類型產品。該廣告公司的一名英國人詹姆斯．文森特（James Vincent）提議，可以用戴著白色耳機的人的黑色剪影，在色彩斑斕的背景下跳舞，藉此呈現產品。這些廣告於二〇〇三年首次亮相，搭配的歌曲如澳洲 Jet 樂團的〈你願意當我女朋友嗎?〉（*Are You Gonna Be My Girl?*）廣告與以九十九分美元銷售歌曲的數位商店 iTunes 的到來，讓 iPod 迅速流行起來。蘋果公司的銷量從二〇〇三年的一百萬台暴增到二〇〇五年的兩千五百五十萬台。隨著 iPod 的推出，蘋果公司的年收益飆升了百分之六十八，達到一百四十億美元，iPod 讓這家四面楚歌的電腦公司一躍成為消費電子產品巨頭。

儘管獲得了勝利，艾夫還是感到失望。他的設計團隊在產品開發中扮演的角色並不如在 iMac 中重要。他希望在構思蘋果產品方面有更大的發言權。當時，他的上級是魯賓斯坦，與賈伯斯為虛線匯報的關係。他對具體設計特點的堅持引發了一些細節方面的衝突，從他想要的電腦拋光到堅持採用的特別螺絲設計等。將產品從晶片、韌體到設計等的所有層面聯結在一起的魯賓斯坦拒絕了艾夫的某些想法，認為太貴了。艾夫非常生氣。他不喜歡衝突，也不屑於設計上的妥協，所以他繞過魯賓斯坦去找賈伯斯。同事們把他們比作兩個競爭賈伯斯注意力的小孩。賈伯斯的顧問勸他別再支持艾夫。最後，魯賓斯坦離開了，後來成為競爭對手製造商 Palm 的執行長。其後，賈伯斯精簡了蘋果的報告結構，讓艾夫直接向他匯報，確保這位設計師成為公司內僅次於執行長的第二大權力人物。

「沒有人可以告訴他該做什麼，或要他滾開，」賈伯斯告訴艾薩克森。「我就是這麼安排的。」

艾夫與魯賓斯坦的糾葛表示他願意參與內部政治。一些同事認為他是蘋果領導團隊中最具政治敏感度的人物。他在園區贏得英國紳士的名聲，經常為同事們開門或拉住門，即使在他成為公司最高主管之一多年後。他為人慷慨大方，當同事與家人度假時，他會安排鮮花或香檳送到飯店房間，博得好感。這種善意與慷慨行為的副產品，就是整個公司對他更加忠誠，努力將他的設計化為現實。

但是，他也可能很嚴厲。如果他不喜歡與某個同事的互動，他有時會操作將那個人趕出蘋果公司，導致人力資源部門的人想起曾向他隱瞞工作人員的情形。在設計團隊中，他要求相互尊重與合作。他對自我意識的容忍度很低，希望確保所有聲音都能被聽到，包括那些說話溫和的人。設計師們表示，曾設計出半透明筆記型電腦、對 iMac 的設計產生影響的瑞典設計師托瑪斯．梅爾霍夫（Thomas Meyerhoffer），由於在會議上堅持自己的觀點，還對同事的工作不屑一顧，因此失去艾夫的青睞。最後，梅爾霍夫離開了，成立了自己的公司。一些團隊成員看重梅爾霍夫的才華，試圖說服他留下，但艾夫和團隊發現，沒有梅爾霍夫，他們也能和諧地工作。

在艾夫帶來一位新的色彩專家後，曾擔任重要角色的薩茨格發現自己同樣被排擠了。這個大約十五人的團隊，每位成員都面試了潛在的新員工，並在提供工作機會前先針對候選人進行討論。在一次這樣的過程中，薩茨格正準備面試一位候選人，卻被告知面試時間遭重新安排。艾夫召集團隊成員討論他們的面試，並向薩茨格提出第一個問題。

「你覺得如何？」艾夫詢問有關候選人的情況。

「我沒有面試他，」薩茨格說。

「為什麼沒有？」艾夫問道。

困惑的薩茨格解釋說，面試時程被重新安排了，他以為艾夫知道。此後不久，薩茨格便離開了蘋果公司。艾夫告訴人們，他解僱了薩茨格。多年後回想起來，薩茨格認為艾夫是故意重新安排時間表的，艾夫向他提出的第一個問題，目的在於降低薩茨格於同事之間的可信度。

「英國紳士的形象可以是一種工具，」帕西（Parsey）表示。艾夫在過去取代了同樣來自英國的帕西，成為設計團隊的第二號人物。「它以你無法相信的方式打開大門。但這並不意味這就是你的身分。那是一種工具。看看所有的英國經典，他們如何利用魅力長驅直入，這些傢伙是他媽的海盜，他們會竊取國家。」

艾夫的新影響力重塑了蘋果公司。在大多數產品公司中，工程部門定義產品，正如蘋果公司的iPod，而設計部門負責包裝。賈伯斯對艾夫的提拔意味著設計工作室領導產品開發，工程師則致力滿足其需求。設計師定義出產品的外觀，也對產品功能有很大的發言權。員工們開始用一句話概括他們的權力：「不要讓神失望。」（Don't disappoint the gods.）

艾夫藉由精心維護團隊成員的工作環境，控制人員進出的方式，鞏固了工作室的地位。他希望工作場所在會議期間保持安靜，並專注於製造出在美學與功能上最純粹的產品。如果工程或營運部門的員工在討論中沒有表現出尊重，說話太大聲，或者更糟糕的是——提出成本問題，他們之後會發現，自己的識別證再也無法進入工作室；他們進入工作室的資格已經被悄悄地取消。

這種無言的判決助長了公司的一句格言：除非強尼找你，否則不要跟他說話。

艾夫倚賴他的同事來維持秩序。當一名營運人員談到一項被提議的設計所面臨的製造挑戰，艾夫會於其後將他的經理拉到一旁，表示這名員工的評論擾亂了設計過程。他希望工作室裡的人能理解設計師想要什麼，並找到實現的方法，而非透過提及成本或生產限制來設置障礙。他會說：「我不會因為某人的腿夠長，踩得到踏板，就讓他去開巴士。」

他對細節的注意滲透到產品的開發中。如果一個有成本意識的供應商選擇使用重新磨過的低價塑料，艾夫一眼就能看出他們違反了蘋果公司使用原始材料的要求。價格較高的塑料對於該公司一貫的高品質電腦非常重要。他的覺察力刺激營運團隊確保供應商能滿足他的要求，因為他能發現任何失誤。在提到電影《靈異第六感》（*The Sixth Sense*）的時候，團隊開玩笑說，艾夫「能看到死人」[1]。

這些設計師比同儕享受更多的福利。他們去加州葡萄酒之鄉的五星級度假勝地參加異地培訓；他們去亞洲時住在豪華飯店，而營運與工程部門的同事則住在更傳統的三星級或四星級旅館；在香港，艾夫總下榻半島酒店，這是一座殖民風格的五星級建築，下午茶還有弦樂四重奏演出。蘋果公司對設計師可謂寵愛有加。

在一間由書呆子工程師組成的公司裡，這群設計師展現了藝術學校的酷勁。他們穿著休閒圓領衫、帽衫與名牌牛仔褲，開著昂貴的汽車，其中最貴的是艾夫那輛價格約為二十五萬美元的奧斯頓馬丁 DB9。他們更痴迷於自己的愛好：德尤利斯一直在尋找世界上最好的咖啡；朱利安．霍尼希（Julian Hönig）是狂熱的衝浪者，會自己製作衝浪板；尤金．黃（Eugene Whang）開了一家唱片公司 Public

Release，並以暱稱尤格（Eug）在俱樂部做DJ。

他們過著搖滾明星般的生活。在產品活動結束後，他們搭上豪華轎車，喝著伯蘭爵香檳，前去晚餐與深夜飲宴。他們成了紅木房（Redwood Room）的常客，這是舊金山市中心一家歷史悠久的酒吧，提供以傳統方式手工製作的雞尾酒。他們有時也會前往洛杉磯，去參加蘋果的廣告公司所開的派對。從白板到古柯鹼等各種毒品都能找得到，一位設計師將這些毒品放在一個子彈形狀的鼻煙壺裡。在這個致力於藝術和發明的文藝復興團體中，這全都屬於「用力工作，盡情玩樂」文化的一部份。

設計團隊的力量使它成為工程師探索新想法的安全港。當一位名叫布萊恩·胡皮（Brian Huppi）的工程師想要開發不用滑鼠控制電腦的方法時，他去找了設計師鄧肯·柯爾，想研究如何做到這一點。艾夫很喜歡這個想法。在他的同意下，柯爾與一群包括巴斯·奧爾丁（Bas Ording）、伊姆蘭·喬德里（Imran Chaudhri）與格雷格·克里斯蒂（Greg Christie）的軟體工程師，展開了一項研發計畫，尋找一種能夠用手指觸摸控制設備的方法。他們很快就發現一家位於德拉瓦州的公司，已

1. 編注：該部電影中童星奧斯蒙（Haley Joel Osmen）曾對男主角說：「我可以看到死人。」（I see dead people）。以此諷刺艾夫異於常人的覺察力。

經做出一個用來控制電腦的觸控板。計畫小組買了一個觸控板，對其進行改造，將 Mac 的圖像投射到桌子上，看看用手指在螢幕上導航是什麼感覺。他們編寫程式代碼以放大地圖、拖曳檔案和旋轉圖像。當柯爾和設計團隊分享這項技術時，整個團隊可以說是瞠目結舌。

當賈伯斯前去聽取私人發表時，他就沒那麼熱情了。他否定了這個想法。它看來笨拙，而且由於它仍然是一張桌子的大小，實在不切實際。儘管如此，艾夫堅持了下來，他輕輕推了賈伯斯一把，就如多年前在 iMac 設計上給賈伯斯的暗示一樣。「想像一下數位相機的背面，」他說。「為什麼它得有一個小螢幕和一堆按鈕？為什麼不能全都是螢幕？」

賈伯斯對這個想法很感興趣，而被他們稱為多點觸控的技術，也成為 iPhone 的基礎。製造手機的興趣，在蘋果公司已經醞釀好幾年。該公司領導者覺得當時的行動電話笨重累贅。他們還擔心競爭對手會將 MP3 播放器與手機合併成一個單一設備，進而使 iPod 變成多餘的產品。為了避免這樣的命運，賈伯斯啟動了後來的「紫色計畫」。

自二〇〇五年至二〇〇七年，工程師與設計師孜孜不倦地創造出這項新設備。

艾夫曾將手機的觸控螢幕想像成一個無邊無際的泳池，一個發光的窗口，將人們帶入一個音樂、地圖與網際網路的更廣闊世界。設計團隊經陸續研究了幾個概念，最終確定一種受索尼產品極簡主義啟發的風格。啞黑色表面與拉絲鋁框包含了一個寬闊的螢幕。法戴爾的硬體團隊用零組件將它變成了現實，軟體部門高階主管福斯托則領導了革命性軟體的開發。

二〇〇六年十二月十九日，艾夫與弗倫扎抵達深圳，在經歷兩年苦磨後筋疲力盡。他們走進一家工廠燈光昏暗的會議室，那裡的桌上放著一百台第一代iPhone。他們本應挑選做得最好的三十個樣品，好在產品發布會上展示。當艾夫與弗倫扎檢查著這些樣品時，四十名工廠工人也在房間裡站著。

「什麼也別說，」艾夫俯身對弗倫扎低聲說道。「這裡的每一台都行。」他已經習慣第一批樣品中只有一小部分沒有缺陷，但他面前的產品看起來就像佳能（Canon）生產的任何相機一樣精緻，當時的佳能公司是量產電子產品的黃金標準。這家製造商給了艾夫信心，相信蘋果公司能夠以博物館展示品般的手工藝細膩度，製造出數百萬部手機。艾夫抓住弗倫扎的肩膀小聲說：「現在我們什麼都能做了。」

一個月以後，賈伯斯在舊金山莫斯康展覽中心（Moscone Center）發布了 iPhone，大肆宣揚這是集結 iPod、手機與聯網電腦於一體的產品。賈伯斯打出的第一通電話，是給他最親密的合作夥伴。

「如果我想打電話給強尼，我只要按一下他的電話號碼就行了，」賈伯斯一邊說，一邊按了按手中 iPhone 上艾夫的電話號碼。

「哈囉，史蒂夫，」艾夫在觀眾席中用翻蓋手機回答道。

「嗨，強尼，你好嗎？」賈伯斯笑容滿面地問道。

「我很好。你呢？」

「兩年半了，我無法告訴你我能用 iPhone 撥出這第一通電話感到多麼激動，」賈伯斯說。

這通電話被拿來與一百多年前貝爾（Alexander Graham Bell）撥給托馬斯・華森（Thomas Watson）的電話相比。蘋果公司在 iPhone 上市的第一年就售出了一千一百萬部，比 iPod 上市後的銷量增加了十倍。

iPhone 造成的文化轟動效應比它的銷量更讓賈伯斯與艾夫感到自豪。多年來，他們曾經討論如何衡量成功，並一致認為成功不應該由股價或銷量來決定。就股價或銷量的指標而言，競爭對手微軟公司雖然成功，最終卻陷入停滯。相反地，他們決定按自己的主觀意見來評斷：他們是否對自己設計與建造的東西感到自豪？

iPhone 似乎是他們所能達到的頂峰。但隨著銷售起飛，艾夫開始考慮離開蘋果公司。他的雙胞胎兒子於二〇〇四年出生，而且在連續十五年每週工作八十小時後，這名四十歲的設計師也感到疲憊不堪。他在父母親於薩默塞特的住家附近買了一棟價值三百萬美元、有十間臥室的湖景別墅，並讓他的父親負責裝修，期待有更多時間待在他們身邊。他告訴老友格林耶，他已經累了，打算退休，和設計師朋友馬克·紐森（Marc Newson）一起做些高級奢侈品。但 iPhone 的流行與賈伯斯的病改變了一切。

二〇〇九年五月，艾夫抵達聖荷西機場，歡迎賈伯斯回家。這位罹患癌症的執行長，在曼菲斯完成肝臟移植手術後返家。艾夫與營運長庫克迎接了他，賈伯斯的妻子羅琳開了一瓶汽泡蘋果酒以示慶祝。但一切並不順利。

慶祝的背後，是艾夫即將爆發的怒氣。當時他正在苦思，蘋果公司的成長壓縮了產品開發週期，尤其是每年銷售五千四百萬台的 iPod。他有一個想法，想以一種令人興奮的新方法改變其中一款的螢幕，但他的點子在生產截止日期之後才到來。他向同事們哀嘆，由於他的創意領悟晚了兩週，不得不再等一年才能實現。此外，在賈伯斯生病後，新聞媒體開始對蘋果公司的未來產生懷疑。他們的理由是，這位聯合創始人創立了這家公司，接著又讓它復活。沒有他，公司會萎靡不振。他們認為，如果過去是未來的序幕，蘋果公司注定要失敗。

賈伯斯倚靠他在蘋果公司建立的團隊來完成工作，但在很大程度上將功勞歸於自己。他不贊成員工接受訪問，也不鼓勵談論蘋果公司的創意過程。這種策略保護了產品的保密性，降低了頂尖人才被競爭對手挖走的可能性。這還助長了公眾的一種看法，認為每一件產品都是個人天才的結果，並非團隊合作的成果。儘管賈伯斯把 iPhone 第一通打出去的公開電話撥給了艾夫，但這種微妙之舉並未完全表達出艾夫對 iPhone 的貢獻。在從機場到賈伯斯家的路上，這位設計師傾吐了他的心事。

根據賈伯斯傳記作者艾薩克森的說法，艾夫說：「我真的很受傷。」（艾夫透過發言人對此一說法提出異議。）艾夫抱怨說，人們認為蘋果公司的創新來自賈伯斯。事實是，艾夫與許多其他人對於它們的成功至關重要。

賈伯斯與艾夫再次合作了另一個主要產品。在許多方面，iPad在他們製造的產品中是最不費勁也是回報最高的一個。在做出iPhone之前，他們已經開始思考平板電腦的製作，而賈伯斯在接受移植手術之前，就已經重啟平板電腦的研發。iPhone將為平板電腦的設計提供參考，而平板電腦則會使用同樣的軟體。最大的問題是：它應該有多大？

艾夫先做出二十個不同尺寸的圓角模型，啟動評估工作。他將賈伯斯請到工作室，把模型擺出來讓他審查。他們從一個模型看到另一個模型，一一評估它們的外觀與感覺。他們最終選擇了一個九乘七英寸的長方形，它就像個橫線筆記本一樣平放在桌上。在他們研發的過程中，賈伯斯覺得它看起來太正經了。艾夫理解這個說法：這個設備缺乏讓iMac等過往產品變得平易近人的圓潤邊緣。他後來把邊緣的線條做得圓潤些，如此一來手指便能滑至下方，把平板從桌子上拿起來。

二〇一〇年一月，賈伯斯在舊金山芳草地藝術中心（Yerba Buena Center for the Arts）推出了iPad。他躺在一張休閒椅上，展示瀏覽網頁和閱讀電子書是多麼簡單的一件事。這款產品一上市就大獲成功，蘋果公司在一年多一點的時間裡賣出了兩千五百萬台iPad。

賈伯斯的健康狀況在 iPad 發布後惡化了。二〇一一年，當他病得無法上班時，艾夫開始定期到他家中探望。兩人會討論正在進行的 iPhone 開發工作、蘋果新園區的計畫、以及賈伯斯為了與家人一起航行而建造的遊艇。

賈伯斯於二〇一一年十月五日去世後，同事們擔心艾夫在失去賈伯斯後是否會一蹶不振。多年來，他們看在眼裡，賈伯斯對工作室的意見回饋讓艾夫的作品更加出色，就像一個才華洋溢的編輯能增進一位天才作家的敘事能力。艾夫向眾人保證，他不會有事的。他說，他會鞭策自己。儘管如此，在失去長期贊助人後，工作室顯得無精打采，宛如解開纜繩的方舟。一位設計師對此表示：「每個人都覺得自己會犯錯。」

艾夫聘請了一位名叫安德魯・祖克曼（Andrew Zuckerman）的高端攝影師，投入一項出版計畫，製作一本名為《由蘋果在加州設計》（*Designed by Apple in California*）的設計書，書中滿是白色背景下蘋果熱門產品的精美特寫照片。他審視了自己過去的作品，沉浸在與他失去的創意夥伴一起工作了一輩子的紀念品中。

在賈伯斯追悼會結束後兩個月，艾夫因為其設計成就獲得了騎士勳章。他被英國設計協會（Design Council）提名，這是一個致力於支持工業設計的非營利組織。此等榮譽讓艾夫獲得大英帝國勳章（the Most Excellent Order of the British Empire）的爵級司令勳章（Knight Commander，簡稱 KBE），這是大英帝國最高級別的勳章，他也因此成為強納森．艾夫爵士。

五月底的倫敦，一個陽光明媚的日子裡，艾夫在脖子上繫了一條粉藍色領帶，穿上一件黑色燕尾服，前去參加在白金漢宮舉行的儀式。如此正式的場合可能會讓賈伯斯感到好笑，畢竟他曾向艾夫表達過對英國人古板的不滿，但對於這位英國設計師和兩個老師的兒子來說，這個場合的意義重大。這種認可是對他終生成就的肯定，而且在階級分明的英國社會，這種表彰給了他一個正式的頭銜。儘管如史蒂芬．史匹柏（Steven Spielberg）與比爾．蓋茨（Bill Gates）等幾位美國名人也曾獲得類似的認可，但艾夫本著英國國民的驕傲來看待此一殊榮。

艾夫在海瑟與雙胞胎兒子的陪伴下進入王宮宴會廳，在小舞台前坐了下來，舞台上有兩個鍍金木製王座。一位王室官員很快就召喚他上前接受勳章。當巴赫 D 小調雙小提琴協奏曲響起時，艾夫低著頭，邁著穩健的步伐走向王座。他面帶笑容，在安妮公主面前鞠躬，然後跪了下來，靜待安妮公主用她祖父喬治六世國王的劍輕拍他的左肩與右肩。

當日稍晚，艾夫脫下燕尾服和領帶，參加在倫敦西區中心一家名為常春藤（Ivy）的高級餐廳舉行的宴會。英國設計協會訂了一間有彩繪玻璃窗的私人包廂，並邀請了艾夫的朋友，包括演員史蒂芬．弗萊（Stephen Fry）、杜蘭杜蘭樂團主唱西蒙．勒．邦（Simon Le Bon）、以及知名設計師保羅．史密斯（Paul Smith）與特倫斯．康蘭（Terence Conran）。艾夫的妹妹艾莉森和他的父母親也受邀參加。

當與會者啜飲著香檳、享用著開胃菜時，艾夫的臉上露出了微笑。當支持艾夫獲得動章的前英國首相戈登．布朗（Gordon Brown）提議舉杯敬酒時，整個包廂安靜了下來。渴望受到關注但在聚光燈下感到不自在的艾夫，將左手放在兒子的肩膀上，當布朗回憶起造訪庫比蒂諾設計工作室看到團隊工作的情景時，他靦腆地笑了。

艾夫的父親麥克微笑地看著這一切。多年來，他經手的東西不勝枚舉，製作過水陸兩用氣墊船與形形色色的櫃子，修復過老車，打造過結婚戒指，編制過學校學程，鍛造過茶壺，但是那天在房間裡展示的，是他最欣賞的作品。他告訴朋友，他認為艾夫是他最棒的創作。

第五章

chapter 5

堅定的決心

Intense Determination

黎明前，那台本田雅哥就已經在一〇一號高速公路上呼嘯而過，經過低矮辦公大樓與購物中心的昏暗陰影。雖然蘋果公司給了提姆．庫克四十萬美元的底薪與五十萬美元的簽約獎金，他仍不太看重自己開的是什麼車。車子只不過是能把他送到健身房與辦公室，並在一天結束後帶他回到帕羅奧圖公寓的四輪工具。

一九九八年，庫克從德州搬到帕羅奧圖，租了一間五百四十四平方英尺的公寓，這房子其實更適合大學生居住，而非公司的高階管理人員。狹小的空間與位置反映出他大部分時間都在工作的現實。他的住所距離蘋果公司的無限迴圈園區只有二十分鐘車程。帕羅奧圖這個沉悶、貴族化的郊區，不如三十英里以北的舊金山來得有活力。這裡是史丹佛大學的所在地，許多新創公司也都聚集在這條綠樹成蔭的主街大學大道（University Avenue）周圍。在這裡的餐館與咖啡廳裡，人們談論的是最新的網路公司與風險投資。這裡的人大多步行或騎腳踏車，這對庫克來說非常理想，他本來就喜歡騎著自行車在城裡閒逛，就像還在羅柏達爾一樣。

甫進入蘋果公司，庫克就召開了一次營運會議。他想知道關於公司龐大供應鏈的每一個細節。過去一年，蘋果一直試圖擺脫現金流困境所造成的危機。在賈伯斯於一九九七年回歸之前，賣不出去的電腦堆積如山。公司在加州、愛爾蘭與新加坡都有自己的工廠。它的電腦零件過剩，持有十九天的庫存。財務長弗雷德・安德森（Fred Anderson）曾試圖藉著一個名為「跨越峽谷」（Crossing the Canyon）的計畫來解決資產負債表的問題，該計畫旨在減少庫存。賈伯斯回歸後，營運團隊幾乎被挖空，人員所剩無幾。當庫克提出一個又一個諸如「為何如此」、「你是什麼意思」等問題時，他們詳細說明了自己取得的進展。

「我看到他把人問哭了，」當時的業務部代理主管喬・奧沙利文（Joe O'Sullivan）表示。「他對細節的關注程度著實驚人。」

這次會議為庫克的領導定下基調。他以一種重塑工作場所的精準性，藉由審問來鞭策員工前進。緊張、詳細且令人疲憊，幾乎沒有出錯的餘地。他似乎吸收並保留了下屬提供的所有資訊，對業務了解的速度比任何人預期的都快。賈伯斯要求奧沙利文花四個月和庫克一起，幫他熟悉蘋果公司的營運方式；庫克在四、五天內就掌握了。他用一個又一個的提問撥開問題的層層外皮。沉默隨之而來。他質問辯證的風格製造了一種緊張的氣氛，讓員工感到侷促不安。

「喬，我們今天生產了幾台？」庫克會問。

「一萬台，」奧沙利文會回答。

「產量是多少？」他問道，指著出貨前通過品管的產品百分比。

「百分之九十八。」

庫克聽到這種效率不為所動，繼續深入詢問。「那百分之二為何沒通過？」

奧沙利文會盯著庫克，心想，「媽的，我不知道。」

營運團隊學會搜索生產的每一個面向，為庫克能想到的任何問題準備答案。他們深入研究特定零件的性能，以及每條生產線的生產結果。奧沙利文表示，他們的老闆對細節的渴望，讓每個人變得「幾乎都跟庫克一樣」。

庫克稱庫存為「根本性的邪惡」。放在架子上的電腦與電腦零件就像蔬菜一樣，放太久會變質，只得丟棄。自賈伯斯回歸後，蘋果的營運團隊已經將庫存天數減少了三分之二。庫克的要求更高。一九九八年，他去了公司的新加坡辦公室，評估如何能做出更多改善。當地營運團隊為他的到來進行準備。他們用飛機運來庫克最愛的激浪汽水（Mountain Dew），為會議室準備了香蕉與能量棒，為他每天十四小時的工作提供動力，也準備了蒸雞肉與蔬菜的食材，因為他的午餐與晚餐經常吃這些東西。坐在會議桌前，庫克在椅子上來回搖晃，聽著製造部門員工扼要敘述業務狀況。團隊認為他坐在椅子上輕輕搖晃的動作是個令人鼓舞的信號。當他們適應了這個面無表情、分寸十足的老闆後，他們發現，在他搖晃椅子的時候，表示他對提交的內容感到滿意。當動作停止時，表示他發現一個問題，打算提出一個可以暴露缺陷的疑問。

那天，該團隊做了一個有關庫存週轉率的簡報，這是衡量庫存使用與更換頻率的指標。庫存週轉愈多，公司花在損壞零件上的錢就愈少。營運團隊詳細說明了如何將年週轉率從八次提高到二十五次以上，使其成為僅次於戴爾公司的業界第二。

當他們結束簡報時，庫克停止了搖晃。他默默地看著他們。「你們要怎麼達到一百次？」他問道。

「我就知道你會這麼說，」奧沙利文表示，他早已預料到庫克對卓越的渴望是無法遏止的。「我們就快到了。」

奧沙利文詳細說明了進一步改善的計畫。他講完後自我感覺良好，但庫克盯著他，對他的額外努力沒有表示讚賞。

「那你們要怎麼達到一千？」庫克問。

幾位簡報者笑了起來，因為他們認為這是不可能達到的要求，但庫克只是冷冰冰地看著他們。他是認真的。

「一千轉？」奧沙利文懷疑地問道。「那差不多是一天三次。」

沒人說話。庫克看著營運人員難以置信地看著他。他設定的標記成了他們的目標。

幾年內，蘋果公司就開始按訂單生產電腦，帳面上幾乎沒有庫存。營運團隊對那個目標的追求包括在廠房地板中間畫上一條黃線。黃線一側的零件仍然留在供應商的帳簿上，直到蘋果公司將它們移過黃線，組裝成新電腦。這降低了蘋果公司的成本，因為根據公認的會計原則，在零件沿著生產線移動之前，公司並不擁有這些庫存，即使這些庫存放在自家倉庫裡。這個概念在當時是創新的，後來則成了業界標準。

庫克進入蘋果公司時，該公司正處於復興的早期階段。糖果色的 iMac 在他被僱用的五個月後發貨。在生產過程中，蘋果的進度落後，需要增加設備來追趕。一位營運主管建議增加七組生產工具，每組工具的成本約為一百萬美元，但由於公司仍然處於現金短缺的狀態，奧沙利文認為只要增加三組工具就能趕上，這可以將生產量從每日七千台提高到一萬台。庫克否決了他的意見。他說：「我們要以最快的速度出貨，越多越好。」庫克授權的十四組工具直接讓蘋果公司的產能增加了一倍，讓它得以滿足 iMac 發布後激增的需求。雖然他可能很節儉，但庫克證明了他在必要的時候願意冒險也願意花錢。

大約在庫克加入蘋果六個月後，對庫克的表現大感振奮的賈伯斯在園區裡找上了奧沙利文。他問道：「你覺得怎麼樣？」

奧沙利文回答：「我不知道。」

賈伯斯問：「你不知道是什麼意思？」

奧沙利文說：「這裡沒有魔法，所有事物並非一蹴可及。」

在這家由賈伯斯領導下蓬勃發展的公司，庫克很快就證明自己是執行長的陪襯者。他性格剛毅矜持，很少流露感情。他專注於數字，電子試算表再怎麼看都不夠。他的工作時間很長，黎明前就去健身房，一直工作到晚上。他以蘭斯·阿姆斯壯（Lance Armstrong）的名言來鼓舞士氣：「我不喜歡輸，我只是鄙視它。」他嚴格的方法帶來了成果。在他到職的第一年，公司的庫存從一個月的產品減少到六天。一年後，他將庫存削減到兩天，看著節省下來的資金流向蘋果的盈收。

奧沙利文表示，「他就像一名無情的控制型中場，」他用足球術語來描述他的新老闆。他將庫克比做羅伊．基恩（Roy Keane），一位傳奇的防守型中場球員，他在冠軍賽季的一系列球賽中穩住了曼聯的後防。「他不是進球和在夜總會被拍照的中鋒，」奧沙利文表示。「他是個安靜的傢伙，把全部事情做完後就回家的那種人。」

隨著蘋果公司的庫存得到控制，庫克開始整頓其製造業務。二〇〇〇年，他開始關閉工廠，轉而將生產外包給簽約製造商。蘋果多年來一直採用這種做法，但庫克將它推到極致。在康柏公司任職期間，他結識了鴻海科技集團（富士康）的創辦人郭台銘。這位台灣企業家建立了全球最可靠的電子產品組裝廠。一九七四年，郭台銘向母親借了兩千五百美元，在台北設立一間工廠，生產用於切換電視頻道的塑膠旋鈕，後來在一九八〇年代將業務擴展到個人電腦領域。他在土地與勞工都很便宜的中國建廠，改變了電腦製造業。與戴爾、康柏等公司簽訂的生產合約讓公司員工增加到三萬人，銷售額達到三十億美元。郭台銘以每天工作十六個小時著稱，他要求產品準時出貨，並且要符合客戶的要求。他也會親自出面解決生產問題。他要求嚴格、親力親為的風格吸引了庫克，而庫克也把同樣的方法帶進了蘋果公司。

二〇〇二年，庫克邀請郭台銘製作蘋果公司的下一個主要電腦產品，該公司計劃用平板電腦取代糖果形狀的 iMac。在蘋果的要求下，富士康建立了一條每天可以生產一千五百台電腦的供應鏈，但賈伯斯決定將電腦的目標市場從高階專業消費者改為一般消費者。庫克需要富士康將產能擴大十倍，而且需要盡快完成擴充。蘋果公司的季度業績將取決於這款新電腦的成功。庫克與蘋果的一些頂尖工程師飛往中國，監督擴張。他的感恩節和聖誕節都待在那裡，在工廠生產線工作，在電腦從生產線下線時發現問題，並在需要時將問題上報給郭台銘。那是個高壓環境，但庫克始終保持冷靜，散發他在 IBM 與智能電子公司面臨挑戰時表現出的冷靜。他的情境管理風格，是在情緒上保持冷漠，並適應不斷變化的環境來化解局面。隨著十二月的結束，蘋果公司將這些電腦裝上飛機運出中國，這樣公司就可以將這些新產品計入九月至十二月期間的銷售額，實現華爾街的季度銷售預期。

隨著時間推移，庫克顛覆了蘋果公司與電腦零件供應商的關係。零件採購人員原本遵守的原則是，要維持良好的關係必須創造雙贏。庫克提倡不同的手法：堅持不懈，絕不妥協。在談判中，他在價格、交貨時間等層面上絕對不含糊，採取支持蘋果的立場，寸步不讓。他同時也會反過來確定並默許對方想要的、並非蘋果公司優先考量的事務。他經常在談話中保持沉默，這會讓供應商感到不自在。有時，他會好長一段時間不說話，接著身體前傾後說：這就是我想做的。與會的每一個人都會緊緊抓住他的話不放，因為這往往是他第一次在會議上發言。供應商將這種戰術比作軍事心理技術。二〇〇〇年代中期，在幾乎與一家晶片供應商敲定條款後，庫克打電話給對方，說他重新考慮了一下。他說：「我認為我們受到不恰當的對待，我們不會再談判了。」然後他沉默了好幾天，而供應商此時則擔心自己已經失去這筆交易。「他希望的是，你會在第十一個小時回來做出重大讓步，」這位最終促成交易的供應商回憶道。「聰明人會說：『堅守信念。』這是老派的談判方式。」

庫克私底下的生活也很節儉。雖然他的年薪高達四十萬美元，還有股票獎勵，但加入公司後，他在帕羅奧圖的一間小公寓蝸居，而且一住就是好幾年。同事們開玩笑說，那地方只有一套餐具、一個盤子、一個碗與一個杯子。公司裡甚至謠傳說那間公寓有白蟻。賈伯斯和蘋果硬體工程部門主管喬恩·魯賓斯坦最終去這間公寓走了一遭，著手干預。

「老兄，你得買個房子，」魯賓斯坦說道。

在搬到全美房價最高的帕羅奧圖將近十年後，庫克終於花一百九十七萬美元買了一間相對適中的房子，面積為兩千三百平方英尺。賈伯斯住在一英里外的一間大房子裡，面積是庫克家的兩倍多。

在一間充滿戲劇性的公司裡，營運團隊因為缺乏戲劇性而變得引人注目。庫克無法容忍政治手腕，他希望每個人都能合作。在每個季度末，他都會召開一次會議，審查營運工作哪些方面沒有達到目標。他的十幾位副手會把他們認為出錯的地方寫在便利貼上，然後貼到白板上。問題可能很簡單，例如預測銷售十萬台iMac，結果少賣了三千台。這些紙條會被分組、排序、接著進行討論。這些會議培養出一種責任感的文化。沒有人會出賣同事、讓同事背黑鍋。「這就像懺悔大會，」奧沙利文回憶道。

這個過程幫助庫克挖掘出最優秀的員工。他從ＩＢＭ帶來的傑夫・威廉斯（Jeff Williams）成了他的副手。在北卡羅萊納州羅里市長大的威廉斯和他的老闆一樣堅忍，他先在北卡羅萊納州立大學（North Carolina State University）取得機械工程學位，後來也在杜克大學取得工商管理碩士學位；還有迪爾芮・歐布萊恩（Deirdre O'Brien），她在密西根州立大學（Michigan State University）取得營運管理學位，後來在聖荷西州立大學（San Jose State）獲得工商管理碩士學位。她負責預測需求；另外還有在塔夫茨大學取得經濟學與機械工程學位的薩比．汗（Sabih Khan），在一次重大的製造問題中脫穎而出。「這真的很糟糕，」庫克說。「應該有人去中國看看。」他後來看著汗，問道：「你怎麼還在這裡？」汗站了起來，開車去舊金山國際機場，連衣服都沒換就飛去中國。

庫克苛刻堅忍的態度讓人恐懼。中階管理人員在允許員工向庫克匯報之前會先進行篩選，藉此確保他們對所涉問題有深刻的了解。他們害怕浪費庫克的時間。如果他感覺到有人準備不足，可能會失去耐心，一邊翻著會議議程一邊說：「下一個。」一些人甚至哭著離開會議。

結果就是一個很大程度上按照庫克形象塑造的團隊：非常有職業道德的一群工程師與工商管理碩士。儘管如此，庫克也會從公司其他領域尋求多元化的觀點。當他去填補人力資源部門的一個空缺職位時，臨時擔任該職位的女士鼓勵他去面試其他人。她認為自己太過右腦、太過感性，不適合和一個左腦思維、善於分析的人一起工作。他力勸她申請。

「我想和有不同想法的人一起工作，」他說。

庫克對工作的投入讓他的老闆很煩惱。賈伯斯纏著他，希望他能有更多的社交生活，這股推動力來自這位執行長在建立家庭後更豐富的私人生活。有時，庫克會接到賈伯斯的晚餐邀請，在抵達時發現賈伯斯、他太太羅琳、以及其他賈伯斯希望他見的客人。庫克甚至接到過母親潔拉爾汀的電話，因為賈伯斯給她打了電話，和她談起庫克。「他知道家庭在他的生命中有多重要，他希望我也建立家庭。」庫克回憶道。

雖然庫克藉由工作與賈伯斯建立起深厚的關係，他與強尼．艾夫的關係卻很疏遠。營運部門與設計部門之間固有的緊張關係，有時會在兩人之間造成矛盾。庫克的職責在控制成本，這是藉由製造盡可能多的產品，並盡量減少因缺陷而被丟棄的產品數量來達成；與此同時，艾夫的團隊正在仔細檢查從生產線上下來的產品，確保它們與草圖和模型非常接近。當艾夫發現一個缺陷時，它可能會影響生產。它耗費了時間，增加了成本。

但蘋果的供應鏈開始被重塑，這是因為庫克對卓越經營的要求、艾夫對優秀設計的堅持與賈伯斯願意花必要的成本來製造令人驚奇的產品等因素混合作用所致。

iPod 成為這個成功組合的關鍵轉折點。從二〇〇二年至二〇〇五年，該公司銷售的 iPod 數量從每年五十萬台暴增到每年兩千兩百五十萬台。在開發 iPod Nano（後來成為該公司最暢銷的產品）的過程中，艾夫力促改善製造這 MP3 播放器彩色鋁製外殼的工具，要求工廠工人對這個外殼製作工具進行拋光。這個生產步驟偏離了在產品鍛造後拋光外殼的常見做法，因為艾夫認為這個步驟會降低產品品質。富士康與蘋果的營運團隊合作以滿足艾夫的要求。在學會這種做法以後，富士康就能向其他消費產品公司推銷這個新獲得的專業知識。

中國供應商爭相與蘋果合作，因為蘋果的生產需求與銷售的產品數量可以幫助製造商建立起自己的事業。庫克的營運團隊會利用供應商的需求為蘋果帶來好處，要求他們提供比最低市場價格還低的報價。供應商通常會同意這些苛刻的條款，因為他們知道自己可以從蘋果的工程師那裡學到最先進的製造技術，然後將這些能力推銷給其他急於在產品設計方面追趕蘋果的消費電子產品公司。這種動態加深了蘋果對中國的依賴，也加深了中國對蘋果的依賴。

那陣子的庫克沒有什麼值得著墨之處。他做的事情都很無聊。該公司的性感魅力在於其創意工作：iPod Nano 曲線優美的背面、以戴著白色耳機跳著舞的黑色剪影為特色的廣告、直營店裡天才吧（Genius Bar）的橡木桌。愈來愈多的蘋果迷並不在意 iPod 是如何組裝、裝箱與送往商店，他們不關心誰在統計銷售量或誰讓公司的網路商店運行起來。但矽谷的公司已經注意到庫克在這些商業領域的作為。

二〇〇五年，惠普公司開始物色新執行長，庫克在招募人員手中的清單名列前茅。他扭轉蘋果混亂局面的能力，為他在競爭對手中贏得了業界最佳營運高階業務主管的名聲。賈伯斯的顧問群擔心他們會失去庫克。他們敦促賈伯斯提拔庫克為營運長，並放寬高階主管在其他公司擔任董事的限制。這不是一個簡單的要求。除了賈伯斯，蘋果公司在財務部門之外沒有人擁有「長」的頭銜，而且除了擔任皮克斯董事長的賈伯斯以外，沒有人進入其他公司的董事會。賈伯斯不願意授權給他的副手們。當他在一九八三年任命約翰·史考利為蘋果公司執行長時，史考利反過來把賈伯斯趕出了自己的公司。那時，庫克負責製造與銷售已有五年，當賈伯斯在二〇〇四年因胰腺癌休假時，他暫時代理了賈伯斯的職務。顧問群懇求賈伯斯，「你不能失去他。沒人可以做他做的事。他重塑了供應鏈。」這種壓力發揮作用。二〇〇五年秋天，在飛往日本的飛機上，賈伯斯向庫克說：「我決定讓你擔任營運長。」

這次晉升鞏固了庫克對蘋果後台辦公室的掌控，也讓他得以加入耐吉公司

（Nike）的董事會。他對製造、銷售與物流的控制能力，讓賈伯斯能夠專注於公司的創意核心：設計、工程與行銷。陰陽相倚的局勢形成了，賈伯斯底下多變的部門開發著蘋果下一個轉型產品 iPhone；庫克底下獨立運作的營運團隊在富士康的工廠生產線將複雜的產品化為現實。一組人創造需求，另一組人負責實現；一組人靠魔術與發明而興盛，另一組人藉由方法與流程來主導。

庫克的升遷恰逢神來之筆。

iPod 最關鍵的零件是快閃記憶體。賈伯斯預計即將推出的 Nano 款，將以色彩繽紛且質輕的鋁製外殼引發需求的激增。為了實現此一目標，他要求庫克的團隊與主要的記憶體供應商進行談判，以確保記憶體供應無虞。最後，他們與英特爾、三星電子等公司達成一個為期多年的協議，預付十二億五千萬美元。庫克的最佳副手傑夫．威廉斯領導談判。蘋果壟斷了市場，將競爭對手拒於門外，並能在賈伯斯預測的需求激增時滿足需要。

當艾夫的設計團隊構想出一種製造筆記型電腦的新方法時，該團隊也成功完成類似的壯舉。這個設計要求一台機器用一塊實心鋁版雕出筆記型電腦的外殼。這種豪華汽車製造商與鐘錶製造商使用的技術，從未被應用在電腦領域，但該公司冀望這項技術能讓筆記型電腦的厚度減少百分之三十。這個複雜的過程需要十三道獨特的加工步驟，也得用上雷射鑽孔。它野心勃勃，同時耗資巨大。

在大部分公司，高成本會阻止這類複雜工作的實現，但賈伯斯無視實際的問題。他看到製造更雅致、更輕便筆記型電腦的潛力。讓他和艾夫的夢想成為現實的重責大任，便落在庫克身上。

為了保證蘋果能以合理的價格生產足夠的筆記型電腦，營運團隊與一家日本製造商達成協議，買下該公司在未來三年所能生產的所有機器。這些電腦控制的機器被稱為電腦數值控制（CNC）工具機，每台價格高達一百萬美元。蘋果公司購買了一萬台這樣的機器，徹底攪亂了製造業，因為業界並不習慣從單一客戶獲得如此龐大的訂單。

這個設計與製造上的突破，為MacBook Air鋪平了道路，這是一款三磅重的筆記型電腦，它輕薄到賈伯斯在展示時是從一個信封裡拿出來的。它也成為iPhone首選製造工藝的一部分。也許更重要的是，它改變了電腦與電子產業。過沒多久，其他公司也開始模仿蘋果，製作類似的極簡風格筆記型電腦。

iPhone進一步考驗了庫克的高超營運本領。賈伯斯在二〇〇七年一月登台展示的早期機型採用的是塑膠螢幕。賈伯斯發現當他把手機放進口袋時，鑰匙刮傷了螢幕表面。他在產品發表會前六個月決定，蘋果需要用玻璃來取代塑膠螢幕。庫克和其他人擔心，玻璃螢幕的耐用性不足，使用者摔了就破。他們擔心蘋果商店會被要求更換螢幕的顧客擠爆。庫克的副手威廉斯甚至告訴賈伯斯，製造彈性更佳的玻璃的技術，還需要三到四年才能成熟。

「不，不，不，」賈伯斯說。「六月出貨時，就得是玻璃的。」

「但我們測試了目前所有的玻璃，當你讓它掉在地上時，百分之百會碎。」威廉斯表示。

「我不知道我們該怎麼做，但當它六月發貨時，得是玻璃的。」賈伯斯表示。

之後，賈伯斯打電話給玻璃製造商康寧公司（Corning）的執行長，告訴他該公司的玻璃很糟糕。當時的康寧執行長溫德爾·維克斯（Wendell Weeks）前去庫比蒂諾與賈伯斯開會，告訴他有一種尚未通過檢驗的新產品，名為「大猩猩玻璃」（Gorilla Glass），其表面有一層壓縮保護膜，可能符合他的要求。庫克和威廉斯與康寧公司合作，讓肯塔基州的一家工廠在六個月內生產足夠的大猩猩玻璃，以滿足史上最暢銷產品的需求。

每次庫克完成了不可能的任務，公司的財富就會增加。他那些未被覺察的工作，成了蘋果的祕密武器。

當賈伯斯的癌症在二〇〇九年復發時，他再次請假，讓庫克代理他的職位。和過去一樣，庫克維持著蘋果公司的運轉，但與五年前相比，他面臨更多來自華爾街與媒體的質疑，因為賈伯斯的健康情況明顯惡化了。賈伯斯請假後不久，庫克在與華爾街分析師的法說會上，試圖用他自己的蘋果信條來反駁批評者。「我們相信，我們之所以在地球上是為了製造偉大的產品，這一點沒有改變，」他說道。「我們不斷專注於創新。我們相信簡單，不相信複雜。我們認為，我們需要擁有與控制我們所製造產品背後的主要技術，並且只參與我們能做出重大貢獻的市場。我們相信要對數以千計的計畫說不，才能真正專注在對我們真正重要和有意義的少數計畫上。我們相信團隊之間的密切合作與相互交流，讓我們能以別人做不到的方式進行創新。坦白講，我們不會滿足於不卓越的東西。」

上面這番話被稱為「庫克主義」（Cook Doctrine），它具有定義賈伯斯溝通方式的那股明確凝聚力。它同時也顯示，庫克在蘋果的十年，讓他對公司特有的文化有了深刻的了解。這鞏固了他作為賈伯斯最可能接班人的地位。當時沒有任何真正的挑戰者。蘋果最有才華的三位工程師，即軟體開發工程師艾維・特凡尼安（Avie Tevanian）、硬體部門高階主管喬恩・魯賓斯坦與托尼・法戴爾都已經離開公司。軟體工程新星史考特・福斯托被認為太年輕，硬體部門主管鮑伯・曼斯菲爾德被認為過於狹隘，而產品行銷人員菲爾・席勒則被認為會引起分裂。強尼・艾夫更擅長管理小團隊，而非擔心蘋果公司龐大的業務。零售主管羅恩・詹森（Ron Johnson）具備所需的行銷與營運技能，但在公司裡沒有接觸過太多其他業務領域。「他別無選擇，」賈伯斯一位顧問表示。「沒有其他人能勝任那份工作。蘋果的價值至少有百分之五十來自供應鏈。」

二〇一一年八月十一日，賈伯斯把庫克叫到家裡。他說他打算成為董事長，讓庫克擔任公司的執行長。他們討論了這將意味著什麼。

「你來做所有的決策，」賈伯斯說。

「等等。讓我問你一個問題，」庫克試著設想一些挑釁的問題說道。「如果我審了一個廣告，覺得很喜歡，不需要你的首肯就可以上嗎？」

「好吧，我希望你至少會問我一下！」賈伯斯笑著說。

賈伯斯說，他曾研究華特．迪士尼公司的狀況，以及該公司在聯合創始人華特．迪士尼去世後是如何癱瘓的。每個人都在問：華特會怎麼做？他會做出什麼決定？「永遠不要那麼做，」賈伯斯說。「做正確的事就好。」

這樣的選擇讓一些外界人士感到驚訝，因為（正如賈伯斯告訴傳記作者艾薩克森的）庫克並不是一個「產品人」。但內部人士卻能理解這個選擇。庫克管理著一個沒有戲劇性的部門，專注於合作。蘋果在失去不可替代的領導者以後，需要一種新的操作風格。

庫克的父母對他的晉升感到很興奮。二〇〇九年，當庫克準備接替賈伯斯時，他的父親曾開車到當地報社《獨立報》（*the Independent*）的辦公室，表示願意接受採訪。記者唐娜．萊利-萊恩（Donna Riley-Lein）去了庫克父母家，他們坐在躺椅上吹噓著說庫克每週日都會打電話回家，無論他身在何處。「他一直很聰明，」他的母親潔拉爾汀說。「當他離家時，我幾乎要跟他一起離開。」

萊利-萊恩知道庫克是單身漢，便問他們庫克是否有女朋友，「這樣羅柏達爾的女士們就會知道，不用把女兒打扮得那麼漂亮了。」庫克夫婦安靜了下來。萊利

──萊恩很快意識到自己觸碰到一個敏感話題，她想，「我最好不要往那裡去，不然我會被要求離開。」

這篇報導本來是要刊登在《獨立報》的頭版，直到蘋果公司的媒體公關團隊打電話去報社，請該報編輯不要刊登這篇文章。編輯後來妥協，將報導刊載在報紙內頁。這場爭執凸顯出庫克後來為提升形象與保護自我隱私所做的長期努力。庫克在熱愛全國運動汽車競賽協會（NASCAR）的南方長大，這與賈伯斯在全球為蘋果公司營造的「加州酷派」形象格格不入。庫克也非常注重隱私。

賈伯斯的去世對庫克的打擊很大。二〇一二年的 D: All Things Digital 會議，是庫克在上任後第一次公開露面，他與《華爾街日報》的莫斯伯格（Walt Mossberg）和史威瑟（Kara Swisher）站在一起接受採訪。三人一同在南加州一家旅館會議室裡的紅色皮椅上就座。

庫克自信又風趣地指出，該公司的銷售額在前一年增長了百分之六十五，達到一千零八十億美元，正處於一連串「還不錯的季度」。他敘述了 iPad 的銷售如何因為在消費者、教育工作者與企業中大受歡迎而起飛。

「這令人難以置信，」他說。「這只是我們揮出的一拳，而且我覺得我們仍在第一階段。」

莫斯伯格逐漸將話題移轉到蘋果公司在新任執行長的帶領下如何運作。這位技術評論家非常了解賈伯斯，曾出席他的私人追悼會。他比任何人都清楚庫克與他的前任有多麼不同。

「顯然，隨著賈伯斯的去世，蘋果公司經歷了巨大的變化，一個巨大的損失，」莫斯伯格說道。「作為執行長，你從史蒂夫身上學到了什麼?你將如何改變現狀?」

「我從史蒂夫身上學到了很多，」庫克說。然後他搖了搖頭，閉上了眼睛。他情緒激動地倒吸了一口氣。過了幾秒鐘，他閉著眼睛繼續說道：「他過世那天，絕對是我這輩子最悲傷的一天。」房間裡漸漸靜了下來，他盯著眼前的觀眾，一臉茫然。

「也許就如……」他開口說，然後又停了下來。「就如同你們期待看到或預測的那樣，」他說。「不過我真的沒有。去年年底的某個時候，有人搖晃著我說：『該釋懷並繼續往前走了。』於是，那種悲傷被一股繼續這段旅程的堅定決心所取代了。」

庫克迅速擴大了蘋果公司對社會事業的態度。在賈伯斯去世不到一個月，他就推出了一項企業慈善捐助匹配計畫，為該公司直接向反誹謗聯盟（Anti-Defamation League）等組織的捐助鋪平了道路。這一步與賈伯斯長期以來反對匹配[1]、傾向將現金退回給股東、讓股東根據自己的意願進行捐贈的做法，形成了鮮明的對比。但這與庫克本人在當地愛心食堂當志工，以及在母校奧本大學提供獎學金的做法相符。此一改變立即讓員工產生好感，而他在發信給全公司時以「團隊」作為電子郵件的開頭，預示著他比前任更具包容性、更善於溝通的風格。

儘管如此，並非所有人都感到放心。矽谷的領導者預測，蘋果公司會逐漸衰退。忠實客戶都很擔心未來的創新。華爾街對蘋果未來的道路感到憂心忡忡。

庫克沒有理會這些聲音，他遵循了賈伯斯的建議：「不要問我會做什麼。做正確的事。」他繼續每天早上四點前起床，審查銷售數據。他深入研究了一些小細節，透過提問發現，在喬治亞州的一個小城市，一款 iPhone 的銷量超過了另一款，因為該地 AT&T[2] 商店的促銷活動與該州其他地方不同。他在週五和營運及財務人員開會，團隊成員稱之為「與提姆約會之夜」，因為會議會持續好幾個小時，一直開到晚上，反正庫克似乎也沒其他地方可去。在大多數情況下，他專注於業務與營運，避免插手賈伯斯所領導的創意領域，例如設計與行銷。他拒絕參加軟體設計團隊的會議，也很少去賈伯斯每天都會出現的地方，即蘋果公司的設計工作室。

「我知道我要做的不是模仿他，」庫克後來談起那段時期時說道。「如果我那麼做，將會敗得很慘，而且我認為這是許多從卓越者手中接棒之人的普遍情況。你必須規劃自己的道路。你必須做最好的自己。」

蘋果內部對他的做法產生了懷疑。在成為執行長後不久，庫克計畫宣布，在蘋果任職十年的員工將收到一份紀念品：一個以蝕刻手法刻上蘋果商標的水晶方塊。它是艾夫設計團隊的創作，而且就像蘋果生產的其他展品一樣，它有一個訂製的盒子及獨特的包裝。一般說來，設計團隊會熱切地看著對他們作品的每個層面都大表讚賞的賈伯斯，熱情地打開他們最新作品的盒子，就像在拆生日禮物一樣。這種表演方式為他們的作品注入額外的魔力。他們希望庫克也能這麼做。

1. 編注：此指「匹配捐贈」（Matching Donation）。
2. 編注：全美最大的固網電話及行動電話電信服務供應商。

在員工們擠進市政廳後，庫克向眾人介紹了這個獎項。接著他不帶感情地把這件設計舉起來給大家看。這不像是一場魔術表演，比較像是小學裡的展示與討論課。設計師們驚恐地望著他們的新老闆，納悶著，「他真的搞懂了嗎？」

就在那時，他們意識到一切終將改變。

第六章

chapter 6

脆弱的想法

Fragile Ideas

強尼．艾夫精力充沛地抵達無限迴圈。那是二〇一二年一月，自賈伯斯去世後，他第一次有了一種使命感。

幾個月來，他一直在努力尋找一種方式，既要向他的老闆、創意夥伴暨朋友表示敬意，又要向一個充滿懷疑的世界證明，沒有了這位富有遠見的領袖，蘋果也能繼續經營下去。他想開發一個他所謂的新平台，一個在未來幾年可以成為容器的產品，它能夠逐漸添加新的功能與用途，就像 iPhone 一樣改變人們的生活方式。

近年來，整個蘋果公司的工程師與設計師一直在反覆思考這個問題：接下來是什麼？他們研究了許許多多的可能性，其中一個不斷冒出來的是健康問題。二〇一〇年，經歷了一年的血液檢查，疲憊不堪的賈伯斯覺得自己好像人形針墊，他策劃收購了一家名為 Rare Light 的新創公司。該公司聲稱可以使用雷射來檢測血液中的葡萄糖水準，這可能會完全改變糖尿病患者的生活。它的技術還不成熟，但它的存在引發了關於如何創作出健康設備的討論。

當艾夫經過庭院，也就是他最近發表紀念演講的地方，一個可能的答案讓他精神為之一振。他一直在思考如何讓科技化為可穿戴的產品。這個想法在矽谷已經廣為流傳，歸功於一家名為 FitBit 的小型裝置製造商，生產了一種夾在腰帶上的計步器。艾夫想要進一步發展可穿戴技術的概念。

他召集了一些設計團隊的成員，到工作室裡進行腦力激盪。他們帶著自己的素描本，準備就未來的產品交換意見。當他們坐下後，艾夫走到一塊白板前，手裡拿著一支白板筆。他開始寫下一系列難以辨認的小寫字母，然後轉過身來面對著設計師群。他身後的白板上寫著一個詞：智慧型手錶。

無限迴圈外的世界正開始對蘋果發出攻擊。在賈伯斯去世後的幾個月裡，不耐煩的投資者與客戶都想知道下一個產品是什麼。賈伯斯將自己塑造成 iPod、iPhone 與 iPad 的唯一創造者的做法，讓人們對於蘋果公司在沒有賈伯斯的情況下能夠獲得什麼成就感到懷疑。甲骨文公司（Oracle）的創辦人賴瑞・艾利森（Larry Ellison）是賈伯斯的摯友，他預言蘋果注定要平庸，並將陷入賈伯斯在一九八〇年代離開公司後出現的那種長期衰退。「他是不可替代的，」艾利森在接受哥倫比亞廣播公司（CBS）採訪時告訴查理・羅斯（Charlie Rose）。「他們不會再這麼成功，因為他已經走了。」

作為賈伯斯的長期合作者，艾夫感受到必須讓懷疑者閉嘴的壓力。智慧型手錶的想法減輕了一些壓力，但是當他向公司領導團隊提出這個想法時，他立刻就遭受了質疑。

軟體部門主管史考特・福斯托是賈伯斯的另一個寵兒，他提出了他的顧慮。這位 iPhone 操作系統背後的工程師擔心，把一台微型電腦戴在使用者的手腕上，會分散他們對日常生活的注意力。他擔心這將放大 iPhone 帶來的一個意想不到的後果，這樣的裝置太有吸引力，以致於消耗了人們的注意力，干擾了談話，也危及司機的安全。福斯托擔心手錶會加劇這種對日常生活的干擾，因為它會把通知從人們的口袋與包包轉移到手腕上。雖然他沒有排除推出手錶的可能性，但他說，這只手錶應該要有 iPhone 現有功能之外的功能。他認為要謹慎行事。

福斯托的懷疑激怒了艾夫。這位設計師認為，創意思維是脆弱的、試探性的東西，在不經意的時刻從未知的地方出現。它們從虛空中升起，最初看來是明顯且出色的，但很快就會被認為是不可能的，因為人們在意識到一些不可逾越的障礙之後，會把這些創意思維碾壓得粉碎，阻止它們成為現實。他和賈伯斯有一個共同的信念，認為這些創意思維應該要被培養，而不是碾壓。現在，他幾個月來最重要的一個想法被一位同事的疑慮打擊了。

福斯托並沒有完全支持這個手錶的想法，而是擁護著賈伯斯所青睞的一個計畫：重塑電視。

賈伯斯去世前曾告訴他的傳記作者艾薩克森，他已經想出一種重塑電視的方法，這種方法將終結人們無意識地瀏覽頻道以尋找想收看節目的狀況。「它將擁有你能想像最簡單的使用者介面，」他說。「我終於破解了它。」但無論這個想法是什麼，賈伯斯並未廣泛地分享。

在他去世後，蘋果公司的經營團隊曾要求一些高階工程師就該公司在電視方面的發揮空間進行簡報。由於沒有賈伯斯的路線圖，軟體與硬體團隊覺得自己就像是被派去破譯古代文字的古文物學者。他們提出了各式各樣的想法，包括用一個新的遙控器、主畫面與搜尋系統來改造公司的串流影片裝置 Apple TV。這都是對賈伯斯所想像但尚未分享之物的猜測。

福斯托團隊的員工參與了這次簡報，他支持創立一個系統的想法，將電視頻道集中到一個地方，以便使用者用語音搜尋節目。這個系統還會將使用者經常觀看的節目顯示出來，並提供他們可能喜歡的相關節目。然而，這樣的系統要運行起來，蘋果公司需要電視網絡的支持，這是一個漫長的過程，而且超出該公司能控制的範圍。

隨著外部壓力的增加，決定蘋果下一步行動的任務落在庫克身上：究竟要做艾夫的手錶還是福斯托的電視。這個選擇加深了賈伯斯的兩位天才之間長期以來不言而喻的競爭，一個被賈伯斯視為創意夥伴，另一個則在賈伯斯的鼓勵下有恃無恐，因為賈伯斯曾告訴他，硬體是軟體的容器，軟體是產品真正的靈魂。

如果說強尼·艾夫是賈伯斯的工業設計天才，史考特·福斯托則是賈伯斯的軟體設計天才。

福斯托出生於一九六九年，和兩個兄弟一起在華盛頓州與西雅圖隔著普吉特海灣相望的基沙普郡長大。他的母親是護士，父親是機械工程師。他在學校的數學成績很好，有資格進入一個資優小組，可以使用一間特別教室裡的 Apple IIe 電腦。他自然而然就學會了編碼，也喜歡寫一些能讓機器執行任務的語言。他成了當地的電腦奇才。高中時，他在附近的海軍海底作戰工程站（Naval Undersea War Engineering Station）工作，為核子潛艇編寫軟體。他指尖上是世界上最強大的電腦，身後有帶著攻擊犬的海軍陸戰隊員。

儘管福斯托是特優生，他也參加足球隊，還在學校劇院演出。戲劇成了他最喜歡的課外活動，因為每個人都朝同一個目標努力，還有觀眾的支持。他曾在《瘋狂理髮師》（*Sweeney Todd*）中擔任主角，對這個角色非常投入，甚至在後台仿效過度換氣的狀況，讓自己在一個謀殺場景中看起來很瘋狂。他在高中畢業時為共同畢業生代表，與他的高中戀人和未來的妻子莫莉．布朗（Molly Brown）共享這個成就。兩人都進入史丹佛大學就讀，福斯托在那裡取得符號系統學位，這是一個結合了哲學、心理學、語言學和電腦科學的領域。他的研究讓他處於賈伯斯所謂「技術與人文的交叉點」。

畢業後，他被邀請去賈伯斯在離開蘋果公司以後創辦的電腦公司 NeXT 面試。該公司開發的創新操作系統被稱為 NeXTSTEP，是為了驅動一款以大專院校研究人員為對象、外觀雅致的黑色電腦。當電腦銷售量下滑時，賈伯斯將公司的重心放在軟體上，尋找更多的軟體工程師。招募過程更像是加入一個俱樂部，而非一間公司。十幾位軟體工程師面試了每位應徵者，對他們的技術能力與個人愛好給予同等的重視。之後，小組對每位候選人進行投票。對課外活動的重視（後來蘋果也採用了這種做法），讓這家公司的成員除了是專業工程師外，同時也是業餘音樂家、狂熱滑雪愛好者與死硬派衝浪愛好者。福斯托一生對戲劇的興趣（他後來成為百老匯製作人）滿足了招募團隊，他們希望工程師能有業餘愛好，因為這讓辦公室成為一個更有趣的工作場所，也能產生思慮更周到的產品。

福斯托的面試進行了十分鐘，賈伯斯衝進房間，將 NeXT 的工程師送出去，接手了評估工作。他向福斯托提出了許多問題，然後靜了下來。「我不管今天剩下的時間其他人怎麼說，我們會錄取你，而且你會接受，」他說。「不過，面試時還是假裝一下你很在乎。」

福斯托負責 NeXT 用於應用程式的軟體工具，並努力保持在賈伯斯的注意範圍。每個季度，這位蘋果公司的聯合創始人都會與公司的四百位員工進行一次全體員工會議。福斯托會在會議前一天晚上花上幾個小時，寫下他希望給這位執行長留下深刻印象的問題。第二天，他會將最具挑戰性、最富想像力的問題丟給賈伯斯。他的同事將每次精心算計的交流視為其熱忱與野心的證明。

賈伯斯與福斯托的關係在一九九七年該公司被蘋果收購後更進了一步。福斯托踏上管理職位，領導以 NeXT 為基礎的操作系統 MacOS 未來版本的開發工作，並以按時交付產品與培養創造力的環境，贏得了賈伯斯的忠誠。他允許員工在軟體發布後花一個月的時間，從事他們選擇的任何計畫。這個政策幫助蘋果推出了新產品，包括推動串流影片設備 Apple TV 的軟體設計。

二〇〇四年，福斯托對某種腸胃病毒產生了嚴重的反應，體重掉了三十多磅，最後因為到了一吃就吐的境地，被送進史丹佛大學附屬醫學中心。賈伯斯每天都打電話給他，最後告訴他說，他要派他的私人針灸師去醫院。賈伯斯說：「他們可能不會喜歡我帶外面的醫生來，所以如果我被阻止了，那我就捐一棟大樓吧。」賈伯斯出了名的性情古怪，這往往掩蓋了他對朋友與同事的慷慨。針灸師在福斯托的背部、手臂與頭部扎針。之後，他就可以吞下食物了。他後來告訴人們，賈伯斯救了他的命，為這位執行長的救世主聲譽又添了一筆。

回到蘋果後，賈伯斯讓福斯托領導公司剛剛起步的手機計畫，代號為「紫色計畫」（Project Purple）。福斯托建立了一個由軟體工程師與工程師組成的團隊，其中許多人都有 NeXT 的背景，他們致力將 Mac 強大的操作系統塞進手機，並設計出使用者只需要輕輕一指就能在螢幕上瀏覽的功能。賈伯斯每週都會與福斯托和他的高階軟體設計師開會，審查從主畫面外觀到使用者以捏拉縮放方式放大照片等等的一切。

當二〇〇七年 iPhone 首次亮相時，其 iOS 軟體改變了人機互動，引發了智慧型手機革命。它的成功強化了福斯托與賈伯斯的關係。他們會定期在員工餐廳共進午餐，這是間員工用識別證在收銀台刷卡，餐費會直接從他們薪資中扣除的餐廳。賈伯斯堅持用他的識別證支付午餐費用。「這很棒，」沒有拿薪水的賈伯斯說。「我每年只拿一美元。我不知道誰在付餐費。」

第一代 iPhone 不允許下載應用程式，因為賈伯斯不希望開發者的軟體讓手機感染病毒。他贊成只建立與銷售蘋果製作的應用程式。福斯托主張向應用程式製作者開放 iPhone，並讓他的團隊開始為軟體建立保護措施，以便蘋果能安全地允許應用程式下載。後來，部分由於蘋果董事會的壓力，賈伯斯同意創設應用程式商店 App Store。在一次宣傳活動上，賈伯斯將舞台交給福斯托，讓他介紹開發者將用來建立數十億美元應用程式經濟的工具，這些工具將為世界帶來 Uber、Spotify 和 Instagram。

福斯托在蘋果的地位愈高，他愈是模仿賈伯斯的風格。《商業週刊》（*BusinessWeek*）稱他為「巫師的學徒」。和他的導師一樣，他喜歡穿黑色襯衫與牛仔褲，並要求員工精益求精。他執著於一些小細節，例如加快 iPhone 的螢幕更新率。當時，螢幕上一些圖像的更新速度慢到每秒只有三十次。他希望更新速度更快，如此一來，當使用者捲動到頁面底部，例如瀏覽聯絡人名單時，就可以做到天衣無縫，並與手指在螢幕上滑動的速度一致。他對他的軟體團隊表示，「如果我們落了一幀[1]，我們就打破了設備的錯覺。人們只會把它視為一台電腦。」工程師告訴他，他們無法那麼頻繁地更新螢幕，因為圖形處理器太慢了，但福斯托仍然如此堅持。最後，他們找到了每秒更新螢幕六十幀的方法，而這個軟體上的飛躍也使競爭對手更難複製 iPhone 的性能。

福斯托的崛起是有代價的。為了創造 iPhone，賈伯斯讓福斯托的軟體團隊與 iPod 教父托尼．法戴爾領導的硬體團隊展開競爭。福斯托與法戴爾互相爭奪人才，也因為福斯托對軟體團隊工作的嚴格保密而發生衝突。在福斯托的設計理念勝出後，兩個團隊之間的敵意加深了，因為硬體工程師認為福斯托不讓軟體工程師優先考量新功能，例如更好的相機，藉此妨礙新功能的研發。福斯托還堅持要求 iPhone

1. 編注：每個動態影像皆由一連串靜態影組成，當中每一個靜態影像皆稱為「幀」（frame）。

的iTunes系統應由軟體團隊而非服務部門艾迪．庫伊的員工開發，這讓庫伊耿耿於懷，畢竟他多年來一直管理著電腦的音樂服務。「史考特把iPhone抓得很緊，」他的高級副手亨利．拉米羅表示。「這是他的世界，他不希望其他人進去。他覺得如果人們拿走iPhone軟體的一部分，它就會崩潰。」

最麻煩的是與艾夫的衝突。二〇一〇年，蘋果正處於生產iPhone 4的最後階段。發給福斯托的原型機在他打電話的時候不停地斷線。福斯托擔心這個問題與軟體有關，於是召集員工找出問題所在。他的團隊確認編碼沒有問題以後，福斯托發現問題來自手機的設計。艾夫想要一個更薄、更輕的iPhone，並以將金屬天線包裹在設備邊緣的做法來實現。福斯托很生氣。他在與賈伯斯的談話中大肆抨擊了這個有缺陷的設計，而且抱怨他的軟體團隊並未獲知這個設計細節。艾夫對這些批評感到憤怒不已。手機發布後，客戶投訴如雨後春筍般地湧現，引發了一場被稱為「天線門」的危機。賈伯斯召開記者會來處理這個問題，但拒絕道歉，反而挑釁地說，這個問題被誇大了。他承認，如果使用者摸到手機的左下角，通話可能會中斷。「沒有什麼天線門，」他嘲弄媒體的批評。他為使用者提供了一個免費的手機殼，表示這將解決這個問題。

天線門的衝突加劇了艾夫對福斯托在其他方面的不滿。福斯托和賈伯斯一起設計了一個軟體系統，艾夫認為這個系統與手機工業設計格格不入。艾夫的設計團隊一直痴迷於手機的圓角設計，成為貝茲曲線（Bézier Curve）的擁護者。貝茲曲線是來自電腦建模的概念，用來消除線性表面與曲線表面之間的過渡斷裂。貝茲幾何讓 iPhone 的圓角能像雕像一樣形成弧形。一個標準的圓角由一個單一半徑的拱形或四分之一圓組成，而它們的曲線是透過十二個點繪製而成，創造出一個更平緩、更自然的過渡。與此同時，福斯托在 iPhone 應用程式的角使用的是標準的三點曲線。每次艾夫打開他的 iPhone，他都會注意到手機精巧製作的邊角和軟體笨拙的邊角的差異。他無力改變這些狀況，因為賈伯斯不讓他參加軟體設計會議。他只能看著它們生氣。

福斯托對 iOS 的過度控制與貪婪的野心激怒了同事。他以擁有公司裡最多的專利為榮，這個數字最後膨脹到兩百八十八項，而且他也可以積極地增加專利數量。二〇一二年，Mac 軟體系統工程師泰瑞．布蘭查德（Terry Blanchard）開發了一個系統，能給予選定的聯絡人 VIP 身分，這樣他們的電子郵件就會被分到一個專供重要訊息使用的單獨信件夾裡。布蘭查德向他的老闆克雷格．費德里吉（Craig Federighi）與福斯托提出這個概念。起初，福斯托對此提出質疑，問為什麼使用者必須手動選擇 VIP，而不是讓蘋果用演算法來處理。然後，在計畫被批准後，福斯托安排了一次與蘋果專利律師的會議，將自己列為主要發明人。一位同事告訴布蘭查德，布蘭查德趕緊去見專利律師，保護自己在專利上的地位，結果他和福斯托分享了這個專利。

福斯托的這種行為讓他在公司內部成為一個造成不和的人物。他保持了他所領導的 iOS 工程師的忠誠度，同時招致與他發生衝突的各部門員工的鄙視。

賈伯斯於二〇一一年去世後，福斯托在經營團隊的同事都認為，福斯托自覺應取代庫克擔任執行長。他們認為，他的自負與衝突歷史是庫克在經營團隊中面臨的最大挑戰之一。他自己的副手們都擔心，其政治衝突歷史可能會帶來麻煩。即使是他最忠誠的副手也意識到這個困境。軟體設計部門主管格雷格．克里斯蒂告訴 iPhone 軟體部門副總裁亨利．拉米羅，沒有賈伯斯的保護，福斯托撐不了多久。

「你瘋了嗎？」拉米羅問道。「史考特就是 iPhone。」

「他無法生存，」克里斯蒂表示。「沒有人喜歡他。」

福斯托最緊迫的任務是開發公司的第一個地圖系統。蘋果在智慧型手機市場的領導地位取決於它。

自二〇〇七年推出以來，iPhone 一直倚賴谷歌地圖和搜尋服務在現實世界與數位世界導航。但是當谷歌推出自己的操作系統安卓（Android）以後，它就從友好的合作夥伴變成了競爭對手。為了提升安卓系統的市占率，谷歌計畫先賦予安卓系統複雜的地圖功能，例如有路口轉彎提示（Turn-by-Turn）的導航，之後才提供給 iPhone。這是一項具有潛能的優勢，能加快它取代蘋果成為智慧型手機之王的速度。

福斯托的軟體團隊提議用一個名為「地圖二〇一二」（Maps 2012）的簡單計畫進行報復。這個計畫雖然名字很普通，就範圍而言卻有很大的野心。它要讓蘋果公司建立一個全球性的動態地圖系統，如此一來使用者就可以即時放大圖像，獲得有路口轉彎提示的導航，前往一目的地。這項工作讓一些工程師感到不安。它需要取得一個包含全世界所有資訊的資料庫：每條街道、每個地址、每家企業。這也意味著地球上每個地方的圖像都需要以高解析度的形式顯示在每個人的手機上。蘋果希望能用幾年的時間，不僅打敗谷歌花了十年做的事，還想超越谷歌。

蘋果不遺餘力地開發自己的地圖版本。福斯托的副手理查．威廉森（Richard Williamson）是這個計畫的負責人，他被授權能運用一筆五百萬美元的經費，不需要每次採購都得獲得財務部門的批准。這筆巨款讓他得以開支票建設數據中心與僱用員工。蘋果收購了幾家在地圖繪製方面有經驗的小公司，並建立了谷歌沒有的功能，包括顯示世界各大城市摩天大樓的飛行俯視圖，顯示這些建築的環繞立體圖像。為了蒐集這些圖像，他們僱用裝設了攝影機的賽斯納飛機（Cessna airplane），像除草機一樣對辛辛那提等城市進行詳盡的調查。儘管如此，該公司在數位地圖數據的談判上卻表現得很吝嗇。

由菲爾．席勒領導的蘋果行銷團隊與市場上領先的地圖資訊供應商，即荷蘭的 TomTom 公司進行談判。該公司為大多數汽車提供全球衛星定位系統，通常向每輛倚賴其數據的汽車收取約五美元的費用。它希望蘋果每賣出一部 iPhone，就支付一筆類似的授權費，而席勒認為這樣的提議不可接受，因為汽車的系統比 iPhone 的系統貴了好幾千美元。他希望能獲得不同的條款，並向 TomTom 高層施壓，要求他們降低費用。TomTom 公司拒絕了。談判愈形激烈，直到雙方達成協議，蘋果將以較低的費用取得一個較小的數據包，其中並不包括一些高速公路數據的資訊。這個結果讓一些軟體團隊成員感到失望，他們想要更強大的數據包，並擔心緊張的談判已造成與關鍵供應商的敵對關係。

TomTom 提供的只是初步數據，與福斯托對高品質地圖製作的期望並不一致。他花了很多時間與軟體設計師開會，討論字體、顏色與圖像。他們請了一位日本藝術家來繪製高速公路的外觀，更花了一整個會議的時間去討論海洋該用哪一種藍色，道路標幟應該使用什麼字體。他們設想的是具有真實曲線的高速公路，但 TomTom 的地圖資訊並未包括路面寬度等細節。於是，軟體設計師想要的和軟體設計師能提供的東西之間出現了分歧。大多數人都認為，數據是罪魁禍首。

威廉森找到福斯托和席勒，告訴他們這個計畫無法按時完成。期限很急，目標很遠大，而團隊正與數據奮鬥中。他擔心客戶對地圖的依賴性太強，一個小缺陷就會降低他們對 iPhone 的忠誠度。他建議在 iPhone 上保留谷歌地圖，並提供蘋果地圖的預發布版本，即所謂的測試版，如此一來使用者就會知道這個功能正在改進中。

「我們不使用測試版。」席勒表示。

二〇一二年四月，包車駛入無限迴圈的停車場，載著蘋果高層前往蒙特雷南部的度假勝地卡梅爾山谷牧場（Carmel Valley Ranch）參加公司舉辦的年度異地會議。這個活動被稱為「一百強」（Top 100），是公司最高決策者和最有才華員工的專屬聚會。多年來，一直是由賈伯斯確認最後的出席名單，並要求每個人搭乘包車前去參加聚會——而庫克也延續了這個傳統。

當工作人員抵達這個占地五百英畝的度假村時，威廉森欣賞著度假村令人驚嘆的環境。聖露西亞山襯托著連綿不斷的綠色山丘，有一座高爾夫球場與一個葡萄園。野生火雞在園區內遊蕩，提供給客人的活動包括養蜂與馴鷹。這是一個菁英的度假勝地，不過威廉森知道自己沒有多少時間享受這裡的設施。他被要求做一個關於蘋果地圖的簡報。

一百強領袖聚集在一個有落地窗的大會議室裡，外面高大的橡樹提供了遮蔭。威廉森注視著人群，開始談論他團隊的工作。螢幕上，他調出了一個模擬畫面，顯示一輛汽車在舊金山的街道上行駛，展現出團隊的工作成果，讓使用者不需要停下來刷新圖像就能放大街道畫面。他打開舊金山市場街的立體圖，朝著金融區開去。有幾個人開始鼓掌。威廉森可以看出，福斯托與席勒很興奮。他知道自己推遲蘋果地圖發布時間的想法已經行不通了。

軟體團隊在測試新地圖系統時，採取了一種只在自家後院的做法。福斯托在灣區周圍開車時使用了蘋果地圖，覺得它運轉得非常順暢。其他團隊成員則在加州各地進行測試。世界上其他八十一個國家，由大約八位品保人員進行審查。之後，他們就表示可以發布了。

該年六月，蘋果公司在舊金山市中心莫斯康展覽中心舉辦全球開發者大會。福斯托步上舞台，渴望展示其團隊的作品。觀眾席裡的五千名軟體設計師，在他走到一個巨大的黑色螢幕前時大聲歡呼。在 iPhone 發表後的五年裡，他已經成為這個活動的明星，也是該公司軟體的門面。他對著人群笑了笑，先提供了一系列軟體更新的消息，然後在開始說明最後一個功能之前停了下來。

「接下來，」他說，「是地圖。」

他身後的螢幕顯示塔荷湖的圖像，腳形輪廓被渲染成天藍色，周圍是翡翠綠色的山脈。福斯托點擊下一頁，顯示企業列表如何出現，展示建築物如何以立體方式呈現。然後，他點擊了一個標有「飛行俯瞰」（flyover）的按鈕，讓地圖展開，顯示出舊金山泛美金字塔（Transamerica Pyramid）的影像，這個影像旋轉著，就像透過直升機的窗戶看到的一樣。人群中有幾個人倒吸了一口氣。

「漂亮，」他說。「真是太美了。」

他相信蘋果已經超越了谷歌。

蘋果地圖甫推出就遇上了麻煩。發布後幾小時內，蘋果使用者回報說，他們的地圖顯示倫敦掉進了大西洋，帕丁頓車站消失了。在都柏林，使用者發現一個不存在的機場，導致當地飛行員協會發出警告，請人不要試圖在那裡緊急降落。即使是飛行俯瞰功能也有失誤。在紐約，布魯克林大橋從螢幕上消失，彷彿一場地震將它夷為平地。

這次慘敗導致了庫克的第一次全面危機。

負面新聞增加之際，庫克在公司召開一場會議，參加者為蘋果公司一些經營團隊成員，以及威廉森。剛好去紐約和妻子共度長週末的福斯托，則從紐約打電話參與。氣氛很緊張。在從賈伯斯手中接棒一年後，庫克非常注意媒體對公司的報導。對消費者來說，負面新聞可能會讓蘋果在一夜之間從卓越落入平凡。

「我們需要發表一份道歉聲明，」他告訴福斯托。「我希望由你署名。」

這個要求打得福斯托措手不及。身處對蘋果地圖的所有批評之中，他完全沒預料到庫克竟想發表道歉聲明。這是一個賈伯斯從未考慮公開說出的詞彙，即使在天線門期間亦然。

「我們為何要發表道歉聲明？」福斯托問道。「有何目的？」

在庫比蒂諾，庫克稍微移動了一下，盯著會議室桌子中央的擴音喇叭。他周圍的高階主管把這個問題理解為對新任執行長領導力的挑戰。其中有幾個人向前靠了靠，不過所有人都不發一語。

在大陸的另一端，福斯托試著呼喚他的導師。與其發表道歉聲明，福斯托建議蘋果應宣傳儘管存在問題，但這個地圖的用途強大，並承諾公司會盡力改進這個應用程式。他提出了反對發表道歉聲明的理由。他擔心的另一個問題是，如果蘋果公司為蘋果地圖的失敗道歉，會讓員工不願意承擔困難的計畫。倘若未來將因為缺點而被公開羞辱，又怎麼會有人願意去開發一款不易製作的產品？

庫克不為所動。會議室裡的每個人都清楚知道，庫克已經打定主意了；蘋果會發表道歉聲明。

庫克與蘋果的溝通團隊合作起草了一封信，稱蘋果地圖未能實現該公司打造「世界級產品」的承諾。他試圖迴避一個令人不舒服的事實，即該公司在最近一次軟體更新中，強迫超過一億名 iPhone 使用者下載這個功能異常的應用程式。當蘋果努力改善地圖之際，庫克建議使用者下載競爭對手谷歌與微軟的產品。這是該公司執行長首次指示客戶使用競爭對手的產品，這個令人痛苦的讓步凸顯出庫克認為福斯托與軟體團隊的失敗有多嚴重。

「我們在蘋果所做的一切，都是為了讓我們的產品成為世界上最好的產品，」庫克寫道。「我們知道你們對我們有這樣的期望，我們也會持續不斷地努力，直到地圖這個應用程式達到同樣的極高標準。」

將近一個月後，庫克把福斯托叫到他在帕羅奧圖的家中。那是一個週日。福斯托曾去庫克家參加工作會議，但那些會議通常是事先規劃好的。此次上門拜訪完全出乎意料。

當福斯托沿著庫克那四房住宅附近綠樹成蔭的街道行駛時，他腦海中浮現了地圖程式的頭痛問題。最近幾週，庫克指派他的副手傑夫．威廉斯協助福斯特扭轉地圖程式的頹勢。無論福斯托多麼努力敦促他的團隊，問題顯然無法迅速解決。TomTom 通常每季更新數據，並重新發布給汽車製造商。它沒法在一夜之間做出改善。

在庫克看來，福斯托明顯就是搞砸了。地圖程式不該以當時的狀態發布，不過更大的問題是福斯托拒絕承認這個錯誤。

庫克為福斯托開了門，把他領了進去。他家客廳的地板被拆到只剩地基，水泥地面被打磨成光滑的鐵灰色。這也是許多辦公室常見的無菌地板。

庫克準備了一份解僱條款讓福斯托簽署。在福斯托審閱條款的時候，庫克告訴他，蘋果將在當日稍後開始通知福斯托的團隊，福斯托將被解僱，並在第二天就他的離職發布一份簡單的新聞稿。對福斯托來說，這是毀滅性的消息，一年前他失去了賈伯斯這位導師，現在又被他導師建立的公司開除。

「這是因為地圖嗎？」福斯托問道。

「不，」庫克說。「不是。」

「那是為什麼？」

庫克並沒有回答。

當庫克撰寫宣布解僱的新聞稿時，他力圖將其描寫成藉由消去法以提升表現（addition by subtraction）[2]。同事們認為，此一事件暴露了庫克作為執行長的最大恐懼之一：賈伯斯組建的全明星團隊會拋棄他。他們理解庫克的擔憂，即投資者可能將高階主管的出走，解讀為庫克並非合適的領導人。這是董事會在賈伯斯過世後用豐厚的股票留住高階主管團隊、避免他們出走的部分原因。也因此庫克希望在新聞稿中強調誰將繼續留在蘋果，即使報紙頭條可能仍將焦點放在福斯托的離職。

庫克建議在新聞稿中強調出艾夫、曼斯菲爾德、庫伊與費德里吉將承擔的新角色與責任。他同時向投資者保證，他將尋找新的零售主管，以取代即將離開的約翰·布羅維特（John Browett）。這份發布於十月二十九日的新聞稿旨在實現他的願望。它的標題是「蘋果宣布改革以加強硬體、軟體和服務部門的合作」，其中兩次提到合作，一次提到地圖。

蘋果公司員工將它解讀為新管理時代的標誌。賈伯斯喜歡讓高階主管互相競爭，鼓勵有自我意識的人提出想法，讓他能從中挑選以製造優秀的產品。這是因為賈伯斯能壓得住這些對決者。雖然庫克此舉可能會毀了福斯托，並解僱直接負責地圖的下屬，但他利用這次慘敗來消除領導團隊的不和諧，同時向公司發出信號，表示他希望每個人都能比過去更團結。沒有賈伯斯在那裡聯繫著所有業務的不同領域，他們必須要自己將這些聯繫建立起來。

在這個過程中，庫克消滅了唯一被認為會威脅到他領導地位的一個對手。他還獎勵了蘋果公司最重要的員工，即艾夫，讓他承擔起這位設計師長久以來想要的職責，能更加左右蘋果公司軟體的外觀。

庫克採取的行動為他贏得了忠誠，但他對被高級副手拋棄的恐懼，卻是他必須一次又一次去面對的。

2. 編注：addition by subtraction，意即透過減法達成加法效果。指的是提升團隊素質不一定要透過增加更多人才，也可藉由擺脫一些干擾或阻礙團隊成功的成員、做法來達到目的。

第七章
c h a p t e r 7

可能性

Possibilities

強尼．艾夫一直關注著他的最新創作。他在辦公室裡持續追蹤團隊的進度，透過一面十二英尺見方的玻璃牆，觀察工作室內高度齊腰的桌子，其中一張擺著蘋果公司最早的幾款手錶。

他的辦公室是極簡主義的寫照，有一張馬克．紐森設計的長方形沙比力木書桌，架子上擺著幾十本精裝素描本。這些素描本有黃色的書脊，形成一長排純粹的顏色線條，證明他一生都致力於對簡單和美的控制。書桌後方靠在牆上的是班克斯（Banksy）的《猴子女王》（*Monkey Queen*），作品展現的是伊莉莎白二世女王代表性的半身像，帶著王冠及閃亮的珠寶項鍊，但卻有一張黑猩猩的臉。對一個於當年稍早被女王家族用劍授與爵士勳章的人來說，著實是特別放肆的形象。這件作品只有一百五十張簽名版畫，價值將近十萬美元，都是由一位化名的街頭藝術家所創作，愛好者相信這位藝術家就是強烈衝擊樂團（Massive Attack）的成員羅伯特．德爾．那亞（Robert Del Naja），他也是艾夫的朋友。版畫旁有一張海報，出自「好他媽的設計建議」（Good Fucking Design Advice），上面寫著：

相信自己。徹夜不眠。工作時跳出自身習慣的框架。知道什麼時候要大聲說出

來。合作。不要拖延。不要自以為是。持續學習。形式該隨著功能。電腦是爛點子的集合體。到處尋找靈感。建立關係網。教育你的客戶。相信你的直覺。尋求幫助。要有永續的概念。質疑一切。想出一個概念。學著接受批評。讓我關心。使用拼字檢查。做好研究。勾勒出更多想法。解決方案就在問題之中。設想所有的可能性。

二〇一二年十一月二日，艾夫提前抵達工作室。福斯托下台的消息公布後，僅僅過了四天。這個消息讓福斯托底下的一些工程師感到震驚，而其他部門的人則開香檳慶祝。在公司戰表現出色的艾夫，準備接管他過往宿敵的職責。

解僱福斯托後，庫克決定重整軟體部門並劃分其職責。他讓艾夫負責蘋果公司稱為「人機界面」的軟體設計，而費德里吉則負責管理軟體工程。這個決定讓蘋果公司的結構更加清晰。賈伯斯在一九九七年回歸時，將整個公司置於單一的損益表之下，並創立了一個由高級副總裁管理各個業務領域的組織。這種所謂的職能結構意味著硬體、軟體、行銷、營運、財務與法務等部門的負責人直接向他報告。然後，他成立了專案團隊來打造 iPod 與 iPhone。隨著這些產品的成功，公司的結構也開始順應賈伯斯。軟體開發按產品劃分，福斯托領導用於行動裝置的 iOS，費德里吉領導用於電腦的 MacOS。庫克希望更嚴謹地遵守企業管理職能性結構的理念，預計這將有助於公司度過一個前所未有的增長時期。該公司在前一年增加了一萬兩千名員工，員工人數增加了兩成，達到七萬三千人。讓費德里吉負責軟體工程意味著他將監督艾夫與一個軟體設計師團隊創造設想的東西。這個過程將反映出蘋果公司多年來在硬體方面的做法。但部分人力資源部門的主管擔心，庫克想要實施的命令會引發混亂。畢竟，賈伯斯將艾夫的職責限制在監督他的設計師群，認為他更擅長創作而非肩負管理上的官僚主義。

艾夫欣然接受了他的新職責。他已經準備好要結束他對 iPhone 操作系統 iOS 中圖形設計的挫敗感。賈伯斯曾經非常推崇一種名為「擬真主義」（skeuomorphism）的風格。艾夫認為這種風格讓軟體看來過時且粗俗，就像這個單字一樣笨拙。這個概念的起源可以追溯到個人電腦時代的黎明，當時的軟體工程師已經開始製作類似於垃圾桶與文件夾等真實世界物品的電腦圖標。賈伯斯喜歡這種風格，因為他認為這很直觀，但艾夫並不喜歡。進入數位時代三十年後，他認為使用者已經認識電腦文件夾，也不再需要用計算機上按鈕的陰影來顯示深度。他想像的是一種更時尚的軟體設計，就像承載這個系統的 iPhone 一樣乾淨且精煉。如果賈伯斯說硬體是容器、軟體是設備的靈魂，那麼艾夫重新定義蘋果最暢銷產品靈魂的時候到了。

那一天，艾夫邀請蘋果公司的高階產品行銷人員席勒與格雷格．喬斯維亞克（Greg Joswiak），還有軟體互動部門主管克里斯蒂來到他的工作室。在賈伯斯去世後一年，一樓空間又恢復了生氣。設計師大部分時間都在分析新模型，或者在精裝素描簿上畫畫。濃縮咖啡機嗡嗡作響，空氣中瀰漫著研磨咖啡粉的泥腥味。艾夫和這群人聚集在一張乾淨的桌子旁。

在此之前，關於 iPhone 軟體外觀與感覺的討論完全在大樓內一個安全封閉的軟體區進行。福斯托扮演了時尚領頭人的角色，塑造著克里斯蒂領導的小團隊所提出的設計。賈伯斯每週都要和他們開會，以決定批准或退回他們的工作。執行長一次又一次地修訂設計，直到軟體閃耀著創新的光芒。該年十一月的會議地點清楚顯示，艾夫已經接下了賈伯斯的角色。艾夫希望團隊的目光要更遠大。iPhone 問世已經四年，隨著應用程式的出現，手機變得愈來愈混亂，蘋果地圖到 iTunes 的圖標和臉書與憤怒鳥遊戲一起爭奪空間。該小組討論的第一個問題是：主畫面應該是什麼樣子？或者像品味高雅但言語粗俗的艾夫可能會問的：這他媽的有些什麼可能性？

福斯托離職後，艾夫的時間過得很快。二〇一二年底，他將蘋果公司高層召集到舊金山瑞吉飯店。蘋果公司的營運、軟體、硬體與行銷部門主管穿過大廳，經過加拿大藝術家安德魯．莫羅（Andrew Morrow）的壁畫《戰爭》（*War*）。這幅畫描繪了一名騎在馬背上揮舞著劍的戰士在追趕一個奔跑的人。這件作品象徵性地暗示著人類與時間的賽跑，對於一個試圖超越質疑他們在沒有賈伯斯的狀態下創造另一款偉大產品能力的懷疑者與批評者團隊來說，似乎是相稱的。蘋果公司的安全團隊為他們的到來進行了準備，他們在這間位於舊金山現代藝術博物館（San Francisco Museum of Modern Art）對面、擁有兩百六十間客房的飯店封鎖了一整層樓，確保那裡沒有錄音設備，窗戶上的窗簾也被拉上。異地會議是該公司的傳統。這有助於防止一般員工的猜測，因為他們可能會瞥見高階主管聚在一起，然後開始猜測正在進行的活動。賈伯斯培養出蘋果公司這種「需知道」（need-to-know）[1]的文化，旨在保護機密、防止洩密與助長神祕感。

那天的會議邁出了重要的一步，試圖回答在賈伯斯去世後一直困擾著蘋果公司的一個重要問題：接下來是什麼？在艾夫的推動下，一個工程師團隊花了大約六個月的時間，探索蘋果如果開發智慧型手錶可以做些什麼。他們用感應器追蹤佩戴者的心律，探索如何使用藍牙將通知轉發到手錶上，也研究其他功能，包括測量佩戴者的情緒。這項工作已經完成，艾夫希望工程師能提出令人信服的發現，以說服他的同事，將手錶視為蘋果的下一個大賭注。

當工程師準備簡報時，他們看著公司的幾位掌舵者在馬蹄形桌子後方就位。會議室裡坐滿了公司的幾位高級副手，包括艾夫的三位設計師理查・霍華斯（Richard Howarth）、里科・佐肯多弗（Rico Zorkendorfer）與朱利安・霍尼希。

只有一個主要人物缺席：提姆・庫克。

在十多年來由執行長領導產品開發之後，蘋果正著手進行一項沒有最高領導者參與的任務。庫克傳了個訊息，表示他甚至不打算仿效前人的做法。這位賈伯斯口中不是產品人的繼任者，並不打算成為產品人。相反地，他不會擋專家的路。

艾夫扮演會議司儀的角色。他在靠近桌子中央的位置坐下，與他的設計師團隊

1. 譯注：指保密資料只讓需要知道的人知道。

不遠。他面前放著一瓶綠色的果汁，這是他那天唯一打算喝掉的東西。他正在進行食物排毒，這是他在承受賈伯斯去世的壓力與悲痛之後，所進行的系列飲食調整中最新的一項。這果汁讓工程師感到不安，他們花了幾週時間製作了一百五十多張投影片，其中滿是工業設計效果圖、關於設備尺寸的細節、對螢幕材質的分析、以及如何以輕拍手腕的方式提醒使用者注意通知的見解。他們預計花六個多小時簡報，也假設與會者會有一連串的問題，這可能讓這場會議耗上一整天。如果像他們假設的那樣，這場會議對艾夫來說是一個盛大的表演，他們最不希望看到的就是艾夫面前會讓他感到飢餓煩躁的排毒食物。

在簡報過程中，艾夫在思考工程師團隊展現的內容時大多保持沉默。他的相對沉默是他領導能力的典型表現。他很少在會議上發言，不過當他發言時，他經常會把正在討論的幾個想法串起來，提出其他人完全沒有想到的可能性。最後，幾位電機工程師打開了一個黑色的氣密式硬殼箱，這是蘋果公司用來隱藏與安全運輸未發布設備的裝置。箱子打開後，露出了好幾個有黑色錶帶的方形 iPod Nano。工程師從箱子裡取出 iPod，將它們扣在幾位高階主管的手腕上。艾夫伸出左手，看著工程師將 iPod 緊緊繫在他手上。他搖了搖頭，說：「手錶我喜歡戴得鬆鬆的。」然後將錶帶稍微鬆開，留出一點空間。

當艾夫欣賞這只臨時做出來的手錶時，工程師們驚恐地看著對方。為了測量心率，安裝在 iPod Nano 上的感應器必須緊貼著皮膚。他們希望艾夫將錶帶弄鬆的決定不會破壞他們的展示。這個 iPod 將後側的感應器與側面的另一個感應器結合起來，以繪製心電活動，這是一種初步的心電圖。艾夫聽著一位工程師解釋如何測試心電圖，然後看著他的 iPod 螢幕上出現一條紅線，就像醫院裡病患監測器上鋸齒狀的線線一樣。他讚許地點了點頭。工程師團隊用六個月的時間，將蘋果的一款 iPod 從音樂播放器變成了健康產品。

簡報結束後，艾夫可以判定，他的同事們已經理解自己所設想、可以讓使用者戴在手上的健康產品可能性。當然，未來的挑戰會非常大。這個 iPod Nano 太大了，它需要被縮小、防水化、並配備弧形螢幕。然而，那天參與會議的每個人在離開時，都想讓這款手錶成為蘋果未來的核心。

艾夫返回庫比蒂諾後，他將注意力轉回到 iOS 的未來。他一直堅持讓軟體設計師與工程師對軟體進行全面的視覺改造。

艾夫想要讓一位受過訓練的藝術家加入這個計畫，於是找來了雪城大學（Syracuse University）視覺暨表演藝術學院（College of Visual and Performing Arts）的畢業生艾倫．戴（Alan Dye）。和艾夫一樣，戴的雙親都是教師，父親是一名木工，從小就教他如何製作家具和手工玩具。他從小就開始畫字母和單字的草圖，終生痴迷於字體設計，並因此成為莫爾森啤酒（Molson）與凱特．絲蓓（Kate Spade）等公司的標籤與平面廣告設計師。二〇〇六年，當蘋果公司聘請他負責產品包裝、網站與廣告設計時，他被認為是設計界的一顆新星。他對圖像的痴迷引起了艾夫的共鳴，於是艾夫以戴為中心建立起一個團隊，後來這個團隊更是膨脹到有數百名成員。

艾夫與戴合作，開始重新設計圖標，讓手機的數位圖形與其物理形狀更加協調。他們很快就解決了一直讓艾夫惱怒的細節，讓蘋果應用程式圖標的曲線能與iPhone的物體曲線相稱。iOS 7的邊角用貝茲原理重新設計，創造出更平滑、更有機的彎曲，並將之使用在每個應用程式圖標的邊角。艾夫對這個變化感到非常自豪，此後，每當與建築師和設計師合作，都會以這個例子來說明如何創造出完美的曲線，向他們展示從iOS 6邁進iOS 7時，應用程式邊角所使用的點的數量增加了多少。他還開始為每個應用程式尋找更細的無襯線字體，也探討用更明亮顏色讓主畫面更生動的方法。這些細微的變化在在發出信號，一切都與過去有非常大的差異。

在接下新職責的幾個月後，艾夫在一個大型會議室為公司的一些工程師舉行了一次會議，與他們分享新的方向。他告訴這群人，他們的目標是要換掉蘋果在照片（Photos）等應用程式使用的所有過時圖標，用更現代的表現形式取而代之。他以語音備忘錄（Voice Memos）應用程式的圖標為例。在福斯托的領導下，這個應用程式的圖標是一個藥丸狀的鋁帶式麥克風，就像一九五〇年代廣播電台使用的那種。「這個比喻對我來說已經失去意義，」他說。「我不知道我看到的是什麼。」那樣的圖標不合時宜，他無法想像使用者能夠理解。他打算推出一個新圖標來取代，新圖標看來就像是錄音軟體中呈現音頻、有很多尖角的圖像。他對日曆應用程式（Calendar）和 Safari 瀏覽器也採用了類似的處理。這些新圖標都更明亮、更有生氣、也更鮮明。

艾夫對視覺造型的關注讓軟體設計團隊感到惱火。雖然他們對顏色與形狀很執著，但他們優先考慮的是使用者與手機之間的互動方式，並經常為他們計劃推出的軟體製作演示，如此一來他們就可以體驗到這個程式對使用者來說有多直觀，並根據需要進行調整。他們之中有許多人認為，設計是軟體的運行方式，覺得艾夫只關注外觀的態度過於短視。當艾夫敦促要消除應用程式內按鈕周圍的黑色邊框時，這兩種相互衝突的理念之間就出現了緊張關係。有些團隊成員認為，這些線條可以幫助使用者在點擊螢幕時迅速辨識出該按哪個按鈕。他們擔心，如果沒有這些邊框，這些按鈕與背景之間會模糊到無法區分，迫使使用者去尋找該點擊的位置。在艾夫的指導下，他們的工作從展示應用程式的運行方式，轉變為製作顯示應用程式外觀的列印輸出。他們變得更像平面設計師，而非軟體專家。

艾夫的一個重要想法，是要賦予軟體一種半透明性，如此一來主畫面的上方可以出現一層文字與圖標，就像磨砂窗一樣。這個概念對「控制中心」（Control Center）的發展非常重要，它讓使用者可以從螢幕底部向上滑動手指，拉出一個半透明的頁面，單鍵點擊就能操控無線網路、藍牙等。當艾夫要求要讓這個半透明層在影片播放時也能運作時，工程師的反應幾乎是一致的：辦不到。他們表示，iPhone 的圖形處理器不夠快。但艾夫堅持要這麼做，工程師們最後想出了一個系統，避開硬體限制，實現了不可能實現的目標。

這些變化是對整個操作系統進行徹底改革的核心，艾夫要求在幾個月內完成。工程師們稱這是一次死亡行軍。

產品成功的關鍵在於目的。iPod 稱霸音樂市場，因為它將上千首歌曲放進人們的口袋裡；iPhone 大受歡迎，因為它把音樂播放器、手機與電腦結合在一個設備上。並不是每一款產品在開始時都帶有這樣的變革性目標，但每一款成功的產品都源自深思熟慮。

在手錶開發的過程中，艾夫一直在努力思考它應該做什麼。他首先評估了現有的市場。當時，智慧型手錶產業剛起步，只有大約六家公司生產他們聲稱可以像《迪克・崔西》（*Dick Tracy*）漫畫中雙向手腕式無線電一樣運作的小型裝置。艾夫想要了解這些產品的狀況。

有一天，他在工作室裡迎來了一個工程師團隊，他們蒐集了競爭產品的資訊，並將摘要印在十一英寸寬十七英寸長的紙上，詳細介紹他們的特色與尺寸。他將這群人召集到工作室的一張桌子旁，翻閱著一捆捆解釋著每只手錶的圖紙。他翻過一張方形索尼智慧型手錶的圖片，這只錶有襯衫袖子那麼寬，還有一個義大利製造的裝置，跟Zippo打火機一樣厚。他細細讀著這些說明，做了個鬼臉。「這些產品缺乏人性，」他生氣地說道。

艾夫厭惡地盯著這些笨重的小玩意，而他周圍的一些人也點頭表示同意。這些裝置與傳統手錶只有一個共同點：能顯示時間。艾夫的團隊還沒有提出最終設計，不過他知道蘋果的手錶看起來將與市面上任何其他產品非常不一樣。它需要從過去汲取教訓，才能在未來蓬勃發展。由於手錶是用來佩戴的，所以與那些人們會塞進口袋、放到包裡或放在桌子上的東西相比，手錶的外觀更為重要。它是一個親密的裝置，隨時貼在皮膚上，而且永遠可見，是使用者一個由電池和處理器來驅動的延伸。一台看起來像是珠寶的電腦。一個有靈魂的產品。

這樣的憧憬讓設計團隊踏上一場穿越時空的旅程。他們回溯時鐘的起源，從那裡開始慢慢往前探索現代鐘錶的製作；他們了解到，英國人將高大的落地鐘小型化，用精密計時器推動了帝國的崛起，讓水手能在海上標出自己的位置；他們研究懷錶是怎麼演變成手錶，在戰爭中協助軍隊計算部隊前進的時間；他們從鐘錶專家那裡了解到，腕錶如何在二十世紀初，因為卡地亞（Louis Cartier）開發了具有長方形錶殼與羅馬數字的代表性坦克腕錶（Tank）而成為時尚單品；他們還探討了瑞士鐘錶匠如何製作出複雜的齒輪以計時，這種工藝在一九七〇年代因為石英晶體的出現與電池供電的革命而被顛覆。

他們一邊上歷史課，一邊購買世界上最精緻的手錶。這些訂單是透過一家名為阿沃隆特健康器材（Avolonte Health）的空殼公司發出的，該公司是蘋果公司在附近一間醫療辦公大樓裡創立的新創公司，其工程師正在祕密研究稀有之光（Rare Light）公司的非侵入性血糖監測技術。這種隱密的企業散布在半島各地，讓蘋果公司能夠在不驚動對手的情況下進行研究與開發。阿沃隆特的員工用卡車將包裹運到無限迴圈園區，設計師們在那裡打開包裹，裡面是來自百達翡麗（Patek Philippe）、積家（Jaeger-LeCoultre）等世界上最昂貴的腕錶。

隨著研究時間的推移，小組成員抽出時間，對於手錶應該具備哪些功能進行腦力激盪。眾人一致認為，它必須比市場上的任何手錶都能更準確報時。其他想法接踵而來。它可以是碼錶，也是計時器、鬧鐘與世界時鐘。它可以加入工程師一直在研究的健康功能，如心臟與葡萄糖監測。他們討論到追蹤使用者的情緒，記錄他們的適能水平。但最重要的是，他們談到它可以將使用者從手機的專橫中解放出來，將簡訊發送到手腕上，允許他們在移動中打電話或聽音樂——他們一致認為，這樣的躍進需要無線耳機的支持。就這樣，這款手錶催生了另一款可穿戴產品。

創意發展的快節奏明確顯示，他們有一個可以成長的平台。這讓人聯想到 iPhone 如何從一開始的手機、音樂播放器與袖珍電腦，演變成菁英相機、手電筒、衛星導航、遊戲機與電視螢幕。它每年增加的功能讓它成為人們生活中不可缺少的一部分。這款手錶也有類似的潛能，這將是一場持久戰，一個可以帶領蘋果走向更光明未來的功能載體。

隨著產品開發時程往前推進，艾夫愈來愈沮喪。佐肯多弗與霍尼希這兩位同樣參加了瑞吉飯店會議的高級設計師，被選中領導這個計畫。他們與團隊其他成員合作，最後確定了一個看起來像狗牌手環的設計。它的長方形形狀有點類似卡地亞著名的坦克錶，但沒有坦克錶的優雅。艾夫想要更時尚的設計。

這個設計因為心臟感應器變得更複雜。最準確的心律讀數來自手腕內側，也就是護理師幫人測量脈搏的地方。但這樣的設計將創造出一個笨重的錶帶，這會考驗人們對手錶的傳統觀念。設計團隊同意，這個硬體需要安置在手錶外殼的背面。

尋找解決方案的壓力與日俱增。設計工作室處於產品流程的頂峰，它對產品外觀的決定支配了軟體與硬體，以及公司營運團隊需要取得的零組件與製造工具。但是，艾夫在設計過程中就像遇上寫作瓶頸的作家一樣，卡住了。

二〇一三年三月底，艾夫的朋友馬克．紐森造訪了工作室。紐森是世界上成就最高、最多才多藝的一位設計師，是一位白手起家的明星。他生於澳洲，從小就喜歡拆解手錶，後來成立了自己的工作室。他的作品多元，從澳洲航空飛機內裝、耐吉運動鞋、路易威登（Louis Vuitton）行李箱到矽膠震動按摩器都有。他與英國造型師夏洛特．史托迪爾（Charlotte Stockdale）結婚，擁有一車庫的古董車，也曾在紐約高古軒畫廊（Gagosian gallery）舉辦個展，備受讚譽。但也許最重要的是，他有二十年設計腕錶的經驗。

艾夫將紐森帶到一張擺著團隊早期六件設計的桌子前，詢問他的看法。紐森的眼睛掃過一個圓形的、一個直線的、以及另一個有尖角的概念設計。這些作品的水準令人驚嘆，但似乎沒有一件合適。他開始與艾夫討論這些設計欠缺了什麼，並不斷回到錶帶上。錶帶與錶盤需要巧妙貫穿起來。

他們一邊交談，一邊打開素描本，開始用鋼筆飛快地描繪起來。他們的手在頁面上飛舞，艾夫筆觸精確，紐森則較潦草，創作出一個方形的錶盤，看起來就像是一個有圓角的迷你iPhone。其他想法也在不斷湧現。他們在錶殼後側畫了一個彎曲的凹痕，並設想了一種將單獨錶帶連接上去的方法。從一開始，設計師就想要可以滑入滑出的錶帶，最後也有了將這個想法付諸實現的設計。圖面還包括一個上發條的錶冠，這是設計團隊幾個月來一直在研究的一個熟悉的細節，他們試圖讓模型看起來不要太像一台腕上電腦，因而納入了一八二〇年鐘錶匠推出用於上發條與設定時間的迷你旋鈕。

艾夫因為獲得一個啟示而興奮起來。從團隊對鐘錶歷史的詳盡研究中衍生出一個想法，為這個新繪製的計時器帶來了意義。艾夫與團隊認為，錶冠可以是一個導航工具，能調高或調低音量，可以是在手腕上幫助瀏覽應用程式的轉盤，或是返回主畫面的按鈕。他意識到，傳統手錶的主要工具得以成為未來手錶的代表性裝備。

兩人爆發的創作能量，讓艾夫與紐森覺得自己就像歌曲作者，他們開發了集體潛意識，挖掘出一個一直存在但需要被勾勒成現實的概念。

他們完成設計後，飛快將草圖送到電腦輔助設計室，要求團隊的一名CAD技術人員將它轉換成立體模型。他們就在技術人員身後盯著，看著他在螢幕上創建的圖像。這給了他們一個機會，看看他們是否能將這個概念轉化成一個實物。這個設計概念的大部分都成功了：形式、厚度、連接錶帶的機制。這個想法是鮮活且具說服力的。

現在問題來了：製錶的難度。

第八章

chapter 8

無法創新

Can't Innovate

提姆．庫克發現自己正在適應聚光燈下的生活，即使是在半夜。

在他領導這家全球市值最高公司的早期，有一天晚上，他被帕羅奧圖住家大門傳來的重擊聲與喊叫聲驚醒。這間房子離街道不到五十碼，周圍都是鄰居，而庫克這個低調南方人之子，並不希望生活被二十四小時的保安人員打擾。敲擊聲持續著，於是他伸手拿起棒球棒。

他走到門口，聽到門外有個人在叫嚷著蘋果的股價。iPhone 的銷售增長已經放緩，該公司的股價也隨之下跌。投資者感到不滿。他們已經慣於其股票價值穩定且幾乎不間斷的增長。這種逆轉足以讓外面那個人大聲尖叫。庫克沒有和他接觸。最後，喊叫聲停止了，庫克回到了床上。

幾週後，在一次討論個人安全協議的會議之前，庫克不經意地和他的安全團隊提起了這件事。他勉強讓步，同意讓安全團隊在他家安裝攝影機。儘管如此，讓庫克正視安全人員價值的卻是另一次獨立事件。在成為執行長之後，他仍然搭乘航空公司的航班出行，在舊金山國際機場時會戴著一頂棒球帽，讓自己更加低調。有一次經過機場時，有人認出了他，要求與他合影。很快地，其他人也圍了上來，也都想拍一張。庫克感覺到有一隻手放在他肩膀上，使勁拉了一下。一陣劇痛隨之而來。他最近在運動時肩膀曾受傷，從後側拉扯的動作加重了他的傷勢。機場的人群、拉扯、痛苦，這些都讓他清楚意識到，自己再也不是一個來自阿拉巴馬州的無名經營者；他現在是世界上最引人矚目的執行長。

二〇一二年年底，蘋果推出一款新的 iPhone，大肆宣傳為「絕對的寶石」，其玻璃與鋁製外殼比前一代薄了百分之十八。庫克出席了帕羅奧圖蘋果直營店的開幕儀式，現身這間有落地窗玻璃的全新直營店以示支持。他從熱情的購物者身邊輕快地走過，混在努力推銷新手機的零售員工裡面。他對這款手機的受歡迎程度感到滿意。在新 iPhone 推出的第一個週末，蘋果公司就賣出了五百萬部，不但締造了新紀錄，總銷量也超過了該公司最初的供應量。然而，市場每天都在提醒他，股東們並不買帳。

在 iPhone 五年的歷史中，這款新機型相較於前一年同期的銷售，增長是最低的，這讓蘋果的股價跌至六個月的低點，抹去了一千六百億美元的市值，這大約相當於可口可樂該年的總值。投資者很清楚，蘋果正面臨著它第一個強大的對手。

在帕羅奧圖往南約四百英里的洛杉磯，陶德．彭德爾頓（Todd Pendleton）在沃夫甘帕克餐廳（Wolfgang Puck Restaurant）召集了三星公司最果敢的行銷人員，計劃向智慧型手機之王發起攻擊。當時正值秋天，是 iPhone 的季節，三星在美國的行銷長有了一個顛覆性廣告活動的點子，這將使蘋果對其最新設備的寶貴描述從商業儀式變成無禮的嘲諷。

沒有賈伯斯的遠見卓識，蘋果不堪一擊。他的缺席不但引發了人們對該公司在沒有他的情況下能否創新的質疑，甚至也讓最忠誠的蘋果迷擔憂不已，認為它可能會變得缺乏想像力。

這個時機實在太糟糕。iPhone 與競爭對手的差距正在縮小。蘋果的市占率正在下滑，其競爭對手全力衝刺改進軟硬體，以期能在這個已成為近幾個世代以來最重要消費產品的市場中提升占有率。

彭德爾頓與他的同事在蘋果疲軟之際看到了契機，希望喚醒世界，讓眾人意識到三星 Galaxy 的承諾。這款高階智慧型手機有更大的螢幕、另類的功能與複雜的攝影機，正在贏得世界各地客戶的青睞。

近年來，蘋果與三星之間的爭鬥已經演變成個人恩怨。二〇一一年，蘋果在北加州美國地方法院控告三星，指控這間韓國公司抄襲 iPhone 的外觀、設計與介面。蘋果公司的員工在週末加班，申請專利，並引發了一場產品革命。然而蘋果表示，三星在一場蘋果理應獲勝的訴訟中，將這一切搶走。就連三星的合作夥伴谷歌也警告這些韓國人，他們的軟體設計抄襲了蘋果。三星委託彭德爾頓領導一場商業反擊。

彭德爾頓原為耐吉公司高階主管，曾受過伏擊行銷的訓練。這家運動鞋公司藉著拒絕贊助奧運會，然後在亞特蘭大的所有廣告牌打上公司商標的方式，提升了銷售額。這種叛逆行為為它贏得了免費的新聞報導，也贏得客戶。彭德爾頓在 iPhone 發表時看到了類似的機會，蘋果產品發表會在科技產業的重要性就好比奧運會。

在洛杉磯，彭德爾頓在由餐廳改造而成的作戰室裡來回走著，三星的行銷人員在那裡看著電視上播放的蘋果產品發表會。三星的廣告代理 72andSunny 公司的文案則在一旁，潦草地將可能的廣告台詞寫在白板上。他們將重點放在嘲笑蘋果行銷部門所採用的空洞行話，該公司傾向誇大日常功能的行徑，例如能提供「空間降噪」的相機，以及將其手機稱為「珠寶」的習慣。

彭德爾頓慫恿他們想辦法嘲笑人們在產品發布前去蘋果直營店排隊數小時的荒

謬行為。他想把購買 iPhone 的複雜過程與人們購買三星 Galaxy 的輕鬆過程進行對比。他認為，這種差異會形塑出一支好廣告，鼓勵人們看穿蘋果的炒作機器，購買更好的手機。他激勵餐廳裡的團隊發揮創意，寫出一個諷刺性十足的劇本。

「如果有人是為了媽媽去排隊呢？」有人提出。

「哦，這可不太妙，」有人接著說。

在附近，一個攝影小組等在一間山寨蘋果直營店的外面，等廣告文案一寫完就開始拍攝電視廣告。彭德爾頓匆匆趕到拍攝現場，看著幾十名演員唸著台詞。當扮演顧客的演員在山寨蘋果直營店外徘徊，等待購買 iPhone 並熱情談論著他們聽說的最新功能時，攝影機就在一旁拍攝著。

「耳機孔會在底部！」一位演員說。

「我聽說連連接器也都數位化，」另一位演員說。「那到底是什麼意思？」

與此同時，拿著三星 Galaxy 手機的人走過，手裡拿著螢幕更大、還有一些獨家功能的手機，例如以兩台手機互相輕敲的方式來交換播放清單。山寨蘋果直營店前的排隊人群驚嘆地看著，意識到三星手機擁有更複雜的功能。

這支廣告成了三星「下一個大咖已經來了」（The Next Big Thing Is Already

Here）廣告宣傳的一部分，這個宣傳活動極盡諷刺之能事，將三星 Galaxy 描繪成時髦、前衛人士的首選，而 iPhone 則是那些容易受騙、目光如豆的蠢貨才喜歡的設備。此外，三星公司也在蘋果直營店外豎起廣告牌為 Galaxy III 做廣告。他們還向排隊購買 iPhone 的人送披薩，這是典型的伏擊行銷手法。

這種商業攻擊激怒了庫比蒂諾的所有人。讓他們更加惱火的是，三星所作所為與蘋果公司本身的一個行銷技巧顯然有雷同之處。蘋果曾經推出「買一台 Mac」（Get a Mac）的宣傳活動，廣告中用了「酷」與「書呆子」的對比，喜劇演員約翰．霍奇曼（John Hodgman）扮演穿西裝打領帶的 P C，相對於演員賈斯汀．隆（Justin Long）扮演沒有塞襯衫、身著牛仔褲的 Mac。霍奇曼大肆談論著電子試算表的製作，隆則講到數位電影的製作。這些廣告迫使觀眾去問：我想要一台傻子用的過時電腦，還是痞子用的好用桌機？

現在，三星正讓人們對智慧型手機提出類似的問題：我是願意和一群極度渴望的蘋果迷在蘋果直營店外排上幾個小時的隊，還是願意冷靜下來，選擇一款功能豐富、方便輕鬆的設備享受生活？

當三星的廣告在電視上大行其道時，庫克展開了一場罕見的媒體攻勢，他親自前往紐約，參加由布萊恩．威廉斯（Brian Williams）主播的國家廣播公司（NBC）新聞節目《搖滾中心》（*Rock Center*）。兩人漫步穿過中央車站，沿著樓梯來到位於車站拱形大廳上方的蘋果直營店。他們坐下來談了談工作，威廉斯藉機提起蘋果與三星的針鋒相對。

這家韓國的競爭對手當時即將超越蘋果，成為全球智慧型手機之王。三星的廣告引起了威廉斯的注意，威廉斯形容這是「對一個巨人的正面攻擊，這在不久之前是難以想像的。」

「他們正試圖把他們的產品描繪得很酷，而你的產品看起來不酷，」威廉斯說道。「這是場熱核戰爭嗎？」

庫克抿了抿嘴。「是熱核戰爭嗎？」他問道。「事實是，我們在蘋果公司喜歡競爭。我們認為這會讓我們進步。但我們希望人們發明自己的東西。」他拍了拍桌子表示強調。

威廉斯說話時，庫克搖晃著身體，雙眼盯著這位新聞記者。威廉斯表示庫克應接受商業的殘酷循環：「如果你是一家能保持新鮮感不過時的公司，那你將會是第一個能逆襲的人。」

庫克定了定身。他瞇起眼睛，身體向前傾。「別跟我們對賭，布萊恩，」他說。「不要跟我們對賭。」

三星的崛起讓庫克感到憤怒。他認為三星的手機不過是贗品，廣告傲慢無禮，它的帝國不過是由洗衣機和微波爐組成的混亂場面。這家公司並沒有夜以繼日地為複雜的問題設想出簡單的解決方案，也沒有精心規劃其產品內容。儘管如此，它卻以某種方式取代了蘋果，成為媒體的寵兒。

韓國人製造了一個行銷問題，而解決這個問題的責任則落在蘋果的行銷團隊身上。

在賈伯斯的領導下，開發商業廣告、平面廣告與包裝的團隊一直是蘋果公司的一個優勢。「Marcom」是行銷企劃的簡稱，是一個由蘋果公司高層與洛杉磯廣告公司 TBWA\Media Arts Lab 的負責人所組成的精選團隊。這些人每週三開會三小時，檢視並精煉創意，直到他們得到一塊廣告黃金，例如 iPod 的剪影廣告、「買一台 Mac」、或「信封」（Envelope）廣告。信封廣告展現出超薄 MacBook Air 從信封中滑出的畫面，背景音樂是〈心靈觸動〉（*New Soul*）這首流行歌。當時擔任行銷長的賈伯斯，藉由讓這個行銷企劃團隊中兩位最有主見的成員相互競爭，創造出如此令人難忘的廣告。他刺激產品行銷主管席勒，要他提出宣傳新科技的方法，也要求媒體藝術實驗室（Media Arts Lab）的執行長文森特提出能夠吸引消費者注意力的創意。世界上最棒的一些廣告就是這麼誕生的。

賈伯斯於二〇一一年去世後，席勒接管了這個行銷企劃團隊的領導權，引發公司內外的顧慮。這位圓臉的新英格蘭人喜歡穿著鼠尾草綠的襯衫，素有刻板且缺乏想像力的名聲。他經常否定別人的想法，因此被人暱稱為「不先生」（Dr. No）。文森特很難接受他的升遷。賈伯斯去世前曾和這位頭髮蓬亂、被同事稱為「創意之王」的英國人談過他過世後這個團隊的領導問題。結果，文森特最後得向他的競爭對手匯報工作，而他的這個競爭對手已經成為公司品牌的仲裁者。

在席勒的領導下，行銷企劃團隊顯得搖搖欲墜。一則以約翰·馬克維奇（John Malkovich）為主角的Siri廣告，由於美化語音助手的能力而遭受訴訟。（訴訟被駁回）科技評論人士嚴詞批評隨後的一支名為「天才」（Genius）的廣告，它讓一名演員扮演為客戶解決問題的「天才吧」技術支援人員，但這個概念與蘋果公司多年來「它就是好用」的推銷方式並不相容。蘋果公司很罕見地撤回了廣告。部分行銷企劃團隊成員表示，這則廣告屬於賈伯斯會在它開始前直截了當地說「這還不夠好」而打回票的類型。隨著媒體對其廣告的批評愈來愈多，蘋果開始建立自己的文案與創意團隊，提出與媒體藝術實驗室的概念相競爭的想法。這個團隊的困境與緊張，可以說是蘋果公司在適應賈伯斯這位長期領袖缺席的過程中所面臨情景的縮影。

二〇一三年一月底，席勒看到《華爾街日報》商業版頭版的一篇文章時大感震驚。這篇文章的大標題是「蘋果是否被三星打得沉不住氣了？」這標題讓席勒惱怒，但報導中提及的一則軼事更令人不安。它提到一位三十四歲的蘋果客戶放棄了**iPhone**，轉而投向**Galaxy S III**的懷抱，據說這個選擇的部分原因是受到三星的廣告轟炸。威爾．赫南德茲（Will Hernandez）說：「如果你在電視上看到這廣告夠多次，你就會開始思考。」他還補充說，他喜歡新手機的大螢幕。席勒將這篇文章寄到文森特的電子郵件信箱，寫道：「要扭轉這個局面，我們還有很多事要做。」

文森特沮喪地讀著信。他認為，蘋果的問題遠遠超出了三星的廣告宣傳。有關蘋果的新聞報導，已經從它製造的偉大產品轉移到對創新的質疑、對中國**iPhone**工廠自殺事件的報導、以及該公司與三星的官司。這一切都與人們過去喜愛蘋果這間公司酷炫、叛逆的特質完全無關。相反地，它給人的感覺是蘋果已經成為一家大型跨國企業。文森特寫了一封很長的信回覆席勒：

我們也感覺到了，這確實讓人受傷。我們明白這一刻的關鍵性質。這些雪上加霜的因素正推動著對蘋果的負面報導，令人不寒而慄。

在過去幾天裡，我們已經開始為蘋果開發一些更遠大的想法，其中廣告絕對有助於開始改變這樣的敘事，讓它變得更正面。

文森特接著提出公司面臨的問題，如「中國／美國工人」、「太富有」、「地圖」、「蘋果品牌遭遇挫敗」等，並提議召開類似蘋果在天線門之後所召開的緊急會議。他希望蘋果考慮進行一次品牌宣傳，這是自十六年前發布「不同凡想」（Think Different）以來的第一次。

我們知道，這個時刻與一九九七年的情景非常接近，我們需要廣告來幫助蘋果公司度過難關。

席勒讀到這封信時，感到非常驚恐。文森特的說明基本上是在說，「問題不在我們，而是在你。」席勒回想起他與文森特最近一次會面，他們一起看了 iPhone 5 的發布，並聽取了產品行銷部門對於智慧型手機競爭狀況的簡報。那次會議明確指出，iPhone 5 是一款比 Galaxy 更好的產品。蘋果的問題純粹就是行銷。席勒在回覆中表達了他的沮喪：

> **回過頭來建議蘋果公司從不同的角度思考經營方式，這著實是個令人震驚的回應……這不是一九九七年，任何方面都不像了。一九九七年，蘋果公司沒有產品可以行銷。當時蘋果賺的錢很少，差六個月就要倒閉了。那時的蘋果垂死掙扎，受困圍城，需要按下重啟按鈕。……那時的蘋果不是世界上最成功的科技公司，也沒有做出世界上最棒的產品。**

這封郵件讓文森特後悔不已。當他重讀自己所寫的信時，他明白了為何席勒會如此輕蔑地回應。他知道自己的評論可能會讓他付出極大的代價。蘋果是媒體藝術實驗室的招牌客戶。他試著彌補傷害。

請接受我的道歉。這絕非我的本意。重讀了自己的郵件以後，我可以了解你為何有這種感覺。……我很抱歉。

經過一番考量後，席勒決定向庫克匯報此次郵件往來的狀況。他給執行長發了郵件，提出他對這家廣告公司的顧慮。媒體藝術實驗室於一九九七年復興了蘋果品牌，並在賈伯斯的幫助下，為公司提供一系列傳奇的廣告，但席勒告訴庫克，該公司沒能積極塑造公眾對 iPhone 5 的看法。他寫了一封郵件，並按下「傳送」：

我們可能需要尋找一家新的廣告代理。我一直努力不讓這個情況發生，但我們沒有得到我們需要的東西，而且已經有一段時間了。……他們似乎未能接受，今年應將為我們做出更好的廣告宣傳，視為最優先重要的任務。

庫克看了席勒的信。庫克的電子郵件總是很簡短，長到足以顯示他已讀過，卻又短且直接到能夠刺激行動。他寫道：

如果我們得這麼做的話，就該開始行動了。

庫克還面臨著另一個他無法授權他人處理的更緊迫問題。二〇一三年初，參議院調查員召集蘋果公司的稅務專家前往華盛頓特區開會。參議院常設調查委員會（Senate Permanent Subcommittee On Investigations）主席卡爾．列文（Carl Levin）多年來一直在調查企業避稅與利用海外空殼公司逃避美國稅收的問題。他的助理向許多公司發送了一份關於離岸公司的調查問卷。蘋果公司在答覆時留了一個空白部分，調查人員想知道原因。

當蘋果公司的稅務團隊抵達時，他們被領進一間會議室，裡面有一張氣派十足的長桌，周圍有十幾把不成套的椅子。一張紅色皮沙發靠在牆邊，為房間增添了一股舊貨店的感覺。這與無限迴圈園區會議室裡那些時髦的白色桌子相去甚遠。稅務團隊坐了下來，看著經驗豐富的參議院調查員鮑勃．羅奇（Bob Roach）律師開始審查蘋果對調查問卷的回應。

「這部分為什麼沒填呢？」羅奇問道，指著調查表上要求說明歐洲蘋果公司（Apple Europe）管轄權的部分。

蘋果公司的稅務團隊看了看問題，又回頭看了看調查員。房間裡鴉雀無聲。蘋果團隊成員目光朝下，這讓調查員懷疑，這個遺漏並非偶然的疏忽。

「我們在任何地方都不具有真正的稅籍，」蘋果稅務團隊的一名成員表示。

羅奇忍住了向前傾身的衝動，繼續繃著臉問道：「怎麼可能？」

蘋果公司的稅務團隊解釋說，雖然美國是根據公司註冊地來決定稅籍，但在歐洲蘋果公司所在的愛爾蘭，卻是根據公司的管理與控制地來決定的。由於蘋果公司的愛爾蘭子公司沒有員工，也不是在愛爾蘭進行管理與控制，所以在愛爾蘭並不被認為具有稅籍。

他們講完後，羅奇意識到蘋果公司在歐洲賺取的利潤並沒有在美國納稅，因為這些錢都流向了愛爾蘭的子公司，而該公司在歐洲賺取的利潤也沒有在愛爾蘭繳稅，因為愛爾蘭子公司是從美國管理的。一個循環但聰明的邏輯技巧，為該公司省下數十億美元的稅金。

羅奇離開會議後，召集了幾位稅務專家評估蘋果的做法。他們的反應都很驚訝。他和其他調查人員感覺到，他們發現了一些獨特的操作。他們再度找上蘋果與它的會計師，希望獲得更多資訊並進行額外的面談。他們很快了解到，蘋果有三家愛爾蘭子公司，在任何地方都沒有稅籍，這三家公司於四年內賺取七百四十億美元的利潤。與愛爾蘭政府達成的有力協議，意味著該公司為這些收益支付的稅率低於百分之二。更重要的是，調查人員在這些文件中發現了庫克的簽名。

羅奇將他們的發現告訴了列文。這位密西根州民主黨議員立刻明白了其中的重要性：這家美國最大、最成功的公司不僅在美國避稅，在歐洲也避稅。列文稱這是最終極的避稅手法。

幾週後，庫克前往華盛頓特區，直接與調查小組會面。他一陣風似地走進房間，在大木桌前坐下。他穿著西裝打了領帶，不同於平日的加州休閒風格，聆聽著調查人員對蘋果公司稅務做法的顧慮。他禮貌地解釋了蘋果公司在愛爾蘭設立子公司的原因。庫克表示，一般而言，他認為美國稅法並不公平，因為它們對公司海外收入課徵與境內一樣的百分之三十五稅率。他認為這個稅率不合理，所以他一直將蘋果公司的現金存放在愛爾蘭，而未匯回國內。

當長達一小時的會議結束時，他看著其中一名調查人員掏出了他的 iPhone。

「我還有一個問題要問你，」調查人員說道。「我不知道怎麼打開這個應用程式。」

庫克笑了笑。「我也不知道，」他回答道。

當飛機開始在庫比蒂諾附近下降時，媒體藝術實驗室的團隊成員可以感覺到自己愈來愈焦慮。自從文森特向席勒發送那封指控郵件以來，已經過了好幾週，該公司與蘋果之間的關係從未如此緊張過。該團隊意識到，他們與這家世界上市值最高的公司長達十六年的關係能否繼續，取決於它最新的委託：品牌宣傳活動。

這群人帶著他們創意概念的分鏡腳本走進蘋果公司的一間會議室，開始準備為蘋果公司領導行銷品味的三大巨頭進行簡報：席勒、行銷副總裁淺井弘樹（Hiroki Asai）、以及溝通部門負責人凱蒂．柯頓。儘管一開始有些懷疑，三人還是批准了文森特進行品牌宣傳活動的想法。蘋果公司唯一一次的品牌廣告是向「方孔中的圓釘」致敬[1]的「不同凡想」，被認為是有史以來最好的廣告。如今，媒體藝術實驗室的團隊必須提出一個能與之並肩的後繼者。

該公司的創意長鄧肯．米爾納（Duncan Milner）負責進行此次簡報。米爾納畢業於多倫多一所藝術學院，擅長能表達品牌需求的創意廣告。他說，第一則廣告是由一位名叫邁克爾．拉索夫（Michael Russoff）的獲獎文案構想出來的。該公司將之命名為「散步」（The Walk）。

開始營造氣氛時，米爾納讓與會者想像晨間散步的景象，那是在一天瘋狂工作開始前，感受生命魔力的時刻。「史蒂夫總是喜歡帶人去散步，邊走邊聊，」他指著賈伯斯表示。「我們想讓每一位蘋果員工與使用者都去走走。」

旁邊的螢幕播放著北加州山丘的景象。那是清晨，太陽還沒有完全升起，微風吹過草地。攝影機以步行的速度移動，米爾納則為這支廣告提供配音。

「創始人的離世令人難過，」他說。「你想知道沒有他你能否繼續下去。你應該戴上勇敢的面具，還是誠實面對這個世界？你會懷疑。在會議上，即使不說，還是有人會想：他會怎麼做？他會說什麼？你想知道，你跟他一起的時間是否長到足以受他的魔力所感染。那樣的魔力在你身上嗎？還是被他帶走了？這樣的懷疑持續了一段時間。然後，有一天，你們坐在一起討論一些非常重要的事情。遇到岔路。一件大事。你意識到你完全知道該怎麼做。不用問他會怎麼做，你自己就知道該怎麼辦了。你會發現，他相信的一切都還在。」

1. 編注：此指電視廣告「不同凡想」（Think Different）的文案「方孔中的圓釘」（The round pegs in the square holes.），意指格格不入、鑽牛角尖的人。

「史蒂夫知道，他最偉大的產品不是你可以拿著或使用的東西，不是 iPhone 手機或 Mac 電腦。那是更美好的東西。一間無所畏懼的公司。一個無邊界的國度。蘋果這間公司本身。他不只是不同凡想，也讓周圍的人都不同凡想。現在，我們已經停不下來了。」

螢幕漸漸顯示出蘋果公司的商標，上面打著「不同凡想」。

抬頭一看，米爾納看到蘋果溝通部門負責人柯頓正在哭。她用手輕輕擦掉眼角的淚水。米爾納從來沒有看過客戶在會議上哭泣。他愣住了。

「這個不能播，」柯頓說，試圖讓自己平靜下來。

「噢，凱蒂，」米爾納說。「我很抱歉。」

席勒與淺井兩人大為震驚。他們無法想像在一則廣告中提到公司過世的執行長。他們提醒媒體藝術實驗室團隊，賈伯斯從來沒有想過要在廣告中出現；在一九九七年「不同凡想」發布之前，他甚至反對為這支廣告配音。席勒說，更重要的是，廣告所言非真。在賈伯斯生命的最後兩年，他基本上沒有出現在蘋果園區。員工已經學會在沒有他的情況下運作。

「我們不能這麼做，」席勒說。「我們必須向全世界展示，我們正在前進，不會回頭，而且我們比史蒂夫更強大。」

米爾納點了點頭。當天的其他方案也沒有打動席勒、淺井與柯頓，他們將媒體藝術工作室的團隊送回洛杉磯，要他們想出更好的創意。

就企業標準而言，蘋果公司刻意縮小了在華盛頓特區的駐點。賈伯斯向來蔑視政治，認為遊說是一種浪費。參議院的稅務調查讓這個十二人團隊捉襟見肘，這是公司始料未及的。

隨著冬季結束，參議員列文安排了一場與蘋果公司的聽證會，並傳喚庫克宣示解釋其稅務操作。庫克強烈要求他的華盛頓特區團隊，事先安排與參議員的單獨會談，以便在公開說明之前私下直接向他們講述蘋果的故事。由於從未在參議院作證，他還給美國前總統比爾．柯林頓（Bill Clinton）和高盛執行長勞埃德．布蘭克芬（Lloyd Blankfein）撥打了私人電話，想知道他該有什麼心理準備。

布蘭克芬在二〇〇八年金融危機後的聽證會持續了十個小時，他告訴庫克，不要讓律師支配他的發言。律師想要保護你免受法定危險，布蘭克芬表示，但這可能會限制你保護公司免受公眾批評的能力。他還為高盛與蘋果的溝通部門牽了線，為聽證會前的新聞發布會做好安排。

該年春天的一個早上，庫克走進蘋果公司華盛頓辦公室的會議室，在桌前的主位坐了下來，召開「謀殺委員會」[2]。說客、律師、稅務顧問與溝通人員擠滿了整個房間。他們花了一天的時間扮演參議員，模擬即將舉行的聽證會，審問庫克。他們的目的是要嚇唬他。

堅信蘋果公司遭受誣蔑的庫克，打算在聽證會上提出一個格局更大的論點：如果你對美國的稅法有意見，你應該修改法律，而不是指責蘋果公司。但是，當蘋果公司的律師與說客開始向他詢問有關愛爾蘭子公司的問題時，他以自己對稅法的質疑作為回應。他想知道，如果有人問他這些問題，他該怎麼回答。這場假聽證會變成了對這些神祕規則的技術性討論。然後，庫克從枝微末節回過頭來，提出一個更廣泛的問題：「我們在這裡講的是什麼故事？」

這種放大縮小加劇了瀰漫在會議室裡的憂慮。幾位說客開始擔心庫克過度關注枝微末節，擔心他在接下來的聽證會上偏離主題，詳細討論稅法，而這種迂迴或許會讓參議員覺得他自認無所不知，令人惱火。庫克對說客的一些問題感到不快，這個態度也顯示出蘋果公司的一種精神，即蘋果在世界上做得很好，不該被當作一間貪婪的公司來指責。一些人開始擔心他即將到來的證詞可能會是一場災難。

幾天後，庫克站在一組參議員面前，宣誓將如實作證。然後他坐下來，面無表情地聽著列文提出的冗長介紹，大放厥詞談論蘋果的「幽靈公司……利用法律的荒謬」。庫克與列文糾纏了一個多小時，其中大部分是關於蘋果公司在海外囤積現金以逃避美國稅收的問題。

「我只想問你這一個問題，」列文說。「你是否告訴我們的工作人員，除非我們降低稅率，否則你不會把這一千億美元匯回美國？這個說法是正確的嗎？」

「我不記得我說過這話。」

「這是真的嗎？」列文問道。

「我說我不記得說過，」庫克面無表情地重複道。

「我是說，除非我們降低稅率，否則你就不打算把錢匯回來，這是真的嗎？」列文追問道。

「按照目前的稅率，我目前並沒有打算把錢匯回來，」庫克承認。

2. 譯注：指聽證會前的內部模擬會議。

列文似乎已經得到了他想要的供詞，但庫克還沒有說完。停頓了好一會兒，他補充說：「你的評論聽起來彷彿它永遠就是這樣，而我不會推測自己永遠會做什麼，因為我不知道世界將如何改變。」

坐在聽證會席間的謀殺委員會成員簡直不敢相信。庫克反駁了列文對他的逼問。他冷靜、專注、尊重，但堅定且堅決地為蘋果的稅務操作辯護。他沒有談論具體的稅法，而是堅持團隊同意講述的故事：蘋果公司是美國最大的納稅人，每年繳稅六十億美元，它在愛爾蘭設立的辦事處是它保存海外利潤的地方，其根源在於數十年的電腦製造業。在那一刻，他們看到庫克從賈伯斯默認的接班人蛻變成蘋果公司需要的執行長。

在洛杉磯，費力構想廣告的工作仍為進行式。媒體藝術工作室拚了命在敲定可以向庫克與艾夫展示的創意。他們希望在夏季發布會前及時完成廣告，以重塑公眾對蘋果、三星與智慧型手機未來的看法。

那年春天，庫克大步走進行銷企劃團隊的會議室，想看看這個作品。他很開心在那裡見到了 TBWA\Worldwide 集團的主席李．克勞（Lee Clow）。在此之前，克勞曾兩次讓蘋果品牌重獲新生，第一次是庫克在杜克大學時期研究過的「一九八四」，後來是「不同凡想」。庫克很高興看到他將介入另一次復興。

決策者評審團（庫克、艾夫與行銷企劃團隊）在桌前坐了下來，螢幕上的畫面生動了起來。在白色的背景下，動畫圖顯示出一顆種在地上的種子，從發芽成樹苗再長成一顆巨大的蘋果樹。隨著它的成長，旁白說著：

要讓這個世界變得更好。瘋狂的想法。做點好事。它變得不那麼簡單。……恭賀聲傳來。你成長。人們期望你與世界的關係會改變。然而，如果你堅持自己的想法，就不必然得如此。……要讓這個世界變得更好，也要做出能激勵他人仿效你這麼做的東西。

動畫逐漸變成了一個蘋果商標。廣告結束時，蘋果公司的團隊點頭表示贊同。庫克對廣告傳達出的訊息表示讚賞。隨著蘋果公司的擴張，它的職責也發生了變化。原來那個處於劣勢的競爭對手微軟公司，已經成為科技巨頭，而且在過程中持續被《紐約時報》到綠色和平組織的每一個人視為靶子，《紐約時報》因為寫了有關蘋果公司外包的報導而獲得普立茲獎，綠色和平組織則因為危險化學製品的使用而大肆攻擊蘋果。庫克希望扭轉這個形象。

「我喜歡它，」庫克說。

媒體藝術實驗室又提出另一則廣告。會議室裡響起了柔和的鋼琴音樂，動畫影片顯示出四個黑點在白色螢幕上移動，像是鉛筆的筆觸般，畫出正方形、八角形與圓形。音樂流轉之間，文字在螢幕上一行行地出現又消失：

如果每個人都得忙著做每件事情，又怎麼能把事情做到完美？我們開始把方便與快樂混為一談，把豐富與選擇混為一談。做設計需要……專注。我們問的第一件事是……我們想讓人感受什麼？是愉悅、是驚喜、是愛、是連結。然後我們開始圍繞著這個意圖來加以雕塑。這需要時間。成千上萬的否定才能淬煉出一件作品。我們追求精簡。我們追求完美。我們重新開始。直到我們所接觸的每一件東西，都能提升它所接觸的每一個生命。只有到那個時刻，我們才簽上我們的名字。

由蘋果在加州設計。

通常不容易被打動的艾夫在影片結束後率先開了口。「我喜歡它，」他說。「這就是我們。」

庫克點了點頭。「我也喜歡。」

對文森特和媒體藝術實驗室而言，這些評論不啻為一種解脫。這個名為「意圖」（Intention）的廣告反映出他們試圖將滲透整間蘋果公司的艾夫哲學引導到行銷概念之中，其中將包括平面廣告、電視廣告與其他宣傳元素。他們希望這能提醒世界，蘋果公司到底是什麼，並讓公眾重新相信，即使賈伯斯去世了，蘋果公司仍忠於自己的認同。

在探討可能的宣傳活動時，庫克明確表示，他很高興媒體藝術實驗室為蘋果公司提供了絕佳的選擇。然而，由於外界對該公司外包業務以及其環境足跡的監控已有太多負面印象，他擔心承諾「要讓這個世界變得更好」會讓蘋果面臨偽善的指責。將焦點放在設計與設備上的「意圖」，可以避免這種風險，也能實踐賈伯斯的信念，即蘋果的行銷應該以產品為中心。

庫克說：「我打算將『要讓這個世界變得更好』用於公司內部。」這句話成了他最喜歡的措辭之一，也是他在不斷擴張的帝國中挑戰員工的一種方式。

舊金山莫斯康展覽中心，燈光熄滅後，座無虛席的禮堂鴉雀無聲。那是六月一個週一的清晨，五千名開發者擠在大會堂中，參加一年一度的全球開發者大會。庫克站在台下，看著媒體藝術實驗室的「意圖」廣告在巨大的螢幕上播放著。滿螢幕的鋼琴音樂和形狀，很快就化為一系列鼓舞人心的詞語：愉悅、驚喜、愛、連結。

播放完畢，台下粉絲群爆出不絕於耳的掌聲、口哨聲與歡呼聲。庫克笑著快步走上舞台，他的襯衫沒有紮進褲子裡，扣子扣得整整齊齊，一頭灰髮分線整齊。

「謝謝你們，」他說道，然後聽著觀眾更大聲地歡呼。

「我很高興你們能喜歡這部影片，」庫克說道。「這些話對我們來說意義重大，你們會在整場活動中感受到這一點。」

賈伯斯過世後的二十個月裡，庫克的台風改進了很多。他的演講鏗鏘有力，自豪地勾勒出觀眾席中有六十多國代表等細節，其中三分之二的與會者是首次參加。他在台上講了十八分鐘，提出論據證實蘋果的狀況遠比批評者與三星公司所認為的要好。它在柏林開了新店，Mac 的銷量猛增，還要推出新的軟體和硬體。

庫克第一次等著觀看由艾夫講述關於公司最新 iPhone 軟體 iOS 7 的影片。這位坐在前排的英國設計師在蘋果的軟體設計中扮演了更重要的角色，但仍然拒絕上台為公司推銷。他預先錄製了一段七分鐘的影片，展示了工程師群開發的透明控制中心、精緻的排版、重新設計的圖標、以及大膽的新調色盤。影片從哲學角度開始。「我們一直認為，設計不僅僅是東西的外觀，」艾夫說。「設計是一個整體，是一個東西在許多層面上實際運作的方式。……設計關乎為複雜帶來秩序。」

艾夫在軟體方面的工作很快就被他在硬體方面的工作給蓋過了。在三星廣告之後，庫克、席勒與其他人已經厭倦被問及他們在失去賈伯斯之後的創新能力。為了反駁批評者，他們打破了活動規程，在新產品準備好要出貨之前就先行發布，而這樣的做法是賈伯斯一直在避免的。

「我們通常不這麼做，但你們是重要的觀眾，」席勒上台後如此表示。「我們想讓你們先睹為快，看看我們正在做的事情。」

席勒身後的螢幕出現了「Mac Pro」字樣。他說，這台電腦是革命性的、激進的。螢幕上播放的影片顯示出一個黑暗的球體閃爍著白光。當鏡頭掃過一台黑色圓柱型電腦時，緩慢的隆隆聲被簡短重複的重金屬吉他樂段和沉重的鼓聲取代。台下群眾開始歡呼之際，台上的席勒抿著嘴點了點頭。

「無法創新，才怪，」他像個在說垃圾話的運動員一樣嘟囔著。當他大步走過舞台，抬頭看著身後大型螢幕上的電腦圖像時，台下觀眾發出陣陣笑聲，他脫稿而出的幾句話就像不安全感的灰燼一樣飄散了。

幾個月後，這台電腦上市，但顧客的興趣並未達到蘋果公司的期望。在最初銷售了大約兩萬台後，訂單驟減，公司最終大幅減產。它在蘋果內部被稱為「失敗的垃圾桶」。

iOS 7 獲得的評價不一。《紐約時報》的大衛．伯格（David Pogue）稱讚這個設計讓 iPhone「降噪」，科技新聞網站 Tech-Crunch 的評論員則認為它使用起來「更容易也更有樂趣」。儘管如此，使用者的抱怨愈來愈多，他們發現 iPhone 有些新的排版沒有對齊，也批評更明亮的顏色很耗電。

被命名為「由蘋果在加州設計」（Designed by Apple in California）的品牌活動也沒好到哪裡去。蘋果公司發布廣告並未採用較抽象的「意圖」，而是展示其設備的特寫，也就是行銷人席勒喜歡的那種形象。一間教室裡，亞洲學生用 iPad 做功課，一對夫婦用 iPhone 自拍。「這才是最重要的，」旁白說。「產品的體驗。它讓一個人有什麼感覺。它會讓生活變得更好嗎？它值得存在嗎？我們在一些偉大的事物上花了很多時間，直到我們接觸的每個想法都能讓它接觸的每個生命變得更美好。你可能很少看它，但你總能感覺到它。這就是我們，它意味著一切。」

觀眾對這則廣告的評價低於所有公司的平均值，更是遠遠低於蘋果公司通常獲得的高分。知名網絡雜誌《頁岩》（*Slate*）對它大肆抨擊。在一篇題為〈加州傻瓜群設計〉（*Designed by Doofuses in California*）的文章中，該網站的一名評論家表示，這則廣告透露出一種「潛在的傲慢」，表示該公司「太把自己當回事了」。

批評很刺耳，但行銷企劃團隊的部分成員很同意這樣的說法。若受到其他公司採用，這會是個很棒的廣告；但對於蘋果公司，這只能說是乙等。

參議院對蘋果公司日益增長的現金儲蓄的關注，吸引了華爾街的鯊魚。由於三星公司搶走了智慧型手機的市占率，蘋果的股價一蹶不振。投資人希望公司能支付股息。二〇一三年八月，投資家卡爾．伊坎（Carl Icahn）在推特上大肆宣揚，表示他已經買下蘋果的大量股份，還與庫克通了電話。伊坎明確表示：蘋果需要返還資本以拉高其低迷的股價。

作為最初的公司併購客[3]，伊坎在一九八〇年代以購買經營不善的公司（如環球航空公司）的股份，促使它們削減成本並出售資產聞名。他揚棄分析，遵循自己的直覺，如果管理階層不聽勸告，則轉向媒體提出自己的觀點。憑藉著聰明才智與恫嚇，他累積了一百八十億美元的個人財富。

這位行動家的壓力為庫克帶來一個難題。賈伯斯並不相信向股東返還資本的做法。一九九六年蘋果公司幾乎破產一事讓賈伯斯留下了傷痕，他因而傾向建立一個在經濟低迷時期能夠幫助公司的寶庫，並在需要時為公司提供再投資的火力。

庫克沒有那麼固執己見，但他確實活在前任的陰影下。在他擔任執行長的第一年，他曾承諾進行一百億美元的股票回購。二〇一三年，蘋果將這個數字提高到六百億美元。伊坎已經買了價值約二十億的蘋果股票，他要求蘋果將承諾金額提高到將近三倍，達到一千五百億美元。

伊坎此舉偏離了他一貫的劇本。他認為，蘋果公司管理良好，但華爾街低估了它的價值。按他的估計，股票回購將可增加其每股收益，並將股價提高三分之一。

但伊坎的立場讓庫克感到不安，他不知該如何回應。於是，庫克向巴菲特（Warren Buffett）尋求建議，並請來高盛公司協助化解緊張局面。

隨後，伊坎邀請庫克到他位於紐約第五大道、俯瞰中央公園的豪華公寓共進晚餐。庫克接受了伊坎的邀請，這讓他的顧問大感意外，因為大多數人都認為賈伯斯根本不會考慮。作為一個受過工商管理培訓的公司管理者而非創始人，庫克可以看到伊坎這個建議所蘊涵的智慧。

九月三十日晚上，庫克與蘋果財務長奧本海默一起來到伊坎的公寓。他跟著伊坎來到這位金融巨頭家五十三樓的陽台。在漆黑公園的另一側，上西區的燈光閃耀著。他們隨便聊了幾句，直到伊坎把庫克領進屋裡，共進了三個小時的晚餐，最後是切成蘋果公司商標形狀的糖霜餅乾。他們一邊吃，伊坎一邊論證他的觀點。

「提姆，顯而易見的是，你手頭上有這麼多錢，」伊坎說道。「你應該回購股票。公司現在真的超級便宜。」

伊坎知道蘋果在海外持有超過一千億美元的資金，以避免在美國納稅。他建議該公司以其為抵押，用借來的錢向投資人返還資本。然後，當美國的稅法改變以後，公司就可以將海外的現金匯回美國償還債務。

庫克沒有多說什麼，但給伊坎充分的空間引導談話，以確保伊坎得到他對這個

3. 譯注：透過大量購買股票以達到控制某一公司的個人或機構。

想法抱持開放態度的印象。他認真聽著，還點頭示意，讓伊坎確信他對股票回購的想法表示讚賞。

晚餐結束後，伊坎發了一封公開信，呼籲蘋果用債務為股票回購融資。蘋果最終將其股票回購計畫的數額從六百億美元增加到九百億美元。伊坎要求提得更高。與此同時，高盛為蘋果爭取到價值數十億美元的債券，讓蘋果用這些債券回購股票。

資本回購抬高了蘋果的股價，讓伊坎閉上了嘴，他最終出售手中股票，獲利十八億三千萬美元。庫克精明地聽從了伊坎的建議，採取他前任絕對不會考慮的做法，推動公司股價上漲。

夏去秋來，此間庫克一直努力為他的經營團隊增加另一名合作夥伴。公司零售主管的職位已經空缺了一年，隨著艾夫推動智慧型手錶的發展，他急於找到一個能夠幫助推出新產品的人。他之前的招募是一場災難。

與福斯托一起被解僱的約翰．布羅維特只做了幾個月。在庫克的支持下，布羅維特這位英國電子產品零售連鎖店迪克森斯（Dixons）的前負責人展開了一個削減成本的任務，這讓零售員工感到不滿，也在蘋果直營店內引發一場小規模的反抗。儘管聘用布羅維特的舉動是出於庫克長期以來想提高直營店效率的願望，但這位執行長還是因為布羅維特不適合公司文化而拋棄了這位高調的員工。

在艾夫致力推動手錶製造之際，庫克需要找到一個比較不那麼像百思買（Best Buy）、比較像巴寶莉（Burberry）的人。當時的蘋果才和英國時尚品牌的執行長安琪拉·阿倫茲（Angela Ahrendts）合作，為秋季時裝秀的拍攝提供預發布的iPhone。這是一種富有想像力的想法，結合時尚與科技為蘋果手錶的發布帶來利益。

阿倫茲曾讓巴寶莉的銷售額提高了兩倍，被譽為優秀經理人，而且是艾夫的老朋友暨巴寶莉主設計師克里斯多福·貝里（Christopher Bailey）的合作夥伴。在拒絕了無線業界的高級主管、認為他們不合適以後，庫克邀請了阿倫茲來到無限迴圈園區。

經過一番勸說，阿倫茲才相信自己適合這份工作。她對科技並不特別感興趣，覺得坐在服裝設計師旁邊比坐在工程師旁邊更自在。庫克向她保證，這不會是問題。

「我們有成千上萬的技術人員，」庫克告訴她。「我不認為這是我想要的。」

當庫克在十月宣布聘用阿倫茲時，外界稱她是全男性高級主管團隊中一個有才華的新成員。她被認為是一個有魅力且外向的人，是激勵全球四萬名零售員工的完美人選。她有一雙引人矚目的藍眼睛，一頭沙金色的秀髮，還有一櫃子時髦的衣服。她的名稱與時尚裝束打造出一種幻覺。在現實中，她既內向又害羞。

她剛去上班時，有一天，蘋果總部的零售員工在庫比蒂諾辦公室的門內排成了兩排。當她走到門前，他們開始歡呼。這是從普通零售員工那裡借來的習慣，他們有時會在顧客進入蘋果直營店時用熱烈的掌聲歡迎。當阿倫茲走進大樓時，她愣住了。

她沒有沿著這些熱情員工排成的走廊走下去，而是拐進另一個門口，消失了。

第九章

chapter 9

王冠

The Crown

案子一個又一個疊了起來。在二〇一三年的任何時刻，蘋果這位時尚引領者的注意力都可能被轉移到許多不同的方向，從手錶設計到軟體設計，再到《由蘋果在加州設計》這本攝影書。隨著公司新總部的動工，艾夫也承擔了愈來愈多有關建築設計、建築材料與施工計畫的監督工作。任何一項單獨的工作都是一種負擔，尤其對一位完美主義者來說，但在沒有創意夥伴賈伯斯的幫助下，獨自將這些責任完全承擔下來，確實太過。

時間開始模糊了起來。

在這個自由放任的設計團隊中，艾夫是最穩定也最可預測的成員。他通常每天早上在同一時間抵達工作室，在他認為自己的工作已經完成後才離開。他每週組織和領導三次設計會議，分別在週一、週三與週五，像月亮牽引潮水一樣逐步推動小組的工作。然而，隨著他在軟體與建築相關工作的職責愈來愈重，他的日程表變得愈來愈不固定，何時會出現也愈來愈不可預測。

矛盾是不可避免的：在艾夫領導創造出世界上最精確的計時器時，他個人與時間的關係正在解體。

在艾夫與紐森發展出手錶的設計後，他們把注意力轉移到音樂家波諾（Bono）邀請他們策劃的一場慈善拍賣。身為U2樂團主唱的波諾將這兩位設計師比作多納太羅（Donatello）與米開朗基羅（Michelangelo），讓他們一起為協助非洲抗HIV病毒與愛滋病的紅色產品行動（RED）募款。就像大多數新任務一樣，艾夫與紐森在毫無準備的狀況下加入這個計畫，不知道自己想做什麼，也不知道該怎麼做。漸漸地，他們設計出一系列精心製作的產品，包括一台史坦威（Steinway）Model A平台鋼琴，裝在艾夫與紐森設計的紅色保冰桶裡的大瓶裝一九六六年份唐培里儂香檳王（Dom Pérignon），一台Airstream 16 Sport露營車等。他們後來還補上了一款獨一無二的原創產品：一台訂製的萊卡相機。

設計這些東西是有實際原因的。由兩位世界頂尖設計師創作的單一產品勢必比其他量產商品更能為慈善事業籌措到更多資金，畢竟其中一位設計師的科技產品改變了社會，而另一位設計師將工藝設計化為精緻藝術。然而，吸引艾夫的是這件事的奇特之處。對一個習慣於為眾人開發設備的人來說，將同樣的精力投入到只屬於一個人的產品中，這種不協調感很有趣。萊卡公司（Leica）因為製造出世界上最早的小型相機聞名，該公司的代表產品Digital Rangefinder數位相機採用黑色的金屬外殼。艾夫獲得庫克的支持，計畫設計一款新相機，讓它褪去萊卡傳統的黑色外殼，用銀色 Macbook Air 般時髦簡潔的外殼取而代之。他把這台相機當成蘋果的一個計畫，指派了兩名設計師米克盧．席爾萬托（Miklu Silvanto）和巴特．安德烈（Bart Andre）領導，也選派了一位產品工程師傑森．濟慈（Jason Keats）負責零件與組裝。他們在設計室裡為這台相機清理出一張桌子，將這台獨一無二的相機與 iPad、iPhone、Mac 等銷售量數百萬的產品放在同等重要的位置。

艾夫與紐森發展出一款設計，需要用一整塊鋁切割出相機的外殼。他們提議用一台電腦數值控制工具機在外殼外側以雷射蝕刻六角形圖案，賦予細微的紋理，讓人想起早期包覆萊卡相機的黑色穿孔皮革。

這個計畫本來需要好幾週的時間，但他們很快就發現一個問題：原來的萊卡相機是翻蓋結構設計，像貝殼一樣打開，裡面的夾層是電子零件。由於他們打算製作一個一體成型的相機殼，將不得不重新建構相機從電路板到控制開關的內部零件，才可能將它們全部放入機身。

當第一個原型完成後，艾夫走出他的玻璃辦公室，到桌子前看了看。他把閃閃發光的銀色相機拿在手裡轉了轉，手指拂過相機後面一個看起來像是任天堂控制器的切換鈕。它的作用是讓使用者能在相機螢幕上滾動瀏覽數位相片。但艾夫不喜歡這些按鈕，它們太突出了。他告訴團隊，他希望這些按鈕能像鋁製外殼一樣齊平光滑。

「它給人的感覺要完美無缺，」艾夫說。

這是一項非常具挑戰性的要求。濟慈花了好幾天時間，在後側按鈕的每一側插入厚度一百微米的聚酯膠膜，試圖將按鈕抬高到最低限度，既能識別，又能保持與外殼表面幾乎齊平。

相機設計花了九個多月的時間，做了五百六十一個不同的模型後，艾夫終於滿意。蘋果公司估計，五十五位工程師在這上面共花費兩千一百個小時。公司將部分製造技術重新運用在蘋果未來的產品上，包括 MacBook 喇叭的雷射蝕刻工藝。濟慈親自動手完成最後的組裝，並前往德國，讓萊卡的工程師確保相機能正常運作。

產品完成後，艾夫邀請庫克來看看。賈伯斯去世後，蘋果公司的兩個權力中心（設計工作室與行政部門）之間的距離擴大了。庫克與他的前任不同，很少從公司的商業首都瓦爾哈拉前往它的創意核心至聖所。

艾夫將庫克領到桌前，舉起那台拋光的鋁製相機。他在解釋雷射蝕刻的工藝時容光煥發，這些蝕刻的外觀就像柑橘刨刀的凹痕。他說，相機上唯一會讓人注意到的顏色是正面的紅色萊卡商標，還有幾個小細節，如曝光撥盤上指稱「自動」的「A」，暗示著紅色產品行動（Auction）慈善拍賣。

庫克一邊面無表情地點著頭，一邊從艾夫的肩膀看了出去。對於在工作室另一側觀看的人來說，庫克的表情就像是一個並不完全感興趣的家長在檢查孩子完成的樂高作品。有些人後來開玩笑說，他們發現庫克的眼睛在掃視附近的桌子，桌上放著的是實際上為公司賺錢的 iPhone、iPad 與 Mac。

庫克轉身離開時，艾夫還在全神貫注地看著相機。庫克總共只待了五分鐘。

在艾夫完成慈善拍賣的工作時，他的團隊將焦點轉向手錶製造。艾夫與紐森創造的設計為公司提供了前進的方向，艾夫為了報答紐森的協助，鼓勵蘋果領導階層以更正式的方法讓這位澳洲設計師加入團隊。讓紐森加入蘋果的責任落在併購團隊上，他們進行了一次高價交易，將這位獨立設計師視為一家公司，而非員工。

錶帶連接的方式讓團隊更能實現艾夫的野心，使手錶比其他任何蘋果產品都更個人化。這意味著蘋果能大量生產相同的錶盤，並創造一系列可互換的錶帶，讓使用者透過不同顏色與材質訂製自己手腕上的設備。在每週會議中，設計師群作出以矽膠、皮革和金屬製作錶帶的決定。艾夫為每種材料各分派一位主設計師，並讓招募人員聘請紡織方面的專家提供支持。

為了製作皮革錶帶，一個新的軟材料工程師團隊在世界各地尋找能提供理想材料的製革廠。他們從義大利、法國、英格蘭、丹麥與荷蘭等地進口棕色牛皮樣本，仔細檢查尋找皮革上沒有拉伸痕跡或劃痕的部分。他們將這些無瑕疵的區塊從樣本上剪下來，就像屠夫從食用牛屠體上修整出菲力牛排一般。稍後，他們會將這些完美的樣本攤在工作室的橡木設計桌上供人評審。

艾夫會小心翼翼地拿起每一塊棕色牛皮，就像拿起羽毛一樣。「這太美了！」他會熱情地嘀咕道。然後，他用食指在表面上來回移動，評估其光滑度。他會將樣本折疊起來，以評估其柔軟度與起摺痕的狀況。之後，他用珠寶放大鏡檢查，掃描表面紋理，看看是否有斑點或缺陷。最後，他小心翼翼地將皮革放回原處，然後移到下一塊樣品上，重複同樣的檢查過程。

艾夫一年來參加了幾十次這樣的會議，評估了一組荔枝皮樣本與其他運用植物鞣製工藝製作的樣本。最後，他選擇了一八〇三年成立的一家法國製革廠生產的黃褐色頭層牛皮、一家義大利製革廠的珍珠色荔枝紋牛皮、以及一家荷蘭製革廠生產帶有細緻紋理的黑色皮革。他堅持皮革要薄且精緻，工程師會在一些皮革之間添加薄板以增加耐用性。

類似的過程也發生在後來被命名為米蘭錶帶的產品上，這是一個光滑輕盈的不鏽鋼手環，艾夫對它非常執著，直到團隊找到方法將金屬編織成像織物一樣精緻的錶帶。團隊對矽膠錶帶的顏色選擇也同樣用心，矽膠錶帶的設計讓人想起紐森為鐘錶品牌 Ikepod 做的設計，創造出可藉由將金屬鈕扣塞進孔中、來調整鬆緊的錶帶。

這些都是單獨的錶帶，但它們和這只腕錶一樣，經過充分的思考與執著的檢視。

艾夫並未就此止步。他同時還把小組的思維推進到的分子層面。

多年來，艾夫一直在提升設計團隊對所使用材料的理解。這樣的嘗試自二〇〇四年他強烈要求控制 iMac 鋁製支架上的細微黑色條紋開始，慢慢加強，並在之後的幾年隨著他試圖創造出宛如珠寶般精緻的 iPhone 音量按鈕而逐漸擴大。前者一部分來自他對鋁這種材料的執著，這讓蘋果深入供應鏈，確定可以藉由規範鋁合金中鎂、鐵與其他元素的比例來減少條紋。後者一部分來自他對精煉的痴迷，讓他在二〇一〇年前往香港參加香港鐘錶展，以評估參展商用來製造與鐘錶邊緣齊平的微型拋光金屬按鈕的設備。隨著時間推移，設計團隊愈來愈倚賴材料專家，例如建部正成（Masashige Tatebe）。他會站在白板前，在設計師提出關於材料特性如何影響顏色與反射光線等問題時，畫出塑料與金屬內部分子的圖片。

艾夫提議將這些年的學習成果用來製造不同材質的錶殼，為那些希望擁有更個性化產品的使用者增加選擇。為了支持與擴大材料的使用，蘋果公司收購了芝加哥地區 QuesTek Innovations 公司的部分股權，這家公司是利用電腦設計訂製合金的先驅。該公司曾取得將鋼材用於賽車與火箭的專利，艾夫希望這家公司能幫助他開發自己的黃金系列。

幾乎從一開始，艾夫就堅決要求蘋果公司製造一款金錶，在他的想像中，這會是整個產品線中散發著寶石光輝的一款。他建議用玫瑰金與傳統黃金製作。這個概念嚇壞了公司裡負責將材料、硬體零件與軟體組合成一個可製造產品的產品設計工程師。他們知道，黃金是一種緻密但柔軟的金屬，很容易磨損和刮傷，這讓他們想像到會有客戶在要價一萬美元的手錶輕微損傷時要求昂貴的退款。為了消除這種風險，他們開始努力設計一種更結實、更耐用的黃金。

這件工作落到了來自 QuesTek 的團隊頭上，他們用電腦將一種更堅固的金屬概念化。標準十八 K 金是百分之七十五的黃金與百分之二十五的其他金屬，如鋅與鎳。這些其他金屬的比例決定了黃金的硬度。蘋果工程師想出了玫瑰金與傳統合金的組合，後者包括銅、銀與鈀。這種金屬可以被鑄成金塊，再加以鑿雕，製造出單體錶殼。但令艾夫高興的是，工程師保證這種黃金的硬度是傳統黃金的兩倍，既奢華又耐用。

艾夫對這款手錶的野心挑戰了賈伯斯的原則之一。在一九九七年回歸蘋果後，賈伯斯淘汰了公司百分之七十的產品，並在白板上畫了一個四方形的圖表，於方格內寫上「消費者」、「專業」、「桌上型電腦」與「攜帶式」，表示公司需要為每個象限生產一種偉大的產品，總共四種產品。這反映出賈伯斯的哲學，決定不做什麼和決定做什麼一樣重要。就這款手錶來說，艾夫正在利用它測試這些界限，推出兩個尺寸的三種錶殼，有多種顏色可供選擇，還有一系列複雜的錶帶。他對個人化的追求最終產生了五十四種不同的配置。他並沒有集中焦點，而是走了需要更多決策與更多官僚主義的相反方向。

雖然一些經理人藉由增加旗下員工人數的做法來獲得更多授權，艾夫卻認為公司人員過剩會帶來煩惱，可能會對他的創造性想法帶來障礙。愈來愈多工程師與營運人員湧入設計工作室，管理手錶的所有元素，蘋果的產品行銷部門也在推動iPhone的多元化，欲推出五種顏色的低階機型。新員工將庫克後勤部門對於營運和成本的考量帶進了不可侵犯的設計工作室。艾夫的不成文規定開始被打破。

在二〇一三年一次關於錶殼的會議上，主設計師霍尼希與佐肯多弗發現自己被營運人員包圍了，營運人員的工作是在預算內按時交付產品。他們圍坐在工業設計工作室廚房附近的一張橡木桌旁，傳遞著一疊列印好的簡報檔。霍尼希和佐肯多弗翻閱文件時驚訝地發現了一個有關降低成本的詳細建議，做法是採用較便宜的製造技術來製造錶冠。設計團隊希望用電腦數值控制工具機來切割每個錶冠，這種工具具有無可比擬的精準度，能做出更美觀也更逼真的錶冠。然而，營運人員提出了一種能節省數百萬美元的低價雷射切割工藝。

「那不是蘋果公司的做法，」佐肯多弗說。

「那是三星公司會採用的做法，」霍尼希補充道。

同樣列席的產品設計師試圖隱藏他們的擔憂。他們知道艾夫會多討厭這話。在艾夫不在的時候，眾人意識到：貨幣兌換商已經在設計聖殿中找到了一席之地。

從無限迴圈園區到惠普舊園區的兩英里車程不到十分鐘。二〇一〇年，蘋果公司以三億美元買下這片占地一百英畝的辦公園區。當時，那裡是一片低矮的建築，周圍環繞著由柏油路面停車場形成的護城河。計畫是用連綿的山丘、高聳的橡樹與由世界頂尖建築公司福斯特建築事務所（Foster + Partners）建造的形象展示總部大樓取而代之。

二〇一三年底，艾夫來到惠普前總部進行產品評估。自一年前破土動工以來，他一直定期前去勘查。他周圍的景觀是一片由泥土與破碎柏油組成的荒地。離廢墟不遠處矗立著一座單層的原型建築，那將是蘋果未來總部的一部分：一棟三百萬平方英尺的弧形玻璃圓形建築，外觀狀似飛碟，未來感十足。這個由鋼筋水泥建成的原型，形狀像一塊楔形餡餅，它已經成為一個活動中心，是艾夫本著他對未來產品的關注與掛念，檢視及審核新園區每一個元素的地方。

艾夫覺得自己對這個建築計畫有特殊的責任。二〇〇四年，艾夫曾與賈伯斯一起在倫敦的海德公園散步，並與這位執行長一起幻想為蘋果公司打造一個新的園區，有著跟大學方院一樣開放且共有的空間。賈伯斯在去世前批准了最終的設計方案，選擇了一座四層樓的圓形建築，中庭有三座足球場的寬度與長度。艾夫負責確保這個建築計畫不辜負他已故老闆的挑剔品味。

幾個月來，蘋果公司的零售團隊一直在全球各地蒐集玻璃樣品供艾夫審核。為辦公大樓尋找透明玻璃可能不是太複雜的任務，企業房地產開發商通常不太在意，只要是透明的就好。然而，艾夫堅持要檢查每一種玻璃，以確保所採用材質具有足夠的清澈度。

蘋果公司從歐洲與亞洲將玻璃樣品運到庫比蒂諾，再讓艾夫去檢查。他想找到一塊透明的玻璃，讓公司的辦公室充滿自然光，他相信這將能增加員工的幸福感，提高他們的生產力。最後，他選擇了一種非常透明且相對薄的玻璃，十二公釐厚的雙層玻璃能最大限度地減少噪音並控制建築的內部溫度。

他此次巡查是為了檢視有色玻璃天幕的選擇，這個天幕將像帽簷一樣伸出大樓的每一層，為室內遮擋加州的陽光。他要求了一個又一個的樣品，直到他獲得一塊全世界鐵含量最低的玻璃。檢查時，他發現玻璃的綠色色調讓人反感。他更喜歡冷色調而非暖色調，於是詢問是否有可能讓天幕跟 iPod 一樣白。

這個要求讓人們爭相尋找一種方法，賦予一塊透明玻璃色彩的錯覺。建築師與工程師找到一個解決方案，在玻璃天幕上塗抹一層矽膠，藉此掩蓋其自然的綠色色調。如此處理的結果，是建築物被磨砂翼片所環繞，讓整個結構看起來像婚禮蛋糕一樣純淨。

在無限迴圈，艾夫幾乎每天都與他召集的十人軟體設計小組會面，他們的工作是開發手錶的功能。就如同產品的物理設計未完成前無法進行下一步，設計師也必須確定使用者與產品的互動方式，產品才可能進入市場。

為了象徵式地表現出艾夫對手錶專案的責任，這個十人小組被安置在設計工作室裡，離艾夫的辦公室只有一小段路。他們占據了一個十英尺見方的空間，在那裡豎起好幾個布告板，展示軟體外觀的草圖與插圖。

艾夫會定期去評估他們的進度並提出建議。他們的目標是在手腕上創造一個小型化的 iPhone。它既要是使用者所熟悉的，也必須要有原創性，是 iPhone 首創多點觸控技術的延伸，但要適合更小的一點五英寸螢幕。艾夫希望有一個能從錶冠控制的主畫面。

這個概念的早期迭代來自伊姆蘭．喬德里。這位出生於英國的人機介面專家剃著光頭，老愛穿著黑色圓領杉與牛仔褲。他是多點觸控技術背後的核心創新者之一，以此在蘋果留名。喬德里勾勒出主畫面的想法，它可以由幾十個微小的應用程式圖標組成，排列成一個圓圈，這是向傳統錶面的圓形致敬之意。這些圖標的尺寸會隨著錶冠的旋轉放大或縮小。

艾夫偏好將圖標排列成六邊型，如此一來使用者在添加和刪除應用程式時更容易保持形狀的平衡。團隊認為這樣看起來很棒，但有些後來才加入團隊的軟體設計師擔心圖標會太小，人們無法使用。

由於手錶的原型仍然在開發中，小組大多數作業都是紙上談兵，並以一支裝上魔鬼氈帶子的 iPhone 來測試人機互動。他們在這支 iPhone 上創造了一個與手錶大小相同的螢幕，並為它配置了一個數位錶冠，這樣他們就能評估畫面會如何放大與縮小應用程式圖標。迷你螢幕對發送訊息來說太小了，所以他們開發了一個名為「Quickboard」的系統，藉此提供基本的回覆建議，使用者只要輕輕一點就能完成回覆。

為了提醒使用者注意收到的訊息，他們與產品設計團隊合作開發了所謂的「Taptic Engine」震動模組，會輕輕地拍打使用者的手腕。這個概念帶來了一個工程上的挑戰。震動模組是由線性諧振制動器（LRA）構成，基本上就是一個末端有重物的彈簧，可以根據指令彈跳。運用在手機上，它之所以能引起人們的注意，是因為它的振動頻率和蚊子的嗡嗡聲相同，這是人類在演化過程中容易聽到的聲音。但是，沒有人想讓蚊子在手腕上嗡嗡作響，因此工程師努力消除這種震動的聲響，直到剩下手腕被輕輕觸碰的感覺。

在沒有賈伯斯引導新產品開發的狀況下，庫克讓公司的最高營運主管傑夫·威廉斯負責協調讓這只手錶成為現實的設計、軟體與硬體團隊。威廉斯負責領導一個由各部門代表組成的委員會，成員定期開會以規劃專案的發展。艾夫為該小組提供創意指導，威廉斯負責監督。

這個角色將這位營運主管置於陌生的領域，也把艾夫的願景交給一個敏感程度與賈伯斯截然不同的人來管理。威廉斯和他老闆一樣，專長是大規模製造產品，而非發明產品。在蘋果內部，他被稱為「提姆·庫克的提姆·庫克」。威廉斯與庫克從個人經歷到體格都有相似之處。兩人都來自南方，有工程學位與工商管理學位；都又高又瘦，留短髮，眼睛細長；性情都很堅忍，多聽少說；而且兩人都被認為很節儉。同事們認為庫克吝嗇，因為他十年來一直拒絕買房。威廉斯被貼上這個標籤，因為他繼續開著一輛豐田 Camry，即使他在二〇一二年的總薪酬已飆升至六千九百萬美元。

威廉斯面臨的第一個挑戰來自硬體工程。在工業設計工作飛速發展之際，硬體工程師仍在掙扎為手錶的功能進行最後的確定。他們探索了許多可能性，包括檢查心臟狀況的心電圖系統，以及稱為膚電反應的汗腺電測量工具，這將能告訴使用者他們是平靜還是緊張。他們對於手錶要包含哪些功能猶豫不決，導致他們無法確定為該設備提供動力所需的晶片與零件。他們的工作空間似乎更像是科學實驗室，而不是產品開發設施，這造成部分團隊成員士氣低落，其中包括一位暫時投奔谷歌的資深工程師尤金·金（Eugene Kim）。

擔心之餘，硬體部門主管曼斯菲爾德派出他信任的副手傑夫·道伯（Jeff Dauber），取代了該團隊的高級經理。這個選擇為威廉斯帶來了一種奇異的組合動態。道伯有魅力、有主見、而且是公開的同性戀。他剃著大光頭，留著捲曲的小鬍子，左臂上滿是刺青。他於一九九九年加入蘋果公司，在賈伯斯拿「做海盜比當海軍好」（It is better to be a pirate than in the navy.）作為口號提振士氣的這家公司，成了叛逆精神的化身。

道伯想做的第一件事，就是將金從谷歌找回來。在大多數公司，重新僱用前雇員是司空見慣的事，但在蘋果，這種想法是具有煽動性的。賈伯斯要求員工完全忠誠，並堅持一條不成文規定，即任何離開公司前往競爭對手處任職的人都不能回來。當道伯向威廉斯建議讓金回來時，這位營運主管原本是猶豫不決的。威廉斯糾結於是否該堅持賈伯斯的規則，或是在公司逐漸從這位長期領導者的陰影中走出時也一併放棄之。最後，他默許了。

在金回歸以後，道伯與金幾乎馬上開始為混亂的硬體工程工作帶來秩序。他們捨去被認為可疑或不可能在截止期限內交付的功能，其中被犧牲的包括心電圖與膚電反應。心電圖需要得到美國食品藥物管理局的批准，這會是個耗時多年的官僚程序。膚電反應的概念似乎沒有必要。使用者為何需要一個裝置來告訴他們自己是否興奮？難道他們自己沒有感覺？

取消這些功能與其他功能削弱了手錶的健康監測能力，引發人們對這款裝置用途的質疑。進軍七兆美元的醫療保健產業，一直是追求智慧型手錶的部分理由。隨著 **iPhone** 將蘋果的年銷售額提高到一千五百億美元以上，它需要在健康等規模龐大的產業中開發產品，以創造新的銷售額。健康功能的納入賦予這款手錶一個利他主義的重心，讓它能符合庫克的承諾，即蘋果將製造能豐富人們生活的產品。然而，蘋果探索的每一個健康概念都沒能過關。就連蘋果從稀有之光公司收購的非侵入性血糖監測系統也令人失望。蘋果在阿沃隆特健康器材的工程師發現，稀有之光的技術未能達到預期效果，於是開始從頭建立自己的血糖監測系統。他們花了近十年時間研發出一個迷你冰箱大小的葡萄糖測試系統，距離將它縮小成手錶大小還有好長一段路。其他曾經讓人感到興奮的想法，同樣也失敗了。

在包括艾夫與威廉斯在內的專案高階主管會議中，有人提到一間新創公司的工作成果，聲稱做出能偵測癌症的微晶片。艾夫對於能夠幫助人們發現這種致命疾病並尋求早期治療的可能性感到興奮。會議室裡的其他人也非常支持。這種疾病不僅奪走了賈伯斯的生命，也在二〇一三年初帶走了公司內另一位無名英雄，技術專家麥克・卡爾伯特（Mike Culbert）。但是在考慮到向使用者提供偽陽性或偽陰性結果的法律風險，以及當腕錶輕拍使用者發出令人沮喪的通知：「你得了癌症，可能會死亡」時，蘋果公司或將因此成為厄運信使，進而帶來潛在的品牌損害，他們遂打消了念頭。

面對這些挫折之際，道伯將工程團隊的重點縮小到手錶外殼背面的心律感應器上。這個東西的操作原理在於血液是紅色的，會反射紅光並吸收綠光，他們以此開發出一套系統，藉由每秒閃爍數百次的綠色 LED 燈來監測流經手腕動脈的血量。每次心跳都會增加動脈中的血液流量。隨著血液的流動，它會吸收更多綠光。在兩次心跳之間，對綠光的吸收減少。這些差異可以由感應器及演算法即時計算，以確定每分鐘的心跳次數。團隊開發出一個單獨的紅外線感應器，每隔十分鐘將一束光照在手腕上，藉此獲得心率讀數。按照蘋果公司設計師的指示，他們將這些燈放在光滑陶瓷盒中四個相同的圓圈內，做出結合複雜工程與精緻風格的成果。

為了給系統供電，他們設計出該公司有史以來最小的電路板。它將手錶連接到 iPhone 上，iPhone 將經由天線向手腕發送文字訊息與電子郵件。提供這種連接的無線電頻率零件通常需要被包裹在小型屏蔽器內，以防止信號互相干擾，但是手錶非常小，沒有空間容納用於 iPhone 裡的屏蔽器。工程師最終創造出一種可以噴在電路板上的訂製塗層，藉此保護信號的完整。這個解決方案為一個一英寸見方的電路板鋪平了道路，這塊電路板上有三十多個零件和三十多塊矽膠。它成了手錶的大腦。

隨著硬體工程師取得進展，負責打造與測試早期原型的產品設計師，工作量也增加了。這個過程是緩慢的，因為每個原型的每項零件都要進行測試，才能確保所有東西能和諧運作，這幾乎就像拿到一串不會亮的聖誕燈時得逐一檢查燈泡，找到壞掉的那個。

為了加速這個過程，威廉斯敦促工程師以更快的速度開發原型。工程師認為，這是因為庫克要求在二〇一四年秋季前發布這款手錶，這樣蘋果公司就能向投資者證明，它不是只會賣 iPhone 而已。在營運方面，威廉斯的團隊可以藉由解決工廠生產線的問題來滿足雄心勃勃的截止期限，並將產品發貨日縮短幾天。他希望產品設計師也能這麼做。一些工程師試圖解釋，他們工作中反覆試驗與發現錯誤的特性，讓他們很難加快整個過程。由於威廉斯的堅持，他們為他制定了一個虛假的時程表，並在所需零件到達前幾週前往中國。他們為自己訂了一個揭露了真相的真實時程表：他們不可能扭曲時間。

當蘋果公司的一百強領袖聚集在庫比蒂諾南部進行一年一度的異地會議時，氣氛基本上是樂觀的。三星的影響力正在上升，也持續運用行銷手段嘲弄蘋果，但這款手錶的承諾讓高階主管樂觀地認為，蘋果將全力反擊批評人士。這些簡報讓這豪華度假村的會議室充滿了對未來的熱情與信心。

這款手錶激勵了蘋果的員工，讓他們有了使命感。它讓領導階層從集體悲痛中解脫出來，挑戰他們引領公司前進。因為這款手錶，他們重新發現了幫助他們創造出 iPod、iPhone 與 iPad 的團隊精神與創造力。他們還準備推出其他產品，包括行動支付系統與新的 iPhone。這群人有很多理由感到樂觀。

然而，艾夫卻很擔心。

一天早上，他邀請他最信任的營運部門同事弗倫扎共進早餐。他來到陰涼的室外庭院，墨鏡遮住了他的眼睛，卻沒有遮住他的焦慮。

參與手錶專案的一位營運工程師打算跳槽到一家競爭對手處。如此的叛變行為讓艾夫擔憂不已，認為這位工程師會向競爭對手提供一份路線圖，盜用蘋果公司歷經多年開發的設計與工程概念。他擔心他的孩子正處於危險之中。

「你知道這會有多糟嗎？」他問道。

在艾夫尋找解決方法時，弗倫扎同情地聽著。艾夫問他們是否可以提供什麼來留住這位工程師。他不在乎代價；他希望蘋果的智慧財產權受到保護。焦慮的他看著前方發呆，試著尋找解決方法。

「我不確定你是否明白，」他說。

他解釋說，這款手錶的錶冠將是它的代表特徵。錶冠是一座橋梁，將過去的手錶與未來的電腦驅動手錶連接起來。它是使用者體驗的核心，讓使用者能在手腕上點擊螢幕與應用程式。他擔心這位叛逃的工程師會分享錶冠的概念，而蘋果的競爭對手可能會推出對這個概念的拙劣模仿，在艾夫的手錶到來之前汙染市場。「這不僅僅是他們理解產品的一個層面，」他說。「這是產品的精髓所在。」

弗倫扎說他會努力試著讓營運經理回頭。最後，重新僱用的努力失敗了，但弗倫扎的保證讓艾夫平靜下來，恢復了他的信心。

從閉關的度假村返回庫比蒂諾後，新的壓力與職責隨之而來。在過去，艾夫對蘋果行銷工作少有投入。他的參與程度，大多在產品包裝方面，他界定了那個極簡主義的白色包裝盒，盒子與盒蓋非常密合，打開時盒子與盒蓋會緩緩分開。從廣告到各種活動的宣傳推廣，向來由賈伯斯領頭。然而，賈伯斯不在了，庫克在行銷上採取了一種合作的方式，要求艾夫在蘋果如何向世界銷售產品方面提供更多投注。艾夫對於手錶該是什麼有著非常清楚的願景，於是他欣然接受了這個責任。

隨著這款手錶的誕生，艾夫對其目的信念也更加堅定。他不斷將其描述為蘋果公司最個人化的設備，並宣揚其成功將取決於人們是否願意佩戴它。銷售這款手錶需要文化潮流領頭人的認可，特別是在時尚界這個對人們的穿著有著無形影響的產業。

在一次行銷會議上，他告訴同事們，像《時尚》（*Vogue*）雜誌總編安娜·溫圖（Anna Wintour）與時裝設計師卡爾·拉格斐（Karl Lagerfeld）等品味人士的反應，對手錶的成功會比評估最新 Mac 電腦的科技評論家更有影響。

他對蘋果公司的行銷人員說：「我們的未來不在華特·莫斯伯格之類的人手中。」他指的是《華爾街日報》的長期產品評論家。他很尊重莫斯伯格，但認為這款手錶需要超越科技評論家才能獲得認可。

對時尚的關注讓一些同事覺得，這與蘋果公司歷來注重行銷科技功能的做法格格不入。產品行銷人員席勒希望將這手錶定位為 iPhone 的配件或健身設備，強調它能將訊息帶到佩戴者的手腕上，或記錄他們的鍛鍊狀況。蘋果行銷企劃團隊的成員擔心，艾夫想利用這款手錶，藉機將公司推往他個人感興趣的方向。他們認為艾夫對時尚的關注是虛榮且自私的。

艾夫對他們的抵制感到憤怒。他仍然相信，如果將這款手錶當成電腦來推銷，是不會有人願意戴的。他身邊的人認為，他對時尚的興趣是賈伯斯將科技與文化結合的遺產的一種延伸。在他們看來，iPod 本身並沒有讓蘋果公司復活；它與音樂的關係才是關鍵。如果手錶要成功，蘋果需要與創意界建立關係，並像它贏得唱片公司與音樂人的支持一樣，贏得時尚界思想領袖的青睞。

賈伯斯會根據自己的個人偏好做出專制的決定，以消弭這種內部緊張關係。他的決定帶來定局，讓不喜歡衝突的艾夫免受公司內鬥所困。然而，庫克並沒有密切參與產品研發，而是試圖給每一方一些他們想要的東西，讓公司內部的矛盾慢慢發酵。

為了支持艾夫的願景，庫克同意從巴黎時尚品牌聖羅蘭（Yves Saint Laurent）聘請保羅．德內夫（Paul Deneve）。德內夫的責任是開發手錶的市場戰略，向庫克報告。這個角色讓他負責銷售、分銷、公關與產品範圍。他每天都在設計工作室裡，幫助艾夫進行時尚相關的設計選擇，例如後期決定採用帶有經典錶扣的皮革錶帶。他們想出如何在蘋果直營店展示手錶的想法，考慮將直營店裡著名的橡木桌改造成迷你珠寶盒，將手錶放在玻璃下面。雖然公司一直不願意使用外部顧問，但艾夫還是請來了具有時尚業背景的傳播顧問，這加劇了慣於按照蘋果方式行事的長期行銷人員與有自己想法的外部人士之間的緊張關係。

二〇一四年夏天，艾夫來到公司四樓的行政部門外，參與在會議室舉辦的會議。他和庫克與行銷企劃團隊的成員一起討論了手錶的發布計畫。公司為秋季發布會苦惱不已。這些行銷活動是要在聖誕購物季前介紹新的產品陣容。數百萬人觀看這些節目，媒體記錄了每個新產品，為公司提供了數億美元的免費廣告。由於手錶將會是蘋果公司在賈伯斯去世後的第一個新產品類別，它的引介與呈現必須完美。

庫克準備在以席勒與艾夫為首的兩個陣營之間調解他們的不同觀點。以席勒為首的行銷團隊傾向於九月在德安薩學院弗林特表演藝術中心揭露這款手錶，也就是賈伯斯介紹第一台 Mac 與 iMac 的庫比蒂諾禮堂。但艾夫和他的外部顧問團體擔心的則是，會後該在哪裡向媒體與特別來賓展示這些手錶。他建議用他最喜歡的白色，搭一個全白的帳蓬，在發布會結束後當作欣賞手錶的地方。為了做到這一點，蘋果公司必須移走大樓外的樹木，搭建帳篷，然後在活動結束後把樹種回去。這會很貴。

「多少錢？」庫克問。

「他們開兩千五百萬美元，」有人回答。

庫克面臨兩難。他很欣賞行銷人員回歸蘋果根源、在德安薩舉辦發布會的衝動。他同樣也體認到艾夫對於在庫比蒂諾社區大學舉辦時尚記者會可能帶來的風險。當與會者在討論帳棚時，他搖晃著身體。有些人默默擔心，這看起來太像婚禮帳篷了。有些人擔心移動樹木的物流問題。有些人則在試圖理解，一家曾在破產邊緣徘徊並採納大蕭條時期老舊思維的公司，如今竟然考慮花這麼多錢弄一頂帳篷。當他覺得聽夠了以後，庫克定了定身，停了下來。

「我們應該放手去做，」他說。

當最早版本的蘋果手錶完成時，艾夫堅持讓《時尚》雜誌主編安娜·溫圖比一般民眾更早看到它。在一家總是對新產品保密到家、以期能像魔術一樣揭露新產品的公司來說，這樣的要求非比尋常。雖說蘋果偶爾確實會在產品發布前先向熟識的記者簡報，但在處理這款手錶時，艾夫想要超越從前的做法，向世界上最有影響力的媒體人物先行介紹這項產品。

找到時間讓艾夫與溫圖會面並不容易。艾夫在英國度過部分夏季，溫圖則在漢普頓一個占地四十二英畝的莊園避暑。兩人最終在紐約上東區的卡萊爾飯店安排了一次會面。這是艾夫最喜歡的一家飯店，以奢華裝飾著稱，例如在枕頭套上用金線繡上客人姓名的首字母縮寫。

該年八月，產品安全團隊用一架噴射機將幾款蘋果手錶運到了紐約。他們將裝在黑色箱子裡的手錶運到一間俯瞰著中央公園的套房裡，艾夫與溫圖即將在那裡會面。

艾夫從來沒有見過這位臭名昭彰的《時尚》雜誌總編。她被稱為「冰雪女王」，是時尚界最具影響力的人物，有著讓人欽佩的高度商業敏感性，也有讓人恐懼的苛刻天性。只要她一個眼神，就能成就或摧毀一位設計師。她的認可能讓一個系列登上雜誌版面，為時尚界最菁英、最具影響力的讀者驗證這些作品。

兩人在套房裡私下會面。溫圖坐定之後，艾夫就像拆禮物一樣，小心翼翼地把手錶從包裹的皮革中取出。他展示這款手錶的過程通常包括一堂計時歷史課，解釋城鎮廣場上的時鐘被小型化成腕錶，以及大型電腦被小型化為智慧型手機這兩件事之間的平行關係。隨著蘋果手錶的推出，這兩個領域開始融合。

艾夫每拿起一只手錶，就會解釋它的設計、合金與錶帶。他講述了每件物品的製作過程，並向她展示如何用錶冠在這台微型電腦中導航。

溫圖聽得入迷極了。她一輩子在時尚界，見過無數設計師展示他們的作品，她知道如何區分那些深入參與產品的設計師與那些倚賴員工將想法付諸實現的設計師。她很清楚，艾夫對手錶瞭如指掌，對每個細節都有透澈的思考，她甚至認為艾夫能夠自己將手錶做出來。

艾夫給她看的所有東西，都能讓她感受到他所投注的情感。這款產品的設計堪比藝術品，卻仍具有功能性，這一點讓她印象深刻。展示的細節讓她想起她與長期為香奈兒設計、同為時尚界最具影響力人物之一卡爾·拉格斐的多次會面。

藝術家與冰雪女王的會面原訂十五分鐘，最後持續了一個小時。

大約在同個時間，在加州的傑夫·道伯對這款手錶愈來愈擔心。工程師已經全力提高電池續航力，但是綠色LED燈非常耗能，這挑戰了他們的努力，迫使他們做出妥協。解決方案包括限制心臟感應器的運轉時間，以及讓手錶只在佩戴者將手腕朝臉的方向傾斜時顯示資訊，以延長電池壽命。結果就是手錶的螢幕經常是黑的，甚至不會顯示時間。

另外，工程師注意到手錶的處理速度可能很慢。將訊息從手機傳輸到手錶或許需要時間。其他方面能力的發展也落後進度。這讓一些工程師在開發後期和一個重大問題進行角力：這款手錶究竟用途何在？

八月，產品首次亮相的一個月前，道伯去了威廉斯在無限迴圈園區附近的營運大樓辦公室。當時，包括庫克在內的蘋果公司高層領導施加了很大的壓力，要求盡快發貨，許多參與這個專案的工作人員將此解釋為是為了讓批評者閉嘴、讓投資者放心。然而，道伯無法打消他的疑慮。

「傑夫，如果你把手機忘在家裡，到了辦公室發現沒手機，你會回家去拿嗎？」他問道。

「會，」威廉斯回答道。

「如果你把手錶忘在家裡，你會回去拿嗎？」道伯問。

威廉斯停頓了一下，想了想。「不會，」他說。「等我回家再拿就好。」

「這就是為什麼我們不能發貨，」道伯說。「它還沒準備好。它還不夠棒。」

第十章
c h a p t e r　1 0

交易

Deals

美國聯合航空的巨無霸客機在太平洋上空急速往西飛行，載著提姆·庫克與其他渴望在北京做生意的探勘者。

至二〇一四年，中國已經鞏固了它作為全球最重要成長市場的地位。全國各地的農民從偏遠的小農村搬遷到有更多高薪工作與大興土木的大城市。那裡有六座城市與紐約一樣大，甚至更大。具有品牌意識的消費者在好奇紙尿褲與奔富酒莊卡本內蘇維翁紅酒上的花費比美國人還多。每天，飛機將來自加州與更遠處的高階主管送到天安門廣場的門口，他們在那裡周旋於權力殿堂，意圖從該國的商業繁榮中分得一杯羹。

庫克曾多次往返此地。自二〇〇七年 iPhone 首次亮相以來，他一直主張公司將其地理擴張重點放在這個世界上人口最多的國家。iPod 讓消費者對蘋果品牌記憶猶新，他們渴望取得蘋果新手機，但為了銷售這款極受歡迎的設備，庫克需要獲得中國政府的批准。想要獲得許可，得先經過這個極其錯綜複雜的官僚機構，以致於蘋果公司的員工不得不在二〇〇八年向美國國務院求助，確保能取得最早的經銷協議。每一年，蘋果公司的經銷通路都會增加，但庫克的注意力很少從真正的目標上移開：與中國最大的營運商中國移動通信集團達成交易。

庫克對這個機會的追求使他成了蘋果公司的外交長，前往中國與工業和信息化部的官員會面。他用專注與決心獲得官員的好感，而且罕見地以個人身分發出呼籲，還說他的弟妹是中國人。他與弟弟的兒子安德魯特別親近，安德魯是個數學天才，與伯父一樣熱愛奧本大學的美式足球。庫克告訴人們，他弟妹與中國的關係加深了他對中國的興趣。

然而，這次旅行不是為了文化探索，而是為了敲定一筆醞釀了六年的交易。當飛機著陸時，庫克熱切地渴望著能插旗蘋果公司的新領土。

在庫比蒂諾，蘋果公司的領導階層可以看到即將到來的懸崖。改變世界並為蘋果業務注入活力的 iPhone 開始出現疲態。二〇一四年初，該公司公布了有史以來最低的假期銷售收益，在公司內外都敲響了警鐘。蘋果的行銷團隊預測，隨著全球智慧型手機市場逐漸飽和，潛在的初次購買者愈來愈少，這種糟糕的增長將成為常態。他們的預測引發了一種恐懼，即公司最寶貴的資產已經成為一種危險的負債。

小道消息傳遍了整間公司，表示庫克希望下一個主要設備的銷售額至少達到一百億美元，這是個人為的基準，以確保蘋果所追求的任何專案對於這個目前年收入達一千七百億美元的公司來說，都不只是一個捨入誤差（rounding error）。這個財務目標關乎所謂的大數法則，這個商務理論認為，隨著一暢銷產品銷售量擴大，要實現投資者預期的增長速度會變得愈來愈困難。庫克在公開場合[1]稱此製造恐懼的理論稱為「編造的古老教條」。他向投資者保證，賈伯斯創造了一種文化，在這種文化中，數字不會限制思維。他說，情況剛好相反，蘋果公司的重點是創造能夠產生數字的產品。然而在無限迴圈園區內部，數字已經開始左右產品開發與商業策略。庫克相信艾夫對蘋果手錶的願景，相信它有潛力創造出蘋果公司所需的銷售數字，實現營收成長，即使 iPhone 的市場已經成熟。但這位慣於使用後備計畫和風險緩解的領導者預計，可能需要更多的新業務來滿足投資者的期望，因此他尋找自己的機會。

司機從北京柏悅酒店開到中國移動總部的途中，庫克興奮地看著窗外。二〇一四年一月的那一天，這位平時矜持果決的執行長心情很好。這是個充滿活力的城市，穿著冬衣的行人匆匆穿過十字路口，有些人手裡緊緊握著手機，其中有些屬於中國移動無線網路服務的七億六千萬使用者。再過幾天，這些人將能首次購買與使用iPhone。

車子抵達一座鋼筋玻璃的摩天大樓前，大樓前面有一面單調的水泥牆，上面刻著中國移動的名稱。庫克大步走進公司，迎上他的新商業夥伴，中國移動的董事長奚國華。兩人在過去的一年裡見過幾次面，試圖敲定複雜的商業條款，決定中國移動每賣出一部iPhone應給予多少補貼。這種補貼對蘋果公司在世界各地達成的每項無線設備協議非常重要，讓與電信業者簽署多年合約的客戶能以較低的價格購買iPhone。在中國，補貼往往比較少。庫克與奚國華得花些時間就中國移動要付出什麼才能為iPhone提供折扣達成協議，但在找到平衡點後，他們已經準備就緒，向世界展示他們對於新夥伴關係的興奮之情。

全國廣播公司商業頻道（CNBC）的一個電視攝影小組被安排到一間單調的公司會議室裡，在一張從地板延伸到天花板的iPhone海報前訪問兩位高層主管。庫克希望在電視上亮相可以向蘋果的投資者傳遞一個訊息，即該公司已經找到延長

---

1. 編注：此指二〇一五年二月十日於舊金山舉行的高盛科技網路研討會（Goldman Sachs Technology and Internet Conference）。詳情可參閱彭博社二〇一五年二月十一日的報導 Tim Cook Doesn't Believe This Made-Up Math Law Will Limit Apple's Growth.

iPhone 銷售期的方法，達成一筆涵蓋數億新客戶的交易。

當庫克準備好要開始拍攝時，蘋果公司全球溝通部門凱蒂．柯頓進行了檢查，確保在美國播出的畫面在每個方面都完美無缺。當奚國華在電視採訪前拒絕化妝時，柯頓開始擔心了。她知道，上粉底可以讓拍攝時打燈造成的前額油光消失，消除讓觀眾分心的因素。她不能忍受觀眾分心的可能性。在奚國華坐下前，她拿出她的香奈兒粉餅，打開，拿起海綿。她站在奚國華面前，開始幫他上粉底，奚國華整個人愣住了。

攝影機開始運轉時，那個令人分心的油光消失了。焦點集中在採訪上。

「這是蘋果公司的一座分水嶺，」庫克開始說道。「我非常榮幸能與奚董事長和中國移動合作。」

庫克很放鬆地靠在椅子上。

「奚先生，你現在會使用 iPhone 嗎？」全國廣播公司商業頻道的新聞播報員問道。

「好問題，」奚國華以中文回答道。「在中國移動與蘋果公司聯手之前，我用的是另一個品牌的手機。現在我決定換成 iPhone。我非常感謝提姆．庫克，今天早上他給了我一部為中國移動製造的首批 iPhone 手機，而且是金色的。」

庫克笑了笑。他為禮物挑選的顏色，象徵著蘋果在這個世界上人口最多的國家的未來。

「我們的眼光要放遠，」庫克在接受採訪時說，他的手往上一揮，彷彿在描繪公司的股票表現。「我認為今天的聲明是為我們的客戶、股東和員工長遠做大事的一個關鍵里程碑。」

庫克與奚國華後來前往中國移動的三千家門市之一。兩人微笑著，一起大步走了進去，身後聚集了一群顧客。奚國華談著他與蘋果公司的協議，庫克則雙手握拳舉過頭頂，彷彿奧運馬拉松選手衝過終點線。他花了六年的時間爭取這項交易，知道這項協議將得以推動該公司代表性產品的銷售，讓它超越大數法則。他拿起一支麥克風，注視著嘰嘰喳喳的人群。「我們一直在期望與等待這一天的到來，」他興奮地說。「今天，我們將最棒的智慧型手機帶到最快的網路與世界上最大的網絡。」

在他面前是一疊五部紀念版 iPhone。每個盒子的一角都有他的簽名，另一角則簽上了奚國華的名字，與敲定他們重要交易的筆跡相同。這些簽了名的紀念品很快就會被中國消費者購買的數百萬部 iPhone 所取代。

回到美國後，庫克前往南加州尋求發展。二〇一四年，當他進入聖莫尼卡一個豪華辦公園區時，春天的腳步已經到來。他和艾迪．庫伊在一起，庫伊在賈伯斯去世後被拔擢到經營團隊，負責蘋果提供的一系列服務，包括 iCloud、iTunes 與陷入困境的地圖。他們到那裡去，是為了評估一個藉由收購新公司來人為提高營收的機會。

儘管 iPhone 的銷售速度放緩，它仍然繼續創造巨額利潤，這讓蘋果公司的現金儲備非常充裕。這家公司已經累積了一千五百億美元的財富。看著財富增長，華爾街開始大聲疾呼進行交易，公司內部也出現壓力。一年前，蘋果公司董事會成員暨美國前副總統高爾（Al Gore）曾鼓勵庫克收購托尼．法戴爾（Tony Fadell）的數位恆溫器公司 Nest Labs。高爾是 Nest 公司的投資者，他協助安排讓庫克與法戴爾碰面開會，後者在會議上概述了 Nest 公司將推出的一系列連網設備，打造能用語音控制調亮調暗燈光的智慧家庭系統。最後，谷歌突然介入，以三十二億美元收購了 Nest。這筆交易激怒了高爾，於是他鼓勵庫克尋找另一個收購目標。在 iPhone 遭遇逆風、蘋果手錶仍在研發中的情況下，收購一個成熟的品牌或產品將能讓蘋果公司在其資產負債表上增添另一家公司的銷售業績，緩解其增長壓力。

庫克與庫伊一陣風似地走進Beats Electronics公司的辦公室，迎接他們的是該公司的共同創辦人吉米·艾歐文（Jimmy Iovine）。艾歐文是布魯克林碼頭工人之子，具有高度的流行文化敏感度，因為連續幾次遇上賺快錢的機會而累積大量財富。他原為錄音工程師，一開始曾與約翰·藍儂與布魯斯·史普林斯汀（Bruce Springsteen）合作，後來也曾與湯姆·佩蒂（Tom Petty）、史蒂薇·尼克斯（Stevie Nicks）與U2樂團合作。一九八九年，艾歐文成立了新視鏡唱片（Interscope Records），簽下了風格各異的藝人，如藝名德瑞博士（Dr. Dre）的安德烈·楊（Andre Young），以及特倫特·雷澤諾（Trent Reznor）的搖滾樂團九寸釘（Nine Inch Nails）。他幫助德瑞讓幫派饒舌音樂流行起來，改變了音樂產業，也建立起終生友誼。二〇〇六年，德瑞告訴艾歐文，一家運動鞋公司與他接洽，希望他能代言產品。

「去他媽的運動鞋，」艾歐文說。「你該賣的是喇叭。」

受此啟發，精力旺盛的艾歐文成立了一家名為Beats的公司，集結了當時最好的耳機。他與德瑞評估耳機的方式，是聽著自己製作的歌曲，對艾歐文來說是湯姆·佩蒂的〈難民逃亡者〉（*Refugee*），對德瑞而言則是歌手五角（50 Cent）的

〈*In da Club*〉。他們聘請了前蘋果公司設計總監羅伯特・布倫納來開發產品並幫助打造品牌。二〇〇八年推出的 Beats by Dre 耳機在文化上造成轟動。運動員帶著它去參加奧運賽，音樂家在音樂影片中戴著它們。銷售在一年內從兩萬七千個躍升至一百萬個。蘋果公司在直營店裡賣了許許多多要價三百五十美元的 Beats 耳機。隨著這項業務的起飛，這位唱片製作人搖身一變成為企業家，他與賈伯斯的交情不錯，經常敦促這位蘋果執行長收購 Beats。賈伯斯拒絕他二十五次，艾歐文很喜歡在最後補上一句：「蘋果最終會回心轉意的。」

那天，艾歐文在一個陽光明媚、可以看到聖莫尼卡街道的房間裡見到了庫克與庫伊。他們圍坐在一張會議桌前，庫克與庫伊向艾歐文詢問了 Beats 的業務狀況，尤其是最近隨著串流音樂服務 Beats Music 的推出，它從硬體擴展到軟體的情形。在討論過程中，艾歐文展示了該公司即將推出的部分產品，包括一個前面有大紅色「b」字母的攜帶式藍牙喇叭。他擔心蘋果正在失去它於音樂領域的立足點，希望能出手相助。

「你們的心與根都在音樂裡，」他告訴他們。「你們怎麼能放棄它呢？」

艾歐文當時完全進入銷售模式，精力充沛地描述著 Beats 業務的光明前景，期能吸引古板的庫克。在 Beats Music 推出的前幾週，他讓友人如湯姆．漢克斯（Tom Hanks）與吹牛老爹尚恩．庫姆斯（Sean “Puff Daddy” Combs）提前使用服務。他也鼓勵庫克嘗試一下。Beats Music 跟隨 Spotify 的腳步，以每個月十美元的價格讓使用者無限存取音樂目錄單曲。艾歐文說，它與競爭對手產品的區別在於，Beats Music 是在音樂家的協助下創立的，尤其是雷澤諾。它專注於整理歌曲，幫助使用者發現他們可能錯過的音樂，幾乎就像一九六〇年代與一九七〇年代唱片店經理的數位版本。他喜歡說它像蘋果，也相信庫克會喜歡。

當庫克在衡量他下一步行動時，也對蘋果的領導階層進行了另一次調整。二〇一四年三月，該公司發出一份新聞稿，稱其長久以來的財務長彼得．奧本海默將在該會計年度結束時退休。該公司主計長盧卡．梅斯特里（Luca Maestri）將接替他。在無限迴圈園區外，這個消息幾乎沒有引起注意，但在大廳裡，蘋果的老員工對這個改變感到憂心。

賈伯斯認為，會計師與律師在很大程度上不應參與決策，他們應該被視為執行者而非影響者。在他擔任財務長的幾十年中，奧本海默展現了這樣的理念。他曾在必要時對開支提出質疑，但大體而言採納了賈伯斯的觀點，即公司有時候需要花錢來賺錢。

自二〇一一年以來，庫克一直在引入一種不同的財務信條。在可能的情況下，這位工業工程師暨企業管理碩士希望提高效率，降低成本。這反映在零售主管布羅維特為削減成本而做出的短暫努力中，也表現在庫克不斷推動談判以降低蘋果產品零組件價格的動作上。

義大利人梅斯特里就和庫克一樣，對財務紀律情有獨鍾。他上任後做的第一件事，就是開始審查公司與第三方供應商的所有合約。這個要求為各部門負責人帶來壓力，他們偶爾會聘請顧問來協助制定戰略、招募與探討未來的機會。這只是權力轉移的開始，它將使財務工作從蘋果公司的末端轉移到決策的最前沿。

無限迴圈園區以南兩英里處，蘋果公司新總部的工程正在飛速進行，預計的總成本令人震驚。從來沒有製造商生產過像蘋果公司為大樓外部要求的四十五英尺高微弧型玻璃。製作這些玻璃需要開發新的製造工藝並建造新的工廠，這是一個昂貴的提議，預計將耗資十億美元來完成可能是史上最大的玻璃訂單。

高昂的成本令庫克心疼，讓他為了控制成本倍感壓力。他意識到，自己需要一位能壓縮成本、剔除多餘並達成世界級協議的人才，以為蘋果省下數億美元。他需要的是在無限迴圈園區號稱「報價終結者」的人。

來自北卡羅萊納州傑佛遜這個藍嶺山脈小鎮的托尼．布列文斯（Tony Blevins）是個很難纏的談判者，他幾乎拒絕按價格購買任何東西。他自豪地戴著一條廉價的貝殼項鍊，這條項鍊從開價五美元被他殺到兩美元，以此來提醒他的員工，沒有什麼東西應該以全價銷售。他向朋友吹噓他的個人成就，包括以兩千五百美元買下一輛價值八千美元的老爺車。當朋友提醒他，他在蘋果公司的股票已讓他成為百萬富翁，他可以負擔得起這輛車的定價時，他聳了聳肩。「但我不打算讓他得到他想要的，」他說。他對贏得談判有著不屈不撓的熱情，這讓他躍升為蘋果公司營運團隊的高層。

在艾夫選好他認為蘋果公司應該使用的玻璃之後，布列文斯邀請德國與中國的玻璃製造商到香港的君悅飯店開會。他在飯店預訂了一系列相鄰的會議室，並將每家投標公司都安排在個別的會議室裡。然後，他一間一間拜訪，向競標者施壓，要求降價。他告訴開價每平方英尺五百美元以上的德國人，中國人的要價只是這個數字的一小部分。他告訴德國人，他們有十分鐘的時間降價。他說：「如果你們不同意這個數字，隔壁的人說他們會同意。」發出最後通牒不久，他就離開了房間，讓驚愕的同事們去處理他的虛張聲勢。隨著時間流逝，各個競標者倉促考量是否能降低價格又賺取足夠的利潤，值得他們去參與這個專案。

同個時候，布列文斯在各個會議室裡徘徊，藉此增加壓力。「這個案子沒有進展，」他說。「我們有成本問題。你們有十五分鐘提出最好的報價。」

這種兼具恫嚇與一連串要求的做法發揮了作用。在接到最後投標時，布列文斯已將蘋果的玻璃成本降低了數億美元。

贏得合約的德國製造商席勒（Seele）創造了一種全新的製造工藝，以訂製的機器將玻璃彎曲成微妙的弧度。該公司建造了一座巨大的歐洲製造廠來完成這項工作。安裝玻璃需要一台造價一百萬美元的全新機器，這台機器有特製的吸盤，專門用來將巨大的玻璃板吊到建築物外部。參與計畫的建築師對於一家科技公司的高要求如何迫使建築業創新感到震驚。在隨後的幾年裡，其他建築如洛杉磯郡立美術館也採用了弧形玻璃，如果沒有蘋果園區，這或許將無法辦到。

在最早幾塊四十五英尺高的玻璃板完成後，它們被裝載到一架波音七四七包機上，飛往庫比蒂諾，再安裝到在惠普舊園區附近建造的原型建築外部。

有一天，庫克帶著一小群蘋果高層來檢查新安裝的玻璃板。幾位福斯特建築事務所的主建築師在現場迎接他們，陪同他們穿過一條寬度十五英尺的寬廣走廊，走廊一旁是世界上最大的弧形辦公室窗戶。陽光穿過透明的玻璃牆，將他面前的白色磨石子地板染上一層黃色的光。庫克邊走邊四處張望，仔細評估著這座未來總部的迷你版。目光遊走之際，他突然停了下來，而他周圍的人也隨著僵住了。

庫克走向一塊玻璃板，單膝跪了下來。雖然他以精通數字聞名，但在蘋果的經歷也讓他擁有了業餘設計眼光。賈伯斯與艾夫對細節的執著，為整間公司注入了一種審美的敏感性。庫克盯著玻璃底部，玻璃與磨石子地板之間有條一英寸的不鏽鋼條，下面是半英寸寬的矽膠。鋼條和矽膠的屏障提供了一個緩衝，以保護和穩定玻璃，使其在地震或暴風中有搖擺的空間。不過對跪在地上的庫克來說，這鋼條似乎有點不對勁。

「這個可以再小一點嗎？」他問道。

工程師愈來愈焦躁。隨著手錶專案的快速進展，有些人開始思考蘋果公司的下一步能做什麼。他們沒有得到一個滿意的答案。大感空虛之際，公司少數資深工程師決定集體離職。

他們的突然辭職在該部門造成震撼，消息也傳到了庫克耳中。其中一些工程師是架構與核心操作系統團隊的成員。他們制定了蘋果的路線圖，開發晶片與內部功能，賦予產品生命。他們之中有許多人都是蘋果的老員工，有著豐富的機構知識。失去一個會讓人失望，失去一整批將是人才流失。

庫克面臨了難題。為了阻止出走，他指示他的工程部門負責人授權並激勵那些反抗的工程師，詢問他們下一步想追求什麼。

車子，他們回答道。他們希望蘋果公司能製造一輛汽車。

當時，特斯拉（Tesla）正打算將員工人數增加一倍，並投注資金研發更先進的電動汽車電池。這家電動汽車公司招募了數十名蘋果公司的工程師，他們告訴前同事，該公司創始人伊隆·馬斯克（Elon Musk）將成為下一個賈伯斯。在附近的山景城，谷歌公司一直在研究自己的自動駕駛汽車，並試圖與成熟的汽車製造商合作，在幾年內將它推向全國。整個半島都在為一場交通革命的可能性忙碌不已。

一群工程師聚集在會議室裡，討論如何進行。他們回顧了麥肯錫顧問公司的行銷分析報告。分析顯示，蘋果公司已經占據了五千億美元消費電子產業的大部分利潤，需要進軍其他領域，為股東帶來銷售增長。產業規模最大的兩個選擇分別是兩兆美元產值的汽車業與七兆美元產值的醫療保健產業。轉向企業管理風格的分析讓一些工程師感到困惑。賈伯斯向來對顧問不屑一顧；他認為這些人在提出建議後就繼續進行下一個計畫，不會去確定自己的想法是成功或失敗。但庫克對數字和數據的渴求，促使團隊在尋求的過程中轉向傳統的商業資訊來源，最終贏得這位執行長對計畫的支持。

最初，他們專注於開發一款電動汽車，希望能像 iPhone 顛覆通信產業般顛覆汽車產業。它不會是第一輛，但會是最好的一輛。

他們將這個新計畫稱為「泰坦」（Project Titan）。

有天晚上，庫克在下班後邊聽音樂邊做市場調查。串流音樂服務的世界被新加入者搞得沸沸揚揚。除了首創者 Spotify 以外，又出現了嘻哈歌手 JAY-Z 的 Tidal 與吉米．艾歐文的 Beats Music。每家公司的加入都侵蝕了 iTunes 十年來以九十九美分銷售歌曲的業務。庫克愈來愈清楚地看到，音樂產業正朝著以訂閱為基礎的未來發展。

這種轉變對 iTunes 業務與蘋果對音樂的思考方式構成了威脅。音樂產業是蘋果認同的核心，一直是賈伯斯的真愛。作為一九六〇年代民謠搖滾的狂熱愛好者，賈伯斯對蘋果公司能在二十一世紀初為唱片業提供救生艇的方式感到自豪，當時 Napster 等免費檔案分享服務正侵蝕著唱片的銷售。iTunes 幫助這個產業存活下來。由於該服務已成為數位音樂的主要銷售引擎，賈伯斯堅信自己的信念：使用者想要擁有歌曲，而非租用。他一直在宣揚這個理念，即使後來已有多家新創公司紛紛推出應用程式，以月費形式讓使用者享受整個音樂目錄。當這些應用程式開始改變音樂產業時，蘋果公司仍然堅持賈伯斯的想法。然而，庫克那天晚上聽音樂時，他開始重新評估其前任的智慧。

庫克在市場上的各種串流服務如 Spotify、Tidal 與 Beats 之間切換。他比較了它們的外觀與它們帶給他的感受。調查的背後有一個很自然的問題：如果這些服務有相同的歌曲目錄，是什麼因素讓其中一個比其他更好呢？他每次回到 Beats，都有不同的感受。但為什麼呢？然後他明白了：它有真人管理員。

在接下來的日子裡，這位嚴謹的執行長對他的發現津津樂道。他的態度從評估Beats轉變為想要收購它。觀察他的同事認為他被Beats給迷住了，開玩笑說，庫克的行為就像高中時被學校風雲人物邀請參加週末派對的書呆子。就像許多笑話一樣，這裡面也有點道理。曾與歌手瓊．拜亞（Joan Baez）交往的賈伯斯，因為對流行文化的敏感度而使蘋果的廣告與產品被置於社會的最前沿。他在工程師的能力與他預期的使用者需求之間架起橋梁。他最喜歡披頭四與巴布．狄倫的音樂。庫克不像他的前任那樣趾高氣揚。在他背後，公司行銷人員與設計師嘲笑他的音樂品味，其中包括來自科羅拉多泉、以流行歌曲聞名的共和世代搖滾樂團（OneRepublic）。他們把庫克對Beats的追求視為奪回蘋果酷感的一種方式。

Beats也為庫克提供了一個解決公司未能進入串流音樂業務的方案。意識到市場發生變化後，庫伊的服務團隊正在努力創造自己的串流產品，讓使用者能將他們在iTunes上購買的音樂與完整的歌曲目錄結合起來。然而，該服務的早期設計令人失望。它看起來更像是一個iTunes清單，不如競爭對手豐富多采的現代應用程式。賈伯斯受到克雷頓．克里斯汀生（Clayton Christensen）著作《創新的兩難》（*The Innovator's Dilemma: When New Technologies Cause Great Firms to Fail*）所影響，更願意成為一個顛覆者，而不是被顛覆。眾所周知，他曾扼殺了蘋果最暢銷的產品 iPod Mini，以更輕薄的 iPod Nano 取而代之，創下更高的銷售量。在面臨相同境況時，賈伯斯可能會指揮開發一個業界領先的音樂應用程式來取代 iTunes，不過庫克則尋求外援。庫克相信艾歐文可以提供蘋果所需要的敏感性，創造出引領風潮的音樂服務。艾歐文已經用 Beats Music 證明，他可以創造出具有蘋果風格的產品。軟體與音樂編輯器的結合展現了賈伯斯的理念，即最好的產品誕生於科技與人文藝術的交匯處。

庫克的收購提議立即遭遇了抵制。尚未退休的奧本海默對於 Beats 是否能融入蘋果的文化表示擔憂。德瑞曾有暴力的紀錄，包括一九九一年襲擊一名電視節目主持人，把對方往牆上扔，還爆打其頭部。蘋果在很大程度上已經擺脫叛逆的過去，成為一家加州企業，員工的悠閒裝束掩蓋了一個緊張、注重細節且滿是完美主義者的工作場所。

蘋果公司的領導階層也在權衡一個很自然的問題：我們為何不能自己打造一個串流服務？庫克曾經考慮過這個問題，認為儘管蘋果可以打造自己的服務，引入 Beats 團隊將能為蘋果服務注入音樂愛好者與藝術家的感性。艾歐文與德瑞的組合將使蘋果推出的任何服務在消費者間贏得信譽。

達成交易並不容易。艾歐文將兩家公司合而為一。他與德瑞的大部分股權被綁在Beats Electronics的耳機業務上。新興的串流服務Beats Music則已經向許多一起打造它的軟體開發人員授與股份。儘管對蘋果來說，單獨購買串流服務比較便宜，但艾歐文堅持要蘋果同時收購這兩項業務。

在隨後的爭論中，蘋果的財務團隊終於發現了一個契機。Beats的耳機業務每年產生約十三億美元的銷售額，並向製造商支付百分之十五的生產利潤。相形之下，蘋果支付給製造商的利潤率為百分之二至三。如果蘋果像庫克計畫的那樣，向製造商施壓，要求他們削減利潤，那麼Beats的利潤就會大幅上升，幾年內就能回收收購成本。

隨著談判的進行，蘋果公司為這兩個收購對象取了代號：狄倫與披頭四，分別向賈伯斯最喜歡的音樂家致敬。該公司的律師團隊雙向進行收購，將串流音樂服務狄倫與耳機業務披頭四的交易分了開來。

到五月，蘋果同意支付三十五億美元。這是一個艾歐文與德瑞幾乎無法想像的數額。在律師團隊處理最後細節時，艾歐文將Beats的領導團隊召集到他在比佛利山附近的家中。他告訴每個人，他們即將敲定一筆巨額交易。唯一可能破壞這一切的是協議消息洩露。

艾歐文對蘋果公司的描述，讓這家公司聽起來像是黑手黨。他表示，該公司口風很緊，期望它的事業夥伴也能如此。他警告他的團隊要守口如瓶，關掉手機。

「不管你做什麼，都不要談論這件事，」他說。

到了週末，艾歐文與德瑞通話時重申了這一點。「記得在電影《四海好傢伙》裡面，吉米告誡夥伴的那一幕，『不要買皮草，不要買車，不要炫耀？』」他說。「不要有動作。」

「懂了。」德瑞說。

凌晨兩點，艾歐文接到吹牛老爹的電話，在電話那頭大吼說德瑞與饒舌歌手泰利斯（Tyrese）在臉書影片中談到了這筆交易。艾歐文調出影片，看到泰利斯在錄音室裡吹噓自己喝海尼根喝到醉，感到尷尬不已。當德瑞用手指著鏡頭時，泰利斯趾高氣揚地左右晃著頭。「億萬富翁俱樂部成真，夥計，」他說。「他們得更新全球富豪榜了，真是世事難料啊！」

「大舉改變啊，」德瑞說道。「嘻哈界第一個億萬富翁就在這裡，來自他媽的西海岸！」

艾歐文驚慌失措。他的事業夥伴在交易正式生效之前，剛剛曝光了他與世界上保密最到家的公司達成的一筆數十億美元的交易。突然間，一切都變得岌岌可危。

當影片的消息傳到庫克那裡時，他把艾歐文與德瑞叫到庫比蒂諾。他邀請他們到一間會議室好私底下聊聊。艾歐文很緊張，擔心庫克會取消交易。然而在那樣的時刻，庫克沒有像賈伯斯那樣發怒咒罵，而是表現得很平靜。他告訴這兩位音樂公司的高階主管，他對於德瑞在社交媒體上的言論很失望，希望這件事沒發生，但是他也說，這段影片並沒有動搖他為蘋果收購 **Beats** 公司的信念。

庫克是個嫻熟的談判者，他利用合作對象在社交媒體搞砸的狀況，要求調整交易條款。在隨後的幾天裡，蘋果公司將報價削減了約兩億美元。削價的情形讓 **Beats** 員工表示，蘋果給德瑞的估值折扣恰好確保他不會成為嘻哈界的億萬富翁。

當公司準備在那年春天宣布這項交易時，庫克將公司領導階層召集到無限迴圈園區的辦公室，討論最終條款與如何處理媒體。這項交易將讓兩位音樂偶像艾歐文與德瑞成為蘋果的員工。他們將獲得進入園區的識別證，開始參加會議。但沒有人知道他們的頭銜應該是什麼。當他們討論各種方案時，其中一位高管提出一個可能性：為何不將艾歐文稱為「創意長」？

會議室裡一片寂靜，每個人都在權衡這個想法。艾歐文一輩子都在創作音樂，與世界上最知名的藝術家合作。他的第二個角色是企業的創造者，展現出他的行銷智慧，將一家耳機公司化作世界上最熱門的品牌之一。

對一些人來說，這個想法頗具意義，但並非每個人都如是想。

「那我們其他人呢？」席勒氣惱地說。「我們就沒創意嗎？」

最後，庫克決定放棄頭銜。這筆交易本身就回答了席勒的問題。

第十一章
chapter 11

盛宴
Blowout

每當發表新作，強尼．艾夫總是打從心底感到焦慮。對他來說，根本不可能感覺到任何產品已經完成。在與市場人為設定的截止期限的競賽中，總會有一些妥協：無法實現的工程進展；讓人不安的材料雜質；零組件的物理特性所帶來的限制。在追求完美的道路上做出的犧牲，讓他走在充滿蘋果產品的世界時總是會想，我希望那個能做得更好。

二〇一四年九月九日上午，當艾夫抵達庫比蒂諾德安薩學院時，他顯得很不安。整整三年，他全心投注於一個計畫，希望藉此向已故的創意夥伴致敬，並讓外界不再質疑蘋果公司持續創新的能力。他為蘋果手錶的設計發愁，花了很大力氣去定義其介面，並推動其行銷工作。現在，交給世界審判的時間終於到來。

當艾夫經過社區大學表演藝術中心旁價值兩千五百萬美元的帳棚時，晴朗的天空有朵朵白雲飄過。這個高聳的結構與其說是臨時性的婚禮場地，更像是座建築物。這個兩層樓高的帳篷有線條剛硬的九十度角，顏色就像頭頂的雲朵一樣白。它仿造弗林特中心禮堂的正面設計。工作人員在裡面的白色長桌間走動，長桌上是最近剛從中國運來的手錶，它們被放在金屬底座上，糖果色的矽膠錶帶懸浮於半空中，形成一道彩虹。

大約三千英里外的紐約市，人們已經開始在第五大道的蘋果直營店排隊，期待當日稍晚就能買到這些手錶。多年來，蘋果不斷推出暢銷商品，這讓蘋果迷信心滿滿，相信蘋果推出另一個熱門商品只是時間問題。

艾夫終於抵達附近的一個院子，友人與特別來賓在公司產品展示前齊聚此處。這位設計師穿過一小群人，其中有媒體大亨魯柏．梅鐸（Rupert Murdoch）與NBA球星凱文．杜蘭特（Kevin Durant）。當艾夫邊喝著咖啡邊與酷玩樂團主唱克里斯．馬汀和演員史蒂芬．弗萊（Stephen Fry）等老友聊天時，一位正在撰寫報導的《紐約客》雜誌記者走了過去。當這位記者提問時，艾夫玩弄著手指，顯得坐立不安。他解釋說，這一切都很奇怪。「一個你原本覺得需要保護而且擁有所有權的東西，突然之間不再是你的，變成別人的。」他如此說道。

他的哲學思辨掩蓋了他面對接下來這一天的壓力。經過多年研發，他將能把產品戴在裸露的左手腕上，即使他知道這款手錶還沒有準備好。

在弗林特中心前，大約兩千名賓客開始在入口處排隊，急著進入會場就座。有來自歐洲的時尚記者與編輯，有來自舊金山的科技記者，有來自美國廣播公司與全國廣播公司商業頻道的電視攝影組，他們全都是為了報導這個有劇本的表演，為蘋果提供價值數百萬美元的免費廣告。

艾夫從一扇單獨的門走進會場，到前排在馬克・紐森與克里斯・馬汀之間坐了下來。就像之前的許多發布會一樣，艾夫無意公開發言，把表演的機會讓給同事。他看著燈光變暗，庫克在觀眾熱烈的掌聲中緩緩走上台。

這個場地在蘋果公司的歷史中是非常重要的一部分。大約三十年前，賈伯斯就站在同一個地方，推出蘋果公司最歷久不衰的 Mac 產品線。這位已故的執行長在將近十五年後回到同一個地方，藉由發布 iMac 點燃了蘋果的重生。現在，庫克以一個象徵性的姿態站在那裡，指向一個新的未來。

庫克通常以冗長的業務總結作為活動的開場白，詳細說明展店數字或增加的 iPhone 使用者。但他這次省略了這個部分，而是用一句話概括了公司的表現。「一切都很好，」他說。

當大廳裡充滿笑聲、掌聲與尖銳的口哨聲時，艾夫咧嘴笑了。他看著庫克進行了兩個小時的演出，首先介紹兩款大螢幕的 iPhone，即 6 與 6 Plus，它們分別比前代產品大了百分之十七與百分之三十八。這兩款手機滿足了消費者的要求，即蘋果為影片、遊戲與照片推出螢幕更大的手機。它們也對抗了來自三星的競爭壓力，後者幾個月來一直致力於銷售螢幕更大的手機。之後，庫克歡迎庫伊上台，詳細介紹非接觸式支付系統 Apple Pay，使用者將能以將手機放在商店收銀台掃描儀上的方式進行支付。這個功能讓人想起艾夫在新堡的藍天計畫，它將蘋果推向金融領域，讓該公司從全球數百萬筆交易中抽取少數費用。庫克再次回到舞台上時說，這將「永遠改變我們所有人的購買方式。」

他接著說：「活動進行到現在，我們已經講得夠多了，似乎可以收工了……但我們還沒有完全結束。」他凝視著台下的人群。

「我們還有一件事。」

這句話著實意味深長。賈伯斯在一九九〇年代回歸後，這句話成了他表演藝術的特殊武器。他會主持一小時的產品發布會，每件產品都比其前身更先進，讓觀眾驚嘆不已。然後他會直截了當地說：「我們還有一件事」（we have one more thing），接著揭露一些完全在意料之外的東西，例如體積迷你的 iPod Shuffle 或第一台蘋果電視。「one more thing」展現了賈伯斯的行銷魔力，自從他去世後就沒有在台上使用過。

一聽到庫克說出這句話，台下歡聲雷動。有些人站了起來，許多人鼓掌，把手舉得高高的，就像在音樂會裡期待安可曲的觀眾。

會場安靜下來後，燈也暗了下來。火箭推進器低沉的聲音從喇叭中傾瀉出來，撼動著艾夫的座椅，螢幕上的鏡頭從太空拉近，畫面出現黎明的地球。接著，彈指聲響起，螢幕上的地球逐漸消失，緩慢浮現的是一個鉻色邊緣、一只圓形的錶冠，以及一個和舞台一樣大的手錶圖像，如同太空船般出現在人們的視野。

接下來是手錶的特寫鏡頭。影片顯示錶冠旋轉讓螢幕上的應用程式圖標放大縮小，以及錶帶在錶殼上喀嚓一聲卡到位。三年的努力，在九千萬觀眾面前展現。

影片結束時，艾夫看著庫克回到舞台上，將戴著手錶的手舉過頭頂。庫克慢慢走向艾夫，伸出雙臂表示感謝。人群中有數百名蘋果員工起立鼓掌。當庫克將雙臂舉過頭頂，一副勝利達陣的架勢時，艾夫與庫克兩人的目光對上了。喧鬧的反應映照出與會者的欣慰與熱情。三年來，蘋果公司一直受到質疑，認為在沒有賈伯斯的情況下做不出什麼新東西，但事實證明這些懷疑者錯了。群眾的歡呼讓他們相信，市場會一如既往地擁抱蘋果公司的最新創作。但是艾夫知道，商業成功並未受到保證。

庫克需要向大眾推銷這款手錶。他的銷售話術就按艾夫的規劃開始。這款手錶是一個準確且個性化的計時器，是通訊工具，也是健康設備。計時、通訊與健康三大功能的結合，呼應了賈伯斯將 iPhone 作為電話、音樂播放器與網路通信工具來銷售的方式。iPhone 的興起是因為消費者想要取代原本笨重的手機。蘋果手錶面臨的挑戰是，沒有人渴望得到更好的計時器。事實上，很多人已經不戴手錶，因為手機就能顯示時間。他們需要被說服，才會再次在手腕繫上東西。

庫克介紹這款手錶功能的順序，其實暴露了它的不足之處。雖然它是受到賈伯斯對製造健康設備的興趣所啟發，但是第一代手錶除了能讀取佩戴者的心律外，幾乎沒什麼其他功能。它無法用全球定位系統追蹤步行或跑步，無法提供心電圖讀數，不能被當作健康產品來推銷。這正是硬體工程師傑夫．道伯在活動前試圖提出的問題：這款手錶並沒有令人信服的用途。然而，他的顧慮以及希望有更多時間開發功能的願望被忽略了，因為蘋果員工認為庫克急於發布一款新產品，藉此讓批評者閉嘴，讓投資人放心。這位執行長認為速度比實質更重要。

現在，在沒有那些功能的情況下，庫克希望艾夫能讓人們相信，這款手錶是個時髦的腕上電腦。他從舞台上退下，開始播放由艾夫配音的十分鐘影片。「你們知道，它從一開始就驅動著蘋果，」艾夫說道。「這種難以抗拒的衝動，想將強大科技變得觸手可及、與之相關、並最終實現個人化的衝動。」

艾夫介紹了他口中的「數位錶冠」，它可以旋轉放大應用程式圖標，並讓使用者返回主畫面。他說，錶殼底部水晶上的紅外線感應器可以追蹤佩戴者的脈搏。他還詳細介紹了不同金屬錶殼（鋁、不鏽鋼與金）與可訂製的皮革、金屬及矽膠錶帶。

他說：「我們現在處於一個令人矚目的開端，實際上我們正在設計可穿戴的科技。」

在影片中，艾夫並未透露他個人對蘋果手錶的疑慮。他僅止於私底下向朋友表達這些擔憂，友人也意識到，艾夫對這款手錶在尚不成熟的情況下推出，壓力很大。蘋果的工程師一直沒有解決電池壽命的問題，而是妥協了，這意味著這款手錶只在某些時候會顯示時間。他的朋友後來跟他開玩笑說，「誰會想要一只每天得充電三小時的手錶？」

當庫克告訴眾人，這款手錶要到隔年春天才會上市時，他幾乎承認蘋果公司還有很多工作得做。這是自 iPhone 問世以來，蘋果首次在上市前幾個月宣布新產品類別。然而，演出尚未結束。

U2 樂團登台表演。樂團主唱波諾自二〇〇四年蘋果推出帶有樂團簽名的特別版 iPod 以來，一直與該公司維持著密切的關係。他與艾夫成了至交，與蘋果公司最新的高階主管艾歐文關係深厚，艾歐文曾經製作過該樂團的《神采飛揚》（*Rattle and Hum*）專輯。樂團演唱了一首〈奇蹟〉（*The Miracle (of Joey Ramone)*），之後與庫克一起宣布，他們的新專輯《赤子之心》（*Songs of Innocence*）將向所有 iPhone 使用者開放免費下載，這相當於五億人口。這是有史以來發行規模最大的專輯。

當活動接近尾聲，庫克要求所有參與過當天發布產品的蘋果員工起立。在同事的掌聲中，庫克對他們的工作表示感謝。

庫克說：「我想特別感謝強尼．艾夫，感謝他對蘋果手錶做出驚人貢獻。」他同時也感謝了營運主管威廉斯與 Apple Pay 負責人庫伊。這是庫克與賈伯斯的不同之處。已故的執行長賈伯斯通常認為自己在整個蘋果團隊的幫助下開發了產品，而不會將功勞歸給個人。曾向賈伯斯抱怨過這種做法的艾夫，現在發現全場都在為他鼓掌。

當觀眾起身離開時，一些曾參與該手錶工作的工程師與設計師突如其來地感到一種讓人心煩意亂的擔憂。他們製造了蘋果自賈伯斯離開後的第一個新產品，獲得起立鼓掌，之後U2樂團還以一場簡短的音樂會來慶祝的一切。這感覺就像職業生涯的頂峰。他們想知道：我們將何去何從？

艾夫從一個獨立出口溜出會場，進入白色的臨時建築。攝影師與記者圍繞著白色桌子，桌上展示著懸掛在基座上的手錶。這些錶在清澈冷光的照射下閃閃發光，展示陳列出自一位義大利時尚照明專家之手，他經常為普拉達（Prada）的時裝秀設計燈光。

熱潮平息後，艾夫加入他的核心團隊（對手錶創作最重要的二十一人），一起在大樓內部白牆的黑色蘋果商標下拍照。艾夫將手臂搭在紐森的肩膀上，看著鏡頭微微一笑。先前裸露的手腕上垂著一只矽膠錶帶的運動款白色手錶。

在後台的庫克興奮不已。蘋果溝通團隊為他安排了一次由美國廣播公司《ABC世界新聞》主播大衛．繆爾（David Muir）進行的獨家專訪，團隊成員將美國廣播公司暱稱為「爸爸的網路」，因為它隸屬迪士尼公司，而該公司的執行長鮑勃．艾格（Bob Iger）是蘋果公司董事會成員。庫克試著讓繆爾記住那一天的意義。他說：「這表示創新依然存在。」

庫克領著繆爾來到造價兩千五百萬美元的帳篷，賞錶也見見艾夫。當他們抵達時，艾夫堅定地與繆爾握了手，然後向後退了一點，似乎要離開聚光燈。他沒有表現出像庫克一樣的精力或熱情。他對人們對手錶的看法仍然非常緊張。繆爾試圖讓艾夫放心，表示他明白艾夫一直專注於製作一款人們會想佩戴的手錶。

「當它是你佩戴的東西，而且是每天都要佩戴的東西時，那個門檻是非常高的，」艾夫表示。「因此，我們非常努力去製造這樣一個物品，它將是，獨一無二的，它將是讓人滿意的，但它也是個人的，因為我們不希望每個人都戴同樣的手錶。」

在無限迴圈園區陽光普照的庭園裡，艾夫後來加入設計團隊，共進一頓壽司午餐。他聽著同事分享科技評論家與時尚記者對這款手錶的報導。《時尚》雜誌的主要評論家蘇西．曼奇斯（Suzy Menkes）讚嘆著從蝴蝶到花朵等各式各樣的數位錶盤。

「我仍然不確定時尚界是否會擁抱這種最具智慧的手錶，或者把手機當作計時器的新一代是否會被腕錶吸引，」她寫道。曼奇斯的評論向來嚴厲，她認為這款手錶的美學是中性的，並補充說：「但我喜歡根據心情配置視覺層面的想法。也許也能隨著服裝搭配。一束紫羅蘭來襯托我的紫色服裝？為何不看看我的手錶，然後做夢呢？」

設計師群認為早期的反應令人滿意。大多數記者只花了幾分鐘賞錶，但他們的判斷是第一印象，這將塑造世界對這款產品的看法，畢竟在接下來的半年內，幾乎沒什麼人能接觸到這款手錶。

那天晚上，設計師聚集在舊金山渡輪大下的斜門餐廳，這是一家高級越南餐廳，有大片玻璃窗眺望著附近海灣大橋閃爍的燈光。他們和 U2 樂團成員一起享用了一頓特別的晚餐，慶祝他們三年的工作成就。桌上擺滿了春捲與肋排。

艾夫坐在友人波諾身邊，手邊是一杯冒泡的香檳。發布手錶的焦慮感終於逐漸消失。這麼多年來，他第一次感到可以盡情慶祝。

幾天後，蘋果公司將U2專輯與最新的軟體更新一起釋出。全球數以億計的iPhone使用者意外在iTunes檔案夾中發現《赤子之心》專輯。自動下載的安排引發了使用者的反感，有些使用者將這張不請自來的專輯稱為「U2病毒」。這種慷慨的嘗試適得其反，反而暴露出蘋果公司有能力在未經使用者許可的情況下將一些東西放進使用者的手機裡。

為了平息騷亂，庫克贊成開發一個軟體工具，讓使用者能夠一鍵刪除該專輯。蘋果也設立一個客戶支援頁面，幫助使用者進行刪除。該公司沒有道歉，但隨著騷亂蔓延，波諾告訴樂迷，樂團很抱歉。

「我有了這個好點子，結果被沖昏了頭，」波諾在臉書聊天中寫道。「藝術家很容易出現這種狀況。一點妄自尊大，一絲慷慨，一點自我推銷，以及擔心我們在過去幾年傾注生命的歌曲可能不會被聽到。」

他希望那些不想要專輯的使用者能夠接受收到音樂垃圾郵件的事實，與之和解。

幾週後，在九月下旬，艾夫搭著噴射機前往參加巴黎時裝週，按計畫在那裡初次公開展示這款手錶。

負責產品銷售策略的德內夫在最著名的蔻蕾精品店（Colette）安排了一場快閃展示。這位前聖羅蘭執行長認識這間三層樓巴黎精品店的負責人，這家店以篩選整合從香奈兒到耐吉等品牌的風格與街頭穿搭馳名。在那裡展出這款手錶，是一個更廣泛策略的第一步，旨在讓消費者可以在全球最具影響力的商店中買到這項產品，試圖為一款量產產品注入任何時尚配件所慣有的獨特性。

一大早，艾夫與設計夥伴馬克．紐森前往蔻蕾精品店，向時尚記者及網紅展示這款手錶。他們在蔻蕾營業時間之前抵達，發現商店被他們最新產品的圖片所包圍。入口處懸掛著牆壁大小的蘋果手錶海報，背景是白色的。人行道上的群眾透過落地窗看著艾夫與紐森繞著蘋果直營店的桌子走來走去，桌上鑲嵌著手錶。

沒多久，時尚偶像安娜．溫圖和卡爾．拉格斐來到現場，並問候了蘋果的設計師。自從艾夫親自向溫圖展示這款手錶後，溫圖就成了它的擁護者，她強烈要求《時尚》雜誌在最具影響力的「Last Look」專欄展示這款手錶，放在十月刊的最後一頁。她慫恿拉格斐加入她的行列，她認為拉格斐和艾夫很像。

拉格斐的到來讓艾夫大吃一驚。雖然拉格斐與紐森是朋友，但是這位時尚界的黑衣人很少出現在蔻蕾這類商業活動中，即使在收到邀請的情況下。但拉格斐是長期的蘋果迷，經常一買就是幾十台 iPod，在裡面裝滿歌曲，然後送給朋友。艾夫領著拉格斐繞著桌子轉了一圈，解釋著設計，也講述了它的開端。

在附近，紐森與《女裝日報》（*Women's Wear Daily*）的記者談起蘋果為何在蔻蕾舉辦這個活動。「時尚是流行文化，」他說。「科技也是流行文化。」他們之所以在那裡，是因為蘋果藉著這個產品結合了時尚與科技，做出來的東西「不是用塑膠製成、看來可怕且呆頭呆腦的大塊頭。」

那天晚上，艾夫的角色從娛樂變成了被娛樂。

阿澤丁・阿萊亞（Azzedine Alaïa），另一位在時尚界備受尊敬的大人物，為艾夫與紐森舉辦了一場眾星雲集的晚宴。阿萊亞是完美主義者，以精心手工製作的禮服聞名，他已成為當今的葛楚・史坦（Gertrude Stein），為文化影響人士如嘻哈明星肯伊・威斯特（Kanye West）與藝術家朱利安・許納貝（Julian Schnabel）等人舉辦晚宴。他為艾夫舉辦的活動被認為是巴黎時裝週上最令人夢寐以求的邀請之一。搖滾明星（藍尼·克羅維茲〔Lenny Kravitz〕與米克·傑格〔Mick Jagger〕）、演員（莎瑪·海耶克〔Salma Hayek〕）、模特兒（卡拉·迪樂芬妮〔Cara Delevingne〕與蘿西·杭亭頓–懷特莉〔Rosie Huntington-Whiteley〕）與品味人士（范倫鐵諾〔Valentino〕設計師瑪莉亞·嘉西亞·基烏里〔Maria Grazia Chiuri〕）等人都出席了蘋果手錶的慶祝活動，而對艾夫來說，這場活動更是他初入時尚界的首秀。

將阿萊亞視為教父的艾夫與紐頓，看到滿屋子名人，大受撼動。令他們莞爾一笑的是，他們早上與拉格斐在一起、晚上和阿萊亞共同度過，而這兩位時尚界傳奇人物是出了名的不合：拉格斐貶斥阿萊亞「為更年期時尚受害者製作芭蕾舞鞋」，阿萊亞則批評拉格斐「一輩子都沒碰過剪刀」。

所有人圍著圓形餐桌用餐時，西班牙編舞家布蘭卡·李（Blanca Li）走上附近的舞台，跳了一段佛朗明哥舞。之後，客人們試戴了蘋果手錶，討論他們想買哪一款。

手拿著白酒的艾夫，夜深時就在房間後方，看著這個景象。站在附近的紐森與《紐約時報》時尚評論家交談著，盡力捕捉這位蘋果設計師的感受。他打量著整個房間後說道，「從庫比蒂諾來到這裡，真的是很長的一段路。」

第十二章

chapter 12

驕傲

Pride

對提姆．庫克來說，這些數字讓人難以理解。

凌晨四點左右，在加州的他起床查看來自世界各地的銷售報告，每天讀到的數字讓他感到驚訝。iPhone 6 與 6 Plus 的推出激發了對蘋果公司最暢銷產品的需求，讓蘋果直營店外大排長龍，顧客為搶購新設備排了好幾個小時的隊。該公司的每日銷售數字顯示，iPhone 在假期期間銷售量達七千四百萬部，比去年同期增長了百分之四十六。平均而言，每分鐘售出的 iPhone 高達五百部，一天二十四小時皆如此。蘋果銷售要價六百美元 iPhone 的速度，與麥當勞銷售五美元大麥克的速度相同。

中國推動了銷售增長，證明庫克長久以來積極尋求與中國移動達成經銷協議的做法是正確的。中國移動的客戶讓蘋果在這個世界上最大的智慧型手機市場的銷售額幾乎翻了一倍。看著競爭對手三星公司在美國與中國成功推銷大螢幕手機後，庫克預期 iPhone 6 會賣得很好，但它的銷售甚至超出了他最高的預期。這足以讓這位平時相當穩重的執行長洋洋得意。

「人們對新 iPhone 的需求令人震驚，」庫克在十月的電話會議上告訴分析師。「我太高興了。」

隨著世人對蘋果在後賈伯斯時期的未來逐漸降低疑慮，庫克也得到承擔一次罕見個人風險所需要的信心。

二〇一四年秋天，庫克準備返回阿拉巴馬州，準備進入該州的榮譽學院。這項榮譽只保留給該州一百位在世的傑出公民，知名人士如奧本的海斯曼獎盃得主、美式足球明星博．傑克遜（Bo Jackson）與前任美國國務卿康朵麗莎．萊斯（Condoleezza Rice）都是學院成員。入院儀式給了他在州議會大廈向州代表致詞的機會。

在庫克思考致詞內容時，他陷入了一個熟悉的衝突。他為自己的阿拉巴馬血統感到驕傲，但對該州長久以來在種族與平等方面的態度感到失望。對出身南方的孩子來說，這是相當熟悉的衝突點，他們努力調和自身對出生地和該地區價值觀的熱愛、與他們對奴隸制和種族歧視歷史的恐懼。然而對庫克來說，個人的挫折感放大了這種分歧。

在過去的一年裡，反歧視政策已經走到了政治的前沿，美國參議院權衡了一項法案，擴大了對工人的保護，反對基於性取向與性別認同的不寬容。庫克曾在二〇一三年為《華爾街日報》撰寫社論支持這項法案，表示「促進平等與多元性的保護措施不應以一個人的性取向為條件。長久以來，太多人不得不在工作場所隱藏他們在那部分的認同。」國會還沒有通過這項法案，各州只能拼拼湊湊，用法律來保護工人。而阿拉巴馬州沒有這樣的法律。

庫克想呼籲該州領導者，讓他們體認到該州並未通過一項法律以保護女同性戀、男同性戀、雙性戀與跨性別工作者不會因為性取向而被解僱。他知道，如果州長知道真相，他的言論將能造成更大的壓力。

十月下旬，庫克召集蘋果公司溝通部門主管史蒂夫・道林（Steve Dowling），討論如何告訴全世界他是同性戀。

庫克考慮將他長期保密的事情公諸於世已經有一段時間。兩年前，他在給作家安德魯・蘇利文（Andrew Sullivan）的一封電子郵件中讀到有線電視新聞網（CNN）新聞工作者安德森・庫柏（Anderson Cooper）宣布他是同性戀的消息。庫克欽佩庫柏以簡潔直接的方式處理如此私人之事。他覺得這種做法很有格調。他與蘋果的其他兩位高階主管在紐約與庫柏安排了一次午餐約會，這位向來拘謹的執行長輕鬆地與這位記者交談，以致於同事開玩笑說他們應該離開桌子讓兩人獨處。

庫克對庫柏的敬佩讓他想以類似簡單直率且激勵人心的方式出櫃。

當庫克衡量該如何進行時，他徵求了庫柏的意見。他告訴庫柏，他想寫點什麼來解釋自己為何沒有早點出櫃，以及為何現在決定站出來。雖然他大致上已經決定如何進行，此次談話仍影響了他接下來的步驟。

多年來，庫克對一位記者的信任超越了其他記者：《彭博商業週刊》（*Bloomberg Businessweek*）的喬希．蒂朗吉爾（Josh Tyrangiel）。庫克成為蘋果執行長後，曾兩次與蒂朗吉爾坐下來進行一對一專訪，他認為這位前《時代》雜誌記者既聰明又有原則。他與道林討論是否聯繫蒂朗吉爾，並在《彭博商業週刊》爭取到一篇關於庫克個人性取向的報導。

庫克打電話給蒂朗吉爾，邀請他從紐約到加州會面。蘋果公司有嚴格的保密條款，因此蒂朗吉爾並未告知雜誌社科技團隊的同事這趟旅行。顯然，庫克想要單獨會面。

在蒂朗吉爾抵達無限迴圈園區後，庫克承認自己一直被什麼東西折磨著。他說，他每天都會走進一間辦公室，牆上有一張馬丁．路德．金恩（Martin Luther

King, Jr.）的照片。有時候看到它是鼓舞人心的，有時候則極具挑戰性。最近的狀況前者多於後者，因為他在自己努力保護的隱私與他對自身處於一個強大位置的認知之間感到糾結，他認為自己所處的位置能為其他人帶來啟發。

庫克說，他決定站出來，告訴世人自己是同性戀。他提出模仿庫柏在雜誌上發表個人隨筆的可能性。他不希望上封面，也不希望被大肆宣傳。他的設想是在雜誌刊登一篇低調的文章。他把文章的初稿交給了蒂朗吉爾。

蒂朗吉爾讀了這篇個人隨筆，文章開頭很謙遜，並朝著庫克出櫃的方向發展。它最終是這麼寫的：

> 在我整個職業生涯中，我一直努力維護著基本的隱私。……同時，我深信馬丁．路德．金恩所言，「人生中最常反覆出現也最緊迫的問題是，『你為他人做了什麼？』」我經常用這個問題來挑戰自己，也意識到，我對個人隱私的渴望一直在阻礙我做更重要的事情。這就是我今天會在這裡的原因。
>
> 多年來，我對很多人都公開了我的性取向。蘋果的很多同事都知道我是同性戀，但他們對待我的方式似乎沒有什麼不同。

蒂朗吉爾讀完後向庫克保證，他會在下一期《彭博商業週刊》為這篇隨筆保留版面。

二十一世紀初，美國對同性戀關係的接受度愈來愈高，大多數美國人首次認為同性關係應該合法。這是矽谷人長期以來的觀點。二戰後，舊金山以寬容和開放思想聞名，讓它成為同性戀者聚集的城市。

到一九八〇年，舊金山估計有五分之一人口為同性戀。卡斯楚區的男性互相鼓勵，公開他們的性傾向。該地逐漸形成支持社群，這使灣區成為同性戀、雙性戀與跨性別者聚集之處，而他們的到來適逢個人電腦逐漸進入網路公司迅速發展時代的經濟轉型期。

庫克在這個經濟增長期加入蘋果公司。長久以來，該公司在接受與支持同性戀、雙性戀與跨性別者方面，一直是美國最進步的公司。它在一九九〇年修正招募政策，禁止基於性取向的歧視，兩年後，它更將福利擴大到員工的家庭伴侶。

隨著庫克在蘋果的職位不斷往上晉升，有關其性傾向的猜測也愈來愈多。二〇〇八年《財富》雜誌的一篇報導將它描述為「不婚主義者」，八卦網站高客網

（Gawker）將這個詞解讀為庫克是同性戀。在一篇分析《財富》報導的文章中，歐文・托馬斯（Owen Thomas）挑出一些有關庫克的敘述，如「非常注重隱私」、「健身愛好者」、不在辦公室就是「在健身房、在健行步道或騎自行車。」

「這是什麼?是《財富》雜誌側寫、還是在分類廣告上男男交友的廣告？」托馬斯寫道。他補充說，「如果我們不懷疑庫克是同性戀，那麼作為八卦網站的我們就失職了。」

在此之前，庫克的許多同事覺得他沒有時間約會，因為他對工作樂此不疲。除了騎自行車、健行與奧本美式足球隊外，他很少提到工作之外的嗜好。公司裡有些同性戀員工說，他們曾看到庫克在酒吧出沒，但從未在園區挑明討論。賈伯斯有一段時期並不知道這件事，在得知真相之前，他曾試圖為庫克安排與女性的約會。

高客網的文章將庫克同事懷疑的事情變成了不言而喻的事實。二〇一一年，《Out》雜誌將庫克稱為全美最有權勢的同性戀者，鞏固了公眾對他是同性戀的認知，即使他未曾公開承認。庫克成為執行長後，高客網的一篇文章表示蘋果公司管理階層的一些人擔心他出櫃會對公司品牌造成損害。文章說，庫克「喜歡亞洲人」，推斷他與谷歌高管班・凌（Ben Ling）很登對，後者在許多文章中被描述成庫克的男友，僅管凌曾表示兩人從未約會過。這些文章造成了一種情況，庫克的性傾向在背景中醞釀著，被理解但未經證實。

隨著庫克接任公司領導者的角色，他逐漸採取行動改變這個現象。二〇一四年，他批准蘋果公司首次參加舊金山的同志遊行，並在六月加入四千名揮舞彩虹旗的員工，在市場街跟在印有蘋果公司商標與「pride」字樣的白色旗幟後面遊行。

幾個月後，在二〇一四年十月二十七日上午，庫克前往阿拉巴馬州蒙哥馬利市的德克斯特大道浸信會教堂參觀，這是馬丁·路德·金恩博士於一九四〇年代末擔任牧師之處。庫克想看看金恩博士組織一九五五年聯合抵制蒙哥馬利巴士運動的地方，這場運動幫助點燃了民權運動。站在這座簡單的白色圓頂磚造建築外，他被金恩博士在一個容忍仇恨的世界裡、為平等挺身而出的勇氣所感動。

幾個小時候，他走進州議會大廈內的演講台。他將一台 iPad 放在面前的講台上，凝視著那些承認他是該州一百名最重要在世公民之一的人們。然後，他開始批評他們。

「我們都很熟悉我們的非裔美國兄弟姊妹為爭取平等權利而進行的歷史爭鬥，」

他說道。「我永遠無法理解為什麼我們州與我們國家的某些人，會抵制人類尊嚴的基本原則，這與我在阿拉巴馬州羅柏達爾長大時學到的價值觀完全相反。……我的父母努力工作，讓我們過上更好的生活、上大學、並成為自己想成為的人。他們搬去阿拉巴馬，是因為那裡有與他們價值觀相同的朋友與鄰居。……那是我們整個州和我們國家都在奮鬥的偉大時代。它深深影響了我。」

庫克和議員們提到他那天早上造訪了金恩博士的教堂，以及它如何提醒他為平等與人權站在公眾立場的重要性。

「我早就答應自己，對這些信條，我絕不保持沉默，」他說。「雖然這方面已經取得很多進展，我們的州與我們的國家仍然有很長的一段路要走，才能讓金恩博士的夢想成為現實。作為一個州，我們花了很長的時間才採取行動，朝平等邁進。而在開始之後，我們的進展太慢了；在非裔美國人的平等方面太慢了；在十四年前才合法化的跨種族婚姻方面太慢了；在同性戀、雙性戀與跨性別者的平等方面也太慢了。根據法律，阿拉巴馬州公民仍然可以因為性取向而被解僱。我們無法改變過去，但我們可以從中汲取教訓，創造出一個不同的未來。」

庫克對於同性戀、雙性戀與跨性別者群體缺乏權利與機會的批評，登上了頭條新聞。它造成州內一些人的不滿。一家著名的保守派新聞媒體對庫克向州議員說教而非感謝他們的做法不屑一顧，稱他的演講「低級」。

返回加州後，庫克與蘋果高層主管舉行會議，討論他即將發表在《彭博商業週刊》的文章。他首次告知其中一些人自己是同性戀，並請他們協助評估他出櫃一事在中東與俄羅斯等對同性戀容忍度較低的市場可能面臨的風險。他與蘋果公司董事會也進行了類似的談話，董事會批准了這個聲明。在這些討論中，他承認他規劃在那個時間點出櫃的部分原因，是因為蘋果在最近發布 iPhone 6 與蘋果手錶之後，正處於穩定狀態。作為賈伯斯之後的第一位執行長，失敗會是個人的挫折，但作為賈伯斯之後的第一位同性戀執行長，失敗會為後世留下問題，限制其他同性戀、雙性戀與跨性別高階主管的機會。

在蘋果公司高階主管的眼中，這是庫克在不同層次思考的最新例證。最後，庫克明確表示，他之所以想現在發聲，是為了將來那些受霸凌或擔心家裡不同意的年輕人，為他們樹立榜樣。雖然他不是第一位公開同性戀身分的企業高級主管，但他身為全球最大公司執行長的身分將發揮巨大的影響力，同時也是一個例子，說明自七年前約翰．布朗（John Browne）被媒體出櫃而在法律訴訟中敗訴、辭去英國石油公司執行長職務以來，同性戀、雙性戀及跨性別社群取得了多大的進步。庫克知道，他的宣布可以向年輕人展示，一個世代的障礙已經被打破。

「我本來只讓我小圈子裡的人知道這件事，後來我開始想，『要知道，在這個時間點這麼做是很自私的。』」庫克其後解釋道。「『我的格局要更大，我必須為他們做些什麼，告訴他們，同性戀仍然可以在生活中擔任重要的職責，有一條路可以走。』」

在《彭博商業週刊》，幾乎沒有人知道庫克的計畫。蒂朗吉爾為了保護庫克披露的祕密，在該期排版預留了一個空白頁，於雜誌送廠印刷前才放上庫克的文章。這篇文章於庫克在阿拉巴馬州演講的三天後發布。它的標題為〈提姆．庫克發聲〉，馬上成為全國廣播公司商業頻道與彭博新聞台等商業電視台的主要新聞報導，也成了《華爾街日報》和《紐約時報》的頭版新聞。他們全都引用了他的文字：

雖然我從來沒有否認過我的性傾向，我也未曾公開承認，一直到現在。所以讓我說清楚：我為自己是同性戀感到驕傲，我認為同性戀是上帝賜予我最美好的禮物之一。

作為一名同性戀者，讓我更深刻地理解何謂少數群體，也讓我看到其他少數群體每天都在面臨的挑戰。這讓我感同身受，也讓我的生命更豐富。有時這很難，也很不舒服，但它給了我做自己的信心，讓我走自己的路，超越逆境與偏執。它也給了我像犀牛一樣厚的皮膚，當你是蘋果公司執行長的時候，絕對會派上用場。

這篇文章刊出後，庫克成了第一位宣布自己是同性戀的財富五百強公司執行長。他的宣言有相當的分量，因為這位執行長於一家十多年來持續處於文化前沿的公司任職。除了同性戀、雙性戀及跨性別者群體外，他對包容性與多元性的關注，吸引了其他渴望在商業世界獲得更多機會的少數群體。

同性戀社群成員稱讚庫克的文章，因為它避免了其他公眾人物陷入陷阱。他成功讓自己公開的訊息少了點從個人負擔中解放出來的感覺，反而強調出他為什麼認為他的性傾向是一個禮物。他傳達的訊息是，他的生活因為它而變得更好，這引起了同性戀社群的共鳴。作為一名備受矚目的執行長，他同時也帶來希望，讓任何人在向同事公開出櫃時，商業世界更能夠接受異己。

這篇文章為同性戀權利增添了動力，因為這個群體最近才贏得政府最高層的認可。在庫克發出聲明的前一年，美國最高法院裁定所謂《婚姻保護法案》（*Defense of Marriage Act*）中不承認聯邦政府承認的同性婚姻，是為違憲。這份聲明的隔年，最高法院裁定所有州都應該承認同性婚姻。這些成就使他的聲明黯然失色，但並不減他對美國企業的影響。

雖然新聞媒體渴望聽到更多庫克的心路歷程，但他決定讓這篇文章不言自明。他沒有去參加脫口秀，也未曾接受採訪。他希望人們不要把他視為第一位同性戀執行長，而是更看重他的其他身分：一位工程師、一個叔叔、一位自然愛好者、一名健身愛好者、以及一名體育愛好者。他在文章最後下了結論。

「我們一磚一瓦，共同鋪設通往正義的陽光大道，」他寫道。「這是我的磚頭。」

第十三章

chapter 13

過時了

Out of Fashion

強尼．艾夫似乎已達到一個新的巔峰。僅僅幾個月前，成千上萬的人為他起立鼓掌，為蘋果手錶歡呼，把他當成了明星。他想打動的時尚界名人在巴黎捧他的場，對他的最新作品讚嘆不已。他的辛勤工作獲得了回報，他最新的產品使公司重新煥發出自信與自豪。

二〇一四年十二月底，他召集軟體設計團隊，在無限迴圈園區內一間被稱為「The Room」的聚會空間開會。在福斯托離開後，艾夫改造了這個區域，將用於軟體展示的螢幕與劇院座椅換成一張張長橡木桌與長椅，就像設計工作室裡一樣。

當軟體團隊聚集在房間裡時，艾夫在桌首坐了下來。他讚揚了團隊在蘋果手錶與 iPhone 上的努力，感謝他們所做的一切。他說，他們超越了所有人的期望。然後他頓了一下，呼了一口氣。

「我已經在蘋果待了二十年，」他疲倦地說。「這是我經歷過最具挑戰性的幾年之一。」

艾夫的評論與身體語言讓團隊感到困惑，他們無法將他的消極態度與他們最近目睹眾人對蘋果手錶的熱情相提並論。艾夫沒有因為那天的興高采烈而感到鼓舞與激勵，反而站在他們面前，若有所思，疏離感十足。

艾夫可以感覺到他的創造精神正在減弱。在幕後，他過去三年大部分時間都在忙於公司的衝突。他曾與前軟體主管福斯托就是否開發一款手錶發生過爭執。之後，他與行銷長席勒就該推廣哪些功能爭吵。與此同時，在為蘋果園區選擇建築材料時，他還面臨對成本日益上升的顧慮。管理幾十位軟體設計師的額外職責更是讓他筋疲力竭。他在沒有賈伯斯的支持與合作的情況下，面對這一切，而他還沒有時間去好好地哀悼他的創意夥伴。所有事都讓他感到疲憊和孤獨。

會議結束後不久，艾夫的私人灣流V商務機就飛往了夏威夷考艾島，他在島上的納帕利海岸附近擁有一間自建房。他在接下來的三週給自己放了假，這是他多年來休息最長的一次，但是在新的一年到來時，他仍然在與疲勞奮鬥。他對蘋果手錶的自豪感已經被那揮之不去的挫折感削弱，在過程中，他覺得自己不得不為自身的願景奮鬥，尤其是在面對蘋果公司行銷人員的時候，因為他們抵制他藉由時尚的管道來行銷手錶。在極度沮喪中，二〇〇八年曾縈繞著他、想離開蘋果的念頭再次湧上心頭。

到了二〇一五年，艾夫是搭乘著價值三十萬美元的超豪華汽車賓利慕尚

（Bentley Mulsanne），由司機接送至無限迴圈園區上班的，他坐的後座有寬敞的腿部空間與米色皮革內裝。這些車在出售時配備了無線網路，讓乘客能夠在旅途中工作，還有專門為後車廂設計的手工皮革行李箱。當司機在二八〇號州際公路上行駛時，他可以在後座伸展身體，欣賞窗外情景。他有時會在乘車時收聽全球廣播公司商業頻道的廣播電台，他敏銳地意識到，蘋果作為全球最大公司的地位，讓它不斷地成為華爾街的話題。

對商業頻道的密切關注，讓他知道風格歡快健談、曾主持《瘋狂錢潮》（*Mad Money*）與《華爾街直播室》「*Squawk on the Street*」的主持人吉姆・克瑞莫（Jim Cramer）非常喜愛蘋果，對蘋果的表現讚不絕口。克瑞莫會嘲笑那些一直認為蘋果公司只有 iPhone 這一招的懷疑論者，這讓他得到艾夫這樣的蘋果員工青睞。

「年復一年，他們讓你無法擁有地球上最偉大公司的最偉大股票，」克瑞莫談到懷疑論者時如是說。

克瑞莫稱讚庫克為包括艾夫在內的股東「創造了如此驚人的財富。」庫克這位不被看好的賈伯斯接班人，現在已經成為華爾街的寵兒。在不到四年的時間內，蘋果公司的市值翻了一倍，來到七千億美元，而員工人數也從原本的六萬快速成長到將近十萬人。這些數字讓艾夫愈來愈不舒服。他與其他蘋果員工著實懷念只有幾百人核心團隊開發iPhone的日子。蘋果不再是那種親密無間、讓設計師可以將執行長拉到一旁討論糖果色電腦系列該使用何種材料的地方。這間公司現在生產大量的iPhone、iPad與Mac；退休基金與華爾街交易員追蹤著該公司股票的每一次下跌；還有數萬名員工仰賴公司養家餬口。艾夫對蘋果產品未來的影響超出了他自己的想像。公司的指數式成長困擾著他，即使他正坐在用這些利潤支付的夢想機器中。

蘋果公司下一場發布會的邀請函出現在人們的信箱裡，標題只有兩個英文字：「Spring forward」（日光節約時間）。這封「敬請回覆」（RSVP）的郵件中有著巧妙、隱晦與暗示性的文字，引發媒體一陣猜測，認為蘋果終於要告訴人們何時可以購買該公司的新手錶了。

手錶發布的六個月後，人們的懷疑漸漸取代了熱情。科技與時尚記者都對這只手錶的目的提出質疑。三月初，媒體代表來到舊金山芳草地藝術中心，他們想知道：這只錶可以做什麼？

蘋果公司將手錶當作時尚配件來宣傳，意外讓庫克遭受批評。《紐約時報》時尚記者凡妮莎・弗里德曼（Vanessa Friedman）在一篇題為〈這個皇帝需要新衣〉的報導中提出了這樣一個問題：「提姆・庫克該把襯衫塞好了嗎？」弗里德曼指出，蘋果在巴黎時裝週為這款手錶舉辦了一場活動，並讓它出現在《時尚》雜誌中國版十一月刊封面超模劉雯的手腕上。「難道這樣一個品牌的領導者不應該穿得像樣一點嗎？」弗里德曼問道。她批評庫克偏好寬大、稍微起皺且不塞進去的扣領襯衫，她稱這種風格是「不時尚的時尚」。

這篇文章嚇壞了蘋果的溝通團隊，他們抨擊弗里德曼小題大作。團隊就如何讓庫克穿得更妥貼向穿著時髦的同事尋求建議，結果有人建議為庫克聘請造型師，而在那年春季發布會上，庫克的穿著有了明顯的變化。當天早上，他穿著一件合身的海軍藍拉鍊毛衣，裡面穿著一件燙過的高領衫，搭配深色牛仔褲。與其說是週末老爸式穿搭，不如說他採納了所謂的羅傑斯先生風格[1]。

相形之下，艾夫在發布會開始前半小時抵達會場，穿著一件超大的黑色毛衣，掩蓋了他過去一年來因為壓力而增加的體重。他大步走進會場，在前排羅琳・賈伯斯身旁找到他的老位子。他無精打采地靠在座位上，他的靦腆讓他避開了舞台上的聚光燈與審視。

發布會開始時，庫克在台上表現出的活力不如幾個月前。他講述了公司在中國的持續擴張，在過去六個星期裡在中國開設了六家直營店。蘋果在中國的門市達到二十一間，而且計劃於接下來的一年將這個數字增加到四十。

他說：「現在，我們有更多理由讓你再去蘋果直營店走一遭。」

在重新介紹蘋果手錶時，庫克不僅強調它的外觀，更強調它的功能。他將這款手錶定位為現代的瑞士刀，一個可以報時、追蹤活動、傳遞訊息、記住約會與支付咖啡錢的單一設備，而且讓人在做這些事情的時候都能看起來很有型。為了強調其無所不能的潛力，他邀請超模克莉絲蒂·杜靈頓（Christy Turlington Burns）上台。這位高䠷的褐髮美女是媚比琳化妝品的長期代言人，她有一個致力提高開發中國家分娩安全的慈善機構，當時她才在參加坦尚尼亞一場半程馬拉松時佩戴了蘋果手錶，該活動旨在提高她慈善機構的知名度。她說她在跑步時戴著矽膠錶帶，在時尚場合則換成皮質錶帶。

對她來說，這款手錶橫跨了健身與時尚兩大領域。

1. 譯注：指美國長壽兒童節目《羅傑斯先生的鄰居》主持人在節目中穿著的開襟毛衣。

杜靈頓離開舞台後，庫克詳細介紹了蘋果手錶的定價。鋁製運動款售價三百九十九美元，不鏽鋼款售價五百九十九美元，而十八K金版售價在一萬至一萬七千美元。它們將於四月二十四日上市。

發布會結束後，華爾街分析師忙著預測蘋果將賣出多少只手錶。該公司之前的新產品iPad在它第一個完整的會計年度創下三千兩百萬台的紀錄。瑞士銀行分析師史蒂夫．米盧諾維奇（Steve Milunovich）預期，蘋果手錶的銷售將超過這個數字，達到四千一百萬只。在全國廣播公司商業頻道，主播群詢問哈德遜廣場研究機構（Hudson Square Research）的丹尼爾．恩斯特（Daniel Ernst），消費者是否會買單。「當然會，」他回答。「這是個漂亮的設備，感覺像是一件珠寶。它不像一些廉價的塑膠玩具。」

這聽來就像是艾夫自己寫了這些評論。他希望世人能將這只手錶視為之前所有計時器的延伸。唯有如此，它才能被大眾所接受，而且人們在佩戴時不會感到尷尬。

成功並沒有受到保證。隨著蘋果開始生產，它幾乎馬上就遇上了製造問題。

在太平洋彼岸的上海，蘋果的營運團隊沮喪地發現，他們僱用來組裝手錶的製造商沒有足夠的工人。而且不只是人手不足，還差了十萬名工人。

這是個難以相信的數字，讓營運團隊中的許多人感到震驚，特別是因為他們需要在幾天內招到這些工人。尋找答案的過程揭露了兩個潛在的問題：因為公司希望能讓供應鏈多元化，並在遠離諸多競爭對手所在的中國主要製造中心深圳設立製造地點，以保護計畫的機密性，蘋果公司選擇了廣達電腦而非其信任的合作夥伴富士康來組裝手錶；它還將產品上市時間定在春季，導致生產過程的重心位於中國農曆新年之後。每年，中國工廠的工人都會在假期回到農村地區的家鄉，而許多人並未返回工作崗位。類似的勞動力短缺在美國是難以想像的，但在中國，它只占蘋果供應商三百萬工人中的一小部分。在廣達工廠缺工的狀況下，只有一家公司能夠拯救蘋果的製造計畫：富士康，也就是被蘋果輕蔑拒絕的公司。

營運部門主管威廉斯聯繫了富士康的董事長郭台銘，告訴他蘋果需要幫助。儘管對於蘋果公司選擇廣達而非富士康的做法感到不滿，郭台銘仍然挺身而出，在短時間內招到十多萬名工人投入生產線。這個速度反映出這位台灣商人在中國的深厚關係，以及他持續完成不可能任務的能力。他在送上這些工人時也向威廉斯傳達了一個無言的訊息：你欠我一次。

工人上線後，生產線很費力地應付著製造三種不同手錶的複雜性。其中，金錶帶來的挑戰尤甚。一台機器將錶殼從一塊金子上切割下來，過程中產生閃閃發亮的金屑，蘋果的製造工程師就看著這些金屑落在中國工人的頭髮上，這些工人的工資大約是每小時兩美元。許多工人一個月賺的錢還不如他們頭髮上金屑的價值。蘋果設立了一個監控系統，看著工人在一天工作結束時擦拭頭髮上的金屑，並帶著它走出去。艾夫的精確設計在財務上竟然如此不精確，這般荒謬之事讓在場的工程師感到驚訝。

一個有缺陷的零件帶來了更大的問題。在組裝過程的後期，蘋果工程師發現生產內建震動模組元件（taptic engine）的兩家供應商中，有一家的產品有缺陷。這個部分提供在手腕上輕拍的觸感，當使用者收到通知時會發出提醒。這家供應商生產的震動模組在一段時間後會停止運作。零件缺陷限制了可生產的手錶數量，而這個不合時宜的錯誤讓下大賭注推動生產的蘋果公司，無法按時交付數百萬只手錶。

在供貨量有限的狀況下，蘋果公司採取了限制手錶銷售的策略。

聖羅蘭前執行長德內夫設計的銷售與經銷計畫借鑑於奢侈品牌路易威登及愛馬仕等，以營造出稀缺感與排他感的方式，拉高手提包和服裝的價格及聲望。德內夫同意艾夫的觀點，唯有當手錶被視為一種個人配件而非腕上電腦時，才能禁得起時間的考驗。為了讓消費者更加嚮往，德內夫試圖將這款手錶放在專售全球最令人渴求的商品高級賣場中。他與倫敦Selfridges百貨公司、東京伊勢丹百貨公司與巴黎拉法葉百貨公司達成經銷協議。在手錶廣泛鋪貨前幾週，讓不鏽鋼款與黃金款在這些商店裡與卡地亞、勞力士等品牌一起展示，為蘋果的日常形象增添了富麗堂皇的色彩。

四月底，德內夫計畫將貨鋪得更廣，擴大到蘋果直營店，而蘋果直營店也會經過一番改造，不只是銷售科技，也要銷售寶物。他希望讓個別銷售人員協助消費者選擇最適合的款式與錶帶，藉此擴大手錶的無形價值。這個想法是為了替蘋果公司最個人化的設備帶來一種個人化的感覺。他將這個概念向前推了一步，建議消費者在離自己最近的商店預約購買手錶。零售主管阿倫茲支持這個想法，她引進了一項計畫，將蘋果公司四萬六千名零售員工改造成形象顧問。

大約在銷售開始前三個月，蘋果直營店的資深員工杰倫・諾伊多夫（Jaron Neudorf）來到該公司位於加拿大卡加利的一家直營店，開始接受培訓。新手錶的銷售課程包括如何藉由顧客的衣著與佩戴的手錶品牌來評估他們的財富。然後，他與同事們被要求向顧客指出他們可能買得起的最高售價範圍的款式。例如，向帶著三個孩子的單身母親推薦價格最低的鋁製錶款，鼓勵西裝革履的銀行家購買價格較高的不鏽鋼款。這個概念讓諾伊多夫等人感到困惑，他們熟悉的業務是為 Mac 電腦排除故障與修理破裂的 iPhone 螢幕。很快，他們的商店裡擺滿了珠寶展示架，並經過重新設計，為顧客提供一個試戴手錶的區域。變化如此之大，以致於諾伊多夫納悶專賣店是否應改名為蘋果精品店。

在無限迴圈園區，新策略引起了辯論。數十年來，蘋果公司一直擁抱著它作為科技公司的認同，對一些人來說，看著公司遠離這個傳統而採納與時尚有關的策略是很困難的。負責監督 Mac、iPhone 與 iPad 首次發布的銷售主管群擔心，擁抱奢侈品策略會破壞蘋果作為一個平易近人優質品牌的身分優勢。在賈伯斯的領導下，蘋果將艾夫的時尚設計與易於使用的軟體結合起來，得以在科技領域賣出最高價格的產品。庫克的經營魔法讓產品價格保持在可承受範圍內。他們擔心，這款手錶會使品牌少了點親民、多了些排他，造成忠實客戶流失。

在銷售正式開始的前一週，蘋果將這個高奢行銷策略帶到了義大利。在巴黎與紐約的時尚活動中炫耀過這款手錶後，艾夫於二〇一五年四月中來到世界的另一個時尚之都米蘭，向義大利的工藝大師展示他結合加州設計師與中國製造商能夠做到什麼成果。他在一件領尖無釦的白襯衫上打了一條黑色緞面領帶，再穿上一件深色的西裝外套，前去參加該城年度設計盛事米蘭家具展為網紅舉辦的特別活動。

蘋果公司在米蘭市區租了一間宮殿，用於舉辦慶祝蘋果手錶的晚宴。邀請函發給了設計師與品味人士，例如前英國國家橄欖球隊隊長威爾·卡林（Will Carling）與社交名媛翁貝塔·努緹·貝雷塔（Umberta Gnutti Beretta）。一百多位客人手裡拿著裝滿葡萄酒的酒杯，在宮殿寬敞的內部空間走動，欣賞艾夫特別為這次活動製作的一排彩虹色錶帶。最後，所有人都坐了下來，搭配氣泡酒享用正式的義大利晚餐。艾夫和義大利社會及設計界名流飲宴著，看到自己的作品能在這個數十年持續影響設計風格的一週活動上展示，著實讓他激動不已。

活動結束後幾天，他前往佛羅倫斯，與紐森一起在首屆康泰納仕國際奢侈品會議（Condé Nast International Luxury Conference）上演講。對於很少在會議場合露面的艾夫來說，這著實偏離了他平時的行事風格。蘋果手錶的推出讓人們很擔憂，害怕蘋果打算與傳統珠寶與皮革製品製造商競爭。幾十年的顛覆，使得每次有科技公司推出新產品類別時，整個產業界都會感到不寒而慄。就在蘋果手錶開賣的兩天前，大約五百名客人擠進該市有七百多年歷史的市政廳，直接聆聽艾夫與紐森暢談他們所帶來的威脅。

兩位設計師在台上就座後不久，《時尚》國際版編輯曼奇斯就提出了房間裡許多人想要了解的問題：「當我們深入了解此次會議的本質時，你們——我不是指個人層面——的產品是否在與外頭商店裡銷售的手提包競爭，與許多傳統被描述為奢侈品的東西競爭？你們是否藉此進軍精品市場？」

艾夫靠著椅子的左臂，凝視高掛在寬敞大廳上方一幅文藝復興時期畫家喬爾喬．瓦薩里（Giorgio Vasari）的作品。這幅畫描繪了一五五四年佛羅倫斯軍隊進攻西恩納共和國時人馬衝突的情景，該次戰役的目的是要讓西恩納這個分裂的共和國重回佛羅倫斯的控制之下。畫家對幾世紀前那場戰役的描繪似乎恰當地展現出艾夫的處境，當時圍繞著他的奢侈品牌高階主管都對蘋果公司進軍其代表性類別感到害怕。

「我們不會用那樣的方式來思考我們的作為，」艾夫將目光重新投向曼奇斯時如是說。「我們的重點是盡最大努力開發出有用的產品。當我們開始研發iPhone時，動機是我們所有人幾乎都無法忍受手上的手機，想要一支更好的手機；當我們研發手錶時，動機則完全不同。我們碰巧喜歡我們的手錶。……因此，這並非因為我們認為自己可以設計出更好的手錶。……而是因為我們看到手腕是科技能有所發揮的好地方。」

艾夫藉著他的回答，讓人了解到蘋果公司在創作這款手錶時走過的艱難道路。該公司從前的產品都是為了解決問題。賈伯斯積極投入iPhone計畫，因為他認為當時的行動電話糟透了；而做出iPad，則是因為他想在廁所裡讀點東西。在他缺席的狀況下，手錶計畫開始時的目的就沒有那麼明確。手錶旨在處理下面這幾個優點：女性不必再聽著手機在包包裡嗡嗡作響；糖尿病患者或許能夠進行非侵入性血糖監測；每個人都能從受FitBit啟發的健身追蹤中受益。該團隊將這些不同的線索（通知、健康、健身）編織成一個平台，它並不尋求顛覆鐘錶產業，而是試圖將科技從使用者的口袋轉移到他們的手腕上。認識到它的各種目標後，曼奇斯向艾夫追問他對於其目的看法。

「你認為大部分人會怎麼使用這只新手錶？」曼奇斯問道。

「人們使用它的原因非常不同，」艾夫表示。「有些人對健康與健身功能以及手錶能提供的輔導特別感興趣；我認為其他人會很高興能以不同的方式，更頻繁保持聯繫；有些人則對一些更直觀、更個性化的溝通方式非常好奇。」

上市將是這款手錶的終極考驗。正如硬體部門的道伯在手錶發布前告誡營運主管威廉斯所言，這款產品並沒有像之前的 iPod、iPhone 與 iPad 那樣，提出說服力十足的理由讓消費者願意購買；它多面向的目的意味著它正被投放到世界各地進行市場測試。使用者將告訴蘋果公司這款手錶存在的理由，而不是反過來。

幾天後，當手錶終於到店，供貨量非常有限。製造方面的挑戰和銷售策略限制了產品的推廣。蘋果直營店提供試戴手錶的預約服務，但引導客戶在網上下訂單。能夠立即購買的地方，主要是巴黎、倫敦、柏林與東京等大城市的少數高級商店。

在美國，西好萊塢的時裝精品店麥克斯菲爾德（Maxfield）是顧客可以進入商店直接購買戴著新手錶走出去的少數商店之一。由於麥克斯菲爾德是時尚界最具影響力的一間商店，德內夫選擇它來銷售手錶，希望在那裡的可得性能產生興趣的漣漪，逐漸湧現出需求的浪潮。然而，店外的隊伍反映出一種文化衝突，戴著腰包的蘋果迷與手拿巴寶莉包的時尚人士擦肩而過。排隊顧客之間的分歧反映出蘋果公司內部的分裂，因為艾夫對時尚的專注與該公司一貫著眼科技的做法產生衝突。

在倫敦 Selfridges 百貨的「珍奇屋」，科技媒體 The Verge 的一位記者要求試戴價值一萬七千美元的 Edition 款手錶。一名保全人員拿出一個帶有凹陷的蘋果商標的皮盒。盒蓋是磁吸式的，打開是一只安放在麂皮內襯上的金錶。記者將手錶戴在手腕上，有些失望地檢查。他試了另一個較小的尺寸，也有同樣的反應：「這兩款錶都無法給人精品錶的感覺，只是蘋果手錶的黃金版而已。」

這是對艾夫設計一系列褒貶不一的評論中的第一個。大多為男性的科技評論家稱讚手錶的設計很美，不如勞力士與歐米茄等老品牌來得時尚，但高雅、創新、而且符合蘋果公司製造能為商品類別帶來改變的產品傳統；相形之下，以女性為主的時尚媒體一致認為這是一款腕上電腦，也覺得一系列的錶帶選擇讓人不知所措。這錶對一些女性的手腕來說太大了。這兩個群體都認為，這是一個不錯的商品，但不像他們的 iPhone 那樣不可或缺。

彭博社新聞的大標題最能展現這些人的觀點：「蘋果手錶評論：你會想要一只，但你並不需要。」

這些評論呼應了手錶發布前幾個月在無限迴圈園區內部肆虐的爭論。很少有人質疑艾夫設計的美，但許多行銷人員與工程師卻一直對它的目的感到糾結。

儘管評價不慍不火，庫克仍設定了雄心勃勃的銷售目標。在他的鼓勵下，蘋果公司的預測團隊估計，公司在第一年需要生產四千萬只手錶，以滿足對蘋果新產品類別前所未有的需求。這是個野心十足的數字，遠超過 iPad 平板電腦在二〇一〇年首次推出後一年的銷量。隨著蘋果的客戶群不斷擴大，該公司有信心能實現這個激進的銷售目標。

早期銷售成果顯示情況並非如此。每天早上在帕羅奧圖起床後，庫克都會有些沮喪地分析著手錶業績的最新數據。無論是鋁製款、不鏽鋼款或奢華黃金款，銷售數字都未能達到他的預期。它們銷售疲軟的表現在蘋果內部引起不安，認為這手錶無法異軍突起成為熱門商品。

由於滯銷，蘋果的營運團隊削減了產量。在它上市後不久就將計畫生產的手錶數量削減了七成，幾週後又再減少三成。消費者的冷漠讓瑞銀集團的米盧諾維奇將他對這款手錶的預期降低了百分之二十五，至三千一百萬。他在網上發現一些早期購買者發文批評該產品，抱怨電池壽命不足，提醒延遲。這些抱怨正是讓艾夫擔心手錶還沒準備好要上市的缺點。米盧諾維奇質疑這款手錶是否能產生曾推動**iPhone**銷售的口碑。「它主要的優勢在於它是一款手錶，但這款手錶並不特別令人信服，」他寫道。

敵意在無限迴圈園區內沸騰。開賣的不順利支持著蘋果公司銷售部門主管對德內夫策略的懷疑論。銷售團隊力促將鋪貨點擴大到百思買（**Best Buy**）等主要連鎖店。他們敦促庫克回歸更傳統的做法，放棄讓這款手錶保持獨家的努力。他們警告庫克，如果公司等太久，它可能會成為殭屍產品。

在顧慮愈來愈多的情況下，威廉斯就手錶的行銷與銷售策略盤問德內夫。這種壓力讓人聯想到威廉斯在地圖應用程式陷入困境後，開始在會議上向福斯托施壓，要求他解決問題。儘管威廉斯與庫克都批准了手錶著眼時尚的推廣策略，他們做出這個決定更多是因為信任而非安逸。兩人對時尚界都很陌生，畢竟他們都是開著便宜車、穿著基本款衣物的實用主義者。庫克在這個策略上聽從了艾夫的意見，並試圖與席勒領導的行銷團隊意見保持平衡。隨著威廉斯認真投入，他力爭要擴大傳統知名零售商的銷售。

德內夫抵制了擴大經銷的壓力。他和艾夫一樣，認同新產品類別需要時間發展的理念。iPod 與 iPhone 的銷售在突然暴增之前也是緩慢的。他鼓勵要沉著以待。

儘管手錶的問題似乎一觸即發，艾夫仍然堅持自己的立場。他堅持認為，時間會證明懷疑者是錯的，就如 iPhone 與 iPad 銷量暴增讓早期的批評者閉嘴一樣。

私底下，艾夫偶爾有不同的說法。他向友人、同事與董事會成員抱怨，他對這個計畫展開的方式普遍感到不滿。在某些對話中，他承認這款手錶可能在尚未成熟時就發布了。公司急於將它推向市場，以緩解公司對 iPhone 的過度依賴，同時反駁質疑蘋果創新能力的批評。該產品的缺點反映出這些商業壓力。沒有人對提醒通知延遲與電池壽命的投訴感到訝異，這包括艾夫在內，他在手錶發布當天就很擔心這些問題。

在產品開發的過程中，艾夫扮演了賈伯斯和他自己的角色，監督工業設計及軟體設計，同時引導行銷的方向。這些工作把他從設計工作室拖了出來，參加愈來愈多會議。他曾經尋求對產品開發的全面性影響力，但在真的獲得如此權力後，也讓他背負起無盡的義務與壓力，對他的身體造成了損害。他同時擔心自己錯過與十一歲兒子相處的時間。他病了，還染上肺炎。

讓他更加沮喪的是，他認為自己獨自承擔了許多責任。賈伯斯幾乎每天都去設計工作室，支持設計師的工作，給予他們方向，敦促他們前進。相形之下，庫克很少來，而且即使來了也只會待一下子。

在短短幾年的時間，艾夫從賈伯斯的得意門生變成了庫克平等主義世界中的眾多領導者之一。此時，他決定要退出了。

那年春天，艾夫向庫克表達了他的感受。他讓執行長知道他很疲倦，想從業務中退下來。他的創造力衰退了，而且在一份要求比以往任何時候都高的工作中，自己並沒有達到期望的水準。他對於自己在不斷增長的設計工作室和成員膨脹到數百人的軟體設計團隊中管理職責愈來愈大，感到沮喪。他發現，手錶發展方向和與行銷部門的爭鬥讓他感到疲憊。當他專注於領導由二十名設計師組成的菁英團隊，讓賈伯斯排除道路上的所有官僚主義並裁定關鍵決策時，他的創造力十分旺盛。現在，他覺得挑戰他想法的同事多了太多，幾十年在工作上的投注讓他感到筋疲力竭，好友過世的悲傷也讓他疲憊不堪。他想要重新調整自己，集中精力。

這些怨言暴露了庫克在三年前解僱福斯托之後、決定強化公司職能結構的愚蠢之處。艾夫希望能在軟體設計方面有發言權，但不必然是對新部門的監督權。作為一名優秀的企業戰士，他心甘情願地承擔了這個職責，但後來卻後悔了。庫克沒有像賈伯斯那樣保護艾夫，為他提供發揮創造力的空間，而是要求艾夫和他一樣，以工作為生活重心。他過度壓榨了這位藝術家。

於是，艾夫打算離開。

這個消息讓庫克感到不安，他不希望被認定為失去世界頂尖工業設計師的執行長，同時也害怕艾夫的脫離會帶來財務風險。如果艾夫離開，投資人會擔心公司未來沒有這位被賈伯斯稱為「蘋果最重要的人」，因而拋售股票。有些觀察家推測，拋售可能會讓蘋果股價下挫百分之十或超過五百億美元的市值，這個數字超過聯邦快遞的總市值。庫克無法理解艾夫經歷了什麼，於是向同事尋求建議。

庫克與多位蘋果高階主管合作想出了一個計畫，讓艾夫轉為兼職。他們達成協議，讓艾夫繼續留在蘋果，但從日常管理中退下來，將更多時間投注在未來的計畫與蘋果公司正在建設的新園區。他也將著手從事世界各地蘋果直營店的改造工作，這原本是賈伯斯管理的計畫。完成已故執行長遺留的工作將是他的首要任務。

在艾夫缺席的情況下，他的兩名副手（工業設計師理查．霍華斯與軟體設計師艾倫．戴）被拔擢為副總裁，負責設計團隊的日常工作。這兩位高階主管都向庫克報告。艾夫將繼續介入設計工作，但不需要每天進公司。為了讓股東與公眾認為艾夫這個退居二線的計畫有積極的影響，蘋果的領導階層提議將艾夫升為設計長，這是公司的一個新頭銜。這個晉升可以在媒體上公布，讓庫克能藉此向員工與投資者解釋職務調換背後的真相。

只有少數人知道真相：艾夫著實精疲力竭。

在這個變動之前，艾夫為《每日電訊報》的一篇報導安排了獨家採訪，由他的演員好友史蒂芬．弗萊負責訪問。弗萊這位英國演員與作家自稱是蘋果迷，他撰寫了一篇精采的側寫，稱他的朋友艾夫是一個「神奇男孩」，庫克授權他將蘋果軟體從過去的擬物化中解放出來，採用「更明亮、更清晰、設計精美的圖像」。

「庫克無疑是喜歡強尼的，」弗萊寫道，「他不僅將強尼視為一隻不斷下金蛋的鵝（就蘋果設計師手錶而言下的是扎扎實實的黃金），也把他當成同事與一個人。每個人都是如此。在他真誠卻也猶豫地表達他高度專注的激情時，你不可能不受到感染。」

在訪談中，艾夫解釋了他的晉升，以及戴和霍華斯新角色的意義：「有艾倫和理查在，我就能從一些行政管理工作中解放出來，這些工作不是……不是……」

「不是你在這個星球上要做的事？」弗萊問道。

「確實如此，」艾夫表示。

隨著重組的完成，庫克將注意力重新放回手錶的困境上。那年夏天，他召集了蘋果的一些高階主管與行銷人員，其中包括從洛杉磯飛去的艾歐文。他們聚集在公司的董事會會議室裡，在這個除此以外相當繁忙的事業中，手錶已經成為一個滴答作響的定時炸彈。

在所有人落座後，庫克承認這款手錶的接受度令人失望。他希望與會者對一個基本問題提出最好的答案：我們該如何扭轉銷售情況？

在他們交談時，話題不斷回到將手錶的行銷方式從時尚轉向健身的想法上。當時，FitBit因為能追蹤使用者運動的情形，銷售十分驚人。這個情形顯示使用者對能夠支持身體鍛鍊的設備是有興趣的。蘋果需要將對手錶的強調從伸展台轉移到跑道上。

新策略逐漸成形。公司的產品行銷團隊將與耐吉公司一起開發聯名款手錶，為整個產品提供一個健身光環，而艾歐文則努力讓這款手錶出現在網球明星小威廉絲（Serena Williams）等知名運動員的手腕上。

「你所要做的就是讓小威廉絲戴上它，」艾歐文表示。

該小組同意了就健身搭時尚的大方向。

艾夫並未參與會議，也就無法當場提出異議。

第十四章

chapter 14

熔合

Fuse

當蘋果公司高階主管聚集在一起參加公司的年度異地會議時，眾人士氣高昂。雖然蘋果手錶的表現令人失望，iPhone 業務在二〇一四年末扶搖直上，與中國移動的交易以及全球最大智慧型手機市場的空前需求，讓它在二〇一五年的銷售量有望增長百分之五十二。自賈伯斯去世以來，卡梅爾山谷牧場飯店會議室裡的眾人第一次感到信心十足。

當出席者在自己的位置坐定後，庫克用一系列展望公司未來的幻燈片揭開了會議的序幕。蘋果正在開發無線耳機、擴大 Apple Pay 的業務範圍、也為蘋果手錶引進新功能。最引人注意的評論，則是針對最近有關蘋果正在研發汽車的新聞報導。

「是的，」庫克點擊了一張針對新聞報導的幻燈片時表示。「我們正在努力。」他說，汽車研發團隊還不知道車子的尺寸與形狀，但他們正在積極招募人員，計畫在二〇一九年左右進入世界上最大也是競爭最激烈的一個市場。代號「泰坦計畫」，它是雄心勃勃、鼓舞人心的賭注，為公司員工注入活力，替每個人帶來信心，相信他們能夠完成別人眼中的不可能任務。

然而，隨著顛覆未來的夢想在房間裡蔓延開來，庫克將所有人的短期焦點集中在一個他認為能改變公司當前命運的計畫上。他很高興能擴大蘋果公司在音樂領域的足跡，這個計畫將能拓展蘋果公司的業務範圍，從製造設備到開發新的世界級服務。這一切都始於一個代號為「熔合」（Fuse）的計畫。

蘋果公司為每個計畫都取了代號，這個特別的代號讓員工的工作充滿了神祕感與保密性。這個傳統可以回溯到一九七〇年代末，當時公司展開了一個開發廉價電腦的計畫，以一位工程師最喜歡的麥金塔蘋果為代號。有些名字實際意義大於想像力。這個音樂計畫的名稱，來自公司欲將最近收購的 Beats 業務與現有蘋果音樂業務融合的想法。

與 Beats Music 的交易結束後不久，蘋果的領導階層在無限迴圈園區召集了兩百多名 Beats Music 團隊成員，與他們談談這個混合體。蘋果工程師群希望他們來自 Beats 的新同事知道的第一件事，是蘋果已經接近完成自己的串流音樂服務。他們的服務未曾推出，部分原因在於蘋果仍傾向於音樂的銷售與所有權，而不是以每個月九．九九美元的價格租借每首歌曲。這個訊息讓 Beats Music 團隊的態度更加謙卑，他們原本以為自己被收購是為了打造這項服務。他們意識到，自己不是在定義一個新的業務，而是要將兩個獨立的概念結合起來。

蘋果公司消費者應用副總裁暨 iTunes 主工程師傑夫．羅賓（Jeff Robbin）承擔了開發串流服務的責任，而藉由 Beats 併購加入蘋果公司的九寸釘樂團主唱雷澤諾在代表 Beats 團隊方面發揮了主導作用，幫助兩家公司的員工思考如何提供由評論家編輯的播放清單和有藝術家訪談的電台服務。

當設計師與工程師為服務提出想法時，羅賓經常打回票，因為他認為這些概念野心太大。在串流音樂應用程式方面，他偏好簡化的設計，類似蘋果公司那個未發布服務的設計，其中包括有限的專輯封面、柔和的顏色與試算表風格的歌曲清單。來自 Beats 的新員工與蘋果公司的一些設計師並不喜歡這樣的設計，偷偷開發了一個視覺上更富活力的應用程式，有專輯封面、時尚的字型與鮮豔的色彩。他們為自己的計畫保密，直到與高層進行既定工作評估的前幾天才揭露這個消息。當他們向羅賓透露替代設計方案時，羅賓氣瘋了。「這些都不可能做，」他嘲弄道。

設計師回擊表示，他們的藝術概念比羅賓個人偏好的實用工程風格更符合消費者的期望。為了解決分歧，他們將兩種設計都呈交給蘋果公司服務部門的資深副總裁庫伊。兩方都擺出海報，展示出羅賓偏好的柔和應用程式風格與其團隊擁護的彩色應用程式風格。看了這些圖像後，庫伊思考了他的選擇。「這很明顯，」他指著

Beats 設計師開發的那款說。「我們做這個。」

庫伊的選擇驗證了庫克併購 Beats 的理由。在沒有賈伯斯擔任指揮官的狀況下，讓蘋果公司的團隊與 Beats 的團隊互相競爭，有助於推動串流服務的發展，讓設計更富想像力。

庫克未曾在細微層面上參與音樂產品的開發，但他對該產品的商業計畫很感興趣。

隨著計畫持續發展，庫克加入庫伊與艾歐文的行列，聽取了前 Beats 行銷團隊有關訂閱目標的簡報。這是蘋果公司除了 iCloud 以外的第一個訂閱服務，因此沒有什麼可以當作基準。Beats Music 前執行長伊恩．羅傑斯（Ian Rogers）與其行銷部門主管波卓瑪．聖約翰（Bozoma Saint John）認為，蘋果公司的這項新服務應該可以獲得約一千萬使用者。這個數字比 Beats Music 在被蘋果收購前幾個月累積的十萬使用者相比，增加了一百倍。當聖約翰提出這個目標時，庫克面無表情地聽著。

「這很好，」他平淡地說。「你能提高這個數字嗎？」

庫克對蘋果公司的經銷能力比新同事更有信心。蘋果每年的 iPhone 出貨量約為兩億部。他知道公司可以將新的音樂應用程式預載到這些設備上，把它直接放在龐大潛在客戶網絡面前。Beats 團隊的預測沒有考慮到這一點。他認為他們應該更有野心。在庫克的挑戰下，團隊提出將目標翻倍到兩千萬的想法。

這個新目標讓聖約翰感到不安，而且很明顯地表現出來，但她的老闆庫伊讓他放心，跟他保證這個目標是可行的。庫克只問了一個問題，就從蘋果音樂團隊中榨取出比團隊自願提出更多的商業野心。

庫克希望新的應用程式能夠成為一個新興策略的前沿，期能從龐大的 iPhone 業務中榨取更多銷售額來增加公司的營收。多年來，他目睹了蘋果公司透過 iPhone 的應用程式商店促進軟體的銷售，這個商店審查並批准了每一個能夠下載到 iPhone 的應用程式。該公司作為守門員的角色是有利可圖的：蘋果從商店出售的每個應用程式銷售價格中抽成百分之三十，每個月透過訂閱應用程式也有類似的抽成。這些銷售額讓商店迅速成為蘋果公司的利潤貢獻者，占了蘋果公司一百八十億美元服務銷售額的大部分。然而，庫克在不斷增長的應用程式經濟中看到一個商機，即藉由經銷過渡到製作應用程式，好賺進更多鈔票。

音樂服務將成為他在前任革命性發明的基礎上建立新帝國的試驗案例。

二〇一五年初夏，工程師與設計師因為音樂服務倍感壓力。他們交付一款可用產品的最後期限是六月初，然而隨著時間的流逝，這款應用程式的許多方面都還無法順利運轉。

雷澤諾支持一項名為「連接」（Connect）的功能，讓藝術家能夠直接與他們的粉絲分享歌曲、照片與影片。他和同事們認為這個內建的社群媒體網絡將能讓他們的服務「蘋果音樂」（Apple Music）與串流媒體最大參與者 Spotify 區隔出來。然而，這在蘋果內部引起不安，因為蘋果公司在二〇一〇年推出的社群網絡 iTunes Ping 就是因為受到假帳號與垃圾郵件困擾而終止服務。過去的經驗讓蘋果高層變得更謹慎，不願意在連接功能上啟用社群對話。這個決定令 Beats 團隊的一些人擔心內容不夠豐富，無法使該功能物有所值。這種不同的看法也讓人們擔心該功能會失敗。

與此同時，Beats 的工程師群正在適應蘋果公司獨家使用的專有編碼語言。在開發之前的應用程式時，他們採用了一種在應用程式開發人員中廣泛使用的編碼語言，但蘋果公司希望使用一種類似於該公司開發 iTunes 時使用的專用編碼。Beats 工程師群認為它加載功能的速度比他們原本的應用程式還慢，因此正在努力尋求解決之道。

艾歐文也面臨了類似的壓力。這位長期的唱片公司高級主管負責確保蘋果與唱片公司敲定所需的授權合約，以便在推出時提供完整的音樂目錄。談判遭受挑戰，因為蘋果公司打算為該服務提供三個月的免費試用期，並希望唱片公司與它一起放棄任何授權費用。蘋果的說詞是，如果唱片公司放棄三個月的授權費用，蘋果將能帶來數百萬新訂閱者，這些訂閱者將聽更多歌曲，讓蘋果將更多錢返還給唱片公司與藝人。雖然像索尼與環球這類大型唱片公司同意這項交易，但獨立唱片公司卻拒絕了，這讓蘋果公司沒有來自愛黛兒（Adele）和電台司令（Radiohead）等流行歌手的音樂。他們的缺席可能為蘋果音樂的發布蒙上陰影，使人們對蘋果音樂欠缺之物、而非它已具備的東西產生了懷疑。

發布會前兩天，應用程式還沒有完成，交易也尚未談妥。每個人都很緊張，都對一個問題感到不安：這能成功嗎？

六月初一個溫暖、陽光明媚的早晨，五千多名軟體開發人員蹣跚地走向舊金山莫斯康展覽中心，他們的背包與肩包裡裝著沉重的筆電，脖子上掛著識別證。展覽中心外部兩層樓高的蘋果公司白色商標好比燈塔，召喚著他們進去參加三個小時的軟體展示活動。

庫克在信徒面前做了一個滿是承諾的簡報，引來了掌聲、口哨聲、歡呼聲與嚎叫聲。信徒們被蘋果的咒語所迷惑，他昂首闊步走過舞台，又承諾了「一件事」。這是一年中他第二次使用賈伯斯的神奇措辭。不過這一次，他的召喚是為了一個自己創造的孩子，這個東西是他買的，也是蘋果公司打造的。

「你們都知道，我們熱愛音樂，」他說。「而音樂是我們生活與文化的一個重要組成。」

他的話遮掩了蘋果失去的東西。十年前，賈伯斯曾在同一個舞台上推出 iTunes 音樂商店，讓人們購買數位音樂。這項創新的服務徹底改變了音樂產業，也讓蘋果成為文化先鋒。隨之而來的是數十億美元的銷售額與數百萬的客戶。這樣的成功讓蘋果公司沾沾自喜，而 Spotify 則引領了另一波顛覆浪潮，以讓顧客繳交月費便可獲取幾乎無限的歌曲目錄的方式，造成蘋果客戶大舉流失。庫克與會場觀眾都知道，蘋果作為音樂產業領導者的地位早已不再。它需要採取第二次行動。

賈伯斯以創新引領潮流，庫克則是模仿。他說，蘋果將推出自己類似 Spotify 的訂閱服務，名為蘋果音樂，並表示「它將永遠改變你體驗音樂的方式。」他請比他更具音樂背景的艾歐文上台說明。

艾歐文穿著一件絲網絹印的自由女神像圓領上衣上了台，這上衣圖案是對他的女友，即英國模特兒莉波蒂．羅斯（Liberty Ross）的致意。這位身材矮小的音樂大亨，在演講時展現了他的自發性與源源不絕的能量，他帶有濃厚鼻音的布魯克林腔，將聽眾帶入一九七〇年代的紐約。精明幹練的他聲稱，自己通常不為公開演講做什麼準備，但形象至上的蘋果公司讓艾歐文帶著劇本上台，把他的談話風格變成了一段宛如有聲書的獨白。在回憶十年前賈伯斯對 iTunes 的介紹時，他直截了當地告訴觀眾，他對這個服務的第一印象是：「哇！這些廣告是真的。這些人的想法果然與眾不同。」

對那些習慣艾歐文平日生動活潑風格的人來說，照本宣科的演講似乎不太真實。當他注視著面前數千名觀眾時，他顯得既沒把握又不自在。

「科技與藝術是可以結合在一起的，」他照著提詞器指示說道。「至少在蘋果公司確實如此，」他補充道。

他說，蘋果音樂是不一樣的，因為播放清單的歌曲將由真人策劃，而非演算法的結果。「試著想想，你正處於一個特殊時刻、你在鍛鍊身體、或是其他特殊時刻。」他停頓了一下，看向坐在舞台附近的長期商業夥伴德瑞。

「對的，德瑞，」他眨了眨眼睛說。他回頭看了看觀眾。他說：「他經常運動。」然後停頓了很久，讓觀眾明白他指的是德瑞活躍的性生活。當觀眾開始大笑時，艾歐文也咧嘴笑了起來。「你的心臟跳得很快，」他繼續笑著說道，現在每個人都知道是在開玩笑。「你正準備加快速度，下一首歌開始了。」

「啊！」他大喊道。「完全破壞氣氛！」

艾歐文解釋說，播放清單中歌曲銜接不好，大多是演算法造成的。蘋果音樂就像 Beats Music 一樣，由真人策劃播放清單，如此一來每首歌曲都會以前一首為基礎開展。然而，觀眾對此顯得無動於衷。

該年六月，當蘋果公司大力推廣新推出的音樂服務時，流行歌手泰勒絲（Taylor Swift）正在歐洲巡演。她收到一位樂界友人的簡訊，附上一張蘋果音樂合約的圖片，提到藝人的報酬為零。她很生氣，在半夜寫了一封信，第二天一早貼在自己的網站上：

致蘋果公司，愛你的泰勒絲

……我相信你們知道蘋果音樂將向任何註冊的服務使用者提供三個月的免費試用期。但我不確定你們是否知道，蘋果音樂在這三個月裡並不會支付作曲家、製作人或藝人任何費用。這讓我大感震驚，也非常失望，這完全不像是這家歷來進步、慷慨的公司會有的作為。

……恕我直言，現在改變這個政策，改變那些深受此事負面影響的音樂業界人士的想法，還為時不晚。我們不要求你提供免費的 iPhone。請不要要求我們無償為你提供我們的音樂。

泰勒絲

那個父親節的早晨，艾歐文在南加州的家中醒來，收到一則附上泰勒絲網站連結的訊息。他點擊查看，發現信中尖銳批評了蘋果新推出的音樂服務，因為它預計在三個月免費試用期內不向藝人支付費用。泰勒絲隸屬於史考特．波切塔（Scott Borchetta）所領導大機器唱片集團（Big Machine Label Group）下的一間獨立唱片公司，該公司實際上一直在與艾歐文協商，確保旗下藝人在將歌曲授權給蘋果音樂之前能獲得報酬。在泰勒絲公開表態之前，雙方尚未達成協議。

艾歐文無法忽視她尖刻的抱怨：我們沒要求你們提供免費 iPhone，請不要要求我們提供免費音樂。

他馬上打電話給波切塔。「這是什麼？」他問道，聲音提高了八度。「這封信是什麼？」

「她剛剛才傳給我看，」波切塔說。「我沒要她這樣做。但她確實有理。」

艾歐文停了一下，然後說：「讓我打電話給特倫特。」他掛了電話，打給雷澤諾，解釋了泰勒絲的信。這位九寸釘樂團的負責人對泰勒絲的觀點表示讚賞。很快，艾歐文與庫伊通了電話，庫伊對於蘋果公司大舉推出的新產品被音樂界知名人物諷刺感到震驚。他擔心公司以服務為中心的新策略，會在起飛前就被剪掉翅膀。

「這是在扯後腿，」庫伊發牢騷道。

他和艾歐文打電話給庫克，討論如何阻止公關危機。庫克認為，泰勒絲的論點是有道理的。他說，蘋果公司應該向藝人支付報酬，並指示庫伊和艾歐文確立條款。他和艾歐文打電話給正在納什維爾參加父親節泳池派對的波切塔，催促這位唱片公司高級主管提出解決方案。他們無視於人們在泳池裡的戲水聲，聽著波切塔告訴他們，蘋果公司需要做正確的事，向藝人支付報酬。否則，它如何將蘋果音樂視為一項對藝人友好的服務來行銷？

「好消息是：你們尚未正式推出，」波切塔表示。「你們有時間處理這個問題。」

「怎麼樣才是正確的費率？」庫伊問道。他指的是串流服務一般為每首播放歌曲支付的金額。

波切塔深吸了一口氣，因為他意識到自己被賦予為整個產業制定費率的權力。當時，Spotify 付給藝人的是每條串流〇．六美分。

「你知道 Spotify 的費率是多少，」波切塔說。「比它高就好。」

這個看似簡單的解決方案，卻因為可能產生無法核算的成本，從而顛覆蘋果音樂的財務狀況。蘋果公司將需要動用手頭的兩千億美元資金，才能支付計畫外的藝人費用。艾歐文與庫伊和庫克協商，獲得了庫克的批准以達成協議。如果他們不投降，就會冒著讓泰勒絲的公開信為其他藝人壯膽的風險，引發對這項服務的抵制。

當日稍後，艾歐文與庫伊安排了一次與波切塔和泰勒絲的電話會議。「泰勒，」庫伊說。「我想讓你知道，我們很認真看待妳的信。我們決定從第一條串流就開始支付費用。」

泰勒絲感謝庫伊抽空與她直接溝通，也感謝他能尊重她的立場。她與波切塔認為這是該產業向前邁出的一大步。

在接下來的日子裡，蘋果公司與包括愛黛兒與電台司令在內的一系列獨立唱片公司簽訂了協議，後來也與波切塔的大機器唱片集團簽約。合約條款從未被披露，但在多年後給唱片公司的一封信中，蘋果公司聲稱它們付給藝人的費用比Spotify高。

庫伊與艾歐文此後一直與泰勒絲保持聯繫。幾個月後，泰勒絲現身蘋果音樂的廣告中，導致一些記者推測泰勒絲的信其實是蘋果公司策劃的宣傳噱頭。但是波切塔、艾歐文及好幾位蘋果音樂的員工，都出面否認這個說法。

「人們認為這好得不能再好，但這次確實是真的。」波切塔多年後在納什維爾表示。「沒有人想讓自己的鞋子沾上這些髒東西。他們正要推出這項新服務。那件事是一場公關噩夢。」

在蘋果公司繼續發展音樂業務之際，庫克發現自己面臨著一系列關於公司傳統硬體業務的關鍵決策。

成為執行長四年後，他仍然不願意參與產品開發。他依舊認為，如果自己試圖模仿賈伯斯，終將會失敗。然而，隨著艾夫逐漸轉向兼職，產品的日常領導工作出現了空缺。庫克的一些高級副手已經開始向他尋求更多指示。

在二〇一五年的一系列討論中，硬體工程師主管丹．里喬（Dan Riccio）向庫克提出了一個家用型揚聲器的計畫，這個揚聲器將倚賴 Siri 語音助手回答問題與播放音樂。亞馬遜推出由語音助理 Alexa 控制的 Echo 裝置，讓這個稱為「智慧音箱」（smart speaker）類別的產品普及化。蘋果公司的工程師花了數年時間探索類似的概念，當中某些人看到他們視為平價購物網站的公司竟推出如此複雜的設備，大感震驚。里喬提議進入這個產品類別，而他的團隊開發出一些智慧音箱的早期概念，可以做出市場上音質最佳的智慧揚聲器。里喬將這個計畫呈交給庫克批准。

在討論過程中，庫克向里喬提出一些問題，例如這款產品可以做什麼，人們會如何使用它等。他最後要求里喬提供更多資訊。由於里喬以為庫克對揚聲器不感興趣，團隊的工作進展就慢了下來。然而就在幾個月後，庫克用電子郵件向里喬發送了一個連結，是一篇有關亞馬遜 Echo 音箱的文章，並詢問蘋果自家揚聲器的發展進度。

里喬的團隊又開始行動起來，加緊進行一個原本被放棄的工作計畫。此時，亞馬遜自己的智慧音箱開始獲得顧客的青睞，銷售量約為三百萬台。亞馬遜的 Echo 似乎有吸引力，正在將蘋果甩至身後。這個事件讓員工產生分歧。有些人看到了耐心與深思熟慮，其他人看到蘋果的機敏年代所沒有的官僚怠惰。賈伯斯憑直覺做決定，為工程師提供堅定快速的指引；庫克則偏好傾聽，並在進行之前蒐集資訊。他罹患了所謂的「分析癱瘓」（Analysis paralysis）。

那一年，iPhone 遇上了發展的十字路口，庫克表現得更加果斷。當時，蘋果公司最重要的產品已陷入了所謂的「滴答循環」（ticktock cycle，新製程-新架構循環）。公司在「滴」一年徹底修改 iPhone 的設計，引發銷售激增，在隨後的「答」年改進設計，此時銷售會下降。這個策略有助於在兩年的時間內分攤勞動力與新機器的成本。然而在這一年，公司的產品路線圖首次要求這個計時戰略錯過一個節拍。

在二〇一四年全面翻新設計推出 iPhone 6 後，蘋果公司計畫於二〇一五年與二〇一六年改進這款手機。由此產生的滴答節奏在公司內部造成壓力，務求在二〇一七年推出引人矚目的產品，而二〇一七年也是 iPhone 問世十週年。

庫克激勵大家提出能夠為產品注入活力的想法。蘋果當時才收購了一家以色列的晶片科技公司 PrimeSense，來自該公司的工程師群提出將電玩主機科技小型化的想法。他們開發的這個系統用相機與感應器來處理使用者的手勢。他們建議將這個九乘三英寸的概念縮小十倍，讓使用者用臉來解鎖他們的手機。臉部辨識技術讓蘋果公司得以拿掉主螢幕鍵（Home 鍵），將手機的螢幕擴大到邊緣（全螢幕手機），讓螢幕像一個無邊無際的泳池般，融入周圍空間。

這是個野心十足的概念，在工程方面需要飛躍式的進展，不過庫克批准了一個將風險降到最低的計畫。PrimeSense 技術將用在銷售價格較高的 iPhone 高階手機上。價差將抵消價格較高的零組件，但也許更重要的是，它會降低市場對該產品的需求，因為許多人擔心這個產品的製造量很難迎合新款 iPhone 約莫三個月內五千萬台的龐大需求量。他們將隨著這款高階手機推出另一款小規模更新的 iPhone 6，藉此滿足超額需求，也作為臉部辨識技術可能失敗的防備措施。這可以說是大師級的風險管理計畫。

即使公司的音樂部門擺脫了泰勒絲風波，新的問題又出現了。消費者和評論家將這個新服務批評得體無完膚。

《華爾街日報》科技評論員喬安娜．斯特恩（Joanna Stern）講得很直白：「我不喜歡蘋果音樂。」她認為它「不夠完善且缺乏簡潔」，把它的清單與目錄比擬為俄羅斯套娃；《紐約時報》說它就像微軟公司會做的東西；科技網站 the Verge 則表示，它「混亂、加載速度慢、設置複雜」；即使是蘋果的長期支持者莫斯伯格在對該服務整合 iTunes 的方式表達贊同的同時，也權衡了自己的評論，承認該服務沒有達到競爭對手的水準。

使用者抱怨，其中一個代表性功能「連結」無法運作。它讓這個應用程式看來比其他同類程式更忙，而且因為許多藝人無法正確使用，造成它能提供的價值相當有限。最後，科技網站發布了如何刪除「連結」功能的指南。在蘋果內部，工程師群則在討論如何取消這項功能。

蘋果音樂在它最引以為傲的領域並未正常發揮：簡潔與美感。該公司的崛起，是因為它創造了直觀的軟體與硬體，讓使用者能大聲說：「它就是好用。」但是在地圖應用程式災難發生三年後，該公司再次高調推出服務，卻未能達到該有的水準。

儘管庫克可能對這些評論不滿意，他還是可以從蘋果音樂的訂閱數字中找到一絲希望。每天都有愈來愈多人簽約試用三個月的產品，當試用期結束時，許多人會成為付費使用者。

蘋果音樂的訂閱量顯示，那些評論並不重要。雖然麻煩不斷（艾歐文在舞台上的掙扎、泰勒絲的攻擊、不利的評論），蘋果音樂仍然起飛了。前 Beats 行銷團隊對庫克野心十足的訂閱目標感到不安，但他們驚奇地看著這個應用程式在五億部 iPhone 上迅速普及開來。三個月的免費試用期帶來了數百萬新客戶，其中有許多人留了下來。它在六個月內達到一千萬付費使用者，這是競爭對手 Spotify 花了六年才達到的里程碑。在一年內，訂閱使用者數將達到兩千萬。

庫克露出笑容。他知道，蘋果公司已經打造出一部經銷機器。

第十五章

chapter 15

會計師

Accountants

擺脫束縛，強尼．艾夫搭上了飛機。他的灣流 GV 噴射機在聖荷西加滿油，於五月飛往夏威夷，六月飛去法國，年底則去了維京群島。這些地點都是艾夫搭乘豪華私人飛機輪流前往的獨家目的地。

從停機坪，他得走幾步路爬上樓梯，進入機艙，裡面有彎曲的白色牆面，鑲著一個個豪華的奶油色皮革座椅。雅致的內裝是賈伯斯訂製設計的，在艾夫眼中，賈伯斯是為數不多和他一樣擁有優雅風格的人之一。

艾夫在賈伯斯去世後，從賈伯斯家人手中買下這架飛機。二〇〇〇年左右，蘋果公司董事會將這架私人飛機當作謝禮送給賈伯斯，感謝他拯救公司免於破產，自此以後，賈伯斯一家一直使用著這架飛機。賈伯斯花了一年多的時間訂製飛機的內裝，堅持一些小細節，例如將機艙內的抛光金屬按鈕換成髮絲紋金屬按鈕。對於曾為飛機內裝設計提供意見的艾夫來說，這些要求嚴格的妝點在在讓他想起那個以高標準改變世界的賈伯斯。

蘋果手錶發布後，艾夫想逃離庫比蒂諾帶給他的疲憊。他的兼職協議允許他藉由旅行來療傷，而他的副手們則負責管理數百名在蘋果公司從事工業設計與軟體設計的員工。艾夫持續關注著正在進行的工作，但大部分時間都不會參與定義了他二十年生活的工作室週會。當他的工業設計師與軟體設計師爭論著未來產品的曲線和顏色時，他在考艾島的莊園裡休養生息，或是在法國里維埃拉的湛藍海岸邊消磨時光。

回到舊金山後，他監控著自家太平洋高地豪宅正在進行的翻新工作。負責蘋果公司新園區的福斯特建築事務所團隊為這個整修案制定計畫，將這座價值一千七百萬美元、有四間臥室與七間浴室的房屋改造成更適合他、海瑟與他們兩個兒子的空間。在工程期間，他有時會在舊金山市中心的 Battery 俱樂部打發時間，這是一間矽谷菁英雲集的高級社交俱樂部。他不再去自己曾向賈伯斯展示 iPhone 原型機的設計工作室開會，而是偶爾將設計師召集到距離庫比蒂諾四十七英里的俱樂部進行不定期會議，以便及時了解蘋果公司正在進行的計畫。

他在參與與不參與、在場與缺席、負責但不完全負責之間切換著自己的角色。他再一次掌控了自己的時間。

隨著艾夫逐漸遠離，泰坦汽車計畫的工作開始加速進行。蘋果公司僱用了數百名在電池與攝影機、機器學習及數學方面具有專長的工程師和學者。他們被為公司開發出下一款偉大產品的承諾吸引，這款產品將迅速超越底特律，改造世界。

新進員工被安排在加州森尼韋爾（Sunnyvale）幾間不起眼的倉庫裡工作，這是一個絕對保密的新前哨。他們參與了蘋果公司有史以來最複雜的計畫，其複雜度媲美國家航空暨太空總署的登月計畫。為了成功，他們需要開發一個操作系統，它要能處理來自攝影機與感應器的資訊，進而提供外部世界的多維圖像並決定汽車該如何行進。汽車本身將需要複雜的電池單元，驅動數百英里的行駛距離。團隊還需要定義客戶體驗：坐在裡面會是什麼感覺？

早期進入自動駕駛汽車領域的企業採取的是零散處理的方式。產業領導者谷歌公司將製作操作系統置於汽車製造之上。該公司投注大量時間，逐漸改進一個系統，讓小型貨車能夠在鳳凰城的街道上自動駕駛；特斯拉公司專注於製造電動汽車，提供有限的自動駕駛能力。蘋果公司的領導階層希望能開發出一個自動駕駛系統，同時也要製造出電動汽車。

這個計畫由工業設計團隊主導。艾夫與他的團隊成員開始前往洛杉磯，那裡有許多極具影響力的汽車設計工作室，為最終能夠上路的汽車開發概念。他們談論自己對車輛的喜好與厭惡之處，勾勒想法，並評估如何以更動態的形式擴大他們的特徵曲線。

雖然艾夫不再全職工作，由於他作為蘋果公司時尚領頭人的角色，使他在計畫中仍擁有極大的發言權。他對汽車有強烈的個人意見，這源於他多年來對周圍汽車的研究。年輕時，他曾與父親一起修復一輛奧斯汀希利小精靈老爺車（Austin-Healey Sprite）。成年後，他蒐集了一車庫的汽車，其中許多是英國製造，包括一台奧斯頓馬丁 DB4（Aston Martin DB4），以及一台賓利歐陸 S3（Bentley Continental S3）。他對汽車的個人意見如此強烈，甚至曾對一輛飯店派去接他的賓士 S-Class 轎車感到憤怒，因為他不喜歡汽車製造商把車架（car frame）繞著看後輪的方式。在他看來，這個線條不符合形式。

艾夫希望蘋果製造出一輛完全自動駕駛的汽車，配備語音助手，不需要司機。他的願景與硬體主管丹．里喬及其產品設計師的觀點不同。他們傾向於打造一輛半自動電動汽車，在自動駕駛與被駕駛之間交替，如同特斯拉的汽車。在他們的設想中，蘋果公司對特斯拉與汽車產業所做的，就像它對諾基亞與手機所做的一樣：比其他公司更晚進入產業，但因為卓越先進的技術而能迅速主導市場。

在爭論逐漸升溫之際，工業設計團隊也著手研究原型概念。他們想像了一個沒有方向盤的汽車內部。他們認為，如果汽車不需要司機，為何要包括方向盤？他們把汽車座艙改造成一間休息室，四張座椅面對面，而不是全部朝向前方。他們討論了材料，並考慮可以調整天窗顏色的玻璃，以減少加州陽光帶來的熱量。他們想像機械門會無聲無息地關上。他們要求透明的窗戶，這種窗戶可以增強擴增實境的展示，在玻璃窗上疊加餐廳或街道的名稱。

他們都很懷念一九八〇年代在日本大行其道的豐田公司極簡主義廂型車。這款車有微妙的角度，界定出它方方正正的外型，有角度的擋風玻璃不同於市場上的任何其他設計。蘋果的設計師以這種設計為靈感，模擬出一台蘋果的迷你廂型車，並以他們著名的貝茲角柔化了矩形的極簡主義。在工程師看來，它就像一顆有輪子的蛋，沒有角度或邊緣，彷彿一個滾動的曲線艙。

正如他們多年來的做法，設計團隊設定的規格比市場上大多數汽車都來得更嚴格。他們想要一輛幾乎看不見感應器的汽車，這個要求迫使蘋果工程師開始開發自己的光學雷達技術，因為當時許多可用的感應器被設置於車頂，看來就像一座難看的監獄監視塔。

二〇一五年秋季的某一天，艾夫在森尼韋爾與庫克碰面，向庫克展示他對汽車工作原理的設想。在他的想像中，這輛車將由語音控制，乘客坐進去之後，只要告訴Siri他們想去哪裡就好。這兩位高階主管鑽進了一個類似休息室的車廂內裝原型，舒舒服服地坐了上去。在車外，一名演員扮演Siri，朗讀為這場幻想展示寫下的劇本。當那輛想像中的汽車向前疾駛時，艾夫假裝從車窗往外看。

「嘿，Siri，我們剛剛經過的那家餐廳是什麼？」他問道。

車外的演員回應道。之後，這兩位高階主管又與Siri進行了幾次交流。

之後，艾夫一臉滿意地走出車廂，好似未來比他想像的還要美好。他似乎沒有注意到在場觀望的工程師，其中有些人非常憂慮，覺得這個計畫就像這場展示一樣是虛構的，進展很快，但距離最終目的地還很遙遠。

每個月，蘋果的未來新園區都懇求著艾夫的關注。他會離開舊金山，前往庫比蒂諾，看看基地那個正在成形的洞。

賈伯斯曾夢想在蘋果公司的新總部設置一個活動空間，讓它成為該公司科技奇觀的主場地。在他去世前，他曾打算以地下隧道將這個空間與主建築連接起來，創造一條從他的辦公室通往舞台的地下通道。漸漸地，計畫改變了，它變成一個坐落在山丘上的精緻劇院，距離主園區約四分之一英里，從劇院可以看到丘陵地起起伏伏點綴著果樹與橡樹的景觀。將賈伯斯意圖付諸實踐的任務落在艾夫身上。

計畫中的劇院有二十二英尺高的圓形玻璃牆，上方為碳纖屋頂，看起來像是一個飛碟。為了保持屋頂懸浮的錯覺，玻璃牆不能有柱子，因此建築師必須想辦法將電力線、灑水管線等隱藏在玻璃板之間的接縫裡。屋頂相當於四十四艘碳纖遊艇的船體，用螺栓連接成一個八千磅重的銀色圓圈。這些都將以噴砂的方式處理成MacBook的光澤。它將坐落在一個陽光充足、有水磨石地板的空間裡，感覺就像個露天涼亭。禮堂將設在地底下，可以從兩個彎曲的樓梯進入。

艾夫熱中於確保劇院內部設計完美無缺。為了劇院的座椅，福斯特建築事務所的建築師從世界各地的製革廠找來了幾十種皮革樣本。艾夫就像處理錶帶時一樣，檢查了每一塊樣本。在選中常用於法拉利跑車的Poltrona Frau皮革之前，他一直在尋找適當的柔軟度與平滑度。他後來又仔細考慮了各種顏色的選擇，為劇場裡的兩千個座位選出洽當的顏色，最後選中帶著紅色調的焦糖色。每張座椅的造價為一萬四千美元，但就像賈伯斯一樣，艾夫拒絕將好品味與金錢劃上等號。

座椅的下方為一排排橡木地板。在選擇木材時，福斯特建築事務所從世界各地訂購了數百個三英寸寬、四英寸長的橡木樣本。艾夫同樣也來評估了每一塊樣本，詢問隨著時間推移，清潔與維護將如何影響這些木材的外觀。他最後挑中了來自捷克的橡木。他想讓木材稍微彎曲，形成不易察覺的曲線，朝著舞台彎曲，這個要求只能以客製的設計工序才能滿足。建築師打造了一個十乘十二英尺的劇場原型，並配備皮革座椅，供艾夫體驗與批准。

艾夫發現建築案的工作令人振奮。大多數決定都是新穎且與眾不同的，不像為**iPhone**、**iPad**或**Mac**進行漸進式更新時精煉曲線與選擇材料那般枯燥反覆。他非常喜歡發揮自己的創造性，也參與了芝加哥與巴黎等大城市蘋果直營店的改造與發展。他與阿倫茲一起和建築師合作，將直營店改造成他們口中的「城市廣場」，消費者不但可以在這裡購物，也可以聚在一起參加蘋果產品的課程、看電影與打發時間。他們採用了蘋果新園區的許多概念，尤其是透明玻璃。如此一來，蘋果旗下的不動產全都有了統一的架構感，這是賈伯斯離開後的第一次重大革新。

在重塑直營店的過程中，艾夫曾為阿倫茲的一個計畫擔任過顧問，阿倫茲想出這個計畫以進一步拓展蘋果在中國的業務。她想引進一支巴士車隊，成為蘋果的行動商店，在這個世界上人口最多的國家巡迴，前往蘋果公司未設點的城鎮銷售

iPhone。這個計畫要求這些巴士每晚返回一個車站，在車站裡清洗後，隔天再進行調度。

阿倫茲團隊的一些成員嘲笑說，請世界上最棒的設計師來設計高級灰狗巴士，著實荒謬。

建築與汽車方面的工作，以及對 iPhone、iPad 與 Mac 的更新檢視，確實維持著艾夫對蘋果的投入，但是偶爾也有跡象顯示，他對公司的影響力正在減弱。

十月，庫克任命詹姆斯．貝爾（James Bell）為蘋果公司八人董事會的成員。這個任命解決了全白人董事會缺乏多元性的問題，這位經驗豐富的黑人高階主管曾擔任波音公司的財務長。長期持有蘋果股票的傑西．傑克遜牧師（Reverend Jesse Jackson）多年來一直向該公司施壓，要求任命一位黑人董事會成員，他甚至出席該公司的年度股東大會，告訴來自阿拉巴馬州的庫克，「從塞爾瑪（Selma）[1]到矽谷有一條不間斷的線——都是爭取平等、人權與經濟公平的漫長旅程的一部分。」這些攻擊促使自稱多元性捍衛者的庫克尋找黑人候選人，但選擇貝爾卻激怒了他的明星設計師。

艾夫支持董事會多元化，但貝爾填補的是即將離任的米奇・德雷克斯勒（Mickey Drexler）的空缺，德雷克斯勒是艾夫的長期密友，艾夫相信德雷克斯勒能了解賈伯斯灌輸給公司的行銷與品味理念。正如賈伯斯憑直覺經營蘋果公司，德雷克斯勒在蓋璞（Gap）與 J. Crew 任職期間同樣倚賴自己的直覺，識別並押注時尚潮流，讓這兩家公司成為零售業巨頭。他的離開意味著董事會失去了一位擁有十多年經驗、天生行銷敏感度且善於傾聽艾夫這類創意人的董事。庫克安排了一位在營運與財務方面有經驗的董事來代替他。這是幾年來庫克第二次選擇了一個經營者而非天生的行銷者。二〇一四年，蘋果公司長期的董事、也是賈伯斯密友的比爾・坎貝爾（Bill Campbell）辭職後，庫克啟用貝萊德投信（BlackRock）的營運長蘇姍・瓦格納（Susan Wagner）取代了他。瓦格納與貝爾讓董事會的專業知識平衡往營運傾斜。

這個變化令艾夫感到不安。他向同事與友人抱怨說，庫克應該讓賈伯斯遺孀羅琳或其他熟悉賈伯斯的人進入董事會。他認為，庫克至少可以選擇一個具有行銷意識的人。與艾夫交談的一位同事為貝爾辯護。「他屬於代表性不足的少數群體，」

1. 編注：位於阿拉巴馬州的市鎮，在現代最著名的是一九六五由金恩博士和南方基督教領袖會議等團體主導、從塞爾瑪市走到首府蒙哥馬利市的遊行活動。

這位同事說。「他的名聲很好。」

「誰在乎這個？」艾夫說。「我們必須關心公司的狀況。他是另一名會計師。」

自那一刻起，艾夫對公司前景的擔憂超越了他對多元性的擔憂。他自稱是革新主義者，在就讀高中時曾在柴契爾夫人治理的英國公開討論女性主義議題。他特別希望看到更多女性進入董事會。但在蘋果公司，在他看來，保護賈伯斯的遺產與維護蘋果公司的創新意識才是最重要的。他告訴其他人，蘋果前任財務長奧本海默認同他的看法，董事會需要在具有創造力與商業頭腦的成員之間取得平衡。

在他表面的沮喪之下還有另一個讓他不舒服之處：他沒能影響董事會的人選。當賈伯斯領導公司時，這位執行長會傾聽艾夫的聲音。艾夫與賈伯斯在定期午餐聚會中討論未來的計畫與業務狀況。艾夫的意見很重要，也影響了關於公司未來的重大商業決策。庫克上台後，很少造訪設計工作室，艾夫的影響力也被減弱了。庫克在大多數事務上的參謀是他長期以來的營運副手威廉斯，以及財務長梅斯特里。艾夫從影響者變成觀察者，他選擇從日常營運中抽身，也讓他更加邊緣化。

對艾夫來說，失去賈伯斯的傷痛未曾消失。每到十月賈伯斯的忌日，這種傷痛就會折磨著他。二〇一五年秋天，索尼公司計劃發行一部關於這位已故執行長的傳記電影。這部電影讓遺孀羅琳痛苦不已。這部電影改編自艾薩克森的傳記，她並不喜歡這部作品，而且電影把重點放在賈伯斯否認他與第一個女兒麗莎．布倫南－賈伯斯（Lisa Brennan-Jobs）的親子關係，這可能會玷汙她已故丈夫的名聲。在電影開拍前，她試圖勸阻演員李奧納多．狄卡皮歐（Leonardo DiCaprio）演出這部電影，阻礙拍攝計畫。

就在賈伯斯逝世一週年後的幾天，艾夫在比佛利山莊參加了《浮華世界》雜誌舉辦的新銳企業峰會（New Establishment Summit），與《星際大戰：原力覺醒》的導演J．J．亞伯拉罕（J. J. Abrams）與《美麗境界》聯合製片布萊恩．葛瑟（Brian Grazer）共同登台主持一個明星座談會。艾夫坐在舞台上的淺灰色安樂椅上，把麂皮袋鼠鞋踢開，以為這會是一次輕鬆的談話。

他與坐在他左邊的亞伯拉罕成了朋友與創意繆思。艾夫告訴《紐約客》，他曾在晚餐時建議亞伯拉罕將未來星際大戰的光劍做得「更糙」，讓光劍表面變得不均勻，賦予更原始和更具威脅性的感覺。這是亞伯拉罕覺得有必要嘗試的視覺概念，結果就是反派凱羅．忍（Kylo Ren）手上那把威脅性十足的光劍。

葛瑟主持了設計師與導演之間關於創作過程複雜性的討論。在觀眾提問時間，一位身穿西裝的男子走到禮堂中央的麥克風前。

「強尼，我想知道你是否能談談賈伯斯電影的家庭工業（Cottage Industry）？」他說。「你看過賈伯斯那部電影了嗎？你會去看嗎？還有，你對於新興的世界有什麼感覺？」

艾夫身體猛然向前，瞪著提問者。「這是我聽過最動聽的形容，」他不假思索地說。他在座位上動了動，揚起眉毛。「家庭工業，」他嘲笑道。他盯著觀眾，帶著幾分挖苦的口氣說，「你是說涉及索尼公司的那個？」

「我能說的太多了，」他說。他沒看過這部電影，但對它感到非常困擾。

「這是我最根本的恐懼，而且對我的觸動很深，因為你如何被定義及描繪，可能會被那些抱持與你親友相異目的之人所劫持，」他說。「我真的不知道還能說什麼。」

他把雙手放在椅子的扶手上，做出失敗的姿態。

「他的子女與遺孀、以及親密友人對此感到非常困惑與生氣，」他說。「我們緬懷著史蒂夫的一生，同時，精心編排的電影上映了，但我卻完全不認識這個人。

很抱歉我聽起來有點不爽，我只是覺得太難過了。因為，你知道，他這個人當然有他的成功與他的悲劇，就像我們所有人一樣，但是他和我們大多數人不一樣，他的身分是被一大堆其他人所描述、定義的。」

艾夫抓著他的左膝，有些難為情地將右腿塞到左腿下面，好像要把自己的情緒收回原來的地方。他很少在舞台上如此情緒外放，但這個問題讓他情緒爆發了。他身邊的蘋果公司正在改變，這讓他以從未想像過的方式，思念著他的友人與創意夥伴。

在遠離加州的紐約，一位博物館研究員正在仔細思考人們對手工製品的看重程度更甚於機器製品的狀況。

安德魯·博爾頓（Andrew Bolton）認為，社會自動將手工製品定義為具有獨特性的奢侈品，而將機器製品認定為商品化的平庸產品，這樣的想法是過時的。作為大都會藝術博物館服裝研究所的領導者，他想要藉由一個展覽來挑戰那些先入為主的觀念，迫使人們問：我能分辨出箇中差異嗎？

博爾頓在十年前進入大都會藝術博物館，是時尚界最具影響力的說書人。一般認為，他的主題展覽提升了一個介於藝術與商業交匯處的產業。他的工作為他贏得參加每一場大型時裝秀的機會。那年七月，他受到香奈兒巴黎時裝秀的啟發，在那裡看到一名懷孕的模特兒身穿合成潛水衣面料製作的白色婚紗，帶著二十英尺像素化的金色裙擺，從伸展台上飄然而下。這名模特兒看起來就像是從荷蘭大師揚·范艾克（Jan van Eyck）的畫中走出來一樣，用機器製造的合成橡膠材料與手工縫製的裙擺，挑戰量身訂製的時尚概念。這件洋裝是人與機器的實際展現。

博爾頓想用這個概念作為博物館最重要活動，即時尚盛會 Met Gala 的主題。每年五月，博物館會推出新的展覽，並同時舉辦由《時尚》雜誌總編安娜·溫圖主導的年度募款活動。在溫圖的領導下，Met Gala 已成為一年中雲集最多菁英的社交聚會。模特兒、執行長、藝術家、演員、運動員等在攝影師的鏡頭下走過紅毯。

當博爾頓告訴溫圖他的想法與展覽名稱「手作工藝與機器」（Manus × Machina）時，她馬上想到了艾夫。她打電話給艾夫，詢問蘋果公司是否有興趣贊助這次晚會。博爾頓挑戰機器製造與手工製作觀念的想法馬上引起了艾夫的共鳴，他一輩子都在嘗試將手工製作的細膩度加諸於大規模生產的產品。他認為，這場展覽是擴大蘋果手錶與時尚界聯繫的完美方式。他向庫克提出估計超過三百萬美元的贊助，並得到了這位執行長的祝福。

該年秋天，艾夫邀請博爾頓與溫圖前往庫比蒂諾參觀工作室並討論展覽。他們於十月下旬抵達，看到的是一個整潔的工作室空間，設計師群正專注於描繪草圖和原型製作。艾夫把客人帶到工作室與腰齊高的橡木桌旁，薄薄的黑布掩蓋了設計師的概念雛形。他來到一個存放手錶的地方，開始向他們介紹設計團隊的最新作品，與具有一百七十五年歷史的時尚品牌愛馬仕合作的特別版。

艾夫解釋說，這個合作關係是在巴黎共進午餐時誕生的。蘋果手錶於蔻蕾精品店首次亮相後不久，他就安排與愛馬仕執行長會面，並提出合作開發未來手錶的想法。合作成果結合了蘋果公司的不鏽鋼錶殼與愛馬仕的皮革錶帶，這個錶帶是鞣革工人以一種傳承了數十年的祕密工藝製造出來的。這款手錶可以說是新科技與古老工藝的結合。

參觀結束後，博爾頓與溫圖向設計師群致詞，並討論即將舉行的展覽。博爾頓分享了即將在展覽中展出的服裝照片，溫圖則回答了他們有關時尚未來的問題。在一旁聽著的博爾頓，對於科技與時尚設計師之間的相似性感到震驚。雖然他們在不同的領域中操作，但這兩個學科的從業者都傾注了無數的時間，來製作注定要被淘汰的東西。時裝秀上最令人驚豔的作品，在一年後就會被淘汰，為新風格所取代；最令人著迷的 iPhone 很快就會被更快的晶片和更好的相機顛覆。兩個世界的艾夫們與拉格斐們，都將他們的生命奉獻給對下一件新事物的追求。

隨著 Met Gala 的到來，艾夫對蘋果手錶的未來充滿了信心。科技與時尚正在融合，蘋果公司藉由這款手錶，將自己定位在這種文化碰撞的最前沿，就像多年前的 iPod 與音樂一樣。他沒有理會同事們對手錶銷售情況的擔憂。他相信，只要蘋果改善手錶的電池壽命並增加健康功能，銷售量就會增加。他覺得沒有必要為了這需要多長時間而煩惱。

然而，在行政樓層的深處，庫克對艾夫的做法並不是那麼信服。艾夫專注於時尚的行銷策略有其缺陷，這一直讓庫克感到苦惱。隨著未來健身推廣計畫的發展，庫克決定徹底改革公司的行銷與銷售團隊。他解除了席勒對蘋果手錶廣告團隊的監督，儘管行銷人員與 TBWA\Media Arts Lab 合作，憑藉著展示 iPhone 拍攝照片的廣告牌活動在坎城贏得最高獎項。他還核准了手錶發布策略的創作者——蘋果公司從聖羅蘭挖來的德內夫離職。席勒將在管理應用程式商店（App Store）方面承擔了更多責任，而德內夫則決定離開，可能重返時尚界。這兩位高階主管在推出蘋果手錶這款產品時都扮演了核心角色，卻未能達到庫克的預期。

艾夫對此並不知情，但 Met Gala 將是蘋果最後一次上伸展台。他協助塑造的這家公司，正在以他自己都看不到的方式發生變化。

第十六章

chapter 16

安全性

Security

二〇一五年十二月的一個清晨，來自加州聖博納迪諾郡公共衛生局大約八十名工作人員排隊進入當地的一座市政大樓，進行為期一天的培訓與團隊建立活動。其中有辦公室助理與臨床醫師，數據分析師與衛生稽查員，母親、父親、兄弟與姊妹。他們在一間中規中矩的政府會議室裡落座，角落有棵聖誕樹，閃耀著節日的歡樂。

在上午休息時間之前，其中一位同事里茲萬．法魯克（Rizwan Farook）離開了房間。過沒多久，門打開了，他戴著黑色面具，揮舞著一支自動步槍返回。他走進房間裡開槍。砰。砰。砰。

會議室中有些人衝向出口，其他則趴到地板上，在桌子下尋找掩護。第二名槍手，也就是法魯克的妻子，衝進屋內，加入向房間掃射的行列，子彈打穿了牆壁、窗戶與一個灑水管。攻擊還在繼續，天花板上的水噴湧而出。

有人打了九一一報警，警方小心翼翼地進入大樓。他們在灑水器的嘶嘶聲中前進，看到散落在地上的屍體。他們穿過房間，卻發現槍手已經消失。

在醫護人員照護傷者的同時，警官從倖存者口中得知蒙面槍手是法魯克。調查人員確定，這位美國出生的巴基斯坦裔租了一輛黑色休旅車，並追蹤到附近的一個小鎮。該地區的警察在住宅區的一條街道上發現了這輛車。當他們靠近時，法魯克發動引擎，飛速逃跑。他的妻子將槍口對準尾隨的警察，並從後車窗向警察開槍。一輛從相反方向駛來的警察巡邏車迫使法魯克急踩煞車。當法魯克離開駕駛座並開槍抵抗時，他的妻子也向巡邏車開槍。一百五十多名警察趕到現場，發射了幾百發子彈，殺死了法魯克和他的妻子。

槍聲停止後，調查人員清理了犯罪現場。在這場造成十四人死亡的槍擊事件發生之前，他的妻子曾在一則臉書貼文中宣誓效忠伊斯蘭國。探員在休旅車中發現了一些電子用品，其中包括一部 iPhone，這是數位時代的指紋。他們希望它能解釋那天的混亂與暴力。

第二天，布魯斯·休厄爾在健身房運動時，有線電視新聞繼續報導著灣區以南四百英里處發生的恐怖份子槍擊事件。手機響起，這位蘋果公司的法務長離開呼呼作響的健身器材。他找了個安靜的地方，聽著公司二十四小時執法服務台的員工告訴他，聯邦調查局想馬上跟他通話。

沒幾分鐘，休厄爾便與一名探員通了電話，這位探員講述了前一天的事件，並丟出一個新難題：一份搜查令讓政府找到藏在法魯克車中的一部 iPhone。探員希望蘋果公司能提供協助解鎖手機，以便執法人員確認槍手是否屬於一個計畫進行更多攻擊的恐怖組織。他們得迅速行動。

休厄爾打電話給庫克。這位執行長從法務長的語氣察覺事情有些不對勁。休厄爾的行事風格通常冷靜且有分寸，這種穩重的態度來自他上法學院之前曾擔任消防員的經驗。他實際上過的火場夠多，法律上的火災很少讓他慌亂。但當他轉述聯邦調查局發現了一部疑似槍手的 iPhone 時，他的聲音在顫抖。

他說，蘋果公司的執法聯絡員是按照規約行事。他們向聯邦調查局提供了獲取權限的選項，並明確表示蘋果將提供遠端技術支援，解釋公司的軟體，不過拒絕直接參與從設備上取得資訊。根據公司政策，它不能解鎖手機。

這個政策是有爭議的。隨著行動設備成為健康資訊與通訊等敏感數據的中心，工程師也加強了安全與加密，保護使用者免受駭客攻擊。同時，執法部門希望有更多機會接觸到可能帶有詳細資訊的手機，以解決犯罪和拯救生命。蘋果公司要保護使用者利益，聯邦調查局要保護社群利益，兩者之間的矛盾愈益加劇。二〇一四年，蘋果公司推出了防止任何人在沒有密碼或指紋的情況下解鎖 iPhone 的功能，此後兩者間的摩擦更為頻繁。警察與檢察官認為該功能將隱私置於公共安全之上，讓犯罪份子之間通訊的風險降低，進而減少通訊內容被送上法庭的情形。執法部門將這個尷尬的處境稱為「黑暗將至」（going dark）。

在聖博納迪諾郡槍擊案發生後，休厄爾聽說聖博納迪諾郡發回聯邦調查局沒收的 **iPhone 5c**，這讓他大受鼓舞。這部手機允許衛生部門控制其使用的軟體，因此郡政府可能不需要蘋果公司的幫助，就能獲得該設備的使用權。政府也可以進入法魯克的 **iCloud** 帳號，他可能在那裡將手機備份到蘋果公司的數位儲存服務。雖然蘋果公司不會解鎖手機，但它會解密雲端服務的備份，並根據傳票交出訊息和照片。蘋果公司並未告知客戶這項細節，但曾向執法部門宣傳。這個安全漏洞讓手機存取觸手可及。

但在接下來的日子裡，蘋果公司和聯邦調查局想快速解決此事的樂觀態度破滅了。聯邦調查局進入 iCloud 帳號時發現，槍手最後一次備份手機是在好幾個月前。它們還發現，該郡使用的軟體管理系統尚未完全實施，導致聯邦調查局無法利用這個系統來存取手機。發出搜索令確實助其取得一些電子郵件與訊息，但這些通信內容無法提供突破點。他們尋找的答案仍在手機裡。

一月初，在槍擊案發生近一個月後，庫克來到位於聖荷西的美國專利及商標局，與來自華盛頓特區的代表團會面，其中包括聯邦調查局局長詹姆士．柯米（James Comey）、司法部長洛麗泰．林奇（Loretta Lynch）與白宮幕僚長丹尼斯．麥克多諾（Denis McDonough）。歐巴馬政府代表在矽谷鼓勵臉書、谷歌與其他社群媒體服務刪除激化恐怖份子的伊斯蘭國訊息。柯米還想討論讓刑事調查複雜化的加密通訊服務。在史諾登（Edward Snowden）洩漏的文件顯示科技公司幫助國家安全局監視美國人之後，政府與科技巨頭之間的關係已經惡化。公眾反擊的後座力讓跨國公司變得疏遠，甚至敵對。歐巴馬政府希望重新開始。

iPhone 的持續強勢與蘋果音樂的迅速增長讓庫克感到樂觀，他有恃無恐，準備戰鬥。他進入一間沒有窗戶、中規中矩的會議室裡，在一張會議桌前坐下，旁邊是他的同行，包括臉書營運長雪柔．桑德伯格（Sheryl Sandberg）與推特董事長奧米德．柯德斯塔尼（Omid Kordestani）。來自華盛頓的代表團坐在他們對面，雙方展開討論，其中包括要求科技領袖僱用社群媒體專家，協助政府阻止恐怖份子的招募。庫克基本上保持沉默，直到談話轉到加密問題。之後，他打開了話匣子。

他說，歐巴馬政府在加密問題上的表現缺乏領導力。他呼籲政府譴責聯邦調查局的要求，他認為這相當於 iPhone 的技術「後門」，表示提供給政府存取設備權限的特殊軟體可能落入壞人之手，他們會利用這些軟體攻擊一般民眾。他表示，蘋果公司在保護隱私方面擁有道德上的優勢，而政府想要削弱這些保護措施。

庫克一面說，麥克多諾的耳朵紅了起來。坐在附近的人能看出，他來矽谷不是要讓人說教的。對那天在場的政府人員來說，庫克聽起來很偽善。

林奇插話說，隱私與國家安全利益之間必須取得平衡。柯米詳細說明了政府的立場，表示公司應該開發一個系統，以便調查期間根據法庭命令存取設備。

沒有人提到聖博納迪諾郡。圍繞著 iPhone 的爭議繼續潛藏在背景中。

在南加州，聯邦調查局正在玩一個數位俄羅斯輪盤遊戲。它有十次機會可以猜測被鎖上的 iPhone 四位數密碼，但如果十次都失敗了，這部手機可能會自動清除裝置或被停用，再也無法存取資料，他們在該案件中的最後線索將被切斷。

面對這種最壞的狀況，柯米大步走進哈特參議院辦公大樓，聽取情報委員會有關全球威脅的簡報。那是二月九日，距離恐怖份子在聖博納迪諾郡殺害十四人的槍擊事件已經兩個多月，柯米對於聯邦調查局仍舊未能解鎖這台手機感到沮喪。參議員理查・波爾（Richard Burr）看到聯邦調查局局長的陰鬱。「柯米局長，如果一家公司在收到合法的法庭判令後，拒絕提供法院要求他們提供的通訊資訊，這對執法與起訴有何風險？」他問道。

「風險是，我們將無法立案，一個真正的壞人將被釋放，」柯米看著面前的參議員們表示。他解釋說，這個被稱為「黑暗將至」的問題，使地方執法部門無法解決謀殺、毒品與綁架案件。

「我認為在美國會有這樣的共識：如果（法庭判令）執行了，如果法院證明有理由如此，那麼公司就應該提供這些資訊。這樣符合邏輯嗎？」參議員波爾問道。

「是的，特別是在設備、手機等預設需要解鎖的東西，」柯米表示。他補充道，這些裝置已經成為執法部門的關切重點，因為它們通常存有兒童色情內容的證據、綁架計畫、或其他有助於破案的細節。他將雙手指向自己的心臟，將焦點集中在個人的挫敗感。「這影響了我們的反恐工作，」他說道。「聖博納迪諾郡，對我們來說是一個非常重要的調查；我們手上仍握有槍手的一部手機，至今無法打開。現在已經過了兩個月。」

報紙記者與新聞主播紛紛發表評論。柯米對蘋果公司的譴責首次公開證實加密技術阻礙了聖博納迪諾郡一案的調查，並表示柯米有意挑起一場爭鬥。

在庫比蒂諾，休厄爾將柯米的評論解讀為一名聯邦調查局局長最近的一次發洩，這位局長對加密技術發起了個人聖戰。蘋果公司的執法聯絡員定期向休厄爾報告他們與聯邦調查局最新的合作狀況。他相信，雙方即將達成決議。

在南邊幾百英里外加州河濱市附近，司法部的律師群正密謀打破僵局。他們根據《全令狀法》（*All Writs Act*）起草了一份法庭判令申請書，這是一部一七八九年的法律，可以迫使一家公司協助處理刑事案件。這個只有兩句話長的條例曾經被用來讓蘋果公司協助解鎖兒童性虐待者與毒販的手機。它雖然含糊不清，但是有效。

二月十六日，政府律師向美國加州中部地區法院提交了一份長達四十頁的密封申請，要求法官迫使蘋果公司開發一個軟體，讓 iPhone 密碼的十次猜測限制失效。這個軟體將緩解俄羅斯輪盤的壓力，為聯邦調查局爭取時間，撬開手機的鎖。法官初步批准了這個請求，只給蘋果公司五天時間做出回應。

這個裁決激怒了休厄爾。他將司法部的舉動理解為在法律上比中指。對於政府指控蘋果協助恐怖份子一事，他只有有限的時間計劃並做出公開回應。他憤怒地表示，政府唯一的目的可能是將恐怖主義悲劇變成粉碎蘋果品牌的破城槌。

休厄爾打電話給庫克，向這位執行長報告關於法庭判令的狀況。在他的法律團隊獲得一份裁決書的副本後，他和庫克一起仔細讀過。它的開頭寫得很生動：「為了獲得有關二〇一五年十二月二日加州聖博納迪諾郡大屠殺的關鍵證據，政府試圖搜查其中一名殺手所使用的合法封存的蘋果手機。儘管有搜查令和手機主人的同意，由於無法存取手機的加密內容，政府仍難以完成搜查。蘋果公司擁有能協助政府完成搜查的獨家技術，但主動拒絕提供協助。」

庫克可以看到政府正在寫什麼腳本：聯邦調查局的好人正在努力解決一場大屠殺的謎題，而蘋果公司的壞人卻頑固地擋路。政府將這個案子打造成一個公關競賽，甚至是一場法庭挑戰賽。蘋果公司在安全性問題的立場未有定論。

庫克擔心，如果蘋果公司做出了政府要求的軟體，那麼這個軟體可以被用在全球任何一部 iPhone 上。由於人們會在自己的手機裡儲存照片、健康資訊與財務數據，它們需要相信這些資訊是受到保護的。創造一個系統來解鎖聖博納迪諾郡槍擊事件的手機，將打破人們對 iPhone 的信心。這會威脅到 iPhone 的魔力，而蘋果公司大多數銷售額來自這款手機。庫克最近才向顧客寫了一封公開信，大肆宣傳iPhone比競爭對手谷歌會在網路上追蹤使用者的安卓系統更私密、更安全，此舉將大幅削弱這封信的力道。「我們的商業模式非常簡單明瞭：我們銷售好產品，」他這麼寫道。「我們不會根據你的電子郵件內容或網路瀏覽習慣作出側寫，將之賣給廣告商。」

庫克將包括財務長梅斯特里、行銷主管席勒、軟體部門主管費德里吉與溝通部門主管道林等公司高階主管召集到會議室，商討如何抵禦政府的攻擊。當時已是下午，他希望蘋果公司的所有客戶都能在日出前看到回應。

向政府屈服並非選項。早在聖博納迪諾郡槍擊案之前，庫克就已經決定要反抗這樣的法庭判令。在蘋果公司提高iPhone安全性之際，他曾與法律團隊討論了假設情景，如果有人被綁架，執法部門說解救受害人的唯一方法是進入綁匪的iPhone，那麼蘋果公司該怎麼做。庫克仔細研究了這個假設情景的每個角度，問道：「你考慮過這個問題嗎？」最後，他認定，藉由拒絕建立後門、來保護所有蘋果使用者，比解決一起犯罪更重要。他準備好要戰鬥了。

庫克身邊的高階主管們討論著該如何應對，個個腎上腺素飆升。這次攤牌可能會對蘋果品牌造成損害。

庫克感受到團隊中不穩定的情緒，試圖用條理清晰的問題讓大家慢下來。他冷靜地建議大家從頭開始。他問道：「我們對這部手機知道些什麼？」

這個精確、簡單的問題迫使每個人聚焦。休厄爾向庫克說明了手機的狀況，並重述了聯邦調查局的協助請求，向所有人說明目前這個困境是怎麼來的。

庫克隨後將話題轉到政府希望蘋果做什麼。「這是一種什麼樣的技術修復方法？」他問。「需要多長時間？」

費德里吉剖析了聯邦調查局的要求，蘋果公司很早就將這類允許探員繞過iPhone 自動鎖定功能的訂製軟體系統蔑稱為 GovtOS。製作這樣的東西需要六名以上的工程師花費兩週或更多時間。一旦蘋果公司製作出這種軟體，它就會收到大量來自執法部門的請求，要求進入犯罪份子的手機。隨著這個訂製軟體的傳播，它落入駭客或專制政府之手的風險愈形增加，這些人可能會以偏離本意的方式濫用。

該小組同意庫克為公司網站寫一封信，解釋蘋果公司的立場。這是對員工、客戶、媒體與立法者等最快速的回應方式。之後，休厄爾與梅斯特里將舉辦記者招待會回答問題。這個策略同時將庫克推到問題前面，也避免讓他正面迎上媒體。

庫克花了一個小時討論信中該說些什麼，道林在一旁做筆記。為了反擊司法部試圖營造蘋果公司保護兇手隱私的做法，庫克想要明確表示，蘋果對受害者及其家屬表示同情。他還希望將蘋果拒絕解鎖 iPhone 的立場重新定義為保護所有的客戶，而不僅僅是聖博納迪諾郡的殺手。他需要將一段關於恐怖份子的情緒性對話，轉化為有關隱私的哲學對話。

道林起草了這封信的第一個版本讓庫克審閱。這位執行長提出修改意見，交回給道林修改。他們在六小時內反覆修改了約六次，確定語氣並調整用詞。

同一時間，休厄爾與蘋果公司的首席訴訟律師諾琳．克勞爾（Noreen Krall）也起草了一份措辭尖銳的法律回應。他們打算在法庭上扮黑臉，而庫克則在公開場合扮白臉。他們詳細說明蘋果公司已經如何向聯邦調查局提供協助，藉此確保他們的回應能彌補政府說詞的漏洞。他們同時也確保文件的頁數比司法部的訴狀更多，期能在法律上更勝一籌。

「這不只是僅關乎一支 iPhone 手機的案件，」它這麼開始。「相反地，本案是關於美國司法部與聯邦調查局透過法庭尋求取得一種國會與美國人民沒有賦予的危險權力：那是能迫使蘋果等公司破壞全球數億人基本安全和隱私權益的能力。」

凌晨四點半左右，庫克的信在網上發布。這群人徹夜未眠地工作，他們敏銳地意識到，這是個不受歡迎的立場，可能會對蘋果公司造成傷害。這是一場以公司為賭注的賭博。

在接下來的日子裡，蘋果公司與聯邦調查局的對決占據了新聞版面，每天約有五百篇文章，電視上的討論也不斷。由於共和黨總統候選人川普（Donald Trump）抨擊蘋果公司，呼籲抵制其產品，它也成了總統競選的話題。輿論分歧，半數人要求蘋果公司與聯邦調查局合作，另外一半支持蘋果公司的抵抗。世界上最大的公司與世界上最強大政府之間的戰爭，令人著迷。

二月二十五日，信件發出一週後，美國廣播公司新聞組與《ABC世界新聞》主播繆爾來到無限迴圈園區。一位蘋果公司的溝通部門職員迎接了這支隊伍，帶領他們穿過天窗中庭，來到公司四樓的行政樓層。道林邀請美國廣播公司的團隊來到庫比蒂諾，希望他們能讓輿論往有利於公司的方向傾斜。他與繆爾的製作人相識多年，相信這位深色頭髮的四十二歲主播能夠將蘋果的觀點傳遞給全世界。畢竟，美國廣播公司是「爸爸的網路」[1]，屬於蘋果董事會成員鮑勃·艾格監管的龐大迪士尼帝國。

這群人穿過行政樓層來到庫克的辦公室，繆爾在那裡見到一位疲憊且悶悶不樂的執行長。庫克知道，這次採訪可能是他說服這個國家、蘋果所作所為並不瘋狂的最佳機會。他們見面的地點說明了這一刻的重要性。非常注重隱私的庫克同意在自己的辦公室裡接受採訪，溝通團隊則試圖讓這個經常顯得機械化的人，變得更具人性。

庫克坐在繆爾對面的凳子上，攝影機趁拍了一下這位執行長的日常工作場所。這裡有一張整潔的辦公桌，上面放著文件夾和一台銀色的 iMac。桌子後面的牆上掛著蘋果直營店的彩色照片，不遠處還有一份裱裝好的奧本大學校友雜誌。這些照片一起講述著他的忠誠奉獻：蘋果與奧本。

庫克雙手抱膝，因睡眠不足顯得浮腫的藍眼睛注視著繆爾。他在凳子上直挺挺地坐著，木然而專注。

「我想我們以前從未在你的辦公室進行過採訪，」繆爾說道。

1. 編注：詳見本書第三二一頁。

「我不確定自己是否曾在辦公室裡接受過採訪，」庫克面無笑容地回答道。

繆爾決定直接切入主題。「當我們坐在這裡，你知道，聖博納迪諾郡一些受害者家屬已經站出來支持法官的命令，要求蘋果公司協助聯邦調查局解鎖那部 iPhone，據說有個家庭表示『我們很生氣也很困惑，為什麼蘋果公司拒絕提供邪術。』你今晚想對這些家庭說些什麼？」

庫克認真地聽著。「大衛，我們對他們深表同情，」他說。「沒有人應該經歷他們所經歷的一切。」

他停頓了一下，目光往下看。「在這起案件中，蘋果公司與聯邦調查局充分合作，」他繼續說道。「他們來找我們，要求我們提供關於這部手機的所有資訊，我們提供了我們所擁有的所有資訊。不僅如此，我們還自願提供工程師去幫助他們，給了他們許多建議，告訴他們如何才能更了解這部特定的手機。然而，這件案子並不只關於一支手機，而是關乎未來。現在的問題是：政府能否迫使蘋果公司編寫我們認為會讓全球數億客戶受到傷害的軟體？」

這場獨家專訪當晚在美國廣播公司播放，收看人數約九百萬。美國廣播公司還在 YouTube 上發布了整整三十分鐘的對話。庫克出現在「爸爸的網路」上，在蘋果內部被視為該公司與聯邦調查局公開辯論的一場勝利。此刻，這位執行長表現得很嚴肅、富有同情心、而且完全掌控了這個議題，他未經辯論就提出一個複雜的哲學論點，並以簡潔的比喻來總結：政府要求蘋果編寫代碼，讓它更容易存取手機，相當於「軟體的癌症」。

同一時間，休厄爾繼續以強硬的態度在法庭內外積極挑戰政府。在二月爆發爭論後的幾天裡，他與負責政府案件的美國聯邦助理檢察官薩利．耶茨（Sally Yates）通了電話。耶茨指責休厄爾過於激進。

「你們太咄咄逼人了，」休厄爾說。「我們不會退讓的。」

司法部加大了對蘋果的攻擊力道，在一份文件中指稱，該公司拒絕遵守命令「似乎是基於對其商業模式與公共品牌行銷策略的顧慮」。這份文件指出，蘋果之前曾遵守過《全令狀法》的要求，但在庫克的領導下，更加努力將自己塑造成客戶隱私的保護者，藉此與谷歌、臉書等為廣告業務蒐集客戶數據的科技同業形成對比。它同時指出，庫克最近的公開信及公開評論，將蘋果描繪成與矽谷黑暗勢力戰鬥的白衣騎士。

在政府與蘋果技術競爭對手的眼中，庫克所謂的隱私立場著實虛偽。蘋果不僅在過去曾幫助政府解鎖手機，而且已經開始將一些中國客戶的數據儲存在中國的伺服器上，而中國政府對其公民有著嚴密的監視。他們的理由是，若隱私如庫克所言是一種人權，那麼他也應該反抗中國政府。但是在中國，政府可以限制國際品牌的銷售，庫克為了保護銷售、放棄了他的道德制高點，以蘋果公司遵守其經營所在國的法規來解釋它的妥協。他還和谷歌達成一項每年價值約一百億美元的交易，讓其成為 iPhone 手機的預設搜尋引擎，並從它公開譴責的數據蒐集行為中獲得經濟利益。此外，它允許公司鼓勵使用者將他們的 iPhone 備份到 iCloud 上，並向超過數據門檻的使用者收取月費，亦未公開告知客戶，他們的敏感資訊很容易就會因為政府傳票而被取用。在他們看來，庫克的 iPhone 隱私堡壘滿是以賺錢為目的窺視孔。

三月，美國眾議院司法委員會傳喚柯米與休厄爾，就正在進行的交戰作證。眾議員鮑勃．古德拉特（Bob Goodlatte）問休厄爾，蘋果公司是在對技術問題或者潛在的商業模式問題表達立場。休厄爾的雙手開始因沮喪而顫抖。「每次聽到這個問題，就讓我熱血沸騰，」他說。「這不是行銷議題。這是貶低另一種觀點的方法。我們不會用廣告看板來宣傳安全性的議題，也不會用廣告來推銷我們的加密技術。

我們之所以這樣做，是因為我們認為保護數以億計 iPhone 使用者的安全與隱私，是正確的事。」

休厄爾的尖銳辯護讓聯邦調查局的旁觀者感到驚訝。他們知道隱私是蘋果行銷策略的一部分，對於蘋果公司將隱私置於國家安全之上的決定感到憤怒。幾年後，他們看到蘋果公司開始大舉登上拉斯維加斯的廣告看板，也在電視網路上打廣告主張：「在你的 iPhone 上發生的事，將留在你的 iPhone 上。」這讓他們覺得休厄爾當時的表現全然是戲劇性的。

僵局拖了一個多月。三月下旬，休厄爾前往聖博納迪諾郡參加審判，以確定蘋果公司是否將被迫遵守法庭判令。他的法律團隊花了三天排練開場陳述，準備證人，並練習回答法庭上可能出現的提問。休厄爾花了六年多的時間與三星公司打仗，但這很容易就成為他生命中最重要的審判。當法律團隊進行最後的準備工作時，他感到非常亢奮。接著有人的電話響了。法院打來的。

休厄爾很快就發現到，自己正在與司法部和法官進行電話會議。他聽著對方表示，法庭將暫停聽證會兩週，因為聯邦調查局可能已經找到解鎖手機的另一種方法。

休厄爾馬上打電話給人在庫比蒂諾的庫克，轉達了這個消息。「你不會相信的，但我們剛才獲知審判將延後兩週，」他說。

庫克馬上開始問問題。他想知道休厄爾能告訴他的一切。休厄爾只能說，聯邦調查局已經找到一個能夠侵入手機的第三方，這麼做會削弱政府主張只有蘋果可以解鎖該設備的論點。

庫克靜靜思索這個最新的轉折。他聽著休厄爾解釋說，法官將在其判令中表明，蘋果在延期期間並未違反法庭規定。蘋果暫時不是壞人了。

幾天後，司法部撤銷此案。政府在沒有蘋果公司的幫助下，支付駭客超過一百萬美元來破解恐怖份子的 iPhone。聯邦調查局對此一結果並不滿意。聯邦調查局本身並沒有侵入手機的能力，它希望就刑事調查中存取 iPhone 的爭議找到一個更永久的解決方案。它希望在必要時能透過法院判令迫使蘋果公司解鎖手機，但由於找到另一種解鎖方式，它失去了這個選項。

庫克與休厄爾本來準備一路上訴到美國最高法院，這個過程將延長辯論的時間，並延長聯邦調查局指控蘋果將利益置於公共安全之上的時間。這對蘋果品牌來說是災難性的。雖然該案的核心問題並沒有得到解決，但是它對蘋果造成的損害有限。

該決議使庫克得以專注在一個更緊迫的問題：蘋果的業務狀況。

在這長達一個月的事件中，蘋果公司於二〇一五年九月推出的 iPhone 6s 銷量一路下滑，尤其是在中國。庫克曾希望蘋果手錶能受益於側重健身的新行銷方式，但它帶來的收益不足以抵消 iPhone 銷量的下滑。十多年來，蘋果公司首次公布季度銷售額下降。

四月二十六日，憂心忡忡的華爾街分析師對庫克的業績提出質疑。在他詳細說明這充滿挑戰的三個月中、蘋果 iPhone 的銷量比去年同期少了一千萬部時，他聽起來有些疲憊。在他說話的同時，公司股價暴跌了百分之八，市場價值縮水達四百六十億美元。

它的麻煩彷彿潮水，暴露了一個長期存在的企業弱點：蘋果的未來取決於過去的產品。公眾期望該公司繼續發明具有變革性的新產品，否則它可能進入停滯期，甚至更糟，變得無足輕重。對庫克來說，這種壓力是持續不斷的。

第十七章

chapter 17

夏威夷的日子

Hawaii Days

強尼・艾夫抵達森尼韋爾，為一個停滯不前的汽車計畫進行預定的檢視。那是二〇一六年初，進展緩慢的情形很快就讓他焦躁不已。

由於缺乏數據，以及從頭開始建構自動駕駛系統的複雜性，他所設想的完全無人駕駛汽車，在軟體開發方面進度落後；硬體工作雖有所斬獲，但落後於公司雄心勃勃的時間表。在蘋果自行設定的二〇一九年期限前，完全無人駕駛的汽車是不可能問世的。

艾夫氣炸了。每位參與者都很清楚，這個計畫正因其雄心壯志帶來的沉重壓力而倍受煎熬。艾夫對全自動駕駛汽車的願景，促成了一個由電腦程式設計師與感應器專家組成的龐大團隊，而硬體主管丹・里喬對製造電動汽車的專注，則發展出另一支由電池專家和汽車專家組成的龐大隊伍。這個計畫有三個領導者，他們似乎更側重於建立自己在企業的領域範圍，而非推動一個聯合計畫向前發展。這些挑戰讓人想起折磨著蘋果手錶的企業內鬥。

大手大腳的開支更加劇了困境。計畫開銷已膨脹到每年十億美元的驚人水準。泰坦計畫的領導者以每人一千萬美元的薪資聘請自動駕駛汽車研究人員，並投資開發瞄準乘客眼睛的雷射，期能藉此減少汽車突然移動所造成的暈車問題。蘋果公司的研發費用激增，到二〇一五年底幾乎翻了一倍，來到八十一億美元。對於一家擁有兩千億美元現金的公司來說，這只是零頭，但工程師群認為，這個倉庫是矽谷巨頭花大錢卻毫無收穫的最新例證。

挫敗感所致，艾夫將整個設計團隊從該計畫撤出，讓他們將注意力轉移到其他工作上。他不再認為這輛車值得他們花時間。儘管少了最引以為傲的部門，蘋果公司這個野心十足的計畫仍然得繼續推進。

泰坦計畫的成員和艾夫一樣感到不悅。這個特殊計畫小組已經膨脹成一個千人組織，而且組織文化有所改變，其中既有蘋果高階主管不顧一切完成不可能任務的磨人決心，也有熟悉自動駕駛汽車挑戰的外部人士所抱持的懷疑態度。老人和新人都知道，賈伯斯打造 iPhone 的手法是不一樣的：他依靠的是一個精簡的團隊，而且團隊主要是由他所管理的各部門現有員工組成。但是在庫克的新合作王國裡，蘋果公司執行長不再領導產品研發，而這個空白持續挑戰著公司的創新嘗試。

艾夫和里喬的衝突，讓這家不熟悉失敗的公司，不斷增長的挫敗感達到頂點。在它的影響下，二月份以董事會為對象的汽車展示被取消。這個計畫前途未卜。蘋果下一個重要產品的競賽，隨著公司領導者發出警告放緩了腳步。

由於沒有新工作的刺激，艾夫與他長期工作地點之間的距離愈來愈遠。他將注意力從熟悉之處移開。持續改進未來 iPhone 的彎曲度或把未來筆記型電腦做得更薄，再也無法滿足他的興趣。他的養分來自對新想法的探索與滿足意想不到的好奇心。沒有賈伯斯為蘋果的創意程序帶來秩序，為其宏大計畫帶來清晰思路，艾夫發現自己漂泊不定。

二〇一六年，當他在其他地方尋求成就感時，他將注意力轉向蘋果公司參與大都會藝術博物館即將舉辦的「手作工藝與機器」展覽，並不令人意外。這個展覽聚焦科技與時尚的交叉，滿足了他的探索慾望。多年來，他致力為蘋果手錶注入歷久彌新的風格，這激發了他對女裝設計藝術的興趣，想更深入了解。五月一日，艾夫走出紐約上東區的卡萊爾飯店，前往第五大道，向北走到該市最大的藝術博物館，參加安德魯．博爾頓新展覽的私人導覽。這次展覽標示著艾夫與蘋果的到來。在卡萊爾飯店首次向安娜．溫圖展示手錶近兩年後，他回到這座城市，不再是來自科技領域的局外人，而是作為一個公認的時尚界貢獻者。

博爾頓在有著石灰岩牆壁的博物館內迎接他，領著他進入羅伯特．雷曼藝廊（Robert Lehman Wing），那是一處突出於中央公園的三角形增建部分。這個設有天窗的藝廊通常展出三百幅畫作，包括義大利文藝復興時期的大師作品。但是在最近幾個月，這座建築物的內部被架構出另一個建築物，搭起白色紗幕，將其中打造成一座無色的哥特式大教堂。

艾夫跟著博爾頓穿過白色走廊，那裡有一排教堂壁龕般的凹室，展示著一系列突破時尚界限的服裝。博爾頓找到一百七十件服裝與設計範例，挑戰了手工製作服飾優於機器製作的概念。展覽範圍從香奈兒（Gabrielle "Coco" Chanel）設計有海軍藍鑲邊的傳統米色套裝，到聖羅蘭設計、以粉色天堂鳥羽毛層疊製成的晚禮服。展品上方播放著英國音樂家布萊恩・伊諾（Brian Eno）的作品〈結局（上升）〉（*An Ending* [*Ascent*]），電子鍵盤的層層疊加與合成器翱翔天際般的音效營造出天籟之音。

導覽在展覽的中心展品處達到高潮：一個圓頂天花板的圓形房間展示著拉格斐設計的香奈兒婚紗。潛水衣的主體連接著二十英尺長的裙擺，繡滿了金葉子圖樣和手工縫製的寶石。博爾頓解釋說，這款裙襬需要四百五十個小時的工藝製作。

「這是沒有高級訂製的高級訂製服，」他說。

艾夫對這個文字遊戲暗自發笑。的確，這款婚紗是訂製的，正如所謂的高級訂製服（haute couture），但是它使用的合成纖維潛水衣打破了高級訂製服必須手工製作的信條。艾夫花了將近十分鐘仔細欣賞這件衣服，讚嘆它將熟悉與陌生、正式與非正式巧妙融合。拉格斐的創意視野為他帶來了靈感。

第二天，艾夫回到博物館，在當晚的 Met Gala 之前參加展覽的媒體預覽。他大步走過大理石地板，來到卡羅米爾頓皮特里歐洲雕塑館（Carroll and Milton Petrie European Sculpture Court），與大約一百名記者共進早餐。他找到當天活動的締造者安娜．溫圖，她在室內也戴著太陽眼鏡。雙方簡短聊了幾句，直到記者開始在一張講台前就座。沒多久，艾夫走到麥克風前，在它下方放了幾張列印好的紙。他看著面前的人群，開始解釋為什麼一位蘋果手機的設計師要為一場時尚展覽揭開序幕。

「當安娜與安德魯第一次和我談起這個展覽時，我特別感興趣的是，它將激發一場探索手工製作和機器製作之間關係的對話，這將挑戰某些人先入為主的觀念，認為前者在本質上就較後者更具價值。」他說。

他環視了整個房間。在場中很少有人意識到，蘋果公司贊助這樣一場活動是多麼不尋常。即使蘋果公司擁有超過許多國家的財富，它仍然迴避傳統企業的做法，不會將品牌出借給它無法完全掌控的實體。蘋果公司此次打破慣例的部分原因，在於這個活動對艾夫非常重要。庫克很難拒絕他的要求。但艾夫完全沒有考慮贊助的因素，而是將記者的注意力集中在他如何被一個反映出它自身創造理念的展覽所吸引。

「在蘋果的設計團隊中……有許多人相信機械的詩意可能性，」他如此說道。然後他又補充說：「我們的目標一直是努力創造出美觀又實用的物品；既優雅又有用。」

他說，一些當代設計師已經失去了對事物製造過程的好奇心。「我的父親是一名出色的工匠，我從小就被灌輸一個基本信念，就是只有當你親手處理一種材料時，你才會了解它的真正本質、特性、屬性與潛力，我認為最後一項尤其重要。」

他停了下來，讓人們稍微想一下他父親的話。

「深度關注對於確認真實、成功的設計至關重要，」他在提到展品的時尚之美前如此說道。「無論一件物品是手工或者機器製作，它都是經過深思熟慮的創作，而非受到進度或價格所驅使的。」

當他拿起筆記返回座位時，觀眾報以熱烈掌聲。這個演講闡述了他的設計哲學。他和賈伯斯一樣，認為藝術應該引領商業，而非商業引領藝術。

在媒體預覽後，博爾頓為羅琳．賈伯斯與庫克進行私人導覽。當他們從一套服裝走到另一套服裝，羅琳問了幾個有關展示的問題，庫克則默默地走著，眼睛掃視著這座快閃教堂的白牆與凹室。在蘋果公司新總部的建設過程中，庫克對建築產生了工程師般的興趣，他問博爾頓，他是如何在一座建築內打造這樣的建築。

當天晚上，艾夫與庫克穿上晚禮服，打上白色領帶，準備參加 Met Gala。他們期待的是一場與眾不同的盛宴。戴著未來主義風格鉻黃色面具的模特兒，引領著世界上最具影響力的藝術家、演員、高階主管與政治家穿過用三十萬朵紫紅色玫瑰裝點而成的拱門，來到點著蠟燭、擺著水晶玻璃器皿的桌前。最終，艾夫與庫克來到接近房間前方的一張桌子前，坐在距離舞台非常近的位置，在歌手威肯（Weeknd）表演節奏藍調抒情歌曲〈你說啊〉（*Tell Your Friends*）時，幾乎可以和他握手。

不過在那之前，他們得先應付狗仔隊騷擾的混亂場面。他們抵達大都會藝術博物館，發現現場一片混亂，兩排攝影師擠在綠色圍欄後方。攝影師群朝著碧昂絲（Beyoncé）與妮可．基嫚（Nicole Kidman）等路過的明星大聲吼叫。當衣著華麗的名人擺出姿勢時，相機喀嚓喀嚓的聲響此起彼落。

庫克伴著羅琳·賈伯斯一起穿過騷動的人群。紅毯走到一半，他停下來和Uber執行長特拉維斯·卡拉尼克（Travis Kalanick）交談。兩位矽谷高管在攝影師要求他們面對鏡頭微笑時，都顯得很困惑。他們朝不同方向看了看，才了解到在他們不熟悉的社交圈裡，人們對他們有何期望。

艾夫安靜地走了進來，獨自擺姿勢拍照。他雙手塞在口袋裡，朝著攝影師抬起長滿鬍渣的下巴。他沒有笑，但自信滿滿地站在紅毯上，眼中散發熱情。這位清福德工匠之子登上了社會最大的舞台。

在無限迴圈園區，艾夫成了幽靈。他不願意回到這個地方，被拉去參加各種會議，重新檢討多年來占據他心神的產品系列的更新。

他經手的軟硬體已經進入重複的流程。iPhone繼續驅動著蘋果公司的大部分銷售。該公司試圖藉由增加新顏色、更快的晶片、更好的相機來刺激客戶，但它的形狀及功能則大致保持不變。iPad、蘋果手錶與MacBook也維持著它們的基本外形。未來的設計飛躍需要工程上的進步來配合。對一些人來說，這種困境讓他們感到厭煩。

與其沉浸在庫比蒂諾的單調中，艾夫經常在舊金山與設計團隊成員會面，聽取他們的工作簡報。他會在他的社交俱樂部巴特里（Battery）預定慕斯托酒吧（Musto Bar），在這個圖書館主題的地下酒吧風格空間舉行設計評論。

斷斷續續的聚會改變了這個團體的節奏。多年來，他們每週都會在工作室的同一張餐桌上開三次會。他們檢視了每個開發中產品的最新更新，討論如何改進原型。這些會議的規律性讓他們能夠在幾天內進行漸進式的調整，琢磨自己的工作，就像雕塑家鑿雕大理石原石一樣。賈伯斯在世時，這些變化由他來引導。在他過世後，每一項調整與精煉則由艾夫批准。

艾夫缺席的初期，設計團隊仍做得很好。他們迅速為即將在二〇一七年推出的iPhone十週年紀念版確立了方向。由於計畫中臉部的識別系統將取代Home鍵，該小組快速整合，創造了一款幾乎全螢幕的顯示，其中包括一個位於頂部凹陷處的鏡頭，能夠識別使用者的面部並解鎖手機。形式追隨功能，贏得了艾夫的認可。

然而，艾夫在日常工作的缺席可能帶來挑戰，特別是他希望保持對產品方向的控制，並堅持對產品進行最終認可。他如願以償地退了一步，但他很難真正放手。設計團隊與工程師工作一整個月並做出決定，然後等他每隔幾個月出現幾天進行批准。這種失衡為和諧的設計團隊帶來了不和諧。

在庫克批准製作一款智慧型揚聲器後，設計團隊持續致力於界定它的外觀。這款名為HomePod的揚聲器是一個咖啡壺大小的圓柱體，頂部的深色蓋子是觸控式螢幕的音量控制器。產品設計師回憶說，在研發後期，艾夫於審查設計時堅持雙層菱形壓花布料的邊緣要無縫貼合揚聲器的顯示蓋。織品團隊的一名成員花了好幾個小時，按照艾夫的要求重新設計。這些困難讓設計團隊的一些成員想起蘋果公司在賈伯斯去世後如何艱難地調整營運。不同的是，每個人都知道賈伯斯永遠不會回來，但艾夫隨時都可能出現。

有時，工作室會傳出消息，說艾夫將突襲辦公室。資歷較淺的員工把這種情形比做一九二〇年代股市崩盤的歷史畫面，文件被拋到空中，人們在通常平靜的工作室裡形色匆忙，希望在艾夫抵達之前準備好材料與原型。

其中有些人把那個時期稱為「夏威夷時期」。由於艾夫很少出現，假設他大部分時間在考艾島莊園裡度過，坐在戶外游泳池旁，被棕櫚樹圍繞，比想像他在舊金山附近的州際公路上驅車行駛一個小時要浪漫得多。

類似的低效率也折磨著軟體設計師。員工們認為，艾夫任命的部門主管艾倫·

戴對軟體概念的批准僅止為臨時授權。他們最終仍想獲得艾夫的評估。

由於這些動力，讓每個人都期待著每月一次的「設計週」，也就是艾夫答應花一整週待在工作室裡審查與討論工作的時間。問題在於：艾夫幾乎不太出現。

在二〇一六年年底的一個設計週之前，負責照片應用程式的強尼·曼札里（Johnnie Manzari）站在十幾張十一乘十七英寸的圖像前，這些都是他計劃進行的修改。他在檢查自己的工作時，工作室傳出消息，表示艾夫不打算現身了。

「我現在該怎麼辦？」曼札里失望地對一位同事說。

這並不代表曼札里或團隊中的其他人需要艾夫來做每一個決定，但他們之中大多數人都渴望與艾夫共處。艾夫有世界上最犀利的眼光，而且他總是挑戰他們，讓他們做得更好。

艾夫在蘋果公司以外的地方尋找創意的養分。該年十一月，他的灣流噴射機抵達英國，預計與馬克·紐森合作，在他最喜歡的倫敦旅館——於梅菲爾的克拉里奇飯店（Claridge）設計一個沉浸式的聖誕樹裝置藝術。

這間風格古典的旅館擁有幾乎神話般的聲譽。它成立於一八一二年，以經常接待皇室成員的「白金漢宮附屬建築」聞名，這裡有挑高的大廳，牆上掛著裝飾藝術風格的鏡子。每一年，旅館都會邀請一位頂尖創意人士，為聖誕節改造大廳。前一年，巴寶莉的克里斯多福．貝里設計了一棵金傘樹。

艾夫與紐森是第一批接受這個傳統挑戰的工業設計師。在他們討論如何進行設計時，艾夫想像了一個空間，藉此證明他對真實性與簡單性的終生追求。他與紐森想為大廳帶來一片寧靜的森林，點綴著一簇簇的雪與白樺樹林。他們設想了一個能模擬一天中各個時段的照明系統，用中午時分的明亮光線溫暖冬日場景，再逐漸減弱為夜晚閃爍的星光。

聖誕假期前，他們的願景成真，細長的銀色白樺樹被放在旅館入口處，位於高聳的綠色松樹後面。這些樹挺立在一片森林的壁紙背景前，形成森林無限延伸的錯覺。在這一切之前，還藏了一株長青樹的樹苗。

艾夫告訴眾人，這棵纖細的樹木象徵著未來，獨自矗立聚光燈下。

第十八章
chapter 18

煙霧

Smoke

三星公司激怒對手的藝術愈發成熟了。

截至二〇一六年，這間韓國公司已經擺脫了蘋果的訴訟與抄襲 iPhone 的指控。它曾針對有利於蘋果的法庭判決提出上訴，並繼續主導智慧型手機市場。Galaxy 產品線為三星推出的高階手機，具有色彩鮮明的圖像顯示，憑藉著更大的螢幕與更好的攝影機等新功能贏得了科技評論的讚譽。

三星還試圖搶占蘋果產品發布的先機。八月初，在 iPhone 7 發布前一個月，三星公司預計了紐約市的漢默斯坦宴會廳，邀請全球媒體參加最新的 Galaxy 產品發表會。這次活動模仿了因為蘋果公司而流行起來的展示方式，三星公司行動通訊事業部負責人高東真在台上用明亮的燈光、流暢的影片與華麗的樂器來展示新設備。高東真身穿藍色運動外套與米色長褲，看起來就像是一個正經八百的賈伯斯。他開玩笑說，他覺得自己像是喬治．克隆尼（George Clooney）。活動的主角是 Galaxy Note 7，這是世界上第一款能藉由掃描眼睛來驗證使用者身分的手機。

所謂的虹膜掃描儀削弱了蘋果的原創光環，而手機本身也對 iPhone 的銷售構成了嚴重威脅，至少在短時間內確實如此。這款手機上市後不久，一位名叫裘妮．巴維克（Joni Barwick）的顧客購買了一部。她是伊利諾州馬里昂市的一名行銷人員，她認為這款手機的大螢幕會讓她更容易評估廣告材料，也更容易使用工作所需的一系列谷歌產品。這款手機是強大的多工運作設備。她整天都在使用，每晚把手機放在床邊充電。

某天凌晨三點左右，她被爆竹般的噼啪聲驚醒。躺在床上的她，翻身看到她的 Galaxy 手機在床頭櫃上噴射出橙紅色的火焰。空氣中瀰漫著刺鼻的煙霧。她的先生約翰一把抓住手機皮套，衝到樓下廚房。他把手機扔在流理台上，戴上隔熱手套，趕緊拿著手機往門外走。他一邊往後院衝，融化的塑膠一邊滴落在地板上，讓他很擔心房子會著火。

手機燒毀後，約翰打電話給三星公司，告知這起事故。他估計床頭櫃、木地板與地毯總共損失了九千美元。該公司表示會在二十四小時內回覆。但他從未接到回電。

同一時間，火勢也蔓延了出去。在世界各地，Galaxy 手機造成的火災頻傳。美國消費者保護機構在 Note 7 發布後的幾週內收到了九十二份手機起火的報告。雖然起火原因尚且不明，但專家認為電池是罪魁禍首。智慧型手機內可充電鋰離子電池的正負極組件之間有一層非常薄的隔離膜。當這層隔離膜被破壞時，電池就可能爆炸。火災造成了相當的安全風險，三星公司因此表示計劃推遲新智慧型手機的發貨。它知道這個問題會造成非常大的負面影響。

庫克對供應鏈的精通，讓他無法因為三星公司的困境而感到快樂。擔憂而非慶祝的情緒，籠罩著三星起火事件後第一次的週一高階主管會議。庫克想知道是什麼導致手機起火，以及 iPhone 是否也會受到同樣問題的影響。蘋果公司還有幾天就要推出新的 iPhone 7。如果能掌握正確的資訊，他還有時間能避免類似的尷尬問題。

庫克以一貫的明確性向一個由電池專家與供應鏈專家組成的團隊提問，以確定 iPhone 是否存有類似的問題。他們解釋說，三星公司有三成的智慧型手機電池由一家名為新能源科技有限公司（ALT）負責供應，其餘七成則來自三星的子公司 SDI。蘋果同樣倚賴 ALT 供應部分 iPhone 的電池，但並未使用 SDI 的電池。對蘋果來說很幸運的是，調查確定三星公司的問題可能來自 SDI。它們的 iPhone 是安全的。

對三星來說，火災仍在延燒。事實證明，Note 7 在飛機上特別容易起火。機艙壓力過低導致手機在好幾個航班中起火。隨著三星開始召回手機，美國聯邦航空總署採取行動，阻止乘客在飛行中打開手機，或請乘客將手機放進托運行李中。空服人員在起飛前開始點名三星手機。「飛行中禁止使用三星 Note 7，」他們會說。「該設備應該完全關機。」

這些危險警告讓出差的蘋果高階主管露出得意的笑容。在確信自家設備的安全性後，他們不必採取任何行動，就能享受每天透過免費廣告達到的數百萬觸及人數。每次公告都是在提醒人們要購買 iPhone，避免被打上危險的標籤。

放心之餘，庫克將注意力轉到蘋果即將於舊金山舉辦的活動。早上七點三十七分，他在比爾．格雷厄姆市政禮堂外將一張照片發到推特上。初升的太陽在該中心的花崗岩立面上投射陰影。一個高聳在人行道上方十五英尺處的巨大蘋果商標，從一個拱形窗戶的中央發出白光。

「大日子！」庫克寫道。

這位執行長上台時，他的步伐像征服者一樣沉著。庫克的台風永遠無法與賈伯斯那種激烈的表演風格相提並論，但是現在，在擔任公司領導者五年後，他發展出一種冷靜、鎮定的舞台形象，有種認真卻不是那麼圓滑的自信，幾乎可以說是夸夸其談了。凝視著眾多的信徒，他滔滔不絕地列舉出蘋果統治世界的證據。他誇耀著iPhone的銷量，對蘋果音樂在第一年就有將近兩千萬訂閱使用者感到得意，同時聲稱應用商店的收入是其最接近競爭對手的兩倍。然後，他把觀眾的注意力轉到公司的最新成果，即蘋果手錶上。

庫克沒有提到的是，在發布後一年半，蘋果手錶的銷售仍落後最初的預期。該公司在第一年估計賣出了一千兩百萬只智慧型手錶，這個數字比iPhone上市後的銷量還多，但比iPad上市後的銷量少了好幾百萬。鑑於蘋果公司客戶基礎的膨脹，許多華爾街人士認為蘋果手錶令人失望，尤其是因為該公司需要新業務來抵消iPhone銷量的下滑。手錶估計帶來的六十億美元收入，相較於iPhone過去一年將近兩百億美元的營收下滑，顯得微不足道。

在舞台上，庫克無視這些事實，反而繼續訴說著蘋果公司喜歡的現實版本，側重於公司該年在手錶產業的收入僅次於勞力士，位居世界第二。他拒絕透露數字，而是強調這款智慧型手錶在客戶滿意度方面排名第一。接著，他把舞台交給營運主管威廉斯，他發布了第二代蘋果手錶（Apple Watch Series 2），這款設備與前代產品一模一樣，但加入一系列新功能，包括讓使用者帶著它游泳或衝浪的防水功能，以及讓使用者在跑步與健行時，能準確追蹤里程與速度的內建衛星定位系統。威廉斯隨後宣布，蘋果與耐吉公司合作推出一款聯名錶，其中包括一款特殊的穿孔錶帶與耐吉的跑步應用程式。在蘋果公司高階主管湊在一起討論如何挽救這款手錶將近一年後，他們正按計畫將策略從時尚轉向健身。

儘管庫克在幾個月前曾對即將推出的 iPhone 前景感到擔憂，但當他走上舞台介紹這些手機時，並沒有流露出任何顧慮。他說，iPhone 經銷權可能面臨挑戰，但他對其未來充滿信心。「到處都能看到這麼多 iPhone 是有原因的，」他說。「我們現在已經賣出超過十億支，這讓 iPhone 成為世界史上同類產品中的最暢銷產品。」

然後他介紹了最新的機型，iPhone 7 與 7 Plus。這兩款手機看起來和前代的 6 與 6s 一樣，只有一些小變化，包括在 Plus 背面增加了第二個鏡頭，以及取消兩款手機的耳機插孔。第二個鏡頭結合了新的晶片與軟體，提供一個新的攝影功能，稱為「人像散景模式」。它能立即將兩張獨立的圖像結合起來，呈現出背景模糊的聚焦人像。這個相機攝影中微妙但重大的躍進引來了掌聲。耳機插孔的取消則讓人沉默。這是每支智慧型手機的關鍵組成，使用者一直用耳機聽音樂或打電話。取消它顯然會讓人們問道：為什麼？

「我們繼續前進的原因，」席勒在上台後說，「歸結起來就是一個字：勇氣。」這是一個大膽的說法，賈伯斯可能會為此歡呼，但可能會讓他的其中一位繼任者竊笑。

席勒說，蘋果的下一個新產品是名為 AirPods 的無線入耳式耳機。艾夫的設計團隊在二〇一三年的腦力激盪會議中首次提出這個想法。只有當佩戴者能以無線連接的方式打電話或聽音樂時，這款手錶才能將他們從手機解放出來。出於這種需求，團隊開始進行新產品的研發。

這款無線入耳式耳機的創作過程著實艱難。在一次又一次的會議中，工程師、電池專家與設計師合作，做出體積小且放在耳朵裡看來能被接受的產品。電池電量的限制加上讓無線連接成為可能的藍牙科技有其局限性，迫使這群人去探索一種設計，藉由耳機線將耳塞連接到掛在腦後的電池上。由於對這種笨重的設計不滿意，設計負責人佐肯多弗與工程師群努力做出愈來愈小的電池。這個探求的過程導致蘋果公司收購了小型新創公司 Passif Semiconductor，這家公司由兩名對音樂非常執著的硬體工程師班・庫克（Ben Cook）與艾索・伯尼（Axel Berny）領導，他們多年來一直夢想著能做出真正的無線耳機。他們開發了一種晶片，耗電更少，並且能從兩個獨立的耳機分別接收訊號，彷彿它們是一體的。收購該公司後，佐肯多弗與工程團隊運用來自 Passif 的設計靈感，徹底改造了他們醜陋的原型。他們切斷了連接兩個耳塞的耳機線，並打造出可以為獨立耳機充電的充電盒。佐肯多弗知道這個充電盒必須要能放在口袋裡，所以設計了一個 Zippo 打火機大小的超薄外型。之後，他與工程師合作，打造出一個磁釦機制，喀噠一聲就能開關。

他們在充電盒裡塞了兩個像棉棒般潔白的無線入耳式耳機。一款名為 W1 的新晶片可以分別向雙耳播放不同的聲音訊號，讓這款耳機一百五十九美元的高價變得合理。這款入耳式耳機從盒子裡拿出來的瞬間就會連接上 iPhone，席勒稱這是「就是好用」（it-just-works）的魔法。

他說，「這就是突破。」

席勒的銷售話術沒有達到預期效果。幾天之內，人們就開始在網路上開起蘋果 AirPods 的玩笑。

席勒關於勇氣的評論受到揶揄。他過分簡化了賈伯斯曾經說過的話，去掉了這位執行長會用來描述一個艱難產品決策如取消耳機插孔的微妙細膩之處。在賈伯斯去世的前一年，他曾經強調公司在艱難狀況下捨棄了一些流行科技的歷史，例如捨棄磁碟片而採用唯讀記憶光碟機的新興科技。他認為，顧客希望蘋果為他們做出這些選擇，如果公司的選擇是對的，消費者就會購買公司產品作為回報。「人們說我們瘋了，」他回憶道。「我們至少有勇氣能堅定地說：『我們不認為這是製造好產品的要素。我們打算捨棄它。』」

喜劇網站 CollegeHumor 製作了一支 iPhone 7 惡搞影片，其中有位帶英國口音的演員假裝艾夫唸著旁白，解釋蘋果產品的變化。「我們做了一件一開始看起來違反直覺的事情，後來，」他說，「我們把它弄得更糟了。」

「我們去掉了耳機孔，」扮演庫克的演員說，他戴著眼鏡，頭髮灰白。「就這樣。這就是新意之所在。就是少了個原來存在現在不存在的東西。它消失了。它已經不在那裡了。你們看！」

脫口秀主持人康納．歐布萊恩（Conan O'Brien）也大開 AirPods 玩笑。在一個參考舊 iPod 廣告製作的影片中，耳朵上戴著白色 AirPods 的人群剪影在亮黃色背景前隨著高能量音樂搖擺。當他們搖頭時，價值一百五十九美元的無線入耳式耳機從他們的耳朵飛了出去，掉進下水道裡，讓他們不得不買新的。廣告最後的標語是「蘋果AirPods。無限。昂貴。會搞丟。」

發布幾天後，庫克與「爸爸的網路」美國廣播公司的羅賓．羅伯茲（Robin Roberts）坐了下來，試圖消弭對這個昂貴新玩意的恐懼。他說，他在跑步機上、走路、使用電話和聽音樂時都戴著這款耳機，從未出現問題。「自從我開始使用它們以來，在我個人身上從未有耳機脫落的情形，」他辯解道。

庫克沒有告訴觀眾真相：大肆宣傳的AirPods還沒有準備好。在庫比蒂諾，蘋果的工程師群仍在努力使連接到手機的天線發揮作用。軟體與硬體團隊在試圖確認問題何在時發生了爭執。他們各自使用不同的測試程序，嘗試改善天線性能。蘋果公司原本運轉順利的產品開發過程正飽受侵蝕，在這場爭端中表露無遺。根據該公司的保密承諾，各部門相互隱瞞資訊。賈伯斯鼓勵這麼做，並將每個小組的貢獻匯集到一項產品中。然而，庫克拒絕參與產品研發，希望各部門主管能接替賈伯斯扮演整合者的角色。

現實又是另一回事。到了聖誕節購物季前出貨之際，工程與製造的問題仍未解決，蘋果錯過了數百萬美元的銷售。此一損失致使人力資源部門徹底剖析了這項計畫，並以蘋果公司傳統「不同凡想」的宣傳活動為基礎，推廣一個新的概念。他們鼓勵員工將集體置於個人之上，並提出一個新口號：「共同不同」（Different. Together.）

公眾對 iPhone 7 與 AirPods 的抨擊，被蘋果最大競爭對手的持續動盪掩蓋。三星公司召回兩百五十萬部電池有問題的手機，更換成使用不同供應商電池的商品。接下來，替換的手機開始過熱，三星被迫發出第二次召回，這種尷尬的情況導致公司內部有些人自我調侃，Note 7 這個話題熱到不能碰。這些錯誤使三星至少損失五十億美元，也對其商譽造成莫大損害。

幾個月來，美國各地航班開始發布公告，將三星手機與其他飛機危險物品混為一談。最後，三星不得不將 Note 7 撤出市場。短短兩個月的時間，最新的 Galaxy 手機從雲端跌落至谷底。

庫克從他最大的競爭對手那裡抓住了最幸運的機會。而且還是兩次。

在蘋果自家智慧型手機陣容欠佳的一年，該公司仍勇往直前，並預期銷售的低迷。它為 iPhone 7 的生產設定了上限，因為它預計這款看起來與前兩代產品類似的手機，需求將會疲軟。遵循庫克「庫存即邪惡」的座右銘，公司高階主管試圖限制產量超過銷售的風險。然而，iPhone 7 Plus 甫發布就被搶購一空，消費者對後置雙鏡頭設計與人像散景模式趨之若鶩。蘋果花了好幾個月的時間，才讓產量趕上需求。

庫克降低了消費者對 iPhone 7 的期望，但三星的主動失誤卻助蘋果一臂之力，讓它最新發布的商品成為全球最暢銷的智慧型手機。Galaxy Note 7 並未進入前五名。三星的智慧型手機業務將難以復甦。隨著抄襲產品與活動的惡果降臨，三星對蘋果業務構成的威脅逐漸消失。

伴隨 iPhone 7 的銷售超過預期，蘋果的股價開始攀升。由於投資人擔心它的核心 iPhone 業務可能後繼無力，該公司的股價已經低迷了好幾年。股價令人失望的表現，引起了一位主要價值投資者的注意。

華倫・巴菲特的波克夏海瑟威控股公司（Berkshire Hathaway）投資經理泰德・韋斯勒（Ted Weschler），多年來一直持續關注蘋果公司。他認為，在創造忠實客戶群方面，iPhone 比可口可樂更有效率。一旦人們買了 iPhone，他們很少更換品牌，因為他們不想重新學習新的操作系統。蘋果鎖定了這些客戶，意味著它可以向他們收取在 iCloud 上儲存照片與在蘋果音樂上聽歌的費用，並對他們購買的應用程式收費。韋斯勒意識到，庫克正在利用賈伯斯建立的生態系統，從中榨取更多收入，將 iPhone 變成一個以訂閱為基礎的業務，在未來的幾年持續帶來現金。他也很欣賞庫克持續回購股票的做法，這是賈伯斯不可能做的事。韋斯勒悄悄地累積了十億美元的蘋果股份，當時蘋果的股價是每股二十七美元左右。

某次造訪紐約時，韋斯勒與波克夏海瑟威控股公司董事會成員大衛．戈特斯曼（David “Sandy” Gottesman）談到他對蘋果的興趣。九十歲的戈特斯曼在建立了第一曼哈頓（First Manhattan Co.）投資顧問公司並與巴菲特結為好友後，成了億萬富翁。他多年來一直是蘋果公司的投資人，也喜歡蘋果的產品。他告訴韋斯勒，他走到哪兒都帶著他的 iPhone，當手機在計程車後座從口袋裡滑落時，會感到沮喪不已。

他說：「我覺得我失去了一部分靈魂。」

當韋斯勒將這個故事告訴巴菲特時，他的老闆頓時興奮起來。巴菲特對於戈特斯曼這種年齡的朋友對一項科技有這種感覺感到震驚，決定深入研究蘋果公司的業務。人稱「奧馬哈先知」的巴菲特，對投資科技公司向來抱持強烈的反感。他只願意投資自己了解的企業，並認為許多科技商業模式是外來的。他在科技產業的記錄也不好，最著名的是二〇一一年對IBM公司的投資表現不佳。然而在聽了戈特斯曼的故事後，他開始注意周圍眾人使用的iPhone手機。

巴菲特想知道，該如何才能讓iPhone使用者從蘋果轉向三星這個受電池問題困擾的品牌。在週日與孫子前往冰雪皇后連鎖餐廳（Dairy Queen）的路上，他注意到他們總是全神貫注在手機上。他意識到戈特斯曼是對的：iPhone不是科技，它就好比是現代的卡夫公司起司通心粉。這個產品對使用者與流行文化的控制力應該會持續多年。在巴菲特的指示下，波克夏海瑟威公司增加了蘋果的股票持有，將總投資拉高到七十億美元，最終使蘋果成為該公司最大的持股之一。

當購買股份的消息被媒體報導時，無限迴圈園區的反應不一。產品工程師擔心波克夏在蘋果公司的持股會讓公司轉向謹慎。公司不願再冒險，不再有瘋狂舉動，不再有「方孔中的圓釘」[1]。太多財富可能因此流失。他們擔心庫比蒂諾會成為工

1. 編注：詳見本書第二三六頁。

程界的博卡拉頓（Boca Raton）。

但庫克卻覺得飄飄然。他將波克夏的持股視為對他領導能力的終極驗證。他說，有巴菲特作為股東是一種榮譽與特權。這表示世界上最精明的投資者，像庫克一樣看待蘋果，認為它是一家在消費者吸引力方面足以媲美可口可樂的科技公司。

華爾街支持庫克的觀點。藉由專注長期價值的投資策略，巴菲特在四十年間將十七萬四千美元變成八百億美元。一般投資客追隨並模仿巴菲特的一舉一動，期能獲得類似的成功。許多人搶購蘋果公司的股票，讓蘋果的股票重現活力。

庫克對蘋果公司股價飆升的情形感到驚嘆。他告訴全國廣播公司商業頻道，巴菲特的投資是最高的讚譽。「我的意思不是輕鬆的那種，」他說。「我的意思是，哇，是華倫．巴菲特在投資公司耶！」

隨著蘋果股價上升，庫克終於可以將注意力轉移到其他地方。

為了重啟公司的汽車業務，他鼓勵前硬體主管曼斯菲爾德回歸。已經退休的曼斯菲爾德花了那個夏天的大部分時間評估正在進行的工作，然後才安排一次異地會議。

那年秋初，數百名參與該計畫的員工搭上包車，前往矽谷的一間旅館。他們一一進入一間寬敞的會議室裡，曼斯菲爾德正在那裡等候。這位身材魁梧、頭髮理短的工程師有半導體方面的背景，因為在 MacBook Air 等產品上取得突破性發展而晉升公司高層。他在蘋果的階級結構中備受尊重。

曼斯菲爾德說話時直言不諱，清楚點出與會大多數人已經知道的事實：這個計畫就是個爛攤子。雖然他承認自己並不完全了解自動駕駛汽車的技術挑戰，但他計劃用雷神之鎚的方式，讓工作回到正軌。他宣布將進行裁員，大約兩百名員工將被解僱，因為他打算讓營運合理化，並轉移焦點。他很清楚，在公司確定如何建構基本軟體、使車輛能在無人駕駛的情況下上路行駛前，蘋果沒有必要推進汽車的建造工作。

「你們現在做得太多了，」他說。他也表示，從那時起，他們將把重點轉移到開發一個能夠實現汽車自動駕駛的操作系統。會議室裡的每個人都知道，這將是一個長達數年的任務。

二〇一九年推出的目標被放棄了。在整間公司裡，森尼韋爾計畫從最熱門的專案變成永無止境的研究實驗。

庫克五年來對蘋果帝國的擴張也碰了壁。儘管巴菲特投下信任票，iPhone 7 的銷售也有所改善，公司在中國繼續奮鬥。在庫克與中國移動進行交易後，iPhone 業務規模增加了兩倍，卻也放棄了一些收益。將 iPhone 視為身分象徵的客戶群不願意購買 6s 和 7，因為它們和兩年前推出的 iPhone 6 幾乎一模一樣，導致銷售量從高峰期驟跌百分之十七。曾經推動蘋果公司擴張的市場，正是促成它業務量萎縮的原因。

問題不只出在中國消費者身上。中國政府突然關閉 iTunes 電影與書籍的銷售，封鎖了蘋果不斷成長的服務業務關鍵環節。駐中國的員工曾試圖警告庫克與蘋果的領導層，中國的專制領導人習近平開始對西方公司採取更強硬的態度。習近平正在打擊西方意識型態，也偏好他得以控制的本地科技巨頭，例如華為與騰訊。iTunes 關閉後不久，習近平會見了一些當地的科技公司負責人，告訴他們中國必須確保網路上內容能創造出一個健康、積極的文化。

iTunes 部分服務被暫停的情況讓庫克感到不安。他花了十年時間在中國建立業務，現在當地的員工告訴他，他對中國未來的願景可能不切實際。顧問警告他，中國政府正準備攻擊蘋果。眾所周知，中國共產黨會懲罰它認為過於龐大或強大的外商公司。它常常是藉由一隻無形的手放出所謂的「水軍」來進行操作，水軍是一群受政府支持的網軍，他們能在中國社群媒體上形塑公眾對品牌的看法。同樣重要的是，中國有超過三百萬勞動力在辛苦地生產 Mac、iPad 與 iPhone。在庫克的指示下，蘋果將製造業務集中於中國，也需要政府的支持來製造與出口產品。

為了避免中國對蘋果公司業務採取更大規模的行動，庫克與公司的政策團隊合作，改善公司與中國政府的關係。他們制定了一項戰略，改變公司在當地談論其業務的方式。他們不再強調手機的銷售數量，而是開始強調它支持的開發商和間接僱用人員的數量。庫克開始在前往中國時，與其中一些開發商會面，以個人名義關注蘋果與中國經濟的結合方式。

十月，庫克飛往深圳，宣布計劃在那裡建立一個價值四千五百萬美元的研發中心。公共事務團隊曾建議將它視為向中國領導人伸出的橄欖枝。他們告訴庫克，這將傳達出蘋果對中國的承諾，以及蘋果將協助中國成為科技更先進的國家。他在訪問期間會見了中國總理李克強與其他領導人。

這項投資和訪問為蘋果在其第二大市場贏得了商譽，這是庫克迫切需要的。儘管他不知道，中國在全球經濟的地位正處於難以想像的崩潰邊緣。

在美國，共和黨提名的總統候選人川普在各地煽動民粹主義情緒，抨擊許多公司將生產外包給中國，並承諾將工作帶回美國。

庫克是頭號目標。

「我們要讓蘋果公司開始在這個國家而非其他地方，製造他們該死的電腦和東西，」川普在一次競選活動中，告訴聚集在維吉尼亞州林奇堡自由大學運動場的支持者。「我們將使美國再次偉大！」

對川普而言，美國通往偉大的道路得途經庫比蒂諾。他向他的支持者承諾，如果他當選，他將對來自中國的進口產品徵收百分之四十五的關稅，這將使 iPhone 業務陷入癱瘓。

就政治方面來說，庫克是個變形人。一如他生活中的許多其他事物，其忠誠度極難約束。他在一九九〇年代曾登記為共和黨人，但同時向民主黨與共和黨捐款。面對川普的競選攻擊，他全力支持希拉蕊（Hillary Clinton），在加州洛思阿圖斯為她共同主持了一場募款活動。他為她的競選活動捐了二十六萬八千五百美元；她是蘋果公司與他在中國建立的高效製造機器之間的障礙，對其進行了長達四年的攻擊。

選舉日當天，隨著最初的開票結果出爐，他在辦公室裡。整週的民意調查都非常支持希拉蕊《紐約時報》認為她有百分之八十五的機會獲勝。川普的競選幹部告訴美國有線電視新聞網，川普要勝出，就得製造奇蹟。但隨著加州的夜幕降臨，預測開始發生變化，在北卡羅萊納州與佛羅里達州，川普獲得的票數比預期多。川普的競選團隊開始告訴各新聞網，他們在賓夕法尼亞州比希拉蕊更具優勢，該州自一九八八年以來共和黨未曾獲勝。川普在俄亥俄州也獲得勝利。到太平洋時間晚上九點，競賽似乎已經結束，而庫克和美國其他各地的人一樣，都感到震驚。

作為一股可預測、穩定和冷靜的力量，蘋果公司執行長現在面臨了一個不確定的未來與不可預測的總統。這個終極對手暨混亂之王，即將入主白宮。

第十九章
chapter 19

強尼五十
The Jony 50

召集令於一月發出。隨著華爾街對十週年紀念版 iPhone 的期待愈形升高，強尼・艾夫邀請該公司的資深軟體設計師，前往巴特里開會，進行產品審核。

上午十一點左右，二十名設計師與幾位蘋果公司安全人員抬著裝有未發布 iPhone 的防水氣密箱，來到舊金山這家高級社交俱樂部的五樓頂樓。他們走進一個六千兩百平方英尺的房間，房間裡有裸露的鋼梁與落地窗，可以看到巨大的海灣大橋，跨越了舊金山與奧克蘭，長度約四點五英里。窗戶的對面，一座瓦斯壁爐嵌在暗藍灰色的牆壁裡。這個房間具備極簡主義與現代風格，帶有吸引艾夫的品味妝飾。房間裡最引人矚目的是被半透明橙色椅子包圍的玻璃桌，讓人想起蘋果公司糖果色的 iMac。

這群人開始攤開準備好的十一乘十七英寸設計理念列印輸出，他們為了和艾夫分享已經等待了好幾個星期。他們正在重新定義使用者對取消 Home 鍵、改採全螢幕顯示的 iPhone 將如何操控。在沒有按鈕的情況下，艾夫想在螢幕底部放一個細長的白色橫槓，使用者只要向上滑就可以叫出 iPhone 的儀表板。引進這個儀表板導致他們得做出許多其他決定，包括鎖定螢幕與主螢幕的外觀，以及如何在一個有下巴形缺口的設備上顯示影片。等待艾夫的指導，讓團隊的部分成員懷念起他們與賈伯斯和福斯托的週會，他們在迭代設計過程中定期提供引導。代替他們的，是團隊得適應無法經常與艾夫會面的情況，艾夫的評論可能會突然停止一個設計，或是將它指向一個截然不同的方向。

把要呈現的東西安排好後，設計師們在附近的沙發上坐下來等待。時間來到下午一點，艾夫尚未現身，有些設計師餓了，拿起供作午餐的壽司吃了起來。軟體設計副主管艾倫．戴向團隊保證，艾夫會出現，而且就快到了。有些人一邊盯著自己的筆記型電腦，一邊滑著手機，等待著。許多人則納悶，事情怎麼會變成這樣？

就在下午兩點之前，在會議預定開始將近三小時後，艾夫走出電梯，看到分散坐在頂樓休息室沙發上的團隊成員。他沒有道歉，也沒有解釋為何遲到，而是直接走向放著列印稿的桌子，開始檢查工作。戴像個司儀一樣領著他看了每一個計畫。

艾夫慢慢地思考著每一個設計，提供意見回饋，但並沒有做出任何最終決定。他希望有更多時間思考。大家等他開會的三小時，只是更漫長等待的前兆。

在隨後的幾個月裡，艾夫與蘋果公司的高層一起參加了該公司的年度異地會議。多年來，他參加過幾十次為期數日的異地會議，和其他人一樣了解未來產品與當前銷售如何影響集會的氣氛。那一年，在汽車計畫受挫與 iPhone 銷售低迷的情況下，不安的情緒籠罩著會議。

簡報開始時，艾夫站在外面呼吸新鮮空氣。當一名新進員工彼得．斯特恩（Peter Stern）走到大家面前，開始介紹 iCloud 服務的最新情況時，艾夫正在這家五星級旅館的入口附近閒逛。斯特恩幾個月前從時代華納有線電視公司跳槽到蘋果，他在擴大客戶群方面的成功，讓蘋果公司招募他擔任開發公司訂閱產品的角色。在蘋果音樂發布後，庫克希望找到更多方法從公司創造的服務中擠出 iPhone 的銷售額。斯特恩解釋了箇中原因。

他站在眾人面前，點擊了一張 X 形圖表的圖像，顯示蘋果的硬體利潤正在下降，服務利潤正在上升。他向與會者傳達的訊息是，蘋果的傳統業務，也就是與艾夫關係最密切的業務，已經開始拖累公司的業績，因為在 iPhone 上增加更多鏡頭與組件的成本上升，而手機的銷售價格卻保持不變。同一時間，iCloud 等訂閱服務正在提高公司的盈收，因為這些服務的成本相對固定，而且愈來愈多人註冊支付月費使用服務。斯特恩的工作，是找到方法賺取更多快錢。

這次簡報讓部分觀眾感到震驚。在它描述的未來中，艾夫和該公司作為產品製造商的業務將變得不那麼重要，而庫克對蘋果音樂和 iCloud 等服務的日益重視會變得更加重要。

隨著公司內部發生變化，艾夫開始安撫團隊內部逐漸加劇的不安。理查．霍華斯升為設計副總裁一事造成內部緊張，因為霍華斯從普通成員變為二十人緊密團隊的領導者。艾夫在賈伯斯手下工作十多年，才成為公司最有權力的人之一。他的意見是決定性的。但霍華斯沒有這樣的地位。艾夫的缺席形成了真空，公司的其他主管試圖填補。儘管霍華斯是位很有天賦的設計師，但在這個動盪的時期，當工程師挑戰他的時候，他可能會表現出戒備心及易怒的情緒。伴隨具有營運意識的高階主管與資深工程師試圖增加他們對設計的影響力，這種情緒爆發也愈形頻繁。

霍華斯領導的團隊花了一年時間全面重新設計 iPad。丹尼．柯斯特為主設計師。來自紐西蘭的柯斯特對半透明 iMac 的設計曾做出相當的貢獻，並催生了以澳洲海灘命名的「邦迪藍」。他開發了一款全新的 iPad，擁有更精緻的曲線與更輕盈的機身，拿在手裡的感覺更自然。有些參與工作的產品設計師認為這款 iPad 非常優雅，他們說這將是他們樂意以零售價購買的第一個款式。然而，蘋果的營運團隊認為，製造這款 iPad 得從頭打造幾個新的特徵。新機器、新主機板與其他零組件的初期生產成本加起來將達到數十億美元，這樣的投資得要好幾年才能回收。這些所謂的非經常性工程成本，讓蘋果的業務部門暫停了這款 iPad 的生產。

這種具成本意識的決定使產品團隊的部分成員感到沮喪。在此之後，柯斯特決定離開蘋果，加入運動攝影機公司 GoPro 擔任設計主管。這是蘋果核心設計團隊成員首次高調離職。這位一九九四年進入蘋果公司的設計師，不會是最後一位變節的設計團隊成員。

隨著 HomePod 的工作進入尾聲，計畫的主設計師克里斯．史特林格決定離開蘋果公司。史特林格自一九九五年加入蘋果，在經過二十年於蘋果的任職後，他不再像過去那樣對工作幹勁十足。史特林格在二月份去找艾夫，告知自己打算離職。除了興趣減退外，史特林格也對 HomePod 感到不滿，因為蘋果公司將它當成一種消遣，造成它未能像核心產品如 iPhone 與 iPad 一樣獲得跨部門關注。它的開發工作進度緩慢，部分原因在於蘋果的數位助理 Siri 無法像亞馬遜競爭對手 Echo 那樣訂購產品、食品或 Uber。在內心深處，他想像的是一個更複雜揚聲器的各種可能性。他知道蘋果永遠不會追求這樣的計畫。揚聲器永遠無法通過庫克的門檻，成為價值百億美元的業務，因此史特林格最終決定成立自己的音響公司。

就像他許多同事一樣，史特林格有能力離開或退休。蘋果公司從股價還是一美元的時候，就開始向這位五十二歲的資深員工發放股票，多年來，特別是在庫克的領導下，公司股價已經上升到一百三十三美元以上。公司的成功讓他成為千萬富翁，在灣區、太浩湖與南加州都買了房子。他可以像蘋果公司員工所說的「安享晚年」（Vest in peace）了，這是對愈來愈多被同事稱為VIP的早期退休人員的戲稱。

在開發十週年紀念版iPhone的過程中，軟體設計團隊也瀰漫著類似的不安情緒。頂尖軟體設計師伊姆蘭·喬德里開始謀劃自己的退路。這位剃著光頭、身穿黑色圓領衫與牛仔褲的英裔美國人在一九九五年以實習生身分加入蘋果公司，他因為加入開發iPhone多點觸控技術的團隊，逐漸鞏固自己在公司的地位。喬德里在福斯托手下工作了好幾年，接著被艾夫選中，加入一個開發蘋果手錶界面的小團隊。他還在蘋果公司最近的一次開發者主題演講中登上舞台。隨著時間推移，他開始糾結於公司的創新飛躍似乎愈來愈少。

喬德里覺得自己在創意層面未能實現自我，決定離開蘋果公司。依照慣例，他告知艾夫與艾倫·戴自己計劃在幾個月後領取應得報酬的股權後將離職。這樣的安排在庫克領導下的蘋果公司變得更普遍。這與賈伯斯形成鮮明對比，賈伯斯會懲罰背棄者，拒絕重新僱用他們，對待他們的離開就像對待被嫌棄的情人。

在他準備離職的一個月前，喬德里發給同事一封電子郵件，宣布他的離職計畫。他告訴同事，他不會在設計工作室，但可以透過電子郵件聯繫到他，直到他在職的最後一天。他提醒眾人，他們一起在蘋果公司做了什麼，製造出能賦予使用者權力的產品，並告訴他們，自己很榮幸能跟他們一起工作。他很喜歡波斯詩人魯米（Rumi）的一句話，「當你發自內心做事，你會感到一條河流在體內流動，一種喜樂。」在這句話的後面，伊姆蘭寫道：「可悲的是，河流乾涸了，而當它們乾涸時，你要尋找新的河流。」

這封郵件讓艾夫與戴感到擔憂。他們擔心喬德里的訊息可能被解釋為蘋果最好的日子已經過去。它的河流已經枯竭。外界說該公司不再創新是一回事，但這種批評來自曾幫助 iPhone 設計多點觸控技術的員工，又是另一回事。他們擔心公司內部士氣受到影響，決定採取行動控制損害。

電子郵件發出後沒多久，戴解僱了喬德里。

此舉帶來了嚴重的財務後果。喬德里再也收不到他的股權。喬德里感覺很受傷，向朋友抱怨這次解僱之事，告訴友人艾夫和戴誤解了他有關河流的評論。他向那些人解釋說，這封信是他對自己缺乏樂趣的個人反思，並非對蘋果的批評。

然而，在一間正與自己的不安全感搏鬥的公司內部，這被解釋為一種人身攻擊。

蘋果公司創意人才的流失令人失望，但艾夫對此並不意外。他與那些即將離職的同事感同身受，同樣有許多挫折感。他知道他們的決定並不容易。為一家公司奉獻二十年，已經讓這家公司成為個人身分認同的一部分。離開需要很大的勇氣，而艾夫一直無法鼓起勇氣。

二〇一七年三月，艾夫在他最喜歡的舊金山 Quince 餐廳辦了一次私密的聚會，慶祝他的五十歲生日。他是這家知名米其林三星當代義式料理餐廳的常客。他和妻子海瑟以及他們的兒子走進這座歷史悠久的磚砌建築，它坐落於傑克遜廣場附近的鵝卵石街道上。在裡面，他們迎上了羅琳和賈伯斯的兒子里德，還有艾夫最好的朋友馬克．紐森，以及定居東京的音樂製作人尼克．伍德（Nick Wood）。餐廳員工引領他們穿過鋪有白色桌布與義大利慕拉諾玻璃吊燈的用餐區。一輛香檳推車將艾夫最喜歡的飲料送到每張桌子上。之後，當與宴者合影留念時，艾夫用手臂摟著他一個兒子的脖子，睜大眼睛盯著鏡頭。

具有里程碑意義的生日往往促使人們反思生活、做出的決定和錯過的機會。自艾夫離開英國來到美國，已經過了四分之一個世紀。他在蘋果公司工作了近半輩子，兩個兒子將加州視為家鄉。他累積的財富超出了自己的想像。這並不是他在一九九二年為蘋果公司開出的工作機會苦惱數週時所設想的生活。自從失去他的創意夥伴、老闆和朋友後，他於隨後的幾年間指導了蘋果唯一的新產品創造。他也想繼續前進，但他曾承諾要再讓一個計畫開花結果。

很快，原本寧靜、反思的夜晚就被更喧鬧的活動取代。

那年秋天，艾夫的朋友和家人都收到了邀請函。邀請函裡概述了一個為期多天的盛會，將從倫敦開始，包括在科茲窩（Cotswolds）的石灰石莊園進行為期兩天的慶祝活動，最後飛往威尼斯，在運河旁享用午餐，一些人還會在有二十四個房間的豪華安縵飯店（Aman）留宿一晚。

這著實是個奢侈的活動。科茲窩的主人馬修．佛洛伊德（Matthew Freud）希望好友的五十歲生日聚會能與眾不同。他是一家全球行銷傳播公司的創始人，是心理學家佛洛伊德（Sigmund Freud）的孫子，也是伊麗莎白．默多克（Elisabeth Murdoch）的前夫。他將自己那間有二十二個房間、價值七百萬美元的豪宅伯福德莊園借給這次活動使用。艾夫的賓客名單包括朋友與在蘋果公司支持其工作的同事，包含布倫納、艾歐文、德內夫，以及二十人的工業設計團隊。蘋果公司的商業領袖幾乎沒有受到邀請；他很大程度上將這次聚會局限於公司的創意核心。

在賈伯斯去世以及艾夫被封為爵士後，他的朋友圈擴大到英國喜劇演員、導演與音樂家。他們和蘋果公司的人群一起來到已經被改造成鄉村狂歡節會場的伯福德莊園。現場有碰碰車與紅白相間的嘉年華攤位，還有艾夫的藝術家朋友達米恩．赫斯特（Damien Hirst）批判來賓的旋轉藝術畫。最後，所有人陸續進入一頂帳篷，享用一頓豐盛的外燴與生日吐槽大會。

艾夫坐在海瑟和兒子們旁邊，他們坐在舞台上方的圓形皮椅上。他穿著一件復古黃色的蘋果圓領衫與淺藍色運動外套，有人在上面貼了他今晚的名牌：胖子。

佛洛伊德走上舞台，來到麥克風前。「歡迎在強尼大派對這個幸運的場合來到伯福德莊園，」他說。「這是個盛大的、慷慨的、輝煌的、誇張的計畫，有最美好的意圖，但全都有點失控。」

艾夫的演員朋友史蒂芬．弗萊走上舞台擔任司儀。弗萊打頭陣開起艾夫的玩笑，說在清福德，艾夫的父親在他的長子剛出生時將他舉了起來，說：「這是個美──美──美麗、美麗、脆弱的物體。我們把他做得只夠裝得下……一個肚臍。我們花了那麼多、那麼多、那麼多的心思來琢磨他的外框。」

眾人對他模仿艾夫對蘋果產品的想像式描述爆笑不已。

「強尼──或者他更喜歡被稱為『瓊──伊』，」弗萊說著，打趣艾夫寫名字時沒採用通俗的「Johnny」。「為什麼我們沒人跟他對質這件事呢？」

聽到弗萊的笑話，很少有人笑得比艾夫還大聲。他在蘋果活動與工作場合的嚴肅態度，掩蓋了他在朋友面前表現出的幽默感。當弗萊講到他早期在橘子設計工作室設計白色馬桶的工作時，他大笑不已。弗萊說，那件工作開啟了他在蘋果公司製作以浴室為靈感進行產品設計的職業生涯。「從此以後，蘋果公司的一切產品基本上都是一塊白色的平板，有厚實平滑的圓角，就像那些漂亮的浴缸、臉盆……以及坐浴盆，它們有彎曲閃耀的白色曲線，長久以來一直困擾和折磨著他狂熱的想像力，」弗萊說道。「當然，接下來的事大家都知道了。」

弗萊說完後，艾夫和其他人一起鼓掌。接著上台的是演員薩夏・拜倫・柯恩（Sacha Baron Cohen），他拿著麥克風與幻燈片控制器，模擬蘋果公司的風格主持了一場關於「強尼五〇款」（Jony 50）的簡報：它的體型比原來寬了兩成，頭髮比原來少了八成五。

舞台後面的大螢幕播放著一些為壽星祝賀的影片，其中包括前總統歐巴馬與演員班・史提勒（Ben Stiller）錄製的影片。在影片中，史提勒站在一面白牆前，解釋說他和艾夫的家人在幾年前認識後很快就成了好朋友。在過程中，他開始欽佩艾夫的謙遜與性情。

史提勒說話時，艾夫的情緒愈來愈激動。海瑟伸手抓著他的左臂。

「我想為你舉杯，」史提勒說。他從牆邊走開，轉了個彎，艾夫一家震驚地發現這是他們位於考艾島的廚房。當史提勒去冰箱找龍舌蘭酒時，現場觀眾都笑翻了。

「嘿，理查，理查！」史提勒喊道。

「是的，史提勒先生，」管家說。

「剩下的龍舌蘭酒呢？」史提勒問。

「我想你昨晚全喝光了，」管家說。

史提勒請他出去再買一些。然後他溜出廚房的門，脫掉上衣和褲子，全身赤裸跳進艾夫的游泳池。

最後，更嚴肅的講話取代了模仿與笑聲。羅琳．賈伯斯身穿優雅的黑色禮服走上台。「強尼與史蒂夫有著非凡、深厚的感情，」她說。「透過他們互相信任的合作，史蒂夫實現了他一生中最偉大的作品。」

她邊說邊點了點頭。「我見證了他們其中一次創造性頓悟，」她說。「他們在我們家工作，時值盛夏，兩人在花園中漫步，走在花叢與果樹環繞的小徑上，然後在一年之內，有著長頸支架和旋轉螢幕的 iMac 就被設計出來了，其靈感來自花朵。」

她微笑地將目光投向艾夫。「毫無疑問，強尼，你將很棒的設計普及化了，」她說。「讓他成為如此出色的朋友的原因，也讓他成為如此崇高的藝術家。強尼有一種無以倫比的能力，將抽象的想法與技術概念轉化成深刻的、人性的、情感的體驗，這是因為他這個人的情感深度。當你使用他設計的產品時，你的自我感覺會更好。他在創造時會考慮到其他人，這也是為什麼這些產品如此特別。」

晚餐後，燈光變暗，U2 樂團上台表演。

吉他手 The Edge 開始彈前奏，主唱波諾抓起麥克風架，將它往肩膀上一甩。他們唱起來自第八張專輯《神采飛揚》（*Rattle and Hum*）中的〈慾望〉（*Desire*），這張專輯由艾歐文製作。這張專輯發行時，艾夫正在上大學，他俯下身，在兒子耳邊低語。然後他開始上竄下跳，跟著唱了起來，周圍的朋友紛紛加入，證明他在蘋果之外擁有充實的生活。

在這場充滿暢銷歌曲的演唱會接近尾聲時，波諾停下來介紹了一首歌，這是樂團走到音樂的十字路口時創作的一首歌曲。他憶起一九九〇年代早期的某個時刻，他與 The Edge 想創作帶有電子舞曲色彩的作品，但貝斯手亞當．克雷頓（Adam Clayton）與鼓手小賴利．慕蘭（Larry Mullen, Jr.）傾向堅持搖滾曲風。這種衝突幾乎導致樂團解散。之後有一天在錄音室裡，The Edge 開始彈奏略帶憂鬱的和弦，波諾為其填入了歌詞。

「這首歌讓我們言歸於好，」波諾說。「它是關於人際關係的困難。」

當他說完後，The Edge 的吉他前奏開始，慕蘭開始敲打鐃鈸。當波諾開始唱〈*One*〉時，管風琴帶著藍調的反拍樂曲響起：

我問太多了嗎？比很多還多。

你什麼都沒給我，現在卻成了我的全部。

艾夫的朋友與蘋果公司的創意同事在舞台前方搖擺。他們陶醉於這首讓眼前樂團團結起來的歌曲，即使賈伯斯的繼承人正在分道揚鑣。

儘管蘋果公司的最高層主管與艾夫合作了幾十年，但他們並不在生日聚會的現場。艾迪．庫伊不在，菲爾．席勒不在，甚至提姆．庫克也不在。

第二十章

chapter 20

權力運作

Power Moves

當唐納．川普在國會大廈台階上宣誓就職時，庫克正在庫比蒂諾工作，密切關注著關乎未來的線索。庫克的辦公室很整潔，這證明了他的價值觀。羅伯特．甘迺迪（Robert F. Kennedy）的半身銅像從他辦公桌後方的櫃子上俯視著他的肩膀，馬丁．路德．金恩的照片則掛在門口附近的牆上盯著他看。庫克認為這兩個人是美國最好的代表，他們都是一九六〇年代的正義鬥士。他讀了他們的傳記，剖析了他們的演講，並在給員工的電子郵件中引用了他們的話。他欣賞他們的理想主義與韌性，因為他們把一個有缺陷的美國引向更光明的未來。然而在將近五十年後，他發現自己正在追蹤一個真人秀明星的發言，這個明星以一種更黯淡的方式描繪了這個國家。

新總統喘著氣，在刮著冷風的陰霾天空下斷斷續續地說著話。他口中的美國到處都是鏽跡斑斑的工廠，像墓碑一樣散布各地，貪婪的商人將工人階級的工作轉移到海外，是一片充斥幫派與暴力、毒品與貧困的土地。這裡像恐怖電影般荒涼可怕。「這種美國式的大屠殺就在此地、此刻停止，」川普在人們為他這種預示言論歡呼時皺著眉頭說。他發誓要把工作帶回美國，恢復經濟機會，而且永遠、永遠將美國放在第一位。

他說：「我們必須保護自己的邊界不受其他國家的蹂躪，這些國家生產我們的產品、偷走我們的公司、破壞我們的工作。」

對這位美國最具價值公司的執行長來說，這番話聽來就像啟示錄，同時充滿個人色彩。蘋果公司業務的力量來自它從中國源源不斷的廉價勞工供應中獲得的巨大利潤。庫克打造了那樣的外包機器。在川普的演講中，庫克就是個貪婪的美國商人，將本來可以是美國製造業的工作出口到國外。他為這些商業實踐辯護，告訴政治人物，中國是世界上唯一一個工廠可以僱用數十萬季節性人力，生產 iPhone 以供銷售的國家。他說服歐巴馬及其他人，美國沒有足夠的人力或製造工程師來執行這項工作。但新總統對這些實際的考量無動於衷。他的演講讓人想起競選時的承諾，他要求蘋果公司在美國建廠，這個威脅將破壞庫克的機器，使公司股價暴跌。

庫克需要與川普建立更牢固的關係，以避免這位總統下達災難性的行政命令。要保護他的企業共和國，庫克這名商人必須變得像他要對抗的政客一樣狡猾且魅力十足。

在他領導蘋果公司的六年裡，這位經營者早已培養出電子試算表之外的能力。

他與聯邦調查局的攤牌迫使他成為危機管理專家；iTunes 在中國的中斷事件讓他得扮演起外交官的角色；紐約的 Met Gala 迫使他成為藝術贊助人。他在這一切事件中表現出他的多面性，從法律糾紛到地緣政治衝突再到紅毯首秀。然而，他仍持續受到投資者與批評家的糾纏，他們擔心蘋果對 iPhone 的依賴性，也仍在為「下一個是什麼」的問題感到不安。

二〇一七年已經成為庫克前所未有的挑戰年，這讓這位說話溫和的執行長較過去任何時候都更得成為一位權力玩家。這不僅僅是白宮破壞王在推特上發布的生死存亡威脅；還得在這些威脅與中國共產黨領導人的競爭要求之間取得平衡，中國政府可以瞬間關閉蘋果的供應鏈。庫克或多或少得學會同時安撫美國總統與中國的政治局，施展連季辛吉都會佩服的全球外交手腕。

在此同時，庫克還必須完成另一項看似不可能的任務：想辦法緩和蘋果公司持續承受的壓力，讓它發明另一款能再次改變世界的設備。這種要求既不切實際又無情，而且呼聲只增不減，尤其在最新數據公布之後。當年年初，該公司的 iPhone 業務銷售額正在回升，但相較於兩年前的高峰依然遜色。一如預期，蘋果報告 iPhone 的銷量比二〇一五會計年度上半年低了百分之四。蘋果手錶銷售量上升，但並不足以彌補這個差異。庫克需要向華爾街證明，蘋果的總收入可以持續增加，這是一個艱巨的挑戰，因為該公司的年度銷售額約為兩千兩百億美元。當他在蘋果公司的業務中尋找解決方案時，他發現了一個自己眼中的完美答案。這是個重塑蘋果公司整體商業戰略的激進想法。與其用眼花繚亂的產品來定義這家公司，庫克希望將更多注意力放在這些產品所提供服務的承諾及潛力上。

應用程式商店（App Store）早已成為一個主要的收入管道。蘋果公司從它銷售的每一款應用程式的價格抽三成，對於收取訂閱費用的應用程式也抽成類似的比例。該公司的應用程式審核小組相當精簡，因而能維持較低的經銷成本。同時，開發人員正在努力推廣《要塞英雄》之類的手機遊戲，這類遊戲的玩家會花錢購買武器與超級英雄的能力。每購買一件商品，蘋果公司都有抽成。據估計，其中約八成為純利潤。被下載到 iPhone 的應用程式數量並沒有減少的跡象。按目前的成長速度，庫克認為應用程式商店的業務規模有望讓服務業務的業績翻倍。他想讓華爾街認識到他能清楚看到的價值。

在那個時候，投資人將蘋果視為「iPhone 公司」。他們認為該業務已經成熟，並預計產品成本將伴隨銷售萎縮而上升。這意味著蘋果公司的本益比一直很低，本益比是指公司股價相對於未來利潤預測的計算。像蘋果這樣的硬體公司估值乘數比軟體公司要低，因為它們是流行驅動的業務：像 iPhone 6 這樣特別受歡迎的產品可能會導致銷售量激增，而像 iPhone 6s 這樣表現未達預期的產品可能會使利潤大跌。擔心蘋果公司因為一項商品的失誤，就失去其影響力，意味著該公司的本益比為十五倍，不到谷歌或臉書的一半。這讓庫克很煩惱，因為這會壓低公司的市場價值。他希望當時估值六千五百億美元的蘋果公司，能夠增長至一兆美元。

該年一月，庫克希望將投資人的注意力集中在不斷增長的軟體銷售上，藉此消除制約著公司價值的硬體枷鎖。他知道更高的估值乘數會隨之而來。在與分析師的電話會議上詳細說明 iPhone 7 的強勁表現後，他表明公司的服務業務（從前被稱為 iTunes、軟體與服務）帶來了七十二億美元的銷售額。應用程式商店占了其中的三分之一，其餘來自 iTunes、Apple Pay、蘋果音樂等。庫克說，到該年年底，服務業務將名列《財星》雜誌一百強企業，銷售額接近兩百七十億美元，與蘋果發行的臉書應用程式的銷售額相當。他解釋道，「我們的目標是在未來四年將服務業務規模擴大一倍。」

這個承諾讓無限迴圈園區跳了起來，沒有人記得庫克曾公開設定過財務目標。賈伯斯曾藉由發布革命性新產品讓一般大眾為之驚嘆，而庫克則將焦點放在既有且正在增長的業務，運用行銷知識讓華爾街驚嘆不已。在這間等級分明的公司裡，很少有人知道庫克打算如何實現自己的承諾，但沒有人懷疑他兌現承諾的能力。

在新的財務目標公布後，庫克與前時代華納有線電視公司高階主管彼得．斯特恩與蘋果服務部門主管庫伊會面，以制定執行計畫。該公司當時最大的服務是iCloud，每月向使用者收取九十九美分，供人備份照片。領導iCloud業務的斯特恩提議將iCloud與其他訂閱應用程式捆綁在一起，增加訂閱使用者數量與支付金額。這個策略模仿了亞馬遜公司，亞馬遜創了Prime快遞服務，藉由將Prime影片應用程式與電視節目和電影綑綁的做法，來吸引使用者訂閱。斯特恩擁護蘋果捆綁銷售的做法。

庫克體認到，服務的可能性是無窮的。蘋果可以建立一個搭配瑜伽課程的健身應用程式，設計一個包含雜誌的新聞服務，或是建立自己的Netflix。這些應用程式的開發成本對蘋果公司來說相對較低，但有可能為公司帶來數以百萬計的訂閱者，創造出金融大師所謂的經常性收入，即每月穩定的付款流，足以填滿蘋果的存錢筒，就像孩子的零用錢一樣可靠。訂閱者在會員期間支付的費用可能高於購買 iPhone 的一千美元。這或許是一個商業突破。

在會議上，庫克接受了斯特恩的策略，但以一個問題挑戰團隊。他問道，「這個捆綁銷售裡會有什麼好東西嗎？」

團隊早已習慣了庫克的問答風格，馬上就明白了執行長的意思。他是在說，在這件事上不要偷懶，一定要創造出具有真正價值的服務。

庫克與蘋果財務團隊的一系列會議則傳達出不同的訊息。他開始每個月與他們開會，審核應用程式商店、iCloud 與蘋果音樂的業績。這些會議就像他每週五為評估 iPhone、iPad 與 Mac 銷售情況的馬拉松式「與提姆約會之夜」一樣令人緊張。財務人員準備回答一系列問題，包括 iTunes 銷售額下降相對於蘋果音樂訂閱收入增加的情形；iCloud 成本與訂閱收入的比較；以及哪些最暢銷的應用程式推動了應用程式商店的銷售額。為了幫助他，財務人員製作了一個列表，列出即將推出的應用程式，這樣他就可以隨時關注有收入潛力的新軟體。

這個做法與賈伯斯對待應用程式商店的方式完全不同。賈伯斯引入的七三分成經銷方式，目的在支付儲存與交付應用程式的成本。這位已故執行長從未期望商店成為利潤中心；他期望的是應用程式商店能讓蘋果公司賣出更多 iPhone。

然而在庫克的領導下，重點早已轉移。他把蘋果推向的未來，不再專注於設備的銷售，而是更著重於透過 iPhone 銷售各種軟體，藉此擠出更多現金。

一月下旬，庫克來到華盛頓特區，發現這個美國首都因為爭議而動盪不安。在入主白宮的幾天裡，川普總統就其就職典禮的群眾規模與媒體爭論不休，謊稱有三百萬張非法選票被算在希拉蕊身上，並指責通用汽車將工作外包到墨西哥。

為了和好鬥總統站在同一邊，庫克安排在托斯卡餐廳（Ristorante TOSCA）與總統的女婿傑瑞德．庫許納（Jared Kushner）及女兒伊凡卡．川普（Ivanka Trump）共進晚餐。一同前去的還有蘋果負責政府事務的副總裁麗莎．傑克遜（Lisa Jackson），她曾在歐巴馬執政時期擔任美國國家環境保護局局長。她是個政治精明的操作者，對國家的官僚主義有著深厚的專業知識。川普的關係密切者建議庫克，他可以和總統的女婿及女兒合作，兩人都是眾所周知的蘋果崇拜者。

此次華盛頓之行與他前任的做法形成鮮明對比。賈伯斯一直是反政治的。他相信，如果蘋果公司做出好產品，其政治與文化影響力也會擴大。賈伯斯刻意將華盛頓特區的編制維持得很小（多年來只有兩個人），而且不鼓勵公司僱用外部政治說客。二〇一〇年，妻子羅琳曾試著安排讓他與歐巴馬總統會面，但賈伯斯並不想這麼做。他告訴他的傳記作者艾薩克森，他沒興趣讓總統獲得廣為散布與一位執行長象徵性會面的滿足感。但他的妻子很堅持。最後，賈伯斯去了白宮，並嚴辭責備歐巴馬總統對商業不友善，對在中國建廠的便利與在美國建立任何東西的繁瑣手續進行了比較。

然而，庫克很享受他的華盛頓之行。幾年前的稅務聽證會讓他認識到政治影響力的價值。從那時起，他就把定期去華盛頓特區走訪國會視為優先事項，親自與參議員和國會議員會面。他經常與傑克遜一起旅行，也讓她進入他的核心圈子。他支持傑克遜努力打造蘋果華盛頓特區辦事處的工作，逐步擴大團隊規模至百人以上。這種成長反映出庫克的現實主義。隨著規模擴大，蘋果成了聯邦官員的目標，他們對該公司從 iPhone 安全到稅收等各方面的立場感到失望。

在托斯卡，庫克與傑克遜尾隨服務人員走過這間高級義大利餐廳，來到他們預定的位子，之後庫許納與伊凡卡也加入他們。在包括龍蝦濃湯與鄉村羊肉醬的晚餐期間，他們聊到這對夫妻如何適應華盛頓的生活，然後轉向政策問題，以及政府可能的優先考量。對話很愉快，讓庫克相信他可以與這對夫婦和政府合作。

但第二天下午，川普簽署了一項行政命令，禁止七個穆斯林居多的國家民眾移民美國。該命令在美國各地引發抗議，包括矽谷也是，谷歌公司兩千多名員工與公司聯合創始人謝蓋爾．布林（Sergey Brin）一起在辦公室外集會抗議。

庫克對此措手不及。晚餐時，庫許納與伊凡卡並未提到移民問題。如果禁令在幾十年前生效，敘利亞移民之子賈伯斯可能就不會出生，蘋果可能就不會存在。庫克的電子郵件信箱塞滿了驚慌失措的員工發來的訊息。他趕緊向所有員工寫了一封信，向他們保證他聽到他們的擔憂了。「蘋果公司是開放的，」他寫道。「向所有人開放，無論他們來自哪裡、說哪種語言、愛誰或有何信仰。」

回到庫比蒂諾後，庫克的員工向他簡報了該命令的附帶結果。蘋果公司有數百名持有 **H1B** 簽證的員工，其中許多人被派往世界各地，公司的人力資源、法務與安全團隊正忙著找這些人。他們聯絡上的每個人都感到不安與恐懼。一些來自被禁名單國家的員工剛好在國外，或者有家人在旅行，都很擔心無法回到美國。他們非常擔心，希望蘋果公司採取更有力的立場。人力資源部希望庫克與一小群受影響的員工見面，以利更加了解他們的感受。在聽取十幾名員工說明該命令對他們的打擊有多大後，庫克決定採取行動。

庫克向蘋果員工保證他會聯繫白宮並傳達出明確的訊息，表示「這個命令應該被撤銷」。

在移民命令的影響下，川普政府的攻擊計畫開始成形，目標是將工作外包到中國的企業。

川普政府安排了兩名保護主義者來領導貿易政策。美國貿易代表勞勃·萊特海澤（Robert Lighthizer）上任後急於利用關稅阻止中國盜竊美國的科技，而貿易顧問彼得·納瓦羅（Peter Navarro）則稱中國為經濟寄生蟲。他們希望將全球供應鏈的一部分拉回美國，這對蘋果來說前景堪憂。

庫克需要找到一種方法向川普說明，生產 iPhone 需要的不僅僅是在中國工廠生產線裡的組裝。事實上，iPhone 的許多關鍵零組件都由美國公司供應。蘋果的溝通團隊想出了一個主意。每年，蘋果公司都會花費數十億美元為美國製造商購買新機器與組裝製程，讓這些製造商能為未來的產品提供訂製零組件。他們是否能將計畫中的部分支出，宣傳成是來自一項支持美國製造業的特別基金呢？

隨後出現的新聞標題是：「蘋果公司承諾在美國工廠就業機會上投入數十億美元。」公司內部人士認為，以這種方式包裝供應鏈，將能獲得川普的支持。

五月下旬，溝通部門邀請全國廣播公司商業頻道主播克瑞莫到無限迴圈一號進行特別報導。這位《瘋狂錢潮》的主持人在蘋果公司的庭院裡與庫克會面，進行採訪。庫克在克瑞莫對面的凳子上搖搖晃晃，回答了一個似乎是刻意安排的問題：蘋果將如何在美國創造就業機會？

這位執行長自誇道，蘋果公司為美國創造了兩百萬個工作機會，其中包括一百五十萬應用程式開發人員與大約五十萬供應商員工。克瑞莫並沒有指出這個數字比中國少多少，蘋果公司在中國大約支持了四百五十萬工人，包括三百萬工廠工人與一百五十萬開發人員。相反地，他將重點放在美國，問庫克是否會在美國投資創造就業機會。

庫克說：「我們願意，也會這麼做。」他說，蘋果正在建立一個十億美元的「先進製造基金」，將投資於美國的供應商。「我們可以成為池塘裡的漣漪。」

庫克冠冕堂皇的言論掩蓋了公司內部一些人認為的事實：先進製造基金只是個

公關噱頭。該公司已經計劃在美國供應商身上花費十億美元。事實上，多年來蘋果公司在美國的支出一直超過這個數字；它只是覺得沒有必要宣傳這些支出。但是，由於白宮更注重外表而非細節，該公司只好用公司的華麗舞台表演技巧來粉飾日常業務的枯燥。

蘋果公司的突破性增長讓員工人數擴大到逾十二萬人。iPhone帝國的規模已是庫克繼承時的兩倍。世界各地與美國各地都有蘋果公司的辦公室，維持這一切是一個沉重的負擔。然而，庫克一如既往，仍然是那個具有成本意識的執行長，喜歡搭乘商業航班，因此董事會介入此事。

二〇一七年，他們開始要求庫克乘坐私人飛機而非商業航班。庫克的時間太寶貴，蘋果公司的業務分布太廣，要他通過機場安檢實在浪費時間。此外，新總統帶來的挑戰意味著他比以往任何時候都更需要前往華盛頓特區。

六月中旬，庫克被召集去白宮參加一場科技峰會，其目的是讓川普向全國人民展示他對美國最強大產業的掌控能力。蘋果公司先進製造基金的消息已經傳到政府，川普總統對這家美國最知名外包商的看法也因此有所改善。一個月後，當科技界領袖聚集在國宴廳時，庫克發現自己坐在川普的右手邊。

不過，為了避免有人認為庫克與總統走得太近，蘋果公司證實了新聞媒體Axios當天上午的一篇報導，也就是庫克計劃就移民命令與總統對質。每當庫克發言時，焦慮的白宮助手就會往前靠，擔心庫克會與他們易怒的老闆起衝突。但讓他們鬆一口氣的是，庫克一句話都沒說。

討論結束後，庫克私下找了川普。「我希望你在移民政策上多放點感情，」他說。然後他就離開了。他說得太快了，以致於川普幾乎沒有注意到這個評論。但這個簡短的互動幾乎立刻被洩露給Axios，並以〈庫克對川普說：在移民辯論上多放點感情〉為標題，將這次對話描述為一場對抗。

白宮成員對庫克的操作表示讚嘆。庫克給了川普想要的，出席並坐在總統右邊。但他策略性地洩露了他在移民問題上挑戰川普的消息，為他在庫比蒂諾的員工挽回面子，儘管他的做法很微妙且是私下進行的。

然而，最終還是川普說了算。後來在橢圓形辦公室接受《華爾街日報》採訪時，川普提到庫克，說這位蘋果公司執行長曾承諾將一些製造業務轉回美國。「他答應給我三個大廠，很大、很大、很大，」川普說。

「真的嗎？」一位記者問。「在哪裡？」

「我們拭目以待，」川普說。「你可以打電話給他。但我說，提姆，除非你開始在這個國家建廠，否則我我不會認為我的政府得到經濟上的成功，好嗎？而且他打電話給我說，他們正在取得進展，三座又大又漂亮的工廠。你得打電話給他。我的意思是，也許他不會告訴你他跟我說了什麼，但我相信他會這麼做。」

這個說法讓蘋果高層焦躁不安。庫克從未對川普說過關於「大廠」的事，但當記者打電話來尋求評論時，蘋果的發言人不願反駁總統。庫克和他的顧問群擔心，稱川普為騙子會引發一場「推特戰爭」，引發對蘋果產品徵收關稅的威脅，或者更糟，激起抵制蘋果的呼聲，因此蘋果公司保持沉默。

在沉默中，庫比蒂諾瀰漫著不安的氣氛。如果川普願意撒這種謊，庫克和他的同事只能猜測他的下一步是什麼。

當庫克尋求更多方法提高他在川普心目中的地位時，蘋果公司強大的遊說辦公室開始全力支持川普政府改革稅法。其目標是降低導致企業將現金留在海外的海外營收稅率。當稅法在二〇一七年底通過時，它象徵著多年來對蘋果公司稅務操作手法的爭議終於結束。它還提供了另一個能讓總統感到滿意的機會。

庫克與蘋果的財務與溝通團隊合作，尋找蘋果能對美國經濟做出的承諾，期能藉此引起川普注意。新稅法要求蘋果公司對其海外利潤一次性支付百分之十五．五的稅款，約為三百八十億美元。該公司計劃建造一個新的客戶支援園區與數據中心，並開始其他建設工程，花費約為三百億美元。此外，蘋果每年向美國供應商的採購金額約為五百五十億美元，每年在美國僱用約五千名新員工。因此，該公司可以聲稱，在稅務改革之後，它將在未來五年為美國經濟做出三千五百億美元的直接貢獻，並增加兩萬個新的工作機會。這些又大又簡單的數字，都是川普喜歡的。

當庫克打電話給川普宣布該公司的可觀承諾時，這位總統無動於衷。他以為庫克說的是蘋果公司將投入三．五億美元。總統認為，這樣規模的工廠還不錯，但是不夠大。然後，庫克又說了一次，蘋果的經濟貢獻將是三千五百億美元。

「這很了不起，」川普說。

二〇一八年一月十七日，蘋果公司發布了一份新聞稿，標題是〈蘋果加速美國投資並創造就業機會：未來五年為美國經濟貢獻三千五百億美元〉。這份新聞稿並未說明的是，無論是否有稅制改革，該承諾約有八成都屬於蘋果公司的持續性業務。但是向來不執著於細節的川普不可能真的去計算。

在川普的國情咨文中，則指出蘋果公司與它三千五百億美元的承諾，是他美國優先政策發揮作用的證據。

來自華盛頓的鞭策讓庫克一直保持警惕。每當他往前邁一步，政府就會給他帶來一次挫折。在二〇一八年春天，挑戰超出了他的控制。

當時，美國與中國的談判代表在華盛頓特區進行貿易談判，發生了衝突，因為美國要求中國將兩國之間的貿易順差減少一千億美元，停止竊取智慧財產，並停止對國有企業的政府補貼。這是對中國經濟的直接攻擊，還附上了一份長達兩百頁的申訴報告。它可能導致一場全面的貿易戰。

在一次記者會上，川普威脅要對價值六百億美元的中國進口產品徵收百分之二十五的關稅。股市震盪，蘋果股價暴跌百分之六，因為投資人擔心 iPhone 生產會受到連帶損害。

庫克建立的帝國倚賴的是該公司與中國政府保持良好關係。中國是幾乎所有蘋果產品的工廠生產線，其十四億人口也成為蘋果最大的客戶群，尤其在庫克與中國移動達成交易後。華盛頓與北京之間的貿易糾紛危及蘋果的商業模式。如果川普政府對從中國進口的商品徵收關稅，iPhone的價格可能上漲。如果中國在習近平的領導下進行報復，他們可能會阻止或減緩工廠的iPhone出口，就如他們已經阻止福特汽車進口一樣。在消費者方面，他們可以發動水軍，在社群媒體上煽動公眾輿論反對蘋果公司。蘋果在中國的高階主管向庫克發出警告：事情可能會變得很糟糕。他們懇請冷漠且像機器人一樣的執行長，在美國這位反覆無常的真人實境節目明星與中國不可預測的專制者之間取得平衡。

在爭議聲中，庫克抵達北京參加二〇一八年中國發展論壇。這個年度活動是中國共產黨對達沃斯世界經濟論壇（WEF）的回應。當車子載著庫克穿過北京交通堵塞的街道，來到曾於一九七二年接待美國總統尼克森（Richard Nixon）與周恩來總理的釣魚台國賓館時，地緣政治情勢十分緊張。庫克在那裡執行他自己的外交任務：他已簽約擔任為期三天活動的聯合主席，預定要發言三次。這位沉默寡言的供應鏈效率大師已經成為世界上最重要的商業領袖；世界上沒有人能從開放貿易中獲得比他更多的利益，也沒有人在貿易戰中失去的比他更多。他知道太平洋兩岸都緊盯著他的言論，以確定他在貿易戰中是站在中國一方還是與美國並肩。

週日，他走到紅色背景的講台上揭開活動序幕。他注視著面前的共產黨領導人與包括谷歌公司執行長桑德爾．皮查伊（Sundar Pichai）在內的公司負責人，在宴會廳裡齊聚一堂，呼籲他們保持團結，支持自由貿易。

很少有其他美國商界領袖觸及這個話題，但庫克在峰會的每一天都會談到。他鼓勵中美兩國官員「保持頭腦冷靜」。在一次分組討論中，他被問及將對川普發出什麼訊息。「那些擁抱開放、擁抱貿易、擁抱多樣性的國家，都是表現特別好的國家，」他說。「而那些不這麼做的國家，表現就不好。」

在活動的最後一天，中國總理李克強呼籲在場商界領袖保護自由貿易，反對保護主義。他說：「貿易戰中沒有贏家。」總理與庫克的評論似乎出自同一份簡報。對任何聽眾來說，庫克顯然站在共產黨的陣線。

醞釀中的貿易爭端增加了庫克規劃改變蘋果商業策略的緊迫性。開發更多服務將使公司的收入多元化，並減輕關稅對硬體業務的影響。在蘋果位於洛杉磯附近的辦公室裡，他對未來的願景有了新的層次。

吉米・艾歐文是蘋果公司領導團隊中最不安分的成員，他想找到一種方式，讓蘋果音樂能夠與眾不同。這項推出已有兩年的服務，使用者數量只有 Spotify 的一半，而且很難與競爭對手區分開來。早期以德瑞克（Drake）等歌手獨家專輯吸引訂閱的策略，在受到肯伊・威斯特（Kanye West）指責「搞砸音樂界遊戲規則」之後便失敗了。唱片公司與音樂家決定，他們有責任讓自家粉絲取得音樂的管道盡可能廣泛。獨家代理的終止意味著蘋果音樂與 Spotify 只是顏色不一樣但歌曲目錄相同的應用程式。除非蘋果增加一些獨特的東西，否則很難超越對手。艾歐文決定，解決方案是增加原創電視節目。

這位音樂大亨利用他在洛杉磯的廣大人脈，聯絡上好萊塢的經紀公司。他也開始說服庫克與庫伊，要他們同意開始製作電視節目。「我力勸這些人進入那個領域，」他說。「他們必須進入內容領域，他們得在內容方面有所作為。」

為了展示該如何實現，艾歐文製作了一部關於德瑞博士的半自傳式節目，共有六集，這個節目的每一集都以一種不同的情緒為主題，例如憤怒，藉著節目展現出德瑞博士如何處理這樣的情緒。艾歐文與德瑞博士爭取到知名演員如山姆・洛克威爾（Sam Rockwell）的支持，開始拍攝。艾歐文強烈要求庫克去看一集。

庫克看了之後大感震驚。劇中有人物吸食古柯鹼、涉及槍枝、還有很長一段在好萊塢豪宅中模擬性愛的狂歡場景。這樣的內容與這位高階主管最喜歡的節目如政治劇《國務卿女士》（*Madam Secretary*）和適合闔家觀賞的《勝利之光》（*Friday Night Lights*）截然不同。蘋果公司不可能發行這樣的東西。該公司一直維持著清新的形象，這是 **iPhone** 與 **Mac** 銷售的核心。一部帶有性與暴力的影集會毀了這個品牌。

庫克告訴艾歐文：我們不做這個，它太暴力了。

儘管失望，艾歐文並沒有放棄。相反地，他提出另一個更適合闔家觀賞的節目，名為《App 星球》（*Planet of the Apps*）。這個節目模仿《創智贏家》（*Shark Tank*），跟著有抱負的企業家，看他們如何開發手機應用程式，並向節目的名人評審小組尋求資金。庫克批准了這個計劃，他喜歡這個節目頌揚那些應用程式開發人員的方式，這些應用程式開發人員已經成為蘋果公司業務的重要貢獻者。最初的幾集裡，開發人員因為壓力而沮喪咒罵，髒話不斷，場面緊張。庫克、庫伊和其他人打了回票，要求刪除粗話。他們希望這部劇是勵志的、積極的，不要被冒犯性的對話玷汙。

節目首播時，電視評論家批評它缺乏真實性；好萊塢主要業內出版品《綜藝》（*Variety*）稱其「平淡乏味、不溫不火、勉強合格的山寨版《創智贏家》」；《衛報》稱其「令人反感」，呼籲蘋果公司以其具開創性的原創作品，達到 Netflix 所設定的更高標準。

對於一家慣於標榜生產完美產品的公司來說，如此苛刻的批評是前所未聞的。庫克意識到，進軍電視領域可能損害公司的卓越聲譽。好萊塢節目有可能為蘋果的服務增添一些明星效應，但該公司需要做的不僅僅是實驗。多年來，該公司領導團隊曾多次討論收購媒體的可能性，對象為迪士尼、Netflix 或擁有 HBO 的時代華納。然而 Beats 的整合過程並不順利，這表示，要讓一家公司融入蘋果僵化的文化並不容易。庫克傾向單獨行動。他的偏好促成了後來蘋果內部所謂的「北極星計畫」，這是一個斥資十億美元的賭注，賭蘋果可以打造自己的 Netflix。

庫克試圖盡可能地多了解好萊塢。他想了解這個產業、玩家、過程、什麼可行、什麼會失敗。他和庫伊召來許多專家前去庫比蒂諾，包括一群來自創新藝人經紀公司（Creative Artists Agency）的經紀人。他們在蘋果的董事會會議室見了創新藝人經紀公司的團隊，解釋他們想要更了解娛樂產業。庫克翹著腳，擺出隨意、沉思的姿勢，讓與會者放鬆下來。之後，他和庫伊開始提問：製作一個電視節目要多少錢？節目是怎麼製作的？演員的報酬如何？

會議室裡的每個人都知道，電視正處於一個變革時期。人們正在放棄有線電視，轉而選擇 Netflix 與 Hulu 等服務。沒有明說的問題是：蘋果能加入這場競爭嗎？

經紀公司解釋這個產業如何運作，以及 Netflix 為何能成功。這家曾提供 DVD 出租服務的公司推出了訂閱串流媒體業務，在二〇一三年推出兩部廣受好評的電視劇——即政治劇《紙牌屋》（*House of Cards*）與黑色監獄喜劇《勁爆女子監獄》（*Orange Is the New Black*）之後，業務開始起飛。這些前衛的節目填補了電視領域的空白，訂閱量激增，證明數以百萬計的寬頻網路使用者願意付費在應用程式上觀賞電視節目，就像他們向有線電視營運商付費觀賞 HBO 一樣。Netflix 在其原創節目首播的四年後，公司市場價值已經飆升四倍，達到八百三十億美元。它的成功公式很簡單：「你只需要兩個熱門節目，」其中一位經紀人說。

庫克意識到，想要在娛樂業取得成功，就需要經驗豐富的好萊塢老手。就在蘋果需要幫助之際，索尼影視（Sony Pictures）的兩位頂尖好手正進入合約年（contract year）[1]。

艾歐文並不認識札克·范·安伯格（Zack Van Amburg）與傑米·埃利希特（Jamie Erlicht），他們是索尼公司的兩位高階主管，但是艾歐文的朋友曾推薦過這兩個人。他很高興這兩人製作了他最喜歡的一部電視劇《絕命毒師》（*Breaking Bad*），他邀請他們到他在荷爾貝山（Holmby Hills）的家中作客，荷爾貝山是由許多千萬美元豪宅組成的高級社區，有蔥鬱的草坪及高聳的私密大門。

范·安伯格與埃利希特不知道該期待什麼。他們從未見過艾歐文，而且對蘋果公司迄今在《App 星球》的作為也不以為然。艾歐文歡迎他們來到他家客廳，並與他們談到他在蘋果音樂中打造 MTV 的願景。他不知道這兩人是否合適，但他需要一個比他更了解娛樂產業的人。范·安伯格與埃利希特談到他們在索尼影視的工作方法，兩人在索尼影視任職期間，於全國廣播公司《諜海黑名單》（*The Blacklist*）與 FX 電視網《火線救援》（*Rescue Me*）等節目的製作中扮演了關鍵角色。他們對自己的成功表現得很低調，這讓艾歐文認為這是在蘋果公司應有的正

1. 編注：指合約的最後一年，即將換約或離職。

確態度，蘋果公司對自負外來者的容忍度很低。

之後，艾歐文打電話給庫伊，鼓勵庫伊去和他們見面。庫伊同樣被打動了。當這個二人組結束與索尼的合約後，庫伊簽下他們，並委託他們領導北極星計畫。

在幾個月內，二人組就與瑞絲·薇斯朋（Reese Witherspoon）及珍妮佛·安妮斯頓（Jennifer Aniston）達成協議，請他們主演《晨間直播秀》（*The Morning Show*）。該劇以電視新聞晨間節目為背景，史提夫·卡爾（Steve Carell）在劇中扮演一位陷入性騷擾醜聞的晨間新聞主播。

這個眾星雲集的節目顯示蘋果是認真的。該公司同意向安妮斯頓與薇斯朋支付每集一百多萬美元的片酬，使該節目的總成本達到一億美元。

庫克相信，人才會幫助蘋果公司吸引更多人才，於是他召集團隊，主張在蘋果的新服務中讓歐普拉·溫芙蕾（Oprah Winfrey）回歸電視節目。二〇一八年年中，他們安排讓歐普拉到庫比蒂諾參觀蘋果園區。身為奧本橄欖球迷的庫克盡其所能模仿教練，向一名頂級新兵介紹園區設施。他最終將歐普拉帶到史蒂夫·賈伯斯劇院，和其他蘋果主管一同向歐普拉展示空間，接著請她欣賞一段影片。漆黑的劇院洋溢著激勵人心的音樂，螢幕上則出現文字。影片的訊息是，動盪的世界想念著她鼓舞人心的聲音。蘋果公司打感情牌，邀請她重返電視螢幕的呼籲讓她哭了出來。不久之後，她同意加入這個團隊。

憑藉著雄厚的資金，庫克向世界展示，蘋果願意花錢購買它所需要的明星效應，為自家的服務增色。

美中貿易爭端的棘手問題，讓庫克不得不花時間往返於世界最大經濟體的首都之間。二〇一八年四月，在北京公開露面一個月後，他安排訪問白宮，與總統進行私人會談。

川普上任一年多後，兩人之間出現了一種不言而喻的不信任感。紀律嚴明的庫克很難跟上總統不斷變化的聲明與不斷變動的優先順序。反覆無常的川普將庫克和矽谷自由派領袖混為一談，後者密謀阻撓他的議程。為了縮小分歧，庫克向新任命的美國國家經濟委員會賴利．庫德洛（Larry Kudlow）伸出手，謙遜地說：「請你幫幫我。」

身為全國廣播公司商業頻道的長期主持人，庫德洛非常欣賞庫克的商業頭腦，也對他岌岌可危的地位表示同情。他很欣賞蘋果公司在中國的知名度，便協助庫克安排與總統會面的時間。

那年春天庫克進入白宮時，貿易緊張情勢不斷升級。在他造訪白宮的前幾天，川普曾威脅要對包括汽車、智慧型手錶與智慧型手機等一系列進口產品增課一千億美元的關稅。中國因此針對從美國進口的五百億美元商品，提出一份報復性關稅列表。庫克擔心這種以牙還牙的做法會影響蘋果的業務。

庫克大步走過白宮狹窄、熱鬧的走廊，來到西翼二樓庫德洛的辦公室。他沒有帶著隨行人員，採取低調自主且帶有個人色彩的行事風格，這讓白宮官員相信，他們是在與蘋果的終極權威打交道。

庫克輕快地走進庫德洛的辦公室，坐到這位經濟主管對面的座位上，顯示出一種「我以前來過這裡」的沉穩自信。庫克顯得放鬆且不拘禮節，他的圓滑讓庫德洛印象深刻，因為庫德洛已經慣於那些對會見總統感到焦慮而顯得拘謹的大老闆。庫克馬上進入他想討論的事務，包括印度在內，因為印度的外國直接投資法規讓蘋果無法在當地展店。他們還談到蘋果公司在愛爾蘭的稅務案，該公司因為在愛爾蘭的稅籍而陷入與監管機關長達數年的爭鬥。最後，庫克提出智慧財產權剽竊的問題。庫德洛回憶道，這位執行長贊同政府顧慮之處，也同意其政策立場。但庫克淡化了中國的角色，說中國並沒有為蘋果造成智慧財產權問題。他說，在這方面，他更關心印度的狀況。

這位執行長在玩一場巧妙的政治遊戲。他向政府發出訊號，表示自己贊同川普的努力，但也微妙地勸說政策制定者不要與中國打一場升級的關稅戰爭，因為這可能會破壞蘋果的商業模式。

庫克對政府表現的溫情是因應中國新興議題所產生的結果。中國最近通過一項網路安全法，要求將所有中國手機使用者的數據都儲存在中國本土。這迫使蘋果公司與貴州一家國有企業就蘋果數據中心的建設與營運展開談判。這個計畫讓蘋果公司的隱私暨安全團隊的部分成員感到沮喪。他們無法理解蘋果公司在聖博納迪諾案拒絕幫助聯邦調查局卻對中國政府默默服從的態度。此舉顯示庫克沒有信守保護客戶隱私的高尚承諾，而是屈服於以監視公民著稱的中國政府，然後又回過頭來向他曾經反抗過的美國政府尋求幫助。務實的庫克在面對自己所建立市場的壓力時，似乎失去了他的道德指南針。

會議結束後，庫德洛領著庫克進入橢圓辦公室，總統正坐在辦公桌後面。他們走到面對川普的兩張椅子前坐了下來。庫克微笑地道出他的開場白：「總統先生，謝謝你的稅制改革，」他熱情地說。

辦公室裡的緊張氣氛頓時煙消雲散。庫克聚精會神地聽著總統大談特談稅制改革以及他期望藉此為經濟帶來的益處。

這次會議為庫克提供了未來與川普打交道的範本。此後，他可以直接打電話給川普。他也刻意不再批評或糾正總統，包括川普在白宮會議上將他介紹為「提姆·蘋果」的時候。有位記者後來問道，為何川普與庫克而非其他高階主管有所聯繫，川普回答，「他會打電話給我，其他人不會。」

儘管貿易戰愈演愈烈，蘋果的業務依舊蒸蒸日上。庫克在七月下旬報告了另一個創紀錄的季度，向投資者保證，蘋果預期接下來幾個月的銷售強勁。其服務收入增長了百分之四十，最根本的 iPhone 銷售在此期間賺取的現金幾乎與二〇一五年的高峰期一樣多。蘋果公司的利潤創下歷史新高。

也許更重要的是，庫克告訴華爾街分析師，新的貿易關稅並沒有影響到蘋果公司，他也不預期會造成影響。剛剛結束白宮訪問的他，樂觀地認為中美之間的貿易緊張局勢將得到解決。

受到鼓舞的投資人，在接下來的兩天內讓蘋果股價上漲了百分之九，蘋果公司的市場價值逐漸向一兆美元邁進。二〇一八年八月二日，蘋果公司成為第一家達到這個里程碑的美國公司。庫克在七年內將其價值提高兩倍，將一家曾經瀕臨破產的公司，轉變為價值相當於艾克森美孚（Exxon Mobil）、寶潔（Procter & Gamble）與 AT&T 總和的企業。庫克非常興奮，於是向員工寫了一封信來紀念這個時刻。

當川普政府於九月發布最新的關稅清單時，投資人赫然發現蘋果手錶與 AirPods 榜上有名。公司股價隨之暴跌。蘋果的法律團隊倉促向美國貿易代表處提出抗議。華爾街分析師預測，銷售量將急劇下降。

在這一切過程中，庫克保持了冷靜。他聯繫白宮，與總統在電話中交換意見。幾天內，川普政府更新了關稅清單，蘋果公司的產品都被除名了。

第二十一章

chapter 21

不管用

Not Working

影片通過蘋果公司最高層的審核。

二〇一七年九月初的一個晚上，強尼．艾夫與提姆．庫克聚集在公司新表演廳的內部，就是否該以賈伯斯配音的影片為新劇院開幕做出關鍵決定。他們在黑暗的空間裡坐下，看著螢幕上寫滿了「歡迎光臨史蒂夫．賈伯斯劇院」的字樣。

然後，賈伯斯的聲音傳了出來。

「做一個人有很多方法，」賈伯斯說。「我相信，人們要表達對其他人類的感激之情，其中一種方式是創造一些美好的東西並將之推出。而你從未，未曾見過這些人，未曾跟他們握過手。你從來沒有聽過他們的故事，也沒有講過自己的故事，但在用大量關心與愛來製作東西的過程中，有什麼被傳達了出去。這是個向其他同類表達我們深深感激的方式。因此，我們需要忠於自己，並記住什麼對我們才是最重要的。如果我們能保持自我，蘋果也能保有原本的樣貌。」

艾夫與庫克必須做出一個重要的決定：這段影片是否該在賈伯斯同名劇院開幕活動開始時播放？

在過去的幾天，這段影片的編輯甚至精確到毫秒。它被反覆加快放慢，直到製作團隊認為聲音能傳達出完美的情緒。然而，艾夫與庫克對於這段影片的使用感到憂心。

他們猶豫不決的態度說明了他們為了尊重所愛之人的遺產，正面臨著挑戰。一九九七年，賈伯斯退回了該公司著名的宣傳活動「不同凡想」中一個用了他聲音的版本，因為他認為使用他自己的聲音會使活動與他有關，而非與蘋果有關。二十年後，其繼任者回憶起這個決定，擔心使用賈伯斯的聲音、搭配播放不同的影片，將導致劇院的開幕式演變為公司已故創辦人的活動，而不是他所想像的以園區為主角。

最後，艾夫與庫克達成了協議：賈伯斯將為自己的劇院開幕，讓這個世界想起他和蘋果公司的信念。

活動當天早上，艾夫精神抖擻地起床了。這位首席設計師與他的團隊花了近十年時間設計新劇院的一切，從噴砂處理的天花板到樓梯上凹陷的扶手。他們是劇場內部旋轉玻璃電梯的主要支持者，這部電梯在下降的過程中會旋轉，盤旋而下，開門的方向與搭乘者進入的方向相反。通常對發布產品感到焦慮不安的艾夫，在展示這座建築時卻興奮不已。

在人群到來之前，他帶著路易威登男裝藝術總監維吉爾・阿布洛（Virgil Abloh）進行私人導覽參觀會場。兩人在艾夫進入時尚界之際成了朋友。他帶著阿布洛走過會場的磨石子地板，從重達八十噸的圓形太空灰天花板下穿過。他們進入地下禮堂，地板是有彎度的橡木，還有 Poltrona Frau 的皮革座椅。艾夫知道建築設計與室內設計的每一處細節。

受邀來賓開始聚集在附近訪客入口外。一條蜿蜒的小路領著他們走上一座人造的山丘，兩側是橡樹與新鋪的黑色覆土。在山頂，眾人第一次看到園區的瑰寶：一座完美的透明建築，其碳纖屋頂位於一個二十二英尺高的玻璃圓柱體上，看起來像是個超大的 MacBook Air。

這座建築讓在人群中的蘋果公司聯合創始人沃茲尼克感到困惑。當他停下腳步，抬頭看著它時，他想，這不正常。他掃視了一下建築外部，拼接起來的玻璃牆掩蓋了電線、數據電纜與自動灑水系統，確保建築看起來就像是個完好無損的玻璃環。對沃茲尼克來說，這完美反映出賈伯斯簡樸的設計感。

「這座建築不可思議之處在於你肉眼看不到的東西，」他站在金屬屋頂的陰影下說。「窗戶的美麗與開放性一如德國的設計風格。如此乾淨，如此極簡化。」

欣賞完整座建築後，沃茲尼克與一群記者聊到眾人期待蘋果公司將在當天上午稍晚時發布的 iPhone 十週年紀念版。該公司的旗艦產品需要重新注入活力。它的銷售量從二〇一五年的高峰期下滑了百分之九。華爾街分析師預期新 iPhone 將能阻止這樣的下滑趨勢，但沃茲尼克對此感到懷疑。他告訴記者，智慧型手機已經達到巔峰。新 iPhone 看起來與前幾代差不多，讓人耳目一新的新功能較少。他說，這是第一次，他可能不會購買最新機型。

艾夫在舞台附近的老位子坐了下來，就在羅琳·賈伯斯身邊，聽著他批准的影片開始播放。他的朋友暨創意夥伴的聲音充滿了整個房間，讓每個人想起賈伯斯對製造產品的全心投入。影片結束後，艾夫看著庫克走上舞台，站在一幅與觀眾席同寬的大型賈伯斯照片下方。這位執行長走到舞台中央，在前任的陰影下站在眾人面前。

他說：「由史蒂夫來為他的劇院揭幕是再合適不過的了。」他拂去一滴淚水後繼續說道，「雖然花了點時間，但我們現在可以用喜悅而非悲傷來回憶這個人。」

庫克對賈伯斯的遺產提出自己的看法：「他最大的天賦，對其鑑賞力最適切的表達，不是單一一項產品，而是蘋果公司本身。」

在接下來的兩小時裡，艾夫看著庫克試圖召喚出他們已故老闆的魔力。該公司再度面臨是否能創新的質疑。在手錶計畫後仍感疲憊並且受到汽車計畫的複雜性挫敗，艾夫無法藉由提出新產品類別，來反駁懷疑論並重振粉絲的信念。相反地，他讓庫克為一個逐漸老舊的設備提出新的詮釋。

庫克說：「在我們有生之年，沒有其他設備能像 iPhone 那樣對世界產生影響。」他詳述著它所引入的功能，從觸控式螢幕到應用程式商店。「十年後的今天，我們在這裡，在這個地方，在這一天，可以很恰如其分地，」庫克停頓了一下，然後將聲音提高到近乎喊叫的程度，「發布一項將為未來十年科技指明道路的產品！」

他提高嗓門是為了激勵那些正盯著另一個玻璃矩形看的人群。出現在他身後螢幕上的 iPhone 有著全螢幕顯示和一個臉部識別系統的凹槽，這個系統由兩個攝影鏡頭、一個雷射與一個微型投影機組成，會在使用者臉上噴灑三萬個隱形的投射點，並立即拍下一張照片，與使用者的臉部圖像進行比對。如果圖像吻合，手機就會解鎖。

在一段影片中，艾夫表示這個設備實現了設計團隊的一個長期目標：「創造一個全螢幕的 iPhone，一個消失在體驗中的實物。」

iPhone X 取消的 Home 鍵，取而代之的是軟體團隊開發的滑動系統。但與之前機型不同的是，他幾乎沒怎麼提到外部設計或材料，而是談到它的相機系統與驅動著這支手機的 A11 仿生晶片。這讓人回想起蘋果公司在賈伯斯回歸之前的日子，當時的艾夫絕望地認為蘋果公司更關注晶片的性能而非產品外觀。現在，大約二十年後，換成這位藝術家本人在強調工程。

隨著行銷部門主管席勒上台，透露 iPhone X 售價為九百九十九美元時，眾人紛紛表示對價格大吃一驚。

這個價格比前一年 iPhone 7 基本款的價格增加了百分之五十。它挑戰了隨著產品成熟、價格會逐漸下降的科技法則。在蘋果公司 iPhone 銷售量下降時，庫克打算將 iPhone 價格提高到三百五十美元，藉此從蘋果公司最重要的產品中榨出更多收入。漲價幅度足以抵消採用昂貴螢幕與臉部辨識系統所帶來的更高成本。這是個精明的策略，既能讓一般大眾感到沮喪，又能讓華爾街高興。

比較不同的是，新手機將於十一月上市，而非九月下旬。席勒並未解釋原因，但在場的高階主管都知道這是製造方面的問題造成的。該公司的工程師發現了臉部辨識系統的效能問題，迫使他們重新評估該技術並推遲手機上市時間。此外，代號「羅密歐與茱麗葉」的兩個臉部辨識零件也有供應不平衡的問題。羅密歐為投影單元，需要更多時間組裝，迫使攝影單元茱麗葉不得不等待。這些問題導致蘋果損失了六週的銷售。

蘋果於九月底發布另一款新機型 iPhone 8，藉此減輕損失。這款手機有 Home 鍵，設計上與前一年的機型類似。它是二〇一五年以來規劃的應變方案，為公司提供了一張不可或缺的安全網。

活動結束後，艾夫在劇院外找到庫克，兩人刻意合影。攝影師捕捉到艾夫從庫克的肩膀看向新 iPhone 的模樣。空蕩蕩的桌子讓一些同事面露苦相。

艾夫的兼職工作安排，以及庫克對如此安排的批准，讓艾夫的同事非常惱火。這與公司文化並不一致，因為蘋果比矽谷其他公司都更重視員工進辦公室工作。他改採兼職的時間，又恰巧與幾項產品的延遲相吻合。這些挫折延長了蘋果公司工作流程上的審核時程。對於它曾經效率極佳的營運來說，最大的一個障礙就是主要品味創造者的缺席。

新款iPhone的發布讓蘋果在十一月創下收入紀錄。在與華爾街分析師的通話中，庫克表示，iPhone X的早期訂單足夠強勁，讓該年有望成為蘋果公司獲利最豐厚的一年。

但是，這款手機的成功並未緩和庫克與艾夫的協議所引發日益高漲的不安情緒。除了對艾夫在巴特里進行的會議與相關延誤感到失望之外，蘋果公司高層也愈來愈惱火，因為他做的事似乎比其他人都少，但公司付給他的卻更多。長久以來，他的薪資一直是不滿的來源。在賈伯斯與其後庫克的領導下，蘋果公司支付給行政團隊十位成員同樣的薪資，每人每年的報酬總額約為兩千五百萬美元。他們的薪酬是按照美國證券交易法第十六條法律公告的，該法要求公司報告這些被監督的特定業務部門主管薪資。儘管是兼職，艾夫卻是唯一一位未被列入高階主管名單、不受第十六條約束的特例。也因此其待遇超過同輩的事實被掩蓋起來。

艾夫濫用職權的其他例子亦浮出水面。最近他對自己的灣流五號進行改造時，他發現安裝的訂製鋁製給皂器有性能上的缺陷。他要求蘋果公司的電腦工程師找出一個解決方案。該團隊的一名成員未將工作時間花在未來的 Mac 上，而是花了幾週的時間來修理艾夫的給皂器。他的同事開玩笑說，反正股東不知道。

設計工作室的開支也在增加。在攝影師安德魯．祖克曼完成該公司二〇一六年出版的《由蘋果在加州設計》一書後，艾夫找他拍攝蘋果園區發展的影片與照片，計畫製作紀錄片。祖克曼至少從二〇一〇年就與蘋果公司合作，當時賈伯斯批准任用他拍攝有關 FaceTime 的廣告。這位攝影師的作品引起艾夫與賈伯斯的共鳴，因為他和他們一樣執著於完美和極簡主義。他為畫廊及博物館創作出有趣的圖像，運用白色背景拍攝人、動物與花朵，藉此突出主體的顏色和質地。他同時導演電影，包括一部由友人瑪姬．葛倫霍（Maggie Gyllenhaal）和彼得．賽斯嘉（Peter Sarsgaard）主演的短片。

對於蘋果園區的紀錄片工作，蘋果公司同意每年支付他三百五十萬美元。團隊成員說，這是賈伯斯會忽略的那種金額。他的問題會是「這些照片和影片好嗎？」在賈伯斯眼中，藝術技巧勝過商業考量。但賈伯斯不再掌控經濟大權了。

這些帳單最終引起蘋果公司財務團隊的注意，團隊在庫克與財務長梅斯特里的領導下，大膽對外部承包商的支出進行審查。祖克曼的工作讓他成為目標。

多年來，祖克曼與蘋果的許多設計師和艾夫成了朋友。在某次包括蘋果設計師群在內的訊息往返中，祖克曼說了一句讓部分蘋果員工覺得被冒犯的話。蘋果公司會監控員工的電話紀錄及簡訊，而祖克曼的評論引起了公司的注意。蘋果公司的財務團隊將這則簡訊當作審核祖克曼工作的部分理由，這是其合約允許的程序。這個過程包括審查多年的帳單，這是個具侵犯性且令人疲憊的過程；公司曾對另一家外部顧問公司進行類似的財務審查，過程讓人壓力很大，以致於該公司的執行長在過程中心臟病發作，儘管審核並未發現任何不當行為。

審查結束後，蘋果公司的財務人員認定，公司為祖克曼的服務支付了過高的報酬。他們要求祖克曼償還多年來開出多達兩千萬美元的費用。這是一筆巨款，相當於祖克曼透過書籍與其他計畫所獲得的大半收入。為了避免財務災難，祖克曼懇求艾夫幫忙。

「很抱歉，」艾夫說。他解釋庫克是這次審核的幕後主使。「我無能為力。」

這不是艾夫唯一一次不得不為了蘋果公司財務部門的行為道歉。儘管擁有超過兩千億美元的現金，蘋果公司仍退回了福斯特建築事務所提交的合法帳單，這個事務所負責的是蘋果園區和蘋果直營店的工作。當建築事務所的一位合夥人告訴艾夫時，這位設計師非常憤怒，也進行了反擊。他不明白公司為何不付錢給供應商。但是他處理衝突的精力，早已衰退無幾。

艾夫不得不接受自己權力的局限性，庫克則對艾夫不參與日常管理的狀況感到擔憂。他表示，他們的兼職安排是行不通的。

對庫克來說已經很清楚的是，如果艾夫離開，留下的人將感到有能力自行做決定；如果艾夫參與進來，人們知道有他在負責，會感到信心十足。但是在過去兩年間，這種半進半出的局面根深蒂固，讓公司產品層面面臨領導地獄。顯然，艾夫需要重拾他對設計工作的日常管理。

大約在同一時間，艾夫的團隊決定介入斡旋。一群設計師試圖勸艾夫回去，威脅說如果領導層面沒有改善，他們就要離開。艾夫同意了。最近柯斯特、史特林格與喬德里等人的背離，暴露出團隊在他缺席時有多掙扎。他想回去，恢復已失去的秩序感。

二〇一七年底，他讓設計團隊二十名成員中的大部分人飛往華盛頓特區，參加史密森尼學會（Smithsonian Institution）舉辦的活動，他將在那裡「設計的未來」

為題演講。雖然被邀請演講的是他，但他希望這群人能出席，因為他們所取得的一切成就都是共同完成的。他在談話過程指著這群人表示，他更喜歡回顧他們的工作方式，而非他們創造的東西。

「作為一個團隊，我們彼此信任，以致於我們不會去審查自己人的想法，因為我們會緊張，害怕某些想法聽起來很荒謬，」他說。「當你有了信任，這就不是一場競爭。作為一個團隊，我們感興趣的是真正弄清楚如何才能做出最棒的產品。」

這次公開露面示意了艾夫回歸團隊。一回到加州，他就按自己的方式運作。他制定了一個定期造訪設計工作室的時間表，並開始在舊金山附近而非庫比蒂諾與設計師群定期會面。

蘋果公司的管理團隊歡迎他的回歸。他們樂觀地以為，他的經常性監督將加速決策並改善產品開發。他們告訴公司外的朋友，艾夫一回來，馬上就有了改善的跡象。

重新投入設計業務後不久，艾夫就力促重新設計即將推出的 iPhone 11。團隊的計畫是要在手機背側增加一個超廣角鏡頭，而手機的早期設計顯示，相機在一個細長的長方形突起內堆放了三個高效能鏡頭。艾夫極力主張重新將這些鏡頭安排在一個小方塊內，兩個鏡頭在一側排成直線，另一個則位於這兩個的右側中央，形成一個等邊三角形。如此便可讓設計達到平衡，讓硬體厚度最小化。

這種畫龍點睛般的修飾一直是艾夫職業生涯的標誌。

二〇一八年，艾夫的最新產品首次在員工面前亮相。員工開始從老舊的無限迴圈園區搬遷到未來感十足的蘋果園區總部。這座四層樓的環形建築花了七年時間開發，估計耗資五十億美元，成為有史以來最昂貴、討論度最高的一個企業園區。這座建築基本上是將一座六十層摩天大樓彎曲成一個四層樓高、圓周一英里的連續環形。每一層樓從地板到天花板都有無縫弧形的玻璃外觀，讓走道沐浴在陽光下。窗外是連綿起伏的山丘，種植了杏樹、蘋果樹與櫻桃樹。環形的中心有一座波紋池，水波輕柔地在馬鈴薯大小的石頭上起伏，伴隨著冥想般的嗡嗡聲。

艾夫和設計師們傾注多年時間定義建築內的一切，從電梯按鈕的弧度到辦公室門外的識別證讀卡機。隨處都能找到蘋果產品的回音。其他地方的多數建築都是由九十度角組成，但蘋果園卻是永無止境的曲線；圍繞建築的八百片玻璃板被完美地彎曲，形成一個四分之三英里的圓形；電梯內部邊緣為圓角而非方形的直角；樓梯間由訂製的白色混凝土製成，看起來像是大理石，其特點是台階以輕微的弧度收尾。每一處彎道，都讓人想起 iPhone 上精心考慮的曲線，無止盡地循環往復，與世界上任何工作場所皆截然不同。

這個圓圈被分割成八個完全相同的部分，由玻璃門隔開，但由於玻璃門很清透，使得這個圓圈看來彷彿永遠在繼續。對員工來說，這種配置如同鏡廳般具有欺騙性。搬進去不久，Siri 團隊的一名工程師就撞上一扇玻璃門，將鼻子撞斷，滿臉是血。他不會是這棟大樓中最後一名受害者。

接下來幾週，蘋果園區警衛打電話給九一一，報告了好幾件類似的意外事件。一名員工割傷了眉部，另一位頭部流血，可能有腦震盪，第三位需要救護人員協助。這些電話變得如此頻繁，以致於警衛都知道該如何讓調度人員直接前往受傷員工處。

「告訴我到底發生了什麼事，」一名調度人員在某次受傷事件後說。

「嗯，我在蘋果園區一樓要出去時撞到玻璃門，這好蠢，」這名員工說。

「你穿過一扇玻璃門？」調度人員問道。

「我沒有穿過，」這名員工說。「我迎面撞了上去。」

「好的，等一下。頭部有受傷嗎？」

「我撞到頭。」

為了避免讓自己看來像是剛從拳擊場走出來，員工開始像殭屍般伸長手臂在大樓裡走來走去，希望手指能早在臉部之前觸碰到玻璃。為了解決這個問題，蘋果公司迅速訂購了大量黑色貼紙，貼在大樓周圍。蘋果公司的高層主管與商業策略團隊是第一批入駐新大樓的人，他們協助維修人員進行了員工所謂的「緊急貼紙工作」。

這些看來沒完沒了的玻璃，模糊了空間內外的界線，使這些黑點成為唯一可見的不完美。員工開始戲稱這些貼紙為「強尼的眼淚」。

這座規模宏大的總部讓員工產生分歧。有些人喜歡它。他們會聚集在波紋池周圍，看著面前的波光粼粼敲打著軟體程式碼；有些在有四千個座位的餐廳裡流連忘返，驚嘆於背光下同事的剪影，看來就像在空中漫步穿過橫跨餐廳的橋梁；人們會沿著為鼓勵員工散步而修建的小路蜿蜒前行，就像賈伯斯帶著同事去帕羅奧圖的山丘上散步一樣；部份員工甚至在一些細微周到的構思中找到樂趣，例如從地板到天花板的廁所隔間所提供的隱私性。這簡直是最完美的工作場所，他們無法想像在別處工作。

但這種喜愛並非普遍性的。一部分員工將園區認定為艾夫職業生涯後期著重形式更甚於功能的實際展現。它具有極致的美感，卻也創造出員工被迫忍受、不必要的困難。艾夫與庫克曾說，建造蘋果園區是為了將所有人聚集在一個空間裡，藉此讓不同部門的員工有機會不期而遇並找到合作的方式。然而，儘管園區內規模更大的餐廳與公園景觀鼓勵互動，室內設計卻剛好相反。建築物內部的各個部分被分割成獨立的楔形辦公空間，得使用識別證進出。員工抱怨說，如果要去同一層樓相鄰的楔形空間開會，得往下走兩層樓梯，走到另一個樓梯再上樓，才能抵達幾乎就位於隔壁的房間。這讓這座建築感覺就像一座由單行道構成的城市。員工稱這個封閉的迷宮為「太空監獄」。

噪音是更大的困擾。建築內部走道就沿著弧形玻璃板設置，玻璃板會將聲音傳遞到很遠的地方，如同科學博物館的回音牆。人們的交談聲從玻璃板之間的隙縫傳進辦公室，讓有些員工決定用彩色保麗龍填補縫隙。最後，蘋果公司安裝了白噪音機器以減弱走廊的噪音。

然後，這裡和其他新竣工的建設一樣，在完工早期同樣有讓人頭痛的狀況。鼠群在惠普公司的廢墟住了下來，成為新蘋果園區的首批居民，四處亂竄。在建築內部，蒸氣管道將水汽從新灌漿的水泥中擠出來，形成水珠，在牆壁上留下鏽痕。有些員工把旅館毛巾綁起來集水，讓工程師開玩笑說，這棟大樓需要超大尺寸用於尿失禁的成人內褲。

眾人只能苦中作樂。一位工程師建立了一個系統，用來分享「今日蘋果園區」的各種荒誕迷因。同事們打趣自己的通勤時間比以前長了十五分鐘，因為他們得穿過一百七十五英畝的園區才能走到辦公桌前；還有人開玩笑說，庫克找到一個新的生財之道，禁止員工從樹上摘水果。蘋果公司會派人採集這些水果，餐廳會用來做成派，再賣給員工；有人嘲弄道，建築物斜屋頂唯一的缺點出現在設計工作室的上方，那裡的管道向空中伸出，以釋放油漆揮發物，這是建築法規的要求，艾夫與建築師曾努力爭取但未能推翻；負責協調員工交流的工程師抱怨，帶著導盲犬的同事缺乏專門的地方帶狗兒去上廁所。他還挺喜歡欣賞拉布拉多犬被護送到精雕細琢的山丘上排便的景象。

他說：「這是一種詩意的正義。」

對一部分人來說，新總部讓人心神不寧。從走廊噪音到玻璃門意外等每一件事，都讓人聯想到一間已經偏離軸心的公司。

在賈伯斯的領導下，蘋果公司能在藝術與工程之間取得平衡，創造出美麗且創新的產品。賈伯斯的判斷促使蘋果公司最初的 iMac 捨去磁碟機而改用光碟，這個選擇簡化了這款轟動一時的產品設計過程，賈伯斯的直覺告訴他，最初的 iPad 在底部需要有一道弧度，如此一來該公司第一台平板電腦才能更輕鬆地被從桌上拿起；他對交出不完美原型與不成功廣告的負責人態度嚴厲，毫不留情地批評「你爛透了！」，這樣的態度促成了讓公司得以成功的傑出作品。走在賈伯斯構思的總部周圍，很難不看到他可能當眾抨擊或做出改進的地方。儘管它很美，但它還不夠完美。

當員工準備搬遷時，庫克決定讓更多員工進駐新總部，將在新總部工作的員工總數從最初計劃的一萬兩千人提高到一萬四千人。將更多員工塞進同樣空間的決定，是營運效率的神來一筆。在動工以來的三年間，蘋果公司的員工人數增加了三分之一，從九萬兩千六百人增加到十二萬三千人。在同樣的空間塞進多三分之一的人，意味著開放式辦公空間的辦公桌變多，工程師能享受的空間更少。擁擠的樓地板每天都在提醒人們，蘋果公司已經成為一間高科技蘋果榨汁機。

在園區外，蘋果園區成了新奇事物。學術界與歷史學家認為，在科技巨頭進行的一系列建築計畫中，蘋果園區是最奢華的。谷歌、臉書與亞馬遜也都在將矽谷地區無趣低矮的辦公大樓，改建為能喚起其興旺市場價值的企業宮殿。

這樣的建築榮景是賈伯斯引起的，他在二〇一〇年請福斯特建築事務所開始建造封閉的環形建築，這似乎是蘋果公司保密與控制文化的實際展現。臉書緊跟其後，邀請建築師法蘭克．蓋瑞（Frank Gehry）設計了一個由社群咖啡廳、用膠合板打造的辦公室共同構成的園區，這是對經常穿著帽T的執行長祖克柏（Mark Zuckerberg）的非正式致敬。谷歌的母公司字母控股（Alphabet）也不甘示弱，邀請丹麥建築師比亞克．英格爾斯（Bjarke Ingels）設計出一個公共走道上的高聳玻璃頂棚，向谷歌搜尋引擎帶來的無障礙資訊致敬。

伴隨華麗總部而來的是一連串財富與權力的紀念碑，其歷史甚至可以追溯至埃及法老王。它們的到來對那些成為現代資本主義主導力量的企業來說似乎是相稱的，這些公司的平台無論對華爾街銀行家或者孟加拉村民來說，都是不可或缺的。

它們的發展沒有任何界限，觸角可以從智慧型手機、搜尋引擎或社群媒體延伸到看似無關的產業，例如金融與健康。它們很自然就會用獨特的建築來表現日益增長的自尊，即使他們知道每一座聖殿也可能是一個墓碑。

從前的資本主義聖殿曾預示著企業命運的逆轉。現金充裕的公司往往在繁榮時期虛張聲勢地大肆建設，後來才發現在巔峰時期戳了自己一刀。一九七〇年，美國製罐公司（American Can Company）搬遷到康乃狄克州格林威治一個占地一百五十五英畝的園區，接著展開一系列裁員與撤資；安隆公司（Enron）在申請破產時，正在建造一座樓高五十層的公司總部。

矽谷是一個充斥著顛覆性勝利與迅速衰退的商業環境，它定義了這般趨勢。蘋果公司買下的一百七十五英畝土地，正是在個人電腦市場停滯後被惠普所放棄的；臉書接手了昇陽電腦總部的遺跡，該總部於二〇〇〇年建成，正值網際網路泡沫重創該公司之際。祖克柏在二〇一一年接手園區後，刻意留下昇陽公司的商標，藉此提醒員工注意安於成功的風險。

蘋果公司造價高昂的總部讓人擔心同樣的狀況會發生在這間公司身上。這座由 **iPhone** 打造出來的園區，在該公司最暢銷產品首次亮相十年後才完工。**iPhone** 仍然占該公司銷售額的三分之二，而蘋果手錶、AirPods 與其他新產品則尚未達到相當的單位銷售額。學者們不禁問道：蘋果的宮殿會被證明為不智之舉嗎？

在設計團隊準備搬遷到新園區的過程中，《紐約時報》為科技與時尚的結合發表了一篇訃聞。這兩個產業的融合很大程度上是由艾夫與蘋果手錶推動的，但《紐約時報》時尚評論家弗里德曼表示，這段戀情已經冷卻。她稱蘋果手錶很「無趣」。

這樣的責難增加了艾夫與團隊在新工作空間安頓時面臨的壓力。他們是最後搬進蘋果園區的團隊。員工們開玩笑說，這是因為他們希望在搬遷前鼠患已受控制。事實上，公司需要時間安裝用於製造原型的重型機器。絲毫不讓人意外的是，設計師群擁有園區最棒的視野，從四樓高處可以俯瞰公園內部景觀。

艾夫希望新的工作空間能鼓勵跨部門合作。這是第一次，軟體團隊與工業設計團隊將在同一樓層，共享一個公共區域。在艾夫的設想中，這些設計師相遇時會互相提供想法，以改善設備的外觀與使用者和設備互動的方式。他知道，實現這個目標需要時間。在一家行事作風向來保密的公司裡分開工作多年，這些團隊需要受到鼓勵，將自己視為同一個團隊的成員。但他對這種可能性保持樂觀。

待在設計工作室裡的第一個晚上，艾夫看到一群設計師聚集在一扇面向公園的大窗戶前。他走過去，想看看是什麼引起了他們的注意，發現他們正在欣賞日落。他和他們站在一起，看著天空的顏色變化。在他們一起工作的幾十年裡，這次是他印象中第一次停下手邊的工作，仰望天空。

六月底，艾夫前往倫敦參加皇家藝術學院的一個活動，那時該學院才剛任命他為榮譽校長。由於這個榮譽職位，他必須出席一個為英國頂尖藝術及設計學院學生和支持者舉辦的年度晚宴。他穿著粉藍色西裝與克拉克（Clark）的麂皮袋鼠鞋，同桌者都來自科技界與時尚界，如羅琳・賈伯斯、馬克・紐森、娜歐蜜・坎貝兒（Naomi Campbell）、以及設計暨建築雜誌《*Wallpaper*》的前主編托尼・錢伯斯（Tony Chambers）。

當這群人紛紛上桌，紐森隨手找來一名服務生，要求把他們的香檳酒杯換成杯口較大的酒杯。紐森、艾夫和錢伯斯都與唐培里儂香檳王的總釀酒師為友，他曾告訴他們，香檳杯會減弱香檳豐富的口感。他們告訴同桌來賓，傳統葡萄酒杯讓香檳得以呼吸，能顯現出各種品飲特點與香氣。他們認為這是設計的一個細節。

酒杯端上桌、香檳斟上後，艾夫把注意力轉向錢伯斯。兩人相識多年，錢伯斯經常在新產品發布後採訪艾夫。艾夫甚至在二〇一七年擔任《*Wallpaper*》雜誌的客座編輯，設計了一款只有白色背景與彩虹色調橫幅的雜誌封面。

錢伯斯最近離開了這份刊物，艾夫問他離職後做了些什麼。

錢伯斯說：「顧問。」

艾夫聽錢伯斯解釋說，他自己創業，開始打造一家小型企業。這位前主編說，開一家平面設計公司是他從藝術學院畢業時的夢想，不過他卻進入《*Wallpaper*》雜誌，還晉升到了雜誌社的頂端。接下來的某一天，他說，他年輕時的夢想開始在腦海中徘徊，揮之不去。他開始思考：我是否該在為時未晚之際離開雜誌社？

他承認，這個問題讓人心神不寧。他的工作穩定，可以一直在雜誌社做到退休。但他感受到一股創造的衝動，想做些新鮮事，因此他決定從業務上退下來，花一年的時間做兼職；接下來的某一天，他宣布自己決定離職。

艾夫看著他，雖感訝異卻又能理解。「喔，是的，」他說。「我也在考慮要做出如此放肆的決定！」

第二十二章
chapter 22

十億個口袋

A Billion Pockets

在猶他州的一處偏遠角落，有一間完全融入當地風蝕方山景觀的現代旅館。石牆的尖角與沙漠景觀相得益彰。

十一月下旬，提姆．庫克獨自抵達那裡。

對富裕的冒險家來說，安縵奇嶺度假飯店是夢寐以求的度假地點。這間飯店有三十四間套房，每晚價格約為兩千兩百美元。每間套房都有私人露台，露台上有一座暖爐，讓房客可以享受晴朗夜空的無限美景。

大自然為庫克帶來靈感與動力。他認為健行是終極的冥想形式。參觀國家公園是他工作之外的一個少數愛好。他曾支持將公司的新會議室以讓人神往的戶外景點來命名，包括就在他辦公室外面的大峽谷會議室。安縵奇嶺就位於錫安國家公園附近，這是他最喜歡的一個地方，有藍天和青翠的棉白楊樹，襯托著高聳的紅色、粉紅色與鮭魚色砂岩峽谷。在艾夫與他的朋友在威尼斯安縵飯店舉行五十歲生日慶祝活動的一年多後，庫克獨自來到這個旅館集團在猶他州的另一處據點，好好放鬆心情。

感恩節當天，他在餐廳的一張桌子旁坐下，餐廳的落地窗往外是一片空蕩蕩的平原。餐廳提供美國西南地區的傳統料理，菜單固定提供的菜色有油封放養雞與鮭魚佐番紅花醬。當庫克安安靜靜地享用晚餐時，坐在附近的一位年輕女孩注意到他獨自一人。

「我們該請他加入我們嗎？」她問母親。

女兒的體貼感動了這名婦女，她看了看那名男子，準備邀請他加入她們一家人。但就在開口之前，她意識到一件事：我認識這個人。事實上，每個人都知道他是誰。他是提姆．庫克。

全球最大公司的執行長獨自吃完了晚餐。這個謙遜的工作狂將在這個偏遠前哨度過接下來的幾天，在寧靜的散步與水療中心裡為自己充電。艱難的日子就擺在眼前。感恩節正好在蘋果公司行事曆上最繁忙的時期之前，當時蘋果公司約有三分之一的營收來自聖誕節採購的 iPhone、iPad 與 Mac。在安縵奇嶺周圍健行，是喧囂之前的寧靜，而且正如他對另一位住客所言，「這裡有世界上最棒的按摩師。」

來自庫比蒂諾的指令很緊急：即刻削減產量！

隨著二〇一八年進入尾聲，蘋果公司削減了三款最新 iPhone 機型的零組件訂單。雖然 iPhone X 為 iPhone 經銷注入活力，較高的售價也讓銷售創下新紀錄，但其繼任的 XS、XS Max 與 XR 等機型不僅看來一模一樣，價格也同樣高昂。XS 款的起價為一千美元，較低階螢幕的 XR 要價七百四十九美元，比前一年的入門機型高出一百美元。庫克與公司對 XR 抱持很高的期望，特別是在中國。庫克在微博上向他的百萬粉絲推銷這款手機，表示「很高興看到這麼多中國人喜歡新的 iPhone XR。」這則訊息反映出該公司希望設備能在全球最大的智慧型手機市場上大賣。然而，這款手機未能造成轟動。

中國的競爭格局已經改變。中國最大的智慧型手機製造商華為在市場上推出一系列功能更好、價格比蘋果更低的手機，其中包括 P20，其價格為 XR 的三分之一，但有更多的儲存空間、更好的相機與更大的電池。對價格敏感的中國消費者成群結隊購買華為手機。中國的手機使用者非常倚賴一款名為「微信」的超級應用程式，它讓蘋果華而不實的軟體顯得不這麼吸引人，因為微信幾乎可以使用在生活的每一個層面，從傳送訊息、支付到社群媒體與叫車等。中美之間日益緊張的貿易關係又增加了另一個挑戰。關於關稅的負面新聞報導已經傷害了蘋果的品牌。曾經在中國市場居領導地位的蘋果公司，在接下來的幾年間，排名逐漸跌落，成為中國第五大手機銷售商。

隨著一箱箱 iPhone XR 滯銷，庫克與公司匆忙修改了手機的生產計畫。他們的減產指令在整個供應鏈造成漣漪效應。富士康向投資人發出有關智慧型手機需求下降的警告，並倉促削減了二十九億美元的開支，藉此挽救虧損。晶片製造商、顯示器供應商與雷射供應商全都削減了季度利潤預期。一家公司這麼做是很罕見的；這麼多間企業同時這麼做就是前所未見的了。iPhone 帝國似乎正在瓦解。

庫克轉向他的銷售與行銷團隊尋求解決方案。他們的調查發現，iPhone 的困境已經從中國延伸到歐洲與美國，以前每兩年購買一部新手機的消費者都在延遲升級。消費者購買習慣的改變證實，他們所擁有的 iPhone 手機一般都能滿足他們需要的功能，而且經銷商不再提供補貼以降低新機價格。蘋果公司試圖提供自己的補貼來應付全價 iPhone 帶來的高售價衝擊：它制定了一項舊換新方案，讓消費者以舊型號的手機來換購，新機價格有望降低幾百美元。蘋果公司會將舊手機賣給中間商，後者則將二手手機賣到海外。

十二月初，蘋果開始以四百四十九美元的價格宣傳 iPhone XR，並在價格後面打上星號，表示這個售價只提供給舊換新的客戶。行銷團隊將舊款 iPhone 的折價價值提高了二十五美元，以此增加吸引力。本質上來說，蘋果公司是在付錢讓人買新手機。這種推銷方式讓平常環境悠閒的蘋果直營店變成了二手車交易處，工作人員被鼓勵在電腦螢幕旁招攬客戶，螢幕在其顯示「限時」折扣價的下方展示著 XR 的商品照片。

在華爾街，此舉的後果是迅速且具懲罰性的。蘋果公司在二〇一八年底損失了三千多億美元的市場價值，這個數字略高於沃爾瑪公司於年初的價值。蘋果公司近十年來一直是世界上最有價值的公司，但隨著它被曾經的對手微軟取代，它的領先地位也隨之終結。

庫克誤讀了市場。蘋果公司未能實現他在公司向華爾街提供聖誕節期間銷售預測時預期的數字。當他仔細檢查每日的銷售數字時，他可以看到承諾的數量與實際交付的數量之間，差距愈來愈大。《一九三三年證券法》要求他披露這個差額。

二〇一九年一月二日收市後不久，蘋果公司發布了庫克寫給投資人的一封信，十六年來首次降低了公司的季度銷售預測。他說，蘋果公司目前預計銷售額為八百四十億美元，而非之前預測的八百九十億美元。這個出人意外的調降讓公司的預期營收成長變成下降百分之四．五。庫克將此歸咎於 iPhone 需求疲軟與中國經濟放緩，並補充說蘋果沒有預期到經濟放緩的程度。

「我們認為中國的經濟環境，因為中美貿易緊張局勢加劇而進一步受到影響，」他寫道。「隨著不確定性愈形增加的大環境對金融市場造成壓力，影響似乎也波及到消費者，隨著季度的推進，我們在中國的零售商店與銷售通路合作夥伴的客流量都在下降。」

對庫克來說，歸咎於經濟與貿易制裁比承認客戶對 iPhone 漸進式的改進感到厭倦來得更容易。他沒有提到中國在 iPhone 營收下降中所占的比例不到一半。歐洲與美國的銷售也在下降。然而，投資人直到後來仔細研究該公司發布的數據時，才發現這個情況。iPhone 收入減少九十億美元，這是二〇〇七年以來單一季度的最大降幅。該公司最重要的產品正在失去動力。

那天下午，庫克與全國廣播公司商業頻道記者喬許．利普頓（Josh Lipton）在蘋果總部坐了下來，解釋出了什麼問題。在過去，庫克在接受電視訪問時經常面帶笑容、常開玩笑且講話滔滔不絕，這次在緩慢且嚴肅地講述蘋果面臨的問題之前，則無精打采地坐在凳子上，緊閉雙唇。

他說：「隨著本季度的推移，我們看到諸如自營零售店與通路合作夥伴的客流量、與智慧型手機行業緊縮的報告。」他試圖向投資人保證，蘋果公司有計劃支撐銷售：「我們不會坐等宏觀形勢改變。我希望形勢發生變化，實際上我也很樂觀，但我們得真正深入聚焦在我們能控制的事情上。」

次日，蘋果股價下跌百分之十，公司損失七百五十億美元的市值。這是蘋果公司六年來面臨的單日最大跌幅，讓公司的企業價值降至二〇一七年二月的水準。這個情形撼動了美國經濟。蘋果公司已經成為擁有最多法人持股的公司之一，其中包括共同基金、指數基金與美國 401(k) 退休金等，這部分歸功於巴菲特與波克夏・海瑟威公司，讓佛羅里達的老太太和美國中西部的汽車工人，全都對蘋果公司的業務感興趣。這些人全都受到了影響。

庫克試圖藉由重振蘋果直營店的人流來扭轉局面。他與包括零售主管阿倫茲在內的行政領導團隊舉行了一連串的會議，討論直營店未能吸引顧客的問題。這位前巴寶莉執行長在蘋果公司工作的五年，評價非常兩極化。這位穿著時尚的高階主管最初被認為能為全男性的蘋果高層團隊帶來時尚，但後來卻不受某些同事喜歡。傳言中，她的薪酬包括給髮型師的一大筆錢，以及豪華轎車與私人司機（一位女性發言人否認這是她報酬的一部分）這類福利在美國企業中很常見，但在賈伯斯在世時，在蘋果公司是不被許可的。她提出的想法也極少獲得同事的支持。他們嘲笑她花了一年的時間規劃建立一個巴士車隊，作為在中國各地行駛的行動蘋果商店。結果在向庫克提出這個想法時，直接被打斷，說沒有必要。庫克發現這個想法不切實際，直接決定中止。

同事們表示，阿倫茲在蘋果公司任職期間，一直無法達到庫克的期望，因為庫克希望高階主管既能提出長期願景，又得關注小細節。在庫克向員工提出一個又一個問題時，平衡這兩種職責可能讓人疲憊不堪。某次會議結束後，她走進女廁，關上門，深吸了一口氣。她看著一位同事，睜大了眼睛，在最近一輪審問後顯得心力交瘁。「你是怎麼做到的？」她問。

隨著蘋果 **iPhone** 業務萎靡不振，庫克對公司零售業務狀況的質疑也愈形激烈。他想知道為什麼直營店客流量下降，以及團隊採取什麼措施來扭轉局面。與阿倫茲共事的人說，她總是未能準備好數據來回答問題，也不像庫克要求的那樣對具體數字有深刻的理解。

在二〇一九年初一系列激烈的會議中，庫克與阿倫茲同意分道揚鑣。阿倫茲在二月突然宣布離職，引發了她被解僱的謠言。蘋果公司的公關團隊迅速行動起來，壓制謠言，發布消息表示阿倫茲的離職是在規劃中的。事實上，阿倫茲告訴朋友，她已經準備好要走人了。她在蘋果公司待了五年，賺了一億七千三百萬美元。她準備離開一個冷漠執行長以審訊方式攻擊員工的帝國。

為了填補這個空缺，庫克求助於他長久以來的一位營運副手歐布萊恩。一九九八年庫克進入蘋果公司時，歐布萊恩已在蘋果任職，由於能熟練預測出蘋果新產品的需求，而成了庫克營運團隊的關鍵成員。歐布萊恩在許多方面都與阿倫茲相反。她向來把一頭深色的頭髮剪短，穿著樸素的西裝外套與深色牛仔褲。她喜歡數字和細節，這是在庫克的組織中成長起來的結果。她馬上與庫克與財務長梅斯特里合作，回應 iPhone 銷售低迷的情勢，調整世界各地的售價。

阿倫茲宣布離職後不久，艾歐文也透露自己打算離開。他協助打造的蘋果音樂，訂閱人數正以穩定的速度成長，而他推動的好萊塢內容正由前索尼高階主管范·安伯格與埃利希特開發。在他看來，蘋果公司已經變得太大太官僚，跟不上流行文化的步伐。這並非他所能改變，因此在六十五歲之際，也就是以三十億美元將 Beats 出售給蘋果公司的五年後，艾歐文決定退休。

負責服務部門的庫伊用蘋果音樂團隊的一名長期成員取代了艾歐文。負責公司國際內容部門的奧利弗．舒瑟（Oliver Schusser），與出生於布魯克林的前任主管正好相反。他是個低調高效率的德國人，已經在蘋果公司服務將近十五年，為這個音樂組織帶來了圓滑精煉的營運操作。

在短短幾個月的時間裡，蘋果公司最資深的兩位創意人離職了：一位精於時尚，一位精於音樂。一如庫克以讓艾夫感到沮喪的方式重塑蘋果公司董事會一樣，他也著手重塑公司。在蘋果陷入危機之際，他求助紀律嚴明的高階主管，他們都精通著他最熟悉的領域：營運。

在一個美麗的春天夜晚，星星降落在蘋果園區。他們來參加醞釀多年的勝利慶典。

早在最近的 iPhone 危機之前，庫克就已經計劃要拉開帷幕，與世界分享他一直在努力創造的新產品。時值三月底，他已經準備好要展示蘋果承諾已久的服務。

那個週日，歐普拉、珍妮佛．安妮斯頓與瑞絲．薇斯朋在去餐廳的路上繞著這個龐大的總部轉了一圈。J．J．亞伯拉罕和朱浩偉（Jon Chu）等導演也走了同樣的路線。娛樂經紀人及製作人加入他們的行列，在 Caffè Macs 的中庭裡進行電影首映與電視放映那種喧鬧、賣弄式的閒聊。

這場聚會可謂眾星雲集，房間裡的每個人看起來都很熟悉。走路去吃點東西，可能會經過珍妮佛・嘉納（Jennifer Garner）或伊旺・麥奎格（Ewan McGregor）身邊。去酒吧可能會遇上《絕命毒師》的亞倫・保羅（Aaron Paul）或《唐頓莊園》的蜜雪兒・道克利（Michelle Dockery）。大多數賓客都慣於與名人交際——唯一讓他們不熟悉的，是身處在距離 Residence Inn 飯店與 Bed Bath & Beyond 賣場一公里遠的孤立企業園區內，與名人交際。

周圍環境讓這些好萊塢人士稍感惱怒。這些人慣於決定節目如何進行，卻為了一個蘋果公司拒絕分享任何細節的祕密活動，旅行了三百多英里。導演奈特・沙馬蘭（M. Night Shyamalan）從賓夕法尼亞州飛過去，甚至不知道自己是否會在主題場次中有個什麼角色。更讓這些喜歡八卦的產業人士感到惱火的是，蘋果公司對一切都保密。

客人談笑之間，有人對公司餐廳裡四層樓高的室內植物尺寸感到驚嘆，有人則開玩笑說，這價值五十億美元的奢華環境和只有葡萄酒與啤酒的飲料單之間有些脫節。好萊塢人士喜歡喝清淡的烈酒、伏特加蘇打水、或加了萊姆的琴湯尼。廉價婚禮氣氛是蘋果公司的另一個神祕之處，就像它要求參加者不要公開自己身在何處一樣。

在活動結束之前，許多演員與導演聚集在園區對面的史蒂夫．賈伯斯劇院裡。蘋果公司請來了名人攝影師阿特．史崔伯（Art Streiber），他經常為《浮華世界》雜誌拍攝社會重要人士的多頁攝影版面。他將三十一位名人安排在劇院圓形大廳的系列平台上，然後讓穿著高領黑色拉鍊毛衣與黑色褲子的庫克，站在眾星之間。他交叉著手臂，就像生產線上的監察員，盯著鏡頭淺淺一笑。滿面春風的歐普拉坐在庫克右邊，看來放鬆的亞伯拉罕在左邊，安妮斯頓和薇斯朋則在周圍。庫克看來既自信又有把握。他花錢將好萊塢請進家門，證明其全球帝國的雄厚財力。

第二天早上，當這些好萊塢貴賓登上小山丘，前往史蒂夫．賈伯斯劇場參加主題演講時，身穿蘋果商標圓領衫的接待人員生氣蓬勃地問候「早安！」和「你好！」當五百多名媒體成員經過，來自洛杉磯的經紀人與製作人拍下該公司的飛碟總部，即前一晚招待會的場地。儘管已使用了一年，這個玻璃圓環建築仍然被視為世界第八大奇蹟。

好萊塢代表團加入了劇院內不拘一格的人群。空間裡擠滿了經常參加蘋果活動的科技記者與分析師，還有撰寫娛樂、遊戲及信用卡等報導的新人。所有人都擠在一個圓形吧檯前，等待工作人員為來賓倒咖啡。來自高盛集團的一群銀行家跟著執行長蘇德巍（David Solomon）穿過人群。經紀人和製作人緩緩吃著早餐，等待節目開始。

庫克在樓下休息室準備上台。那是個安靜的小空間，有一張沙發與一個化妝區。在前一次活動的前幾天，他要求將附近發電機發出的微弱嗡嗡聲消音。工程師與維修人員將巨大的發電機安裝在橡膠墊上。自此以後，這個兩百五十平方英尺的房間一直很安靜。

當人群魚貫進入劇院，在價值一萬四千美元的真皮座椅坐下時，庫克在熱烈掌聲與自家員工的呼喊聲中慢步上台。「謝謝你們！」他揮著手說道。他雙手合十放在下巴前，彷彿虔誠祈禱的模樣，他向觀眾保證，蘋果公司當天的發布會將非常不同。

「幾十年來，蘋果一直在創造世界一流的硬體與軟體，」他說。「我們也一直在創造不斷增長的世界級服務，這也是今天的主題。」他停頓了一下。「那麼，什麼是服務呢？嗯，如果你查字典的話——」他一面說，身後的黑色螢幕上出現了白字顯示的「服務」定義：

服務／名詞：幫助他人或為別人做事的行為。

對蘋果公司來說，請出字典是要從最基本的定義出發。賈伯斯的演講讓人著迷，因為這些演講以「它就是好用」的設備為中心，它們的使用方式非常直觀，賈伯斯幾乎不需要加以解釋。神奇之處在於把它們從盒子裡拿出來。但是，庫克推出的是一種金融概念，並非實體產品。他在二〇一四年開始使用服務這個詞，因為該公司在其季度報告中將一個項目從「iTunes、軟體與服務」（iTunes, software and services）改成「服務」（Services）。這個類別的改變是因為 iTunes 銷售減弱，蘋果音樂正在發展。兩年前，庫克曾向華爾街承諾，到了二〇二一年，蘋果公司的「服務」營收會翻倍，此後他在向投資人說明最新狀況時，就將服務一詞當作焦點。他列出每月為應用程式付費的使用者數量，並大肆宣傳蘋果音樂的表現。這成了營運的節奏。

這個策略之所以誕生，部分是出於需要。庫克可以預見，在未來，應用程式商店這項服務的命脈會慢慢枯竭。蘋果因為向開發商收取三成服務費、以向 iPhone 使用者銷售其產品而備受批評。兩週前，Spotify 向歐盟提出控訴，稱該公司在不讓蘋果分成的情況下，很難向 iPhone 使用者行銷產品，此為蘋果公司抑制競爭的方法。隨後的反壟斷調查預示，推出《要塞英雄》的 Epic Games 公司同樣也以類似的控訴將蘋果告上法庭，目的是要取消蘋果公司的抽成。這種壓力可能會削減應用程式商店的銷售額，重挫其財務狀況，打擊該公司股價。庫克知道，該公司保護自己的方法是推出一套自己的應用程式。

這個策略挑戰了公司的傳統。蘋果的優勢一直是製造具有複雜軟體的強大設備。它在服務方面的紀錄毀譽參半。iTunes 是巨大的成功，改變了音樂產業，但蘋果地圖卻很失敗。二〇〇八年推出的電子郵件、聯絡人及日曆線上服務 MobileMe 並不成功，而語音助手 Siri 在表現上也落後競爭對手。在尚未推出下一個改變遊戲規則的設備的情況下，庫克下了賭注，冀望能說服消費者繼續使用 iPhone，讓他們像綁定蘋果音樂與其他服務一樣，離不開這個設備。他在挖第二條護城河。

按照蘋果公司發布會的模式，庫克領著觀眾從一個服務到另一個服務，為展示活動最重要產品發布做準備。他首先介紹了 Apple News+，這是個每月花費九．九九美元的單一訂閱吃到飽服務，內容涵蓋《時尚》、《紐約客》與《國家地理》等超過三百本雜誌。他還推出與高盛集團和萬事達集團合作開發的蘋果信用卡。此外還有電子遊戲訂閱服務 Apple Arcade。

在庫克講話時，好萊塢的觀眾愈來愈焦躁，感到厭煩。雜誌、信用卡與遊戲等服務缺乏過去賈伯斯展示改變世界的設備時所慣有的轟動性。

現場氣氛愈來愈冷，在舞台中央的庫克表示，蘋果計劃將娛樂領域的工作擴展到製作導演用來剪輯電影的 Mac 之外。他說，蘋果將直接參與講述好萊塢故事。「我們與一群最有想法、最具成就且曾受獎項肯定的創意遠見者合作，共同創造一種前所未有的新服務！」

庫克提高了聲音，彷彿在說服觀眾，相信蘋果正在進行一項真正創新的嘗試。但是好萊塢觀眾不為所動。他們的產業已經講了一個多世紀的故事。在提高但是好萊塢觀眾不為所動。他們的產業已經講了一個多世紀的故事。在提高的聲音和對獨特事物的承諾之下，他們看到的是一家科技公司一心想為這個已經充斥著娛樂的世界增加更多的電視節目與電影。

庫克身後的螢幕出現一大片白雲，然後出現蘋果商標與 TV+ 的字樣，如此呈現的形象愈加鞏固了他們的印象。對現場大多數人來說，這看起來與聽起來都像是 HBO 節目的片頭。

庫克將舞台讓給陸續上台的明星藝人，他們試圖為一家產品已經失去光芒的公司增添星光。前索尼高階主管范．安伯格與埃利希特用一系列的影片來闡明 Apple TV+ 的使命，史蒂芬．史匹柏、蘇菲亞．柯波拉（Sofia Coppola）、朗．霍華（Ron Howard）與達米恩．查澤雷（Damien Chazelle）等導演則在影片中談論自己講故事的方式。影片結束時，史匹柏在全場起立的鼓掌聲中走上舞台，談到其製作公司的節目《幻異傳奇》（*Amazing Stories*）將出現在 Apple TV+ 上。之後，瑞絲．薇斯朋、珍妮佛．安妮斯頓與史提夫．卡爾上台分享他們的蘋果節目《晨間直播秀》的細節。

這部劇本感覺很熟悉。娛樂產業將之比作電視網絡每年秋季為廣告商舉辦的招商活動。在這些活動中，高階主管與演員會介紹新一季的節目，以爭取銷售廣告時間。蘋果的服務不會有商業廣告。月費不明，開播時間不明，缺乏細節讓人群感到沮喪。

然而，觀眾的失望並未阻止庫克。當他返回舞台上時，他說他還有一件事。

會場燈光變暗，一段影片開始播放，黑色的螢幕上出現白字。影片說，這個破碎的世界需要一個能用聲音建立聯繫的人；它需要一個長久以來一直缺失的聲音。

當燈光亮起，歐普拉穿著白色襯衫和黑長褲站在舞台上。觀眾群起沸騰，紛紛站起來尖叫鼓掌。歐普拉等到群眾情緒慢慢緩和下來。「好了，」她終於開口說。「嗨！」她友好的語調充滿整個房間，人群都笑了起來。

「我們都渴望聯繫，」她說。「我們尋找共同點。我們希望被傾聽，但我們也需要傾聽、需要開放、並做出貢獻。」她說，這就是她簽約在 TV+ 主持節目的原因。蘋果公司讓她能以「一種全新的方式」做她多年來做的事情。

「因為，」她聳了聳肩，舉起雙手表示投降，然後身體前傾，好似要分享一個祕密，「它們在十億個口袋裡，你們都是，」她搖著頭說。「十億個口袋。」

當她說完以後，庫克邊鼓掌邊走上舞台，然後俯身擁抱她。「你真是太棒了，」他輕輕地說。

歐普拉的手臂環抱著他的腰，他用手拂去眼角的淚水。庫克的同事們因為他這種情緒化的表現大吃一驚，他們只能猜測，這位來自阿拉巴馬州小鎮的執行長，或許是感動於自己與蘋果公司招募了歐普拉、邀請對方擔任主要代言人，將他們的電視節目帶給世界。她笑了起來，笑得很開心。讓人表現出深度情感，是她最擅長的超能力。在她的職業生涯中，她曾讓無數人落淚。對她來說，讓一位很少流露自己想法或感受的執行長釋放情感，只會讓她更有魅力。

「我永遠不會忘記這一刻，」庫克笑著說。他又輕輕拭淚。「對不起，」他對人群說道。

在他身後，出現了一張黑白照片，是前一天晚上所有明星的合照，只不過少了一個人。蘋果公司從史崔伯拍攝的照片選了一張沒有庫克的照片，讓庫克站在舞台上，展現出他對所建立團隊的完全控制。

「這些都是我們敬佩的人，因為他們美好的聲音、驚人的創造力與奇妙的多元視角，」庫克說。「他們影響了我們的文化與社會，我們非常高興能有他們的參與。」他的聲音停頓了一下。「能和他們合作讓人受寵若驚。」

人群開始離開劇院時，有些人感到困惑。好萊塢特使想知道更多關於電視計畫的細節，金融界爭相尋找關於信用卡的更多細節，出版界想要更多有關新應用程式的資訊。每個產業都被自己的狹窄視野所蒙蔽。在這個過程中，革命幾乎被忽視了。

在被「下一個新設備是什麼？」的問題困擾多年之後，庫克終於給出答案：沒有。

他的訊息並非針對普羅大眾；而是針對華爾街。他想要投資人看到，蘋果正在造成一個重大轉變。庫克為蘋果勾勒的未來，是沐浴在他人榮耀中的未來，而不是以產品創造榮耀的未來。他並不滿足於每年更新 **iPhone**，而是希望使用者會為了在 **iPhone** 上觀看電影而向蘋果支付訂閱費；他不想扮演數位支付的媒介，而是想讓蘋果去處理每一筆交易；他不想讓蘋果只是製造人們閱讀文章所使用的螢幕，而是想要出售使用者閱讀雜誌的權限。

多年來，庫克在這些業務中看到了新的營收機會。他規劃了一條通往那裡的道路，於二〇一四年併購 Beats，在隨後的幾年與好萊塢經紀人和導演交好，同時也與高盛集團建立穩固的關係。他在這一切中看到了一條道路，能夠擺脫正在耗盡能量的設備業務的負擔，進入一個有望無限增長的服務世界。

在華爾街消化著此一策略之際，蘋果的股價飆升，在該年年底幾乎翻了一倍。長久以來一般大眾的寵兒已經成為華爾街的寵兒。庫克的征服業已完成。

第二十三章

chapter 23

昨日

Yesterday

跟拍工作在黎明後不久開始。二〇一九年春天，科技新聞網站 The Information 的一名記者將一台黑色的日產轎車停在舊金山某豪宅區的陰影下。他盯著對面一棟兩層樓高、有綠色車庫的磚造馬廄建築。他注視著，等待著。

謠言再次席捲矽谷，表示強尼．艾夫已經脫離蘋果公司。與設計團隊關係密切的人說，艾夫已經不再進辦公室，將大部分工作移轉到距離他太平洋高地住家幾個街區的一個由車棚建築改裝的工作室。這座耗資三百萬美元的建築是一間一房一廳的公寓，下面是一個大車庫，艾夫在車庫裡擺了一張玻璃會議桌，用於產品審核。蘋果公司員工開始在這裡來來去去，惹惱了鄰居，抱怨在這個安靜的住宅街區，有家公司在未經許可的情況下營業。

記者前來了解這個說法是否屬實。艾夫是否已從蘋果離開，卻仍然握權不放？時間一分一秒過去，這條街慢慢鮮活了起來。在附近房屋工作的建築工人從剛停好的卡車上搬出工具。一名女清潔工抵達，走進這座馬廄建築。其後，一名送貨員將包裹放在門口。

記者看著這一切，希望能瞥見艾夫或來自庫比蒂諾的蘋果員工。最後，他從車裡出來，走到街上，想就近觀察。他盯著建築物，看看是否有任何安全監視器，注意到樓上公寓的燈是亮著的。接著，裡頭有人拉上了百葉窗。

電子邀請函於五月初寄出。邀請函的視覺重點是一個彎曲的原色環（wheel of primary color），下面有六行文字，分別以蘋果最初商標的各個顏色書寫，依序為藍色、紫色、紅色、橙色、黃色與綠色。

提姆・庫克、強尼・艾夫與羅琳・鮑威爾・賈伯斯
邀請您參加在蘋果園區舉行的特別晚會
以此向史蒂夫致敬
請加入我們
享受音樂、美食與慶祝的夜晚

二〇一九年五月十七日

在賈伯斯最早談論新總部近十五年後，三位與賈伯斯最親近的人聯合起來，以他最終產品的盛大開幕，慶祝他願景的實現。

在活動的幾週前，一個建築團隊在蘋果園區內搭建了六個彩虹色的半圓形鋁製框架。它們在艾夫設計的舞台上形成拱形。這些彎曲的鋁片是由機工在十二天內逐一軋製，再用訂製的貨運車運到蘋果園區。每個框架都散發著霓虹燈的底色。它們從小到大堆疊起來，形成一個像是著名好萊塢露天劇場的條紋狀外殼。公司將之命名為「蘋果舞台」（Apple Stage）。

在一則向員工說明這個舞台的訊息中，艾夫說他想創造一個能立刻被辨視出來的東西。「彩虹的想法是一個罕見的狀況，最早的想法在許多不同的方面都能有所發揮，」他說。「這與公司多年來的彩虹商標有所共鳴。彩虹也是我們包容性價值一種積極且快樂的表達，我認為，這個想法與我們立即產生深刻共鳴的一個主要原因是……半圓形和環形具有完美且自然的關聯性。」

艾夫對這個活動非常積極，計劃帶著妻子海瑟與兩個十幾歲兒子哈利與查理去參加。但是就在慶祝活動的前一天，他收到了一個可怕的消息。他的父親麥克·艾夫嚴重中風，被緊急送往薩默塞特附近的醫院，然後被轉往倫敦。醫生擔心他性命堪憂。

艾夫立即飛往英國。他的生命與職業生涯都歸功於父親。從童年時期的氣墊船到青少年時期有關事物如何製造的討論，麥克．艾夫培養了兒子對製造藝術的興趣。他讓強尼對產品的材料有了深刻的鑑賞力，並訓練他的繪圖技巧，能用一筆一畫讓想像力躍然紙上。這些工具讓他以優異的成績從新堡理工學院畢業，進入羅伯特．布倫納的視野，進而加入蘋果公司、與賈伯斯合作開發出 iMac、iPod 與 iPhone。

蘋果公司極端保密的作風，意味著艾夫能與父親分享的工作遠比他所希望的要少。多年來，朋友經常問麥克，蘋果下一個產品可能是什麼。麥克只能聳聳肩，「我不知道，」他說。「強尼不會告訴我。」艾夫經常等到父親前往舊金山時才說。他會帶父親去蘋果直營店，一起瀏覽、討論店內展示的一切。這個情況恰與幾十年前相反，當時父親帶著兒子在英國的商店裡參觀，解釋產品如何製造。曾經的學生已經成為大師。

最後，艾夫會走到收銀台，為父親買下最新的 iPod 或 iPhone。他以這樣的方式跨越了蘋果公司與外部世界之間的牆，這堵牆甚至延伸到他的家庭裡。

當艾夫的飛機抵達故鄉時，他內心充滿矛盾。在加州，他未能參加的慶祝活動，慶祝的是將他製造美麗產品的夢想化為現實的創意夥伴；在英格蘭，他帶著擔憂抵達，擔心自己可能會失去那個曾經賦予他技能，讓他得以追求夢想的家人。

在蘋果園區，員工們飛奔穿過足球場大小的草坪，走向蘋果舞台彩虹的盡頭。消息已經傳開，據說女神卡卡當晚將登台演出，以慶祝新園區正式開放，員工們希望能盡可能離舞台近一點。

庫克穿著黑色衣服上台。顯示著庫克特寫的巨型螢幕散布在滿是果樹與冥想池、高低起伏的園區裡。他對所有人表示歡迎，並將眾人的注意力引向螢幕。賈伯斯的形象出現在螢幕上。這位已故蘋果公司聯合創始人的聲音響徹了這座閃閃發光的企業大劇場。

「作為工具製作者，人類有能力製造一種工具來放大他固有的能力，」賈伯斯說。「這正是我們在這裡所做的。我們在這裡的作為，就是打造放大人類能力的工具。」

眾人很快就聽到艾夫熟悉的英國口音。在他動身前往英國的前幾天，他錄製了一段影片來記錄這個特殊的時刻。就在他講話的時候，螢幕上閃現了蘋果帝國五十億美元紀念碑的圖像。

「你知道，有時你早上起來，在那個半夢半醒的美妙狀態中，你就知道這將是難得的一天，」艾夫說。「一個你不會忘記的日子。這就是我今天早上的感覺。」

人群中沒多少人知道艾夫不在現場。他們聽著他講述二〇〇四年與賈伯斯在倫敦海德公園散步的情景。「也許並不令人意外，我們講的是散步、公園與樹木，」他說。「我們最早的想法是能促進彼此與自然之間產生強大聯繫的建築空間。」

艾夫說，這個概念一直是蘋果園區的基礎。多年來，他和賈伯斯一直在為他人製造產品，現在終於有機會為自己製作產品了。眾人群聚集在中央的園區，是個野心十足的工具，它需要多年的設計、原型製作、工程與建造。

「在計畫結束時發生了一些我永遠不會忘記的事情，」他說。「看似微不足道，但實際上是非常重要的。」他回憶起他與設計團隊一起欣賞日落的情景，那一刻捕捉到他與賈伯斯希望蘋果園區成為的一切：人們彼此交流，與自然交流。他說，事後，他不禁想到，能在這麼美麗的地方一起工作，是多麼幸運的事。

演講結束後，女神卡卡帶著鍍鉻頭盔在台上招搖地走來走去。她身後是一群穿著緊身連身衣褲的舞者，在舞台燈光下像迪斯可球一樣閃閃發光。

「你們準備好要為賈伯斯慶祝了嗎？」她在上台時喊道。「他的聰明才智！他的仁慈！」

當樂隊開始演奏她早期主打歌〈撲克臉〉（*Poker Face*）的合成器流行節拍時，台下群起鼓譟。她唱了許多熱門歌曲，換了很多套服裝，讓蘋果的工程師為之瘋狂。之後，她放慢了速度，變得嚴肅起來。「我也想感謝強尼設計了一個如此美麗的地方，」她說。「感謝庫克。感謝你們所有人。」

她最後唱了〈擱淺帶〉（*Shallow*），一首她為電影《一個巨星的誕生》（*A Star Is Born*）共同創作的抒情歌曲。她坐在鋼琴前，由原聲吉他伴奏，開始輕聲唱起，道出一對夫婦因生活負擔而疲憊不堪的故事。他們想逃離責任的重擔，渴望隱姓埋名的庇護。當她唱到歌曲的橋段（bridge）時，她的聲音爆發出來，引吭高唱到他們想像的安全地帶：

衝破所有界線，逃離所有傷害

我們已遠離擱淺帶

在大西洋彼岸，艾夫躲在克拉里奇飯店的一個房間裡，這間旅館就在他父親所在的倫敦醫院附近。他起得很晚，被失望與擔憂折磨。他痛恨自己不在庫比蒂諾與同事們一起慶祝蘋果園區的落成，又擔心中風後倖存的父親可能有長期的身體損傷。在這些矛盾情緒的拉扯中，手機裡滿是同事們傳來的訊息與女神卡卡表演的影片。看著她公開感謝他的影片，他感到不知所措，看著她站在他設計的舞台上表演，讓他甚為感傷。

多年來，艾夫一直努力解決工作與家庭之間的拉扯。二〇〇八年，他曾為了想陪伴父母、與兒子分享他的家鄉，幾乎離開蘋果，但賈伯斯的癌症復發時，他決定留在蘋果公司，繼續他們的工作。賈伯斯去世後，他延續了這個承諾，希望確保導師的公司能存續下去。隨著時間推移，在英國待上更多時間的可能性已經消失，艾夫對蘋果的承諾儼然從職責變為瑣事。父親的中風，意味著無論他未來何時與父親相處，都不會和他及早離開加州所能分享的一樣。這位新一代的鐘錶匠被他一直想重新定義的「時間」給打敗了。

回到加州後，艾夫變了一個人，但他對蘋果的責任依然存在。為了確保新園區能實現賈伯斯的合作願景，他將注意力轉移到將現在共享同一工作區的軟體與工業設計團隊聚集在一起。

六月底一個週二晚上，他在舊金山的特效製作工作室光影魔幻工業（Industrial Light & Magic）召集了他的團隊。這個由《星際大戰》創作者喬治·盧卡斯（George Lucas）創立的工作室，曾在《侏羅紀公園》與《野蠻遊戲》等電影中創造了奇蹟。艾夫預定了這裡四百個座位的劇院，放映電影《靠譜歌王》（*Yesterday*）。

這部電影想像了一個這樣的世界：一名創作型歌手從事故中醒來，發現自己是世界上唯一一個記得披頭四樂團的人。該片編劇李察·寇蒂斯（Richard Curtis）與艾夫是朋友，《愛是您愛是我》（*Love Actually*）與《新娘百分百》（*Notting Hill*）都是出自他手。這部電影背後的概念引起了艾夫的共鳴。畢竟，賈伯斯之所以將蘋果公司命名為「蘋果」，一部分是為了向披頭四的唱片公司「蘋果唱片」致敬，並希望公司像樂團一樣，成為同事們聚集在一起、創造出比他們各自獨立作業時更偉大產品的地方。

劇院燈光變暗，艾夫與設計師們看著一個名叫傑克·馬利克（Jack Malik）的歌手，靠著在酒吧裡為一小群人演唱勉強度日，大多數人對他的演出視而不見。在一個類似 **Y2K** 千禧蟲的世界將披頭四樂團從歷史上抹去之後，馬利克拚了命想將他們的音樂保存下來。他用披頭四的歌做了一捲試聽帶，引起一位唱片公司主管的注意，他認為自己是繼巴布·狄倫之後最出色的作詞人。沒多久，他在洛杉磯成了名，被迫應付唱片公司的商業期望，讓專輯創造銷售紀錄。同時，他又擔心有人會告訴世界，說他只是個演唱別人歌曲的騙子。

藝術與商業之間的永恆衝突是這部電影的核心。馬利克想忠於披頭四的藝術完整性，讓他們偉大的音樂獲得成功。唱片公司希望將他打造成搖滾天才，藉此確保利潤。在一個場景中，馬利克進入一間會議室，發現三十幾位行銷主管盯著他看。他們是去告訴他該為專輯取什麼名字的。會議一開始，最高行銷主管就否定了馬利克的一些想法。《比伯軍曹寂寞芳心俱樂部》（*Sgt. Pepper's Lonely Hearts Club Band*）字太多；《白色專輯》（*The White Album*）有種族歧視的問題；《艾比路》（*Abbey Road*）只是一個人們開車逆向行駛的地方。行銷人員說，他們已經選了一個完美的專輯名稱，《只有一個人》（*One Man Only*）。看著自己紀念披頭四的想法被唱片公司的商業機器粉碎，馬利克的臉沉了下來。

劇院裡有些設計師看到了艾夫心路歷程的影子。在進入蘋果公司後，艾夫曾經很努力要讓公司發布他所設想的麥金塔電腦二十週年紀念版。之後，他面臨了公司與破產擦肩而過的不確定性。這些艱難的經歷讓他與賈伯斯共同開發的一系列熱門產品（iMac、iPhone與iPad）顯得很不真實。同事們說，艾夫的完美主義給了他只會一味抱怨的冒名頂替症候群特徵。他似乎潛意識裡一直在擔心，怕別人發現自己是騙子。然後，隨著蘋果公司在庫克的領導下迅速發展，成為世界最大的公司，他發現自己處於一種高壓的商業氛圍中。他與賈伯斯的私密會議，已被滿是高階主管的會議室會議取代，每個人都對艾夫正在做的產品有意見。隨著公司愈來愈大，抽象層（Layers of abstraction）也愈來愈多，在他製造新產品的工作與使用這些產品的消費者之間造成脫節。

賈伯斯去世後，蘋果公司的披頭四版本出現了裂痕。一批人才離開了公司，其中包括硬體主管曼斯菲爾德與軟體巫師福斯托。他們團隊中的許多成員相繼離開。然後，設計團隊也開始崩潰，先是柯斯特與史特林格相繼離職，接著是與艾夫共乘的德尤利斯，以及手錶與AirPods的負責人佐肯多弗和霍尼希。在兩年的時間裡，這個組成已有十多年的團隊走掉了三分之一的成員。樂團正在解體。

電影結束後，艾夫走到眾人面前發言。他顯然受到這部電影啟發，覺得有必要分享他為何要讓團隊欣賞這部電影。他解釋道，對他們來說，重要的是他們要一起合作，在蘋果內部營造一個藝術與創造力得以蓬勃發展的環境。

「藝術需要適當的空間和支持才能成長，」他說。「規模真的很大的時候，這一點尤其重要。」

一天後，設計師收到通知，要求他們清空行事曆，與艾夫會面。這個要求很不尋常。沒有人記得曾在這麼短的時間被要求取消會議，尤其是並未告知理由，但眾人仍然照做了。

突如其來的取消讓整個園區都跳了起來，激怒了那些原訂與設計團隊成員開會的工程師和營運人員。其他部門通常需要設計工作室的批准才能將工作進度往前推進，而他們沒有時間拖延。

「我不敢相信你取消了這次會議，」一名工程師向一名設計師寫道。

「抱歉，」這名設計工作室人員回答。「事關強尼。」

會議當天，二〇一九年六月二十七日，艾夫將設計師群聚集在四樓一個開放的區域，靠近新合併的軟體與工程設計工作室。他看著一百多人肩並肩地擠在低矮的灰色沙發裡。夏日陽光透過大樓的玻璃，溫暖的黃色光芒照亮了天花板。

艾夫注視著眼前的團隊，它的規模早已比他剛繼承時大得多。結合政治力量與營運智慧的操作，他逐漸擴大團隊，納入材料科學專家、人體工學研究人員與織品工程師。他必須管理一百多名負責蘋果圖標外觀與設備運行方式的軟體設計師。這個集體給了他比賈伯斯時期更多的產品控制權，但也讓他必須花更多時間。他所建立團隊的繁複職責已成為他失敗的部分原因。

艾夫告訴這群人，他已經完成了他最重要的工作，即蘋果園區，這是賈伯斯留下的最後一項產品。他說，設計團隊已為未來的成功做好準備，而他領導團隊的角色也該告一段落。

艾夫面前的一張張臉孔變得蒼白。有些人茫然地盯著他，其他人似乎被恐懼籠罩，他們的沉默壓制著內心深處湧出的驚恐：我的老天！這是真的！該死！這件事竟然發生了！

對許多人來說，艾夫的話就像汽車打滑造成碰撞，讓時間慢了下來。當他解釋自己離開的部分原因，是他已經厭倦蘋果的官僚主義時，有些人開始哭泣。雖然他們很少互相承認，但卻都明白公司的創業文化已經消逝。一些人認為，沒有賈伯斯，蘋果公司早已變成一台鐵石心腸的機器。

庫克的做法讓財務團隊更有勇氣。他讓會計師與營運人員在決策中擁有更多話語權。他們的影響很早就已經顯現出來，如二〇一五年從未生產的iPad、向攝影師祖克曼等長期合作夥伴查帳、拒絕福斯特建築事務所的請款帳單等。賈伯斯一直堅持，律師與會計師的作用在於執行公司創意核心人員的決定。但隨著時間推移，這家公司官僚作風十足的守車（caboose）[1]早已變成推動的引擎。

此外，還有會議的問題。艾夫之所以將工作帶到位於舊金山的工作室，一部分是為了避免自己的行事曆上滿是被會議占據的時段。在園區裡，會議如雨後春筍般增長，而且成了電影《靠譜歌王》中所描述滿滿是人的會議室。決策的速度變慢，癱瘓已經形成，這都是艾夫無法忍受的狀況。

「我不想再去參加任何該死的會議，」他告訴團隊。

1. 指掛在貨物列車尾節的車輛，具備的多半是瞭望其他車輛、協助煞車等輔助功能。

儘管他為蘋果公司的現狀感到悲痛，艾夫仍然讚揚了這個團隊，並懇請他們讓蘋果忠於自己的身分。要有目的性。要堅定不移。要繼續為世界帶來驚喜和快樂。現在，整個設計團隊齊聚蘋果園區，他們能實現的可能性讓艾夫興奮不已。他們擁有新的資源與設備，共享空間應能促進合作。儘管他不會每天都在那裡，他說他將與馬克．紐森一起成立一間獨立的設計公司，繼續與蘋果合作。

艾夫藉著新公司的命名向賈伯斯致敬。在史蒂夫．賈伯斯劇院開幕式上播放的影片中，他的長期合作者曾說，產品該用心與愛來製作，藉此表達對人類的感激。對於他公司的名稱，艾夫將這個宗旨濃縮成兩個字，道出他想透過每件產品傳達的精髓。公司名為「LoveFrom」。

艾夫沒有說出口的，是 LoveFrom 的第一個客戶蘋果公司，已經同意他超過一億美元的離職方案。兩造達成的協議將阻止艾夫為競爭對手工作，並且可以每年續約，以維持艾夫與 LoveFrom 設計工作室對未來計畫的貢獻。這位設計師獲得的報酬與許多公司提供給離任執行長的「金色降落傘」（補償協議）相當。

當天下午稍晚，股市收盤後，蘋果公司發出新聞稿，宣布艾夫離職。這份新聞稿概述了一個新的組織結構。在直接向執行長報告十五年後，艾夫的舊設計團隊

（曾在蘋果內部被視為神的一群美學家）將改向蘋果的營運長威廉斯報告，他是一名擁有工商管理碩士學位的機械工程師。

後記 Epilogue

長久以來，蘋果公司的神奇力量向來倚賴具有遠見的雙人組合。它由沃茲尼克與賈伯斯孕育；由賈伯斯和艾夫復興；再由艾夫與庫克維持。

在賈伯斯去世後的幾個月及幾年裡，矽谷預期蘋果公司業務將出現衰退。華爾街對該公司未來的道路憂心忡忡。忠實客戶則擔心著這個深受喜愛的產品創新者的未來。

十年後，蘋果公司的股價達到歷史最高點。它的市場價值上升到八倍多，達三兆美元，而且它在全球智慧型手機市場的主導地位絲毫不減。蘋果公司成了華爾街的寵兒，儘管它失去了作為顛覆性創新者的一些光芒。最重要的是，它並沒有像賈伯斯擔心的那樣，步上索尼、惠普或迪士尼的後塵。

蘋果公司的歷久不衰與財務成功證明了賈伯斯將公司託付給對的人，領導公司前進。庫克是經營者，他不僅在將蘋果帝國擴張至中國及服務領域的過程中，展現出藝術性，在領導著他建立的企業國家面對外交難題時，更表現地游刃有餘；艾夫是藝術家，他在領導蘋果手錶的創造，以及完成賈伯斯去世後推出的主要新事業「蘋果園區」的建設方面，展現出精明的營運智慧。

羅琳．賈伯斯曾在一封電子郵件中評斷了兩人的領導力。她說，如果沒有這兩人的貢獻，蘋果公司不可能維持這麼久。他們發揮了彼此的優勢，同時保持了「對史蒂夫與蘋果共同的愛」。

然而，他們的成功被雙方在工作上的分離狀態給掩蓋。兩人夥伴關係的解體，是不可避免的。這兩個人除了對蘋果公司抱持著共同的熱愛，在其他方面並無交集。隨著蘋果公司的規模因為 iPhone 的爆炸性成長而膨脹，庫克出於管理規模增長的需求，開始改變公司的結構。在他的領導下，蘋果公司擴大了產品數量，詳細檢查開支，並將重點從硬體轉向服務。連接庫克與艾夫的紐帶一點一點地磨損了。

對於一位想把同理心帶進每項產品中的藝術家來說，庫克的冷漠和不可知，使他成為一個不完美的合作夥伴。這位執行長的同事說，他對他們該如何讓艾夫保持好心情並實現創造力的建議，不太感興趣。儘管他們一再鼓勵，庫克仍然很少去設計工作室看看艾夫的團隊工作。他並未向蘋果內部具管理藝術家經驗的人（如艾歐文）尋求建議。當艾夫在二〇一五年首次提出離開公司的想法時，庫克關注的焦點在於確認一項繼任計畫。從那些與他共事的人看來，他的興趣是保護公司而非保護個人。這對股東來說是正確的，即使同事對此看不順眼。

艾夫也不是沒有責任。數十年的勞心勞力讓他感到疲憊，賈伯斯的離世讓他悲痛不已，這位可能成為蘋果聖火守護者的人自己先熄了火。他一路走來犯了不少錯誤。在福斯托被解僱後，他承擔起軟體設計的大任，以及他很快就不屑一顧的管理權責。他一邊進行萊卡專案，同時兼顧手錶與蘋果園區的發展，把自己累垮了。他在二〇一五年同意轉為兼職，讓公司股價在短期內免於下跌，卻為自己、他的團隊與他所愛的公司製造了一個不健康的安排。

作為公司的領袖，庫克以賈伯斯可能永遠無法想像的方式重新塑造了公司，而艾夫最終無法忍受庫克的做法。

賈伯斯很欣賞巴布·狄倫，因為這位歌手不斷改造自己。這位已故的蘋果執行長將這種精神帶入公司，用 iMac 重新塑造了個人電腦產品線，並透過 iPod 將公司從電腦製造商轉變成消費電子巨頭，又以 iPhone 鞏固了公司的卓越地位。這種創新的帽子戲法讓他成為後世的達文西。

沒有人期望庫克能複製這種情況，甚至庫克本人也不這麼認為。這位工業工程師並沒有繼續滋養創新，而是發揮自己的優勢，從自己繼承的企業中擠出更多銷售額，實現了歷史上最賺錢的企業傳承。庫克的成功是方法戰勝魔法、堅持戰勝完美、改造戰勝革命的勝利。賈伯斯藉由策劃飛躍式發展與顛覆產業來賦予蘋果公司身分認同，庫克則專注於保存他心中賈伯斯最偉大的產品：蘋果公司本身。

庫克扮演了管家的角色，讓公司更能反映出他的個性：謹慎、合作與戰術。他繞著前任的革命性發明建立起一個產品與服務生態系，並維持了該公司推出第一流硬軟體更新的聲譽。在他的努力下，公司賺足了現金（二〇二一會計年度扣除債務後六百六十億美元），即使將所有產品下架也能維持好幾年。在這樣的過程中，他保持了蘋果再次為世界帶來驚喜與歡樂的可能性。

只要 iPhone 的銷售狀況能保持下去，蘋果的忠實粉絲就會對神祕公司內部正在進行的計畫感到好奇：它能造出它一直在追求的汽車嗎？它是否會發布開發中的擴增實境智慧眼鏡？非侵入性的血糖監測系統呢？這些產品是否終有一日會在蘋果直營店亮相？

二〇二一年五月二十一日，庫克抵達奧克蘭法院，在針對蘋果的反壟斷審判的最後一天走上證人席。《要塞英雄》的開發者 Epic Games 公司控告這家科技巨頭，聲稱蘋果公司不公平地在 iPhone 上禁止競爭性應用程式商店，強迫向開發商抽成百分之三十。此案對庫克一手打造的服務業務核心造成相當的打擊。

庫克已經履行了他的承諾，將服務業務的規模擴大一倍，而服務業務在二〇二〇年會計年度的銷售額更是上看五百三十億美元，與高盛集團和開拓重工（Caterpillar）相當。他持續推出新的蘋果訂閱服務，其中包括一項健身服務，而公司也受益於新冠病毒的大流行，因為在病毒流行期間，被困在家裡的使用者在應用程式商店的購買量激增。投資人對銷售額的成長感到高興，他們不再將蘋果公司視為傳統的硬體企業，公司的興衰不再純粹取決於每款 iPhone 的受歡迎程度。該公司的本益比從平均十六倍收益躍升至二〇二〇年的三十多倍。變化如此巨大，以致於有些投資者將這樣的改變視為極端。

隨著 Epic 訴訟案的發展，它對庫克所打造帝國構成的威脅，讓庫克感到焦躁不安。蘋果公司的員工認為這是一場由該公司宿敵微軟公司所發起的代理權訴訟。庫克相信，法律會站在蘋果這一邊。蘋果公司在美國智慧型手機市場的占有率並不到主導地位，法院也不願意裁定它對 iOS 的支配地位本身就構成壟斷。然而，他在那天的表現必須出色，才能確保應用程式商店能持續發展下去。

在長達四小時的詰問中，一位聯邦法官和 Epic 代表律師向庫克提出了一連串有關蘋果業務的問題。詢問者並沒有妥善應對審訊。庫克辯稱，禁止競爭對手的應用程式商店以及向開發者收取費用的做法，讓公司能夠審核應用程式，保護使用者免受安全漏洞的影響。當 Epic 代表律師問及蘋果公司是否計算過應用程式商店的淨利潤時，庫克堅持說公司避免討論獲利能力的問題。這個答案令人驚訝，因為這位執行長每個月都會與財務團隊開會探討服務收入。為了評估庫克的誠實程度，律師問及谷歌為了成為 iPhone 預設搜尋引擎而向蘋果公司支付八十億至一百二十億美元的說法。

「我不記得具體數字了，」庫克說。當被問及是否高達一百億美元時，他得了健忘症。雖然他每天早上都起床看銷售數字，也希望員工了解全國各地經銷商店的促銷活動，卻推說不知道谷歌的付款情況。

就連庫克的一些長期崇拜者，也認為這樣的表現著實尷尬。庭審期間曝光的內部文件顯示，根據蘋果公司自己的計算，近年來它在應用程式商店的營業利益率超過百分之七十五，儘管庫克堅持該文件來自某場「一次性簡報」。在一個對矽谷深感懷疑的時刻，他似乎完全堅持住自己作為科技寡頭壟斷時代主要參與者的位置。

然而，法官的判決為蘋果公司的商業行為平反了。該公司贏得了一場幾乎全面的勝利，其應用程式商店對電玩遊戲的做法被認為是合法的。這場勝利伴隨著一個警告。法官裁定，蘋果公司不能再阻止應用程式將客戶引向蘋果公司無法收取三成分成的其他網站與外部支付系統。這項裁決說明應用程式商店接下來要面臨的挑戰，它似乎陷在一個疊疊樂積木遊戲中，監管者與開發商正在慢慢地把原本穩固的業務積木一個個抽出來。應用程式商店業務萎縮似乎只是時間問題。

除了 Epic 的控告，蘋果在歐洲也面臨著類似的反壟斷指控，認為它利用應用程式商店推銷蘋果音樂，打壓 Spotify。司法部也啟動了一項預計針對應用程式商店的調查。在這三起案件之間，庫克所建立的服務業務顯然必須改變。事實上，蘋果公司已開始做出讓步，將向一些開發商收取的費用從百分之三十降至百分之十五。

中國也為蘋果的未來帶來了類似的不確定性。在習近平主席的領導下，中國政府變得更加強硬、更堅持民族主義。共產黨已經控制了香港，支持民主的報紙如《蘋果日報》等也被迫關閉。在偏遠的新疆地區，中國政府針對少數民族維吾爾族設置了再教育營。據稱，有些維吾爾族被迫在工廠勞動，其中包括與蘋果公司有關係的七家供應商。蘋果公司表示，它沒有在供應鏈裡發現有強迫勞動的證據，但這個議題引發了新的質疑，即庫克是否願意做出妥協以維持在該公司第二大市場的營運。這位高階主管在美國引用了馬丁·路德·金恩的話，還細談了人權與隱私問題，在中國卻沒有採取這樣的立場。

總之，庫克精明策劃了服務業務與中國營運的擴張，為公司和股東創造出令人難以置信的價值，但在過去十年間，蘋果公司的成長很大程度上是建立在一個日常業務的流沙之上，受制於監管機關與專制者的突發奇想。

當庫克受到批評或質疑時，他總是能用數字來說明辯解。自從他在二〇一一年八月晉升為執行長以來，蘋果公司的市值增加了一·五兆美元以上，包括再投資股息在內的股東總回報高達百分之八百六十七，約莫五千億美元。二〇二一年九月底，蘋果公司董事會獎勵庫克，相當於從二〇二〇年底起續簽了五年聘僱合約，在二〇二五年授與他額外的一百萬業績股票。在十年的時間裡，他已將自二〇一一年來獲得的一百一十二萬業績股票完全兌現，成為億萬富翁。

這些令人瞠目結舌的數字被塞進一份枯燥乏味的公司文件中，就像他本人一樣謹慎低調。這些數字證明了他堅持不懈的努力。

宣布離職後，艾夫開始了新生活。在二〇一九年九月他職業生涯最後一次蘋果發布會簡報後，他與設計師團隊在舊金山傑克遜廣場附近的兩層樓餐廳比克斯（Bix）舉辦了一次派對。派對上有魚子醬、香檳與包括NBA球星柯比．布萊恩（Kobe Bryant）在內的賓客名單。液晶大喇叭（LCD Soundsystem）樂團主腦暨DJ詹姆斯．墨菲（James Murphy）一直到午夜過後都在播放著風格各異、活力四射的音樂。對這位長期為蘋果服務的藝術家來說，這是最後一次蘋果主題派對。

兩個月後，艾夫正式離職，蘋果公司悄悄將他的照片與名字從領導團隊的頁面上刪除。並未大肆宣傳，也沒有對他的貢獻做出任何紀念。用最蘋果的方式，他前一天還在那裡，第二天就走了。

他身後留下了讓人難以徹底了解的產品成就。他與賈伯斯用 iMac 復興了公司，並合作推出隨後的產品。艾夫的美學感性提高了社會對設計語言的欣賞。蘋果公司向世界灌輸簡潔的原則與材料的價值，這些都是迪特．拉姆斯等前輩所無法想像的。

蘋果手錶及它的連體嬰 AirPods 對蘋果公司的損益有著卓越的貢獻。二〇二一年，該公司所謂可穿戴設備的銷售額增加了百分之二十五，達到三百八十四億美元。該業務的收入比可口可樂公司的年銷售額還高。這些產品推出時遇上的各種麻煩讓蘋果公司更謙卑，該公司在過去十年的大部分時間裡都在接受一個現實，即它可能永遠無法再製造出另一款像 iPhone 一樣成功的產品。

然而，正如賈伯斯在過去幾十年的作為，艾夫也在新產品類別的磐石上為蘋果建立起規模可觀的業務。可穿戴設備業務的規模大約是庫克建立的服務業務的一半，但它在該類別獲得了絕對的領先優勢，有望在未來幾年持續為蘋果帶來數十億美元的銷售額。

艾夫絕不會說他離開蘋果的方式是正確的。設計團隊的部分成員仍然對他繼任計畫的失敗感到沮喪，並對團隊凝聚力被削弱大失所望。然而，在超過二十五年後決定離職並非易事，尤其中間還夾雜著失去創意夥伴的悲痛情感。

公司的發展、會議的數量與來自財務部門的壓力讓艾夫無比沮喪，他意識到自己從外部比在內部更能幫助蘋果。他也想找到新的方法，為世界做出有用的貢獻。他與馬克·紐森在 LoveFrom 建立了一個由幾位蘋果公司的長期夥伴組成的團隊，包括軟體設計師克里斯·威爾遜（Chris Wilson）、工業設計師尤金·黃與福斯特建築事務所的詹姆斯·麥克葛拉斯（James McGrath）。這群創意人通常挑選他們感興趣的客戶。房屋租賃公司 Airbnb 請艾夫協助重新設計其應用程式並開發新產品，法拉利則邀請艾夫與紐森協助設計該公司第一輛電動汽車，並擴大其奢侈服飾與行李箱業務。LoveFrom 公司也持續為蘋果公司提供諮詢。

離開蘋果以後，艾夫最重要的一件工作是與查爾斯王子合作開展一個名為「地球憲章」（Terra Carta）的永續發展倡議。查爾斯王子領導的這項計畫，名稱來自賦予英國人民權利的《大憲章》（*Magna Carta*），計畫旨在藉由賦予自然權力來應對氣候變化。艾夫開發了一款帶有原創字體與綠底動植物圖案的圓形標章，頒發給那些在永續發展方面貢獻突出的公司。

他還繼續為蘋果的未來計畫提供諮詢，包括重新開發汽車與眼鏡等擴增實境設備。就像一個誇耀自己下一張專輯的搖滾明星，他告訴人們，那些未來的設備將是他職業生涯中最棒的作品。

汽車計畫的一名同事說：「強尼·艾夫作為一位顛覆常規的工業設計師的故事，還沒有寫完。」

蘋果設計團隊在很大程度上已經向前走了。團隊的核心成員表示，艾夫與LoveFrom對他們的工作影響不大。艾夫現在是一名受人尊敬的顧問，而不是具有控制權的董事。他們說，艾夫離開以後，團隊在合作時變得更友善也更民主，特別是與工程和營運部門的同事之間。設計師們承認，他們現在受到的成本壓力比艾夫在那裡轉移那些考量時還高。然而，他們說這種壓力尚未嚴重到他們無法完成工作的地步。而且他們堅稱，他們正在做的工作是他們做過最好的工作。

隨著艾夫退出，目前還不清楚設計是否能重拾它在產品方向上的主導地位。是賈伯斯將艾夫與設計工作室推到權力的高處，讓他們的設計熱忱能滲透到整間公司，這是美國其他企業遠比不上的。在短期內，公司不可能出現另一位擁有如此權力與影響力的主宰者。畢竟，艾夫花了將近二十年的時間才獲得這麼大的影響力。

在他的團隊解散後，他們逐漸開始審視自己留下的公司。在反思賈伯斯的成就時，他們經常會說，他製造的產品改變了世界。當被問及他的繼任者庫克將會如何被記住（以及他們在蘋果公司的最後十年），一些人笑了。他們說：「（指庫克）賺了一大筆錢。」

一個夏末下午，艾夫躺在象牙白的沙發上小憩。他在太平洋高地的住家頂樓是個白色的蒼穹，白色的拱頂高聳在白色的牆壁之上。房間裡的唯一的顏色，是由粉紅色大理花與花園玫瑰構成的前衛花束，在小餐桌上的花瓶裡散發著不羈的活力。整體空間的簡樸將人們的注意力引向朝著海灣北方的落地窗，藍綠色的海水從高聳的紅色金門大橋一直延伸到惡魔島監獄的廢墟，後者是他所愛的城市地標。

在他睡覺時，他的一個私人助理悄悄爬上樓梯，手上的托盤裡是一份簡單的午餐。艾夫在一小時後預定要打一通電話，命人在那之前將他喚醒。助理把托盤放在沙發旁的一張茶几上，低聲說：「強尼，醒醒。」他沒聽到她的話，繼續打著瞌睡，直到感覺有人輕輕拍他的肩膀。他緩緩解開眼睛，看著房間另一頭的窗戶，一縷黃色的正午陽光照了進來。

「哇，」他驚嘆道。「照進房間的光線真美。」

聽到他這麼說，助理非常訝異。她轉過身隨著他的目光看過去，研究著光線，試圖盡可能地透過他的眼睛去欣賞。稍後，回想起這個安靜的時刻，她想到有些人可以看到比其他人多一百倍的顏色。這些人具有所謂的「四色視覺」，他們的視網膜上有第四種顏色受體，能提高他們對顏色的感知能力。

「很美，」她告訴艾夫。

她提醒艾夫電話一事，指了指他的午餐，然後溜出房間，讓他獨自一人，沒有完成園區的責任，沒有為一個鋁製電腦零件感到壓力，也沒有為下一只蘋果手錶的皮革錶帶感到煩惱。如果他還想做點什麼，就可以自由自在地做他想做的東西。沒有負擔，心平氣和。

謝詞 Acknowledgments

如果沒有蘋果公司現任與前任員工的合作，這本書不可能完成。為了記錄這段非凡的企業歷史，他們無視於公司的緘默法則文化，分享了自己如何製造出改變世界的產品的故事。我將永遠感謝他們的慷慨。

這本書的創作歷程始於一杯咖啡，以及為《華爾街日報》報導蘋果公司時對強尼・艾夫進一步了解的一個建議。在講述艾夫的故事時，該報的全球科技編輯傑森・迪恩（Jason Dean）鼓勵我的報導，指導我的寫作，更妙手讓報導文字更加犀利。

《華爾街日報》的其他編輯也曾主導作為本書基礎的蘋果公司相關報導，編輯群包括布拉德・奧爾森（Brad Olson）、史考特・奧斯汀（Scott Austin）、布拉德・雷根（Brad Reagan）、史考特・瑟姆（Scott Thurm）、傑米・海勒（Jamie Heller）、馬修・羅斯（Matthew Rose）、譚米・奧迪（Tammy Audi）、傑森・安德斯（Jason Anders）與麥特・莫里（Matt Murray），他們全都非常支持本書的寫作。

我在《華爾街日報》的第一位編輯貝茜・莫里斯（Betsy Morris）為我指出蘋果公司復興過程中的人性故事，讓我深受啟發的《門口的野蠻人》（*Barbarians at the Gate*）的作者約翰・海勒爾（John Helyar）濃縮了這個故事，並不斷提供指導。他們都是亞特蘭大一個工作大家庭的成員，其他成員還包括瓦萊麗・鮑爾萊恩（Valerie Bauerlein）、阿里安・坎波-弗洛雷斯（Arian Campo-Flores）、麥克・艾斯特爾（Mike Esterl）、貝茜・麥凱（Betsy McKay）與卡梅隆・麥克維爾特（Cameron McWhirter），這些人都是我的導師。

許多《華爾街日報》同事也都對本書工作提供了寶貴支持，包括久保田洋子（Yoko Kubota）、由佳里・凱恩（Yukari Kane）、喬・弗林特（Joe Flint）、莉茲・霍夫曼（Liz Hoffman）、吉姆・奧伯曼（Jim Oberman）與埃里希・施瓦策爾（Erich Schwartzel）。感謝我在舊金山的同事，尤其是提姆・希金斯（Tim Higgins）、亞倫・蒂爾利（Aaron Tilley）與喬治亞・威爾斯（Georgia Wells）——感謝你們。

毛羅．狄普雷塔（Mauro DiPreta）在閱讀了二〇一九年《華爾街日報》對於艾夫離職的報導後，勸誘我寫了這本書。他看到了對這家全球最大公司進行全面性記述的可能性，在認真推敲編輯之後，將這個故事變成了現實。我的經紀人——萊文格林伯格羅斯坦文學社（Levine Greenberg Rostan Literary Agency）的丹尼爾．格林伯格（Daniel Greenberg），從提案到最終定稿的整個過程持續為我提供諮詢。威廉莫羅出版社（William Morrow）的團隊將這一切結合起來，其中尤其感謝維迪卡．卡納（Vedika Khanna）與林恩．安德森（Lynn Anderson）的協助。

托馬斯．弗倫奇（Thomas French）是我的第一位讀者，偶爾是治療師，也是耐心的教練。他能在最小的細節中看到可能性，在每則軼事中看到主題的機會。如果沒有他，我真的不可能完成這本書——我認真地這麼以為。

肖恩．拉弗里（Sean Lavery）專門為我查核事實，是專家中的專家，他仔細檢查文字、核實事實、並且在複雜的情況中游刃有餘。約翰．鮑恩芬德（John Bauernfeind）是我的研究助理，他發現了有關強尼．艾夫與提姆．庫克的一些細節，這些細節開啟了重要的報導途徑。

一個全明星的支持團隊大量地接聽電話、提供編輯並讓我保持清醒。勞拉．

史蒂文斯（Laura Stevens）在四十八小時內閱讀並修改了整份草稿；艾略特．布朗（Eliot Brown）幫忙設定結構並精修手稿；賈斯汀．卡塔諾索（Justin Cataroso）協助提綱挈領；約翰．奧蘭（John Ourand）制定出建立連絡線索（whom to call）的策略；羅伯．柯普蘭（Rob Copeland）推動了我的報導。儘管這些人都才華洋溢，但他們首先是很棒的朋友。

科技產業很複雜，了解科技產業需要嚮導。我有幸得到許多人的指引，但幫助最大的絕對是約翰．馬爾科夫（John Markoff）和塔拉爾．夏蒙（Talal Shamoon）。

特別感謝和愛我的家人，謝謝他們的鼓勵，包括我的岳父母莎莉與馬克（Sally and Mark）、以及庫珀一家的珍妮佛、喬許、馬德琳與納薩尼爾（Coopers, Jennifer, Josh, Madelynn, and Nathaniel）。謝謝我的父母親瑪麗蓮與盧斯（Marilynn and Russ），謝謝他們支持我對新聞業的興趣，幫助我獲得我每日使用的技能，讓我能帶著好奇心傾聽與欣賞文字。

我最感謝的是阿曼達．貝爾（Amanda Bell），她在樂觀與絕望的雲霄飛車上坐在我身邊，最終成就了這本書。我永遠配不上她。

資訊來源說明 A Note on Sources

在蘋果公司，現任與前任員工都遵守嚴格的「緘默法則」（Omertà）。這是企業的默契。

就像發明了這個詞來保護自己的義大利黑手黨，iPhone 集團也非常團結，致力於保護其營運的祕密。員工被灌輸要為公司鞠躬盡瘁，並接受職前訓練，受到指示不可與庫比蒂諾以外的任何人討論他們的工作。

許多公司都有類似的政策。在蘋果，這種政策滲透到公司文化中。公司的結構是為了保護資訊安全。計畫被賦予代號；商業策略僅限於最高層管理人員；下屬被分割成不同的群體，限制他們對未來產品的了解；每個人都相信，保密可以防止競爭對手竊取創意並保持神祕感，幫助公司藉由媒體對其炫耀式活動的新聞報導，獲得價值數億美元的免費廣告。

該公司成員有一個共同的信念，即成功取決於保密性。員工深信，任何對媒體發言者都會對公司不利。有些曾與記者交談的人，即使在離開蘋果之後，仍會因此被同事與朋友排斥。其他人則被解僱或起訴。

這種文化讓報導蘋果公司成了一種挑戰。員工之間也盡可能互相守口如瓶。在公司不同部門工作的已婚夫婦，經常多年不與對方討論自己的工作。一對夫妻告訴我，他們一直到退休很久之後，才終於和對方談起自己的工作。他們認為這樣的談話是需要勇氣的。

筆記 Note

【序幕】

- 017 **在他眼中，模仿是出自懶惰的剽竊，而非奉承**：Kia Makarechi, "Apple's Jonathan Ive in Conversation with Vanity Fair's Graydon Carter," Vanity Fair, October 16, 2014, https://www.vanityfair.com/news/daily-news/2014/10/jony-ive-graydon-carter-new-establishment-summit.
- 017 **五十八歲的庫克**：採訪蘋果前營運主管喬．奧沙利文（Joe O'Sullivan）。

【第一章 還有一件事】

- 022 **強尼．艾夫……下定了決心**：ABC 7 Morning News, October 4, 2011; Lisa Brennan-Jobs, Small Fry；採訪多位蘋果領導高層赴賈伯斯家中，採訪從年初就開始請病假的史蒂夫．賈伯斯。
- 025 **員工將當天發布的新手機暱稱為「給史蒂夫」**：採訪蘋果前員工；Jim Carlton, Apple;

Yukari Iwatani Kane and Geoffrey A. Fowler, “Steven Paul Jobs, 1955–2011: Apple Co-founder Transformed Technology, Media, Retailing and Built One of the World’s Most Valuable Companies,” Wall Street Journal, October 6, 2011, https://www.wsj.com/articles/SB10001424052702304447804576410753210811910;macessentials, “The Lost 1984 Video: Young Steve Jobs Introduces the Macintosh,” YouTube, January 23, 2009, https://www.youtube.com/watch?v=2B-XwPjn9YY; Andrew Pollack, “Now, Sculley Goes It Alone,” New York Times, September 22, 1985。

- 028 **儘管賈伯斯並未參加當天活動前的彩排**‥noddyrulezzz, “Apple iPhone 4S—Full Keynote—Apple Special Event on 4th October 2011,” YouTube, October 6, 2011, https://www.youtube.com/watch?v=Nqol1AH_zeo; Geoffrey A. Fowler and John Letzing, “New iPhone Bows but Fails to Wow,” Wall Street Journal, October 5, 2011, https:// www.wsj.com/articles/SB10001424052970204524604576610991978907616.
- 028 **工作人員為他在演講室前面保留了一個靠走道的座位**‥Apple, “Apple Special Event, October 2011”(video), Apple Events, October 4, 2011, https://podcasts.apple.com/us/podcast/apple-special-event-october-2011/id275834665?i=1000099827893.
- 031 **第二天下午**‥“A Tough Balancing Act Remains Ahead for Apple,” New York Times, October 5, 2011, https://www.nytimes.com/2011/10/06/technology/for-apple-a-big-loss-requires-a-balancing-act.html.
- 032 **不到十五英里處**‥Jony Ive, “Jony Ive on What He Misses Most About Steve Jobs,” Wall Street Journal, October 4, 2021, https://www.wsj.com/articles/jony-ive-steve-jobs-

memories-10th-anniversary-11633354769?mod=hp_featst_pos3.

・033 **賈伯斯早已預料到未來的隱憂**・・Walter Isaacson, Steve Jobs; James B. Stewart, Disney War (New York: Simon & Schuster, 2005); Michael G. Rukstad, David Collis, and Tyrrell Levine, "The Walt Disney Company: The Entertainment King," Harvard Business School, January 5, 2009, https://www.hbs.edu/faculty/Pages/item.aspx?num=27931; Brady MacDonald, " 'The Imagineering Story': After Walt Disney's Death, Imagineering Wonders 'What Would Walt Do?,' "Orange County Register, November 4, 2019, https://www.ocregister.com/2019/11/04/the-imagineering-story-after-walt-disneys-death-imagineering-wonders-what-would-walt-do/; Christopher Bonanos, Instant: The Story of Polaroid (New York: Princeton Architectural Press, 2012); Christopher Bonanos, "Shaken like a Polaroid Picture," Slate, September 17, 2013, https://slate.com/technology/2013/09/apple-and-polaroid-a-tale-of-two-declines.html; 採訪寶麗來前廣告部執行副總裁卡爾・強生（Carl Johnson）; Chunka Mui, "What Steve Jobs Learned from Edwin Land of Polaroid," Forbes, October 26, 2011, https://www.forbes.com/sites/chunkamui/2011/10/26/what-steve-jobs-learned-from-edwin-land-of-polaroid/; John Nathan, "Sony CEO's Management Style Wasn't Made in Japan," Wall Street Journal, October 7, 1999, https://www.wsj.com/articles/SB939252647570595508; John Nathan, Sony。

・037 **賈伯斯希望蘋果能跳脫迪士尼、寶麗來與索尼的命運**・・基於與蘋果員工訪談的對話; Brian X. Chen, "Simplifying the Bull: How Picasso Helps to Teach Apple's Style," New York Times, August 10, 2014, https://www.nytimes.com/2014/08/11/technology/-insideapples-internal-training-program-.html.

- 040 **兩週後**：Wylsacom, “A Celebration of Steve’s Life (Apple, Cupertino, 10/19/2011) HD,” YouTube, https://www.youtube.com/watch?v=ApnZTL-AspQ.

【第二章　藝術家】

- 046 **員工稱之為「至聖所」**：華特．艾薩克森（Walter Isaacson）撰寫之《賈伯斯傳》（Steve Jobs）對空間的描述，並採訪蘋果員工。
- 047 **強尼．艾夫從小就想成為像他父親一樣的人**：採訪麥克．艾夫（Michael Ive）的朋友與同事有關艾夫軼事，包括約翰．查普曼（John Chapman）、理查．圖夫內爾（Richard Tuffnel）與提姆．朗利（Tim Longley）。
- 049 **在接下來的幾年裡**：John Arlidge, “Jonathan Ive Designs Tomorrow,” Time, March 17, 2014, https://time.com/jonathan-ive-apple-interview/; Rick Tetzeli, “Why Jony Ive Is Apple’s Design Genius,” Smithsonian Magazine, December 2017, https://www.smithsonianmag.com/innovation/jony-ive-apple-design-genius-180967232/; 採訪麥克．艾夫的前同事與朋友拉爾夫．塔貝爾（Ralph Tabberer）、理查．圖夫內爾、約翰．卡夫（John Cave）與內塔．卡特萊特（Netta Cartwright）：採訪強尼．艾夫同學羅布．查特菲爾德（Rob Chatfield）、史蒂芬．帕爾默（Stephen Palmer）、丹斯利（Dan Slee）; Leander Kahney, Jony Ive; Rob Waugh, “How Did a British Polytechnic Graduate Become the Design Genius Behind $200 Billion Apple?,” Daily Mail, March 19, 2013, https://www.dailymail.co.uk/home/moslive/article-1367481/Apples-Jonathan-Ive-

How-did-British-polytechnic-graduate-design-genius.html。

- 053 **艾夫在青少年時期的作品集裡**‥採訪沃爾頓高中設計老師戴夫・懷廷（Dave Whiting）；Kahney, Jony Ive; NAAIDT HMI Mike Ive presentation 2001, http://archive.naaidt.org.uk/spd/record.html?Id=29&Adv=1&All=3; 採訪麥克・艾夫前同事拉爾夫・塔貝爾。
- 055 **一九八三年，在艾夫從沃爾頓畢業之前**‥採訪倫敦羅伯茨韋弗集團（Roberts Weaver Group）總經理菲利普・葛雷（Philip Gray）；採訪新堡理工學院一九八八年畢業校友克雷格・蒙西（Craig Mounsey）；艾夫一九八九年同學史蒂夫・貝利（Steve Bailey）、肖恩・布萊爾（Sean Blair）與大衛・湯奇（David Tonge）；一九九〇年同學吉姆・道頓（Jim Dawton）；新堡學院教授約翰・艾略特（John Elliott）、鮑伯・楊（Bob Young）以及教職員工馬克・貝利（Mark Bailey）。
- 058 **新堡理工學院為艾夫提供了……課程**‥採訪諾桑比亞大學（Northumbria University，前身即為新堡理工學院）創新設計系主任馬克・貝利（Mark Bailey）、強尼・艾夫同學史蒂夫・貝利、肖恩・布萊爾與新堡學院教授約翰・艾略特、鮑伯・楊關於強尼・艾夫就讀新堡軼事。參觀新堡設計學院的斯奎爾斯大樓（Squires Building）；“Memphis Group: Awful or Awesome,” The Design Museum, https://designmuseum.org/discoverdesign/all-stories/memphis-group-awful-or-awesome; Dieter Rams, Less But Better; 肖恩・布萊爾回憶強尼・艾夫為其設計的熨斗打上「床單上的硬漢」（Tough on the sheets）標語; Nick Carson, “If It Looks Over-Designed, It’s Under-Designed,” https://www.channel4.com/ten4, reprinted at https://ncarson.files.wordpress.com/2007/01/

ten4-jonathanive.pdf。

· 060 **一九八七年，艾夫履行了對羅伯茨韋弗集團的承諾**：Luke Dormehl, The Apple Revolution; 採訪設計師克萊夫·格林耶（Clive Grinyer）、橘子設計顧問公司彼得·菲利浦斯（Peter Phillips）、吉姆·道頓、倫敦羅伯茨韋弗集團總經理菲利普·葛雷及羅伯茨韋弗集團聯合創始人巴里·韋弗（Barrie Weaver）有關強尼·艾夫在羅伯茨韋弗實習事情；採訪同學吉姆·道頓、新堡學院教授約翰·艾略特有關強尼·艾夫為新堡學院設計的助聽器；採訪安·厄夫（Ann Irving）關於強尼·艾夫設計麥金塔新外觀過程；"Q&A with Jonathan Ive," The Design Museum, October 3, 2014, https://designmuseum.org/designers/jonathan-ive; Ian Parker, "The Shape of Things to Come: How an Industrial Designer Became Apple's Greatest Product," The New Yorker, February 16, 2015, https://www.newyorker.com/magazine/2015/02/23/shape-things-come。

· 064 **為了畢業**：採訪新堡學院教授約翰·艾略特、鮑伯·楊與同學吉姆·道頓、肖恩·布萊爾、克雷格·蒙西以及大衛·湯奇；Melanie Andrews, "Jonathan Ive and the RSA's Student Design Awards," RSA, May 25, 2012, https://www.thersa.org/blog/2012/05/jonathan-ive-amp-the-rsas-student-design-awards; "Apple's Jonathan Ive in Conversation with Vanity Fair's Graydon Carter" (video), Vanity Fair, October 16, 2014, https://www.vanityfair.com/video/watch/the-new-establishment-summit-apples-jonathan-ive-in-conversation-with-vf-graydon-carter; "The First Phone Jony Ive Ever Designed" (video), Vanity Fair, October 28, 2014, https://www.youtube.com/watch?v=oF21m-6yV0U; 採訪橘子設計顧問公司克萊夫·格林耶（Clive Grinyer）；Kahney, Jony Ive; Sheryl

Garratt, "Interview: Jonathan Ive," Times Magazine, December 3, 2005。

066 • **這個為他贏得五百英鎊旅行獎金的模型**：採訪新堡理工學院校友暨費雪派克科技（Fisher & Paykel Technologies）概念與創新主管克雷格・蒙西。

066 • **艾夫得意洋洋地帶著獎金搭上飛往加州的班機**：採訪強尼・艾夫好友大衛・湯奇與新月設計（Lunar Design）共同創辦人羅伯特・布倫納（Robert Brunner）；Molly Wood, "We Love Stories About Silicon Valley Success, but What Is Its History?," Podchaser, July 10, 2019, https://www.podchaser.com/podcasts/marketplace-tech-50980/episodes/we-love-stories-about-silicon-41846275; Andrews, "Jonathan Ive and the RSA's Student Design Awards."。

068 • **艾夫重回倫敦羅伯茨韋弗集團的時間並不長**：採訪羅伯茨韋弗集團總經理菲利普・葛雷、首席合夥人巴里・韋弗；採訪橘子設計顧問公司彼得・菲利浦斯、克萊夫・格林耶、馬丁・達比斯爾及吉姆・道頓；Kahney, Jony Ive; Parker, "The Shape of Things to Come"; Waugh, "How Did a British Polytechnic Graduate Become the Genius Behind Apple Design?"; Peter Burrows, "Who Is Jonathan Ive?," Bloomberg Businessweek, September 24, 2006, https://www.bloomberg.com/news/articles/2006-09-24/who-is-jonathan-ive; "Q&A with Jonathan Ive," The Design Museum, October 3, 2014, https://designmuseum.org/designers/jonathan-ive; "The First Phone Jony Ive Ever Designed" (video), Vanity Fair, Oct. 28, 2014, https://www.youtube.com/watch?v=oF21m-6yV0U。

071 • **非常需要人推一把的艾夫**：採訪蘋果時任工業設計總監羅伯特・布倫納；採訪橘子設計顧問公司克萊夫・格林耶、彼得・菲利浦斯與馬丁・達比斯爾；採訪史蒂夫・貝利：Burrows, "Who Is Jonathan Ive?"; Parker, "The Shape of Things to Come."。

【第三章　經營家】

- 076 **有些日子，庫克會推開門**：Steven Levy, "An Oral History of Apple's Infinite Loop," Wired, September 16, 2018, https://www.wired.com/story/apple-infinite-loop-oral-history/.
- 077 **提姆・庫克從小就想過上與父親不同的生活**：Violla Young, "Tim Cook (CEO of Apple) Interview in Oxford," YouTube, July 18, 2018, https://www.youtube.com/watch?v=QPQ8qQP4zdk:「我看到我父親去上班，但他不喜歡他所做的事。他是為了家人工作……但他從不喜歡他所做的事。所以，我想找一份我喜歡的工作」。
- 077 **於一九六〇年出生**：Michael Finch II, "Tim Cook—Apple CEO and Robertsdale's Favorite Son—Still Finds Time to Return to His Baldwin County Roots," AL.com, February 24, 2014, updated January 14, 2019, https://www.al.com/live/2014/02/tim_cook_--_apple_ceo_and_robe.html.
- 078 **他父親的中間名……偏遠農村**：Joe R. Sport, History of Crenshaw County.
- 078 **庫克家族在一百多年前來到此地**：全球最大家譜網站公司Ancestry.com關於庫克先祖凱恩・多齊爾・庫克（Canie Dozier Cook，1902–1985）、丹尼爾・多齊爾・庫克（Daniel Dozier Cook，1867–1938）、亞歷山大・漢彌爾頓・庫克（Alexander Hamilton Cook，1818–1872）及威廉・庫克（William Cook，1780–1820）的研究。
- 078 **他的父親靠販賣農產品與開牛奶運輸車養家**：Ancestry.com網站一九三〇年與一九四

〇年美國聯邦人口普查紀錄。

- 078 **有一天，他會誇耀：**二〇〇九年一月十六日，提姆．庫克接受WKRG電視台黛比．威廉斯（Debbie Williams）採訪。
- 078 **當庫克終於成為蘋果公司高階主管時：**採訪阿拉巴馬州羅柏達爾居民琳達．布克（Linda Booker），她也是提姆．庫克父親唐納德．庫克一位好友的遺孀。
- 079 **庫克的父親有一種勞動者的態度：**John Underwood, "Living the Good Life," Gulf Coast Media, July 13, 2018.
- 079 **屬於中下階層的庫克一家：**"Robert Quinley Services Held"; "Bay Minette Wreck Takes Three Lives," Ancestry.com.
- 079 **唐納德說，他們之所以選擇羅柏達爾：**Finch, "Tim Cook—Apple CEO and Robertsdale's Favorite Son—Still Finds Time to Return to His Baldwin County Roots."
- 080 **兩千三百名居民中的大部分：**Jack House, "Vanity Fair to Expand Its Robertsdale Plant," Baldwin Times, October 31, 1963.
- 080 **孩子們自由自在地在社區裡活動：**採訪當地居民，包括芭芭拉．戴維斯（Barbara Davis）、庫克的英文老師菲．法里斯（Fay Farris）以及魯斯迪．奧德里奇（Rusty Aldridge），以及阿拉巴馬州《鮑德溫時報》（Baldwin Times）一九七七及一九七八年報導。
- 080 **唐納德與潔拉爾汀會去：**採訪羅柏達爾中學老師菲．法里斯、芭芭拉．戴維斯與艾迪．佩吉。
- 080 **他們偶爾會去羅柏達爾聯合循道會：**採訪提姆．庫克同學、同時也是前教友克萊姆．

貝德威爾（Clem Bedwell）。

- 081 **唐納德在那裡擔任二級助手**：Underwood, "Living the Good Life"; "Industry Wage Survey: Shipbuilding and Repairing, September 1976," Bulletin no. 1968, Bureau of Labor Statistics, U.S. Department of Labor, 1977, https://fraser.stlouisfed.org/files/docs/publications/bls/bls_1968_1977.pdf.
- 081 **庫克的雙親向他灌輸**：Homecoming, "With Tim Cook," SEC Network, September 5, 2017.
- 081 **在李氏藥局工作時，他表現出**：採訪李氏藥局藥劑師吉米．斯特普爾頓（Jimmy Stapleton）。
- 082 **他的老師把他比喻為**：採訪提姆．庫克老師菲．法里斯。
- 082 **「他是那種你無法很了解的孩子」**：採訪提姆．庫克老師艾迪．佩吉、肯．布雷特（Ken Brett）。
- 083 **一九七一年，庫克在電視上觀看了**：Homecoming, "With Tim Cook," SEC Network, September 5, 2017; Kirk McNair, "Remembering Alabama's 1971 Win over Auburn," 247sports.com, November 24, 2017, https://247sports.com/college/alabama/Board/116/Contents/As-this-year-1971-Alabama-Auburn-game-had-major-ramifications-110969031/; Creg Stephenson, "Check Out Vintage Photos from 1972 'Punt Bama Punt' Iron Bowl," AL.com, November 24, 2015, updated January 13,2019, https://www.al.com/sports/2015/11/check_out_vintage_photos_from.html.
- 083 **不到一年，庫克告訴母親**：Finch, "Tim Cook—Apple CEO and Robertsdale's Favorite

Son—Still Finds Time to Return to His Baldwin County Roots."

- 083 **這個社區是一個非公認的「日落鎮」**‥採訪羅柏達爾中學同學韋恩・艾利斯（Wayne Ellis）及其他人。
- 084 **一九六九年，當地學校**‥採訪韋恩・艾利斯、菲・法里斯和其他人。
- 084 **在就讀六或七年級時**‥Todd C. Frankel, "The Roots of Tim Cook's Activism Lie in Rural Alabama," Washington Post, March 7, 2016, https://www.washingtonpost.com/news/the-switch/wp/2016/03/07/in-rural-alabama-the-activist-roots-of-apples-tim-cook/; Matt Richtel and Brian X. Chen, "Tim Cook, Making Apple His Own," New York Times, June 15, 2014, https://www.nytimes.com/2014/06/15/technology/tim-cook-making-apple-his-own.html.
- 084 **在他成為蘋果公司執行長以後**‥Auburn University, "Tim Cook Receiving the IQLA Lifetime Achievement Award," YouTube, December 14, 2013, https://www.youtube.com/watch?v=dNEafGCf-kw.
- 084 **演講結束後**‥在《紐約時報》的評論文章〈提姆・庫克打造自己的蘋果〉（Tim Cook, Making Apple His Own）中，記者麥特・瑞克托（Matt Richtel）與布萊恩・陳（Brian X. Chen）寫道蘋果「的確證實了十字架燃燒故事的相關細節」，但報導中也指出庫克拒絕接受採訪。
- 085 **多年來，從前的同學**‥Facebook Group, Robertsdale, Past and Present, "Discussion: 'Apple's CEO Tim Cook: An Alabama Day That Forever Changed His Life,' AL.com," Facebook, June 15, 2014, https://www.facebook.com/groups/263546476993149/

permalink/863822150298909/.

‧085 **這對老朋友就沒怎麼說話了**：採訪庫克中學摯友麗莎‧絲特拉卡‧庫柏（Lisa Straka Cooper）。蘋果發言人拒絕對此發表評論。

‧086 **他在十年級學了長號以後……社交團體**：採訪麥克‧維瓦爾（Mike Vivars）與艾迪‧佩吉。

‧086 **雖然他大部分時間**：採訪同學魯斯迪‧奧德里奇、強尼‧利特爾（Johnny Little）及麗莎‧絲特拉卡‧庫柏。

‧086 **「提姆很奇怪」**：採訪庫克在阿拉巴馬州羅柏達爾中學的同學強尼‧利特爾，他比庫克小一屆。

‧086 **庫克將庫柏視為**：採訪麗莎‧絲特拉卡‧庫柏。

‧087 **作為業務經理**：採訪畢業紀念冊指導老師芭芭拉‧戴維斯。

‧088 **仍然想進入奧本大學的庫克**：Trice Brown, "Apple CEO Tim Cook Was Robertsdale High School's Salutatorian in 1978, but Whatever Happened to the Valedictorian?," Lagniappe, July 1, 2020, https://lagniappemobile.com/apple-ceo-tim-cook-was-robertsdale-high-schools-salutatorian-in-1978-but-whatever-happened-to-the-valedictorian/.

‧088 **有些人認為**："Letter About Elimination of Gays Disgusting," Auburn Plainsman, March 4, 1982, https://content.lib.auburn.edu/digital/collection/plainsman/id/2559/.

‧088 **在羅柏達爾這個小型農業社區**：採訪菲‧法里斯、芭芭拉‧戴維斯、麥克‧維瓦爾及強尼‧利特爾。

088 **這種氣氛讓庫克在居民中成了外人**：二〇一五年九月十五日，提姆．庫克現身美國脫口秀主持人史蒂芬．柯貝爾（Stephen Colbert）以諷刺時事為主軸的脫口秀節目深夜秀（The Late Show）；採訪麥克．維瓦爾、麗莎．絲特拉卡．庫柏與魯斯迪．奧德里奇。

089 **有一天在學校**：採訪菲．法里斯。

089 **庫克完成高中學業時**：採訪麥克．維瓦爾。

090 **庫克加入了一個由八位羅柏達爾畢業生組成的團體**：採訪當時同住的魯斯迪．奧德里奇。

090 **當時有個叫「漏斗熱」的喝啤酒比賽**：Auburn University yearbook, 1982, https://content.lib.auburn.edu/digital/collection/gloms1980/id/17321/.

091 **「我得說」**：Homecoming, "With Tim Cook," SEC Network, September, 5, 2017.

091 **庫克參與了**：同上。

091 **這個科系是一個很實際的選擇**：採訪菲．法里斯；奧本大學一九七八至一九八二年學費為二百至兩百四十美元。Leslie Cardé, "Tim Cook," Inside New Orleans, Summer 2019, 48–49, https://issuu.com/in_magazine/docs/1907inoweb/49; Ray Garner, "Steve Jobs' World Man," Business Alabama, November 1999, 59–60。

092 **他的同學表示**：採訪奧本大學工業暨系統工程系一九八一年畢業生潘梅拉．帕爾默（Pamela Palmer）、麥克．皮爾普斯（Mike Peeples），及一九八二年畢業生保羅．斯塔姆（Paul Stumb）。

092 **在他們的印象中……捲髮男**：採訪奧本大學工業暨系統工程系一九八二年畢業生保羅．斯塔姆。

093 **他的教授們都很欣賞**：教授勞勃．布爾芬（Robert Bulfin）說：「他（庫克）可以排除所有無用的資訊，很快找到問題的重點」。出自《庫克時代：蘋果的榮光與挑戰》（Haunted Empire: Apple After Steve Jobs），由佳里・岩谷・凱恩著，第九十八頁。

・093 **一九八二年，庫克被選入**：採訪參與榮譽社團運作的奧本大學教授薩德哈馬沙（Sa'd Hamasha）。

・093 **當他回到奧本大學**：Kit Eaton, "Tim Cook, Apple CEO, Auburn University Commencement Speech 2010," Fast Company, August 26, 2011, https://www.fastcompany.com/1776338/tim-cook-apple-ceo-auburn-university-commencement-speech-2010.

・094 **由此產生的IBM個人電腦大受歡迎**：Andrew Pollack, "Big I.B.M. Has Done It Again," New York Times, March 27, 1983, https://www.nytimes.com/1983/03/27/business/big-ibm-has-done-it-again.html.

・094 **高階主管穿著漿過的白襯衫**：Michael W. Miller, "IBM Formally Picks Gerstner to Be Chairman and CEO—RJR Executive Doesn't Have a Turnaround Plan Yet for U.S. Computer Giant," Wall Street Journal, March 29, 1993；採訪IBM前全球PC製造副總裁理查・多爾帝（Richard L. Daugherty）。

・095 **這份工作讓他置身於IBM設計生產線的最前沿**：二〇一八年六月十三日，提姆・庫克接受大衛魯班斯坦秀（The David Rubenstein Show）訪問；anunrelatedusername, "IBM Manufacturing Systems—Keyboard Assembly," YouTube, https://www.youtube.com/watch?v=mEN6Rry4ekk; Gene Bylinsky, "The Digital Factory," Fortune, November 14, 1994, https://archive.fortune.com/magazines/fortune/fortune_

archive/1994/11/14/79947/index.htm‧、採訪理查‧多爾帝。

- 095 **庫克在材料管理方面嶄露頭角**‧‧採訪理查‧多爾帝‧、John Marcom, Jr., "Slimming Down: IBM Is Automating, Simplifying Products to Beat Asian Rivals," Wall Street Journal, April 14, 1986。
- 096 **在聖誕節與新年之間**‧‧採訪理查‧多爾帝與IBM工廠經理吉恩‧阿戴索（Gene Addesso）。
- 096 **在行銷方面，他研究了**‧‧Bill Boulding, "What Tim Cook Told Me When I Became Dean of Duke University's Fuqua School of Business," Linkedin, December 10, 2015, https://www.linkedin.com/pulse/what-tim-cook-told-me-when-i-became-dean-duke-fuqua-school-boulding.
- 097 **不久之後，庫克面臨**‧‧Andrew Gumbel, "Tim Cook: Out, Proud, Apple's New Leader Steps into the Limelight," Guardian, November 1, 2014, https://www.theguardian.com/theobserver/2014/nov/02/tim-cook-apple-gay-coming-out.
- 097 **大約是在那個時期，他發現自己在問**‧‧Violla Young, "Tim Cook (CEO of Apple) Interview in Oxford."
- 098 **一九九二年，也就是四年以後**‧‧採訪前IBM經理戴夫‧布歇（Dave Boucher）。
- 098 **這家總部位於費城的公司**‧‧採訪智能電子（Intelligent Electronics）前財務主管托馬斯‧科菲（Thomas Coffey）、前總裁葛瑞格里‧普瑞特（Gregory Pratt）。
- 099 **電腦批發業務的利潤很低**‧‧採訪托馬斯‧科菲‧、Raju Nasiretti, "Extra Bites: Intelligent Electronics Made Much of Its Profit at Suppliers' Expense," Wall Street

Journal, December 6, 1994; staff reporter, "Intelligent Electronics Agrees to Settle Class-Action Suits," Wall Street Journal, February 21, 1997, https://www.wsj.com/articles/SB856485760719766500; Leslie J. Nicholson, "Intelligent Electronics Pays $10 Million to Shareholders in Lawsuit," Philadelphia Inquirer, December 2, 1997; Intelligent Electronics Inc. Form 10-Q, Exton, Pennsylvania: Intelligent Electronics, September 16, 1997, https://www.sec.gov/Archives/edgar/data/814430/0000814430-97-000027.txt。

099 **爬上企業階梯的高階主管們**：採訪前ＩＢＭ主管賴瑞・迪頓（Larry Deaton），他同時也是提姆・庫克前同事。

099 **他將向董事會報告**：Intelligent Electronics Inc., Form DEF 14A Proxy Statement, July 23, 1996, https://bit.ly/2XD4Hri.

100 **在他任職的第一年，他關閉了**：Kevin Merrill, "IE Beefs Up Memphis, Inacom Makes Addition on West Coast," Computer Reseller News, September 6, 1995.

100 **一九九六年，庫克與科菲**：採訪托馬斯・科菲。

100 **董事會決定**：Raju Narisetti, "Intelligent Electronics Sale," Wall Street Journal, July 21, 1997; Raju Narisetti, "Xerox Agrees to Buy XLConnect and Parent Intelligent Electronics," Wall Street Journal, March 6, 1998, https://www.wsj.com/articles/SB889104642954787000.

101 **最後，他說服**："Ingram Micro Will Buy Division," Wall Street Journal, May 1, 1997，採訪托馬斯・科菲。

101 **出售過程結束時**：採訪康柏電腦前全球製造及品管資深副總裁格雷格・佩奇（Greg

Petsch）。

• 102 **一九九八年初，佩奇接到**：採訪格雷格．佩奇。

• 103 **庫克停下來思考了一下**：二〇一四年九月十二日，提姆．庫克接受查理．羅斯訪談錄（The Charlie Rose Show）專訪；二〇一八年六月十三日，蘋果執行長提姆．庫克接受大衛魯班斯坦秀訪問。

• 104 **總計超過一百萬美元**：採訪延攬提姆．庫克的蘋果招募主管里克．狄瓦恩（Rick Devine）。

• 104 **「蘋果不可能給這個數字」**：採訪為史蒂夫．賈伯斯延攬提姆．庫克的招募主管里克．狄瓦恩。

【第四章　留下他】

• 108 **強尼．艾夫的Saab敞篷跑車**：採訪羅伯特．布倫納、克萊夫．格林耶。

• 108 **舊金山尚未被科技產業所吞沒**：“San Francisco in the 1990s [Decades Series],” Bay Area Television Archive, https://diva.sfsu.edu/collections/sfbatv/bundles/227905.

• 108 **它的教會區有……藝術場景**：“Look Back: Pioneers of ’90s Mission Arts Scene,” San Francisco Museum of Modern Art, https://www.sfmoma.org/read/mission-school-1990s/; Stephanie Buck, “During the First San Francisco Dot-Com Boom, Techies and Ravers Got Together to Save the World,” Quartz, August 7, 2017, https://qz.com/1045840/during-the-first-san-francisco-dot-com-boom-techies-and-ravers-got-together-to-save-the-world/.

• 108 **他不再留龐克頭**：Emma O’Kelly, “I’ve Arrived,” Design Week, December 6, 1996, https://www.designweek.co.uk/issues/5-december-1996/ive-arrived/.

- 109 **設計團隊位於一棟低矮的水泥辦公建築裡**：採訪羅伯特．布倫納。
- 109 **「它沒有提供一個使用者可以掌握的隱喻」**：Paul Kunkel, AppleDesign, 253.
- 110 **一九九三年，蘋果公司的利潤**：G. Pascal Zachary and Ken Yamada, "Apple Picks Spindler for Rough Days Ahead," Wall Street Journal, June 21, 1993.
- 110 **為了扭轉銷售下滑的局面**：採訪羅伯特．布倫納以及當時的工作室經理提姆．帕西（Tim Parsey）。
- 110 **艾夫的老闆羅伯特．布倫納**：Emma O'Kelly, "I've Arrived," Design Week, December 6, 1996, https://www.designweek.co.uk/issues/5-december-1996/ive-arrived/; John Markoff, "At Home with: Jonathan Ive: Making Computers Cute Enough to Wear," New York Times, February 5, 1998, https://www.nytimes.com/1998/02/05/garden/at-home-with-jonathan-ive-making-computers-cute-enough-to-wear.html.
- 111 **「這就是強尼」**：採訪一九九一至一九九六年期間，時任蘋果設計工作室經理的提姆．帕西。
- 112 **這台電腦以壓鑄金屬底座為特色**：TheLegacyOfApple, "Jony Ive Introduces the 20th Anniversary iMac," YouTube, May 21, 2013, https://www.youtube.com/watch?v=et6-hK-LA4A.
- 112 **李想在世界各地徵才**：採訪羅伯特．布倫納。
- 112 **它低估需求**：Jim Carlton, "Fading Shine: What's Eating Apple? Computer Maker Hits Some Serious Snags—Talk Rises About Booting Spindler as Share Falls and Laptops Catch Fire—The Search for a Power Mac," Wall Street Journal, September 21, 1995.

- 112 **執行長最終**：Jim Carlton, "Apple Ousts Spindler as Its Chief, Puts National Semi CEO at Helm, Wall Street Journal, February 2, 1996, https://www.wsj.com/articles/SB868487469994949500.
- 112 **金融分析師開始**：Jim Carlton, Apple.
- 113 **艾夫對這些負面新聞感到憤怒**：O'Kelly, "I've Arrived."
- 113 **他考慮離職**：採訪克萊夫．格林耶。O'Kelly, "I've Arrived."
- 113 **一九九七年七月的一天**：Kahney, Jony Ive.
- 114 **賈伯斯的回歸讓員工感到不安**：Isaacson, Steve Jobs; Brent Schendler and Rick Tetzeli, Becoming Steve Jobs.
- 114 「**這地方怎麼了？**」：Isaacson, Steve Jobs, 317.
- 114 **他們全都因為……而感到窘迫不安**：採訪道格．薩茨格（Doug Satzger）。
- 115 **他與開發過IBM ThinkPad的理查德．薩柏（Richard Sapper）接觸過**：Alyn Griffiths, "'Steve Jobs once wanted to hire me'—Richard Sapper," Dezeen, June 19, 2013, https://www.dezeen.com/2013/06/19/steve-jobs-once-wanted-to-hire-me-richard-sapper/.
- 115 「**留住他**」：採訪哈特穆特．艾斯林格（Hartmut Esslinger）。
- 115 **在賈伯斯造訪工作室之前**：Ian Parker, "The Shape of Things to Come: How an Industrial Designer Became Apple's Greatest Product," The New Yorker, February 16, 2015, https://www.newyorker.com/magazine/2015/02/23/shape-things-come.
- 115 **團隊已經把辦公室整理好**：採訪道格．薩茨格。
- 116 「**媽的，你的效率不高，是吧？**」：Parker, "The Shape of Things to Come."

‧116 **「我們能相互理解」**‥Isaacson, Steve Jobs, 342.

‧117 **艾夫也……許多問題**‥Karnjana Karnjanatawe, "Design Guru Says Job Is to Create Products People Love," Bangkok Post, January 27, 1999.

‧117 **他們在會議上一邊討論**‥採訪道格·薩茨格‥Leander Kahney, Jony Ive。

‧117 **艾夫很喜歡使用這種材料的想法**‥Karnjanatawe, "Design Guru Says Job Is to Create Products People Love."

‧118 **「它給人的感覺是」**‥Isaacson, Steve Jobs, 349.

‧118 **設計團隊製作了三種顏色的模型**‥Leander Kahney, Jony Ive.

‧118 **他的設計團隊開發出來的塑膠機殼**‥採訪當時在LG工作的彼得·菲利浦斯。

‧118 **這個機殼的成本是每台六十美元**‥Isaacson, Steve Jobs.

‧119 **一九九八年五月初**‥Kahney, Jony Ive.

‧120 **「這他媽的是什麼?!」**‥Isaacson, Steve Jobs, 352，採訪韋恩·古德里奇（Wayne Goodrich）。

‧120 **「史蒂夫，你在想的是」**‥採訪韋恩·古德里奇。另一個在場的人不記得艾夫曾與賈伯斯互動，但同意艾夫能安撫賈伯斯的情緒。

‧121 **蘋果公司在全球每十五秒就售出一台iMac**‥Karnjanatawe, "Design Guru Says Job Is to Create Products People Love."

‧121 **開賣當天**‥David Redhead, "Apple of Our Ive," Design Week, Autumn 1998, 36-43.

‧121 **iMac的成功很大程度上得歸功於艾夫**‥艾夫的主管—硬體工程部門主管喬恩·魯賓斯坦領導iMac的開發，為零組件與韌體做出關鍵的選擇，成功製造出這台蘋果公司史上銷售最快的電腦。

- 121 **在他的祖國**：John Ezard, "iMac Designer Who 'Touched Millions' Wins £25,000 Award," Guardian, June 3, 2003.
- 122 **接下來的三週**：Kahney, Jony Ive；採訪道格．薩茨格。
- 122 **在大多數公司，這樣的決定**：Isaacson, Steve Jobs.
- 123 **二〇〇一年初，賈伯斯將設計工作室搬到無限迴圈**：Steven Levy, "An Oral History of Apple's Infinite Loop," Wired, September, 16, 2018, https://www.wired.com/story/apple-infinite-loop-oral-history.
- 125 **「強尼和我一起想出」**：Isaacson, Steve Jobs, 342.
- 130 **Bang & Olufsen公司的一部電話機**：Austin Carr, "Apple's Inspiration for the iPod? Bang & Olufsen, Not Braun," Fast Company, November 6, 2013, https://www.fastcompany.com/3016910/apples-inspiration-for-the-ipod-bang-olufsen-not-dieter-rams.
- 130 **他們將這些材料交給**：Isaacson, Steve Jobs；托尼．法戴爾（Tony Fadell）告訴《賈伯斯傳》的傳記作者華特．艾薩克森（Walter Isaacson），艾夫被要求為產品「上一層皮」，也就是設計產品外觀。
- 130 **艾夫是在……設計概念的**：Isaacson, Steve Jobs.
- 131 **設計工作室傾向使用白色**：道格．薩茨格受訪時說：「顏色的選擇很困難。顏色會疏遠人，會讓某些人開心、某些人生氣。黑色太沈重了，白色則顯得清新、輕盈」。
- 131 **蘋果公司於二〇〇一年十月推出iPod以後**：Ron Adner, "From Walkman to iPod: What Music Teaches Us About Innovation," The Atlantic, March 5, 2012.

・132 **儘管獲得了勝利**：Kahney, Jony Ive.

・132 **「沒有人可以告訴他」**：Isaacson, Steve Jobs, 342.

・133 **設計師們表示……托瑪斯・梅爾霍夫**：採訪艾夫的設計團隊成員。該團隊的一名成員表示，梅爾霍夫在賈伯斯回歸之前就計畫要離職，一些團隊成員也試圖說服他留下。

・134 **在一次這樣的過程中**：採訪道格・薩茨格。

・134 **「英國紳士的形象」**：採訪提姆・帕西。

・136 **他們更是痴迷於自己的愛好**：Justin Housman, "Designer Rides: From Lamborghinis to Surfboards, Julian Hoenig Knows a Thing or Two About Design," Surfer, November 13, 2013, https://www.surfer.com/features/julian-hoenig/.

・137 **設計團隊的力量**：Brian Merchant, The One Device.

・138 **「想像一下數位相機的背面」**：Brent Schendler and Rick Tetzeli, Becoming Steve Jobs, 310.

・140 **一個月以後……發布了iPhone**：Jonathan Turetta, "Steve Jobs iPhone 2007 Presentation (HD)," YouTube, May 13, 2013, https://www.youtube.com/watch?v=vN4U5FqrOdQ.

・140 **多年來**：Schendler and Tetzeli, Becoming Steve Jobs, 356–57.

・141 **他在父母親……三百萬美元**：Simon Trump, "Designer of the iPod Tunes into Nature," Telegraph, May 24, 2008, https://www.telegraph.co.uk/news/uknews/2023212/Designer-of-the-iPod-tunes-into-nature.html.

・141 **他告訴老友**：採訪克萊夫・格林耶；Parker, "The Shape of Things to Come."。

・141 **二〇〇九年五月，強尼・艾夫抵達**：出自艾薩克森《賈伯斯傳》。強尼・艾夫的代理人說艾夫沒有和艾薩克森談過那個重要事件。艾薩克森沒有提供賈伯斯對此事件的回應，也沒有說明有關艾夫說法的詳細資料來源。

- 143 **艾夫先做出……評估工作**：Isaacson, Steve Jobs.
- 145 **艾夫在海瑟與雙胞胎兒子的陪伴下**：“Apple Design Chief Jonathan Ive Is Knighted” (video), BBC, May 23, 2012, https://www.bbc.com/news/uk-18171093; Yukari Kane, Haunted Empire.
- 146 **當日稍晚，艾夫脫下**：活動企劃崔西．布里斯（Tracy Breeze）接受採訪並提供照片。
- 146 **他告訴朋友**：採訪麥克．艾夫好友理查．圖夫內爾，他也是麥克．艾夫在密德薩斯理工學院（Middlesex Polytechnic）的同事。理查回憶麥克．艾夫說強尼是他最好的創作，他無比自豪，甚至得捏捏自己並想：他真的是我兒子嗎？

【第五章　堅定的決心】

- 148 **從德州搬到帕羅奧圖**：根據產權紀錄，庫克住在一間五百四十四平方英尺（約十五坪）的公寓裡。
- 148 **甫進入蘋果公司**：採訪蘋果前消費產品暨亞洲營運副總裁喬．奧沙利文，與財務長弗雷德．安德森（Fred Anderson）。
- 149 **「我看到他把人問哭了」**：採訪喬．奧沙利文。
- 150 **庫克稱庫存**：Adam Lashinsky, “Tim Cook: The Genius Behind Steve,” Fortune, November 23, 2008, https://fortune.com/2008/11/24/apple-the-genius-behind-steve/; Adam Lashinsky, Inside Apple.
- 150 **蘋果的營運團隊**：採訪喬．奧沙利文，Kane, Haunted Empire。

・152 **營運團隊對那個目標的追求**：採訪喬・奧沙利文與營運團隊的其他成員。

・153 **庫克否決了他的意見**：採訪喬・奧沙利文。

・153 **他以……來鼓舞士氣**：Kane, Haunted Empire.

・153 **一年後，他將庫存削減到兩天**：Isaacson, Steve Jobs.

・154 **在康柏公司任職期間**：採訪喬・奧沙利文與其他硬體維運人員。

・154 **郭台銘向母親借了兩千五百美元**：Jason Dean, "The Forbidden City of Terry Gou," Wall Street Journal, August 11, 2007, https://www.wsj.com/articles/SB118677584137994489.

・155 **在蘋果的要求下，富士康**：與蘋果高層進行背景訪談。

・156 **雖然他的年薪高達**：Apple Form Def 14A, March 6, 2000.

・157 **問題可能**：採訪喬・奧沙利文。

・157 **「這真的很糟糕」**：Lashinsky, "Tim Cook: The Genius Behind Steve."

・159 **有時，庫克會接到**：採訪蘋果前高階主管；Brent Schlender and Rick Tetzeli, Becoming Steve Jobs。

・159 **「他知道家庭在他的生命中有多重要」**：Schlender and Tetzeli, Becoming Steve Jobs, 393.

・161 **在飛往日本的飛機上**：Walter Isaacson, Steve Jobs.

・162 **賈伯斯預計即將推出的Nano款**：蘋果前高級主管將此確保快閃記憶體供應無虞的策略歸功於賈伯斯的遠見，當時賈伯斯要求庫克盡可能收購快閃記憶體。參見Lashinsky, "Tim Cook: The Genius Behind Steve"；"Apple Announces Long-Term Supply Agreements for Flash Memory," Apple, November 21, 2005, https://www.apple.com/newsroom/2005/11/21AppleAnnounces-Long-Term-Supply-Agreements-for-Flash-

Memory/; Leander Kahney, Tim Cook.

- 163 **這種豪華汽車製造商與鐘錶製造商使用的技術**：Leander Kahney, Jony Ive.
- 164 **庫克的副手威廉斯甚至告訴賈伯斯**：Corning Incorporated, "Apple & Corning Press Conference: Remarks from Apple COO Jeff Williams," YouTube, May 17, 2017, https://www.youtube.com/watch?v=AZgU Losw6cY.
- 164 **當時的康寧執行長溫德爾・維克斯**：Isaacson, Steve Jobs.
- 165 **在與華爾街分析師的法說會上**："Apple Inc., Q1 2009 Earnings Call," S&P Capital IQ, January 21, 2009, https://www.capitaliq.com/CIQDotNet/Transcripts/Detail.aspx?keyDevId=6156218&companyId=24937.
- 165 **上面這番話被稱為「庫克主義」**：Adam Lashinsky, "The Cook Doctrine at Apple," Fortune, January 22, 2009, https://fortune.com/2009/01/22/the-cook-doctrine-at-apple/.
- 166 **二〇一一年八月十一日**：Schlender and Tetzeli, Becoming Steve Jobs, 403–6.
- 167 **賈伯斯說，他曾研究**：z400racer37, "Apple CEO Tim Cook at D10 Full 100 Minute Video," YouTube, July 6, 2012, https://www.youtube.com/watch?v=eUAPHgiEniQ.
- 167 **這樣的選擇讓一些外界人士感到驚訝**：Walter Isaacson, Steve Jobs.
- 167 **「他一直很聰明」**：Donna Riley-Lein, "Apple No. 2 Has Local Roots," Independent, December 25, 2008.
- 167 **知道庫克是單身漢**：採訪唐娜・萊利-萊恩（Donna Riley-Lein）。
- 168 **庫克自信又風趣地指出**：z400racer37, "Apple CEO Tim Cook at D10 Full 100 Minute Video," YouTube, July 6, 2012 https://www.youtube.com/watch?v=eUAPHgiEniQ.

- 170 **但這與庫克……做法相符**：Yukari Kane, Haunted Empire.
- 170 **此一改變立即讓員工產生好感**：Jessica E. Vascellaro, "Apple in His Own Image," Wall Street Journal, November 2, 2011, https://www.wsj.com/articles/SB10001424052970204394804577012161036609728.
- 170 **並非所有人都感到放心**：Tripp Mickle, "How Tim Cook Made Apple His Own," Wall Street Journal, August 7, 2020, https://www.wsj.com/articles/tim-cook-apple-steve-jobs-trump-china-iphone-ipad-apps-smartphone-11596833902.
- 171 「**我知道我要做的**」：Homecoming, "With Tim Cook," SEC Network, September 5, 2017.
- 172 **設計師們驚恐地望著他們的新老闆**：「我們都看著他然後心想：『他不懂』」，艾夫設計團隊一位成員在接受採訪時說，「那時我們知道一切都將不同了。」

【第六章　脆弱的想法】

- 175 **他開始……然後轉過身來面對著設計師群**：蘋果設計團隊的一些成員還記得為智慧型手錶所做的努力在這一刻正式成真。其他成員則回憶起這個想法一開始成形時的文字交流，之後設計師朱利安．霍尼格（Julian Hönig）打造了手錶的初始模型。
- 175 **甲骨文公司的創辦人賴瑞．艾利森**：Charlie Rose, "Oracle CEO Larry Ellison: Google CEO Did Evil Things, Apple Is Going Down" (video), CBS News, August 13, 2013, https://www.cbsnews.com/news/oracle-ceo-larry-ellison-google-ceo-did-evil-things-apple-is-going-down/.
- 176 **這位設計師認為**：Cambridge Union, "Sir Jony Ive | 2018 Hawking Fellow | Cambridge

Union," YouTube, November 28, 2018, https://www.youtube.com/watch?v=KywJimWe_Ok.

- 177 **「它將擁有你能想像最簡單的使用者介面」**‥Walter Isaacson, Steve Jobs, 555.
- 177 **超出該公司能控制的範圍**‥參與該計畫的人士表示，蘋果在電視方面的努力未能成功是因為蘋果高層艾迪．庫伊（Eddy Cue）無法與電視網業者談妥授權合約，包括華特迪士尼公司與CBS公司‥Shalini Ramachandran and Daisuke Wakabayashi, "Apple's Hard-Charging Tactics Hurt TV Expansion," Wall Street Journal, July 28, 2016, https://www.wsj.com/articles/apples-hard-charging-tactics-hurt-tv-expansion-1469721330.
- 178 **他在學校的數學成績很好**‥Adam Satariano, Peter Burrows, and Brad Stone, "Scott Forstall, the Sorcerer's Apprentice," Bloomberg Businessweek, October 13, 2011; Computer History Museum, "CHM Live | Original iPhone Software Team Leader Scott Forstall (Part Two)," June 28, 2017, https://www.youtube.com/watch?v=IiuVggWNqSA; Code.org, "Code Break 9.0: Events with Macklemore & Scott Forstall," YouTube, May 20, 2020, https://youtu.be/-bcO-X9thds.
- 179 **兩人都進入史丹佛大學就讀**‥Computer History Museum, "CHM Live | Original iPhone Software Team Leader Scott Forstall (Part Two)."
- 179 **當電腦銷售量下滑時**‥Jim Carlton, Apple.
- 179 **招募過程**‥採訪設計招募流程的威廉．帕克赫斯特（William Parkhurst）與其他NeXT前工程師。
- 180 **福斯托的面試進行了十分鐘**‥Computer History Museum, "CHM Live | Original iPhone Software Team Leader Scott Forstall (Part Two)."

· 180 **福斯托負責NeXT用於應用程式的軟體工具**··同上。

· 180 **福斯托會在會議前一天晚上花上幾個小時**··採訪福斯托在NeXT的同事丹．葛里諾（Dan Grillo）。

· 181 **二〇〇四年，福斯托對某種腸胃病毒**··Computer History Museum, "CHM Live | Original iPhone Software Team Leader Scott Forstall (Part Two)."

· 182 **他們會定期在員工餐廳共進午餐**··同上。

· 183 **為了創造iPhone**··Satariano, Burrows, and Stone, "Scott Forstall, the Sorcerer's Apprentice."

· 183 **福斯托與法戴爾互相爭奪人才**··托尼．法戴爾於二〇〇八年離開蘋果。

· 184 **福斯托……這讓庫伊耿耿於懷**··採訪亨利．拉米羅（Henri Lamiraux），前iOS軟體工程副總裁。

· 184 **「史考特把iPhone抓得很緊」**··採訪亨利．拉米羅。

· 184 **艾夫想要**··Peter Burrows and Connie Guglielmo, "Apple Worker Said to Tell Jobs IPhone Might Cut Calls," Bloomberg, July 15, 2010, https://www.bloomberg.com/news/articles/2010-07-15/apple-engineer-said-to-have-told-jobs-last-year-about-iphone-antenna-flaw.

· 184 **賈伯斯召開記者會**··Geoffrey A. Fowler, Ian Sherr, and Niraj Sheth, "A Defiant Steve Jobs Confronts 'Antennagate,' " Wall Street Journal, July 16, 2010, https://www.wsj.com/articles/SB10001424052748704913304575371131458273498.

· 185 **艾夫的設計團隊一直痴迷於**··"An Introduction to BEZIER Curves," presentation by Apple Industrial Design to Foster + Partners, circa 2014.

- 187 **這是一個具有潛能的優勢**‥Matt Hamblen, "Android Smartphone Sales Leap to Second Place, Gartner Says," Computerworld, February 9, 2011, https://www.computerworld.com/article/2512940/android-smartphone-sales-leap-to-second-place-in-2010--gartner-says.html.
- 187 **它要讓蘋果公司建立**‥Hansen Hsu and Marc Weber, "Oral History of Kenneth Kocienda and Richard Williamson," Computer History Museum, October 12, 2017, https://archive.computerhistory.org/resources/access/text/2018/07/102740223-05-01-acc.pdf.
- 189 **威廉森找到福斯托和席勒**‥同上。
- 190 **二〇一二年四月，包車**‥Yukari Kane, Haunted Empire.
- 191 **世界上其他八十一個國家**‥Hsu and Weber, "Oral History of Kenneth Kocienda and Richard Williamson."
- 191 **該年六月……福斯托步上舞台**‥Apple, "Apple WWDC 2012 Keynote Address" (video), Apple Events, June 11, 2012, https://podcasts.apple.com/us/podcast/apple-wwdc-2012-keynote-address/id275834665?i=1000117538651.
- 192 **蘋果使用者回報說**‥Juliette Garside, "Apple Maps Service Loses Train Stations, Shrinks Tower and Creates New Airport," Guardian, September 20, 2012, https://www.theguardian.com/technology/2012/sep/20/apple-maps-ios6-station-tower.
- 192 **在都柏林，使用者發現**‥Kilian Doyle, "Apple Gives Dublin a New 'Airfield,' " Irish Times, September 20, 2012, https://www.irishtimes.com/news/apple-gives-dublin-a-new-airfield-1.737796.
- 192 **在紐約，布魯克林大橋**‥Nilay Patel, "Wrong Turn: Apple's Buggy iOS 6 Maps

"Leads to Widespread Complaints," Verge, September 20, 2012, https://www.theverge.com/2012/9/20/3363914/wrong-turn-apple-ios-6-maps-phone-5-buggy-complaints.

- 194 **庫克與蘋果的溝通團隊合作起草了一封信**：Jordan Crook, "Tim Cook Apologizes for Apple Maps, Points to Competitive Alternatives," Techcrunch, September 28, 2012, https://techcrunch.com/2012/09/28/tim-cook-apologizes-for-apple-maps-points-to-competitive-alternatives/.
- 195 **在庫克看來，福斯托明顯就是搞砸了**：二〇一四年九月十二日，提姆．庫克接受查理．羅斯訪談錄專訪。

【第七章　可能性】

- 200 **透過一面十二英尺見方的玻璃牆，觀察**：Ian Parker, "The Shape of Things to Come: How an Industrial Designer Became Apple's Greatest Product," The New Yorker, February 16, 2015, https://www.newyorker.com/magazine/2015/02/23/shape-things-come.
- 200 **這些素描本有**："Inside Apple," 60 Minutes, CBS, December 20, 2015.
- 200 **這件作品只有一百五十張**：Banksy, Monkey Queen, MyArtBroker, https://www.myartbroker.com/artist/banksy/monkey-queen-signed-print/; Banksy-Value.com, https://bit.ly/39gTqzk.
- 200 **版畫旁有一張海報**：Good Fucking Design Advice, "Classic Advice Print," gfda.co, https://gfda.co/classic/.
- 201 **賈伯斯在一九九七年回歸時**：Joel M. Podolny and Morten T. Hansen, "How Apple

Is Organized for Innovation," Harvard Business Review, November–December 2020, https://hbr.org/2020/11/how-apple-is-organized-for-innovation; Tony Fadell, "For the record, I fully believe . . . ," Twitter, October 23, 2000, https://twitter.com/tfadell/status/1319556633312268288.

- 202 **賈伯斯曾經非常推崇**‥Klaus Göttling, "Skeumorphism Is Dead, Long Live Skeumorphism," Interaction Design Foundation, https://www.interaction-design.org/literature/article/skeuomorphism-is-dead-long-live-skeuomorphism.
- 204 **蘋果公司的營運、軟體、硬體與行銷部門主管**‥舊金山瑞吉飯店透過電子郵件提供本書作者有關飯店大廳之描述。
- 208 **艾夫想要讓一位受過訓練的藝術家加入**‥Erica Blust, "Apple Creative Director Alan Dye '97 to Speak Oct. 20," Syracuse University, https://news.syr.edu/blog/2010/10/18/alan-dye/; "Alan Dye," Design Matters with Debbie Millman (podcast), June 1, 2007, https://www.designmattersmedia.com/podcast/2007/Alan-Dye; "Bad Boys of Design III," Design Matters with Debbie Millman (podcast), May 5, 2006, https://www.designmattersmedia.com/podcast/2006/Bad-Boys-of-Design-III; Debbie millman, "Adobe & AIGA SF Presents Design Matters Live w Alan Dye," YouTube, https://www.youtube.com/watch?v=gBre88MsZZo.
- 208 **iOS 7的邊角**‥"An Introduction to BEZIER Curves," presentation by Apple Industrial Design to Foster + Partners, circa 2014.
- 209 **在接下新職責的幾個月後**‥採訪出席會議的前蘋果工程師鮑伯．伯勒（Bob

Burrough）。

・212 **他們了解到，英國人將**：採訪作家暨英國格林威治皇家天文台前館長大衛・魯尼（David Rooney）；David Belcher, "Wrist Watches: From Battlefield to Fashion Accessory," New York Times, October 23, 2013, https://www.nytimes.com/2013/10/23/fashion/wrist-watches-from-battlefield-to-fashion-accessory.html; Benjamin Clymer, "Apple, Influence, and Ive," Hodinkee Magazine, vol. 2, https://www.hodinkee.com/magazine/jony-ive-apple; Esti Chazanow, "9 Types of Uncommon Mechanical Watch Complications," LIV Swiss Watches, December 21, 2019, https://p51.livwatches.com/blogs/everything-about-watches/9-types-of-uncommon-mechanical-watch-complications; Jason Heaton, "In Defense of Quartz Watches," Outside, July 17, 2019, https://www.outsideonline.com/outdoor-gear/tools/defense-quartz-watches/。

・214 **最準確的心律讀數**：Mark Sullivan, "What I Learned Working with Jony Ive's Team on the Apple Watch," Fast Company, August 15, 2016, https://www.fastcompany.com/3062576/what-i-learned-working-with-jony-ives-team-on-the-apple-watch.

・215 **他的作品多元**：Catherine Keenan, "Rocket Man: Marc Newson," Sydney Morning Herald, July 30, 2009.

・215 **紐森則較潦草**：二〇一三年十一月二十一日，強尼・艾夫與馬克・紐森（Marc Newson）接受查理・羅斯訪談錄專訪。https://charlierose.com/videos/17469。

・216 **圖面還包括**："Crown (Watchmaking)," Foundation High Horology, https://www.hautehorlogerie.org/en/watches-and-culture/encyclopaedia/glossary-of-watchmaking/.

- 216 **艾夫因為獲得一個啟示而興奮起來**：Maria Konnikova, “Where Do Eureka Moments Come From?,” The New Yorker, May 27, 2014, https://www.newyorker.com/science/maria-konnikova/where-do-eureka-moments-come-from.

【第八章　無法創新】

- 220 **在他領導這家全球市值最高公司的早期**：由聽到庫克講述此事的第一手消息來源提供資訊。蘋果對此提出質疑，聲稱消息不準確。庫克沒有針對此事做出回應。
- 221 **庫克出席了帕羅奧圖蘋果直營店的開幕儀式**：“Apple Fans Crowd New Downtown Palo Alto Store,” Palo Alto Online, October 27, 2012, https://www.paloaltoonline.com/news/2012/10/27/apple-fans-crowd-new-palo-alto-store.
- 221 **在新iPhone推出的第一個週末**：“iPhone 5 First Weekend Sales Top Five Million,” Apple, September 24, 2012, https://www.apple.com/newsroom/2012/09/24iPhone-5-First-Weekend-Sales-Top-Five-Million/; “iPhone 4S First Weekend Sales Top Four Million,” Apple, October 17, 2011, https://www.apple.com/newsroom/2011/10/17iPhone-4S-First-Weekend-Sales-Top-Four-Million/; “iPhone 4 Sales Top 1.7 Million,” Apple, June 28, 2010, https://www.apple.com/newsroom/2010/06/28iPhone-4-Sales-Top-1-7-Million/.
- 221 **這款新機型相較於前一年同期的銷售**：Matt Burns, “Apple’s Stock Price Crashes to Six Month Low and There’s No Bottom in Sight,” TechCrunch, November 15, 2012, https://techcrunch.com/2012/11/15/apples-stock-price-is-crashing-and-the-bottom-is-not-in-sight/. 根據Macrotrends網站，二〇一二年九月十八日蘋果市值為六千五百六十三億四

千萬美元，二〇一二年十一月十五日只剩下四千九百三十五億一千萬美元。

• 222 **iPhone與競爭對手的差距**：Jon Russell, "IDC: Samsung Shipped Record 63.7m Smartphones in Q4 '12," TNW, January 25, 2013, https://thenextweb.com/news/idc-samsung-shipped-record-63-7m-smartphones-in-q4-12.

• 222 **彭德爾頓與他的同事**：採訪陶德．彭德爾頓（Todd Pendleton）。Michal Lev-Ram, "Samsung's Road to Global Domination," Fortune, January 22, 2013, https://fortune.com/2013/01/22/samsungs-road-to-global-domination/. Brian X. Chen, "Samsung Saw Death of Apple's Jobs as a Time to Attack," New York Times, April 16, 2014, https://bits.blogs.nytimes.com/2014/04/16/samsung-saw-death-of-steve-jobs-as-a-time-to-attack/.

• 223 **然而蘋果表示……一切搶走**：Ina Fried, "Apple Designer: We've Been Ripped Off," All Things Digital, July 31, 2012, https://allthingsd.com/20120731/apple-designer-weve-been-ripped-off/.

• 224 **「如果有人是為了」**：採訪陶德．彭德爾頓。

• 226 **三星的廣告引起了**：Scott Peters, "Rock Center: Apple CEO Tim Cook Interview," YouTube, January 20, 2013, https://www.youtube.com/watch?v=zz1GCpqd-0A.

• 228 **他經常否定別人的想法**：Peter Burrows and Adam Satariano, "Can Phil Schiller Keep Apple Cool?," Bloomberg, June 7, 2012, https://www.bloomberg.com/news/articles/2012-06-07/can-phil-schiller-keep-apple-cool.

• 228 **科技評論人士嚴詞批評**：Sean Hollister, "Apple's New Mac Ads Are Embarrassing," Verge, July 28, 2012.

229・二〇一三年一月底：Ian Sherr and Evan Ramstad, "Has Apple Lost Its Cool to Samsung?," Wall Street Journal, January 28, 2013, https://www.wsj.com/articles/SB10001424127887323854904578264090074879024.

229・席勒將這篇文章寄到：Jay Yarrow, "Phil Schiller Exploded on Apple's Ad Agency in an Email," Business Insider, April 7, 2014, https://www.yahoo.com/news/philschiller-exploded-apples-ad-163842747.html.

232・媒體藝術實驗室在一九九七年復興了：Apple v. Samsung, U.S. District Court, Northern District of California, C-12-00630, vol. 3, 498–756, April 4, 2014.

233・蘋果公司在答覆時留了：Elise J. Bean, Financial Exposure: Carl Levin's Senate Investigations into Finance and Tax Abuse (New York: Palgrave Macmillan, 2018), e-book；採訪伊莉絲・比恩（Elise Bean）。

235・與愛爾蘭政府達成的有力協議：同上；採訪伊莉絲・比恩。

235・他認為這個稅率不合理：Offshore Profit Sharing and the U.S. Tax Code—Part 2 (Apple Inc.), Hearing Before the Permanent Subcommittee on Investigations of the Committee on Homeland Security and Government Affairs, United States Senate, May 21, 2013, https://www.govinfo.gov/content/pkg/CHRG-113shrg81657/pdf/CHRG-113shrg81657.pdf.

241・然後他坐下來，面無表情地聽著：同上，第九頁。

244・音樂流轉之間：Apple, "Apple WWDC 2013 Keynote Address" (video), Apple Events, June 10, 2013, https://podcasts.apple.com/us/podcast/apple-wwdc-2013-keynote-address/id275834665?i=1000160871947.

- 246 **「我很高興你們能喜歡這部影片」**：同上。
- 248 **《紐約時報》的大衛・伯格**：David Pogue, "Yes, There's a New iPhone. But That's Not the Big News," New York Times, September 17, 2013, https://pogue.blogs.nytimes.com/2013/09/17/yes-theres-a-new-iphone-but-thats-not-the-big-news/; Darrell Etherington, "Apple iOS 7 Review: A Major Makeover That Delivers, but Takes Some Getting Used To," TechCrunch, September 18, 2013, https://techcrunch.com/2013/09/17/ios-7-review-apple/.
- 248 **被命名為「由蘋果在加州設計」……品牌活動**：TouchGameplay, "Official Designed by Apple in California Trailer," YouTube, June 10, 2013, https://www.youtube.com/watch?v=0xD569Io7kE.
- 249 **知名網絡雜誌《頁岩》對它大肆抨擊**：Seth Stevenson, "Designed by Doofuses in California," Slate, August 26, 2013, https://slate.com/business/2013/08/designed-by-apple-in-california-ad-campaign-why-its-so-terrible.html.
- 249 **作為最初的公司併購客**：Cara Lombardo, "Carl Icahn Is Nearing Another Landmark Deal. This Time It's with His Son," Wall Street Journal, October 19, 2019, https://www.wsj.com/articles/carl-icahn-is-nearing-another-landmark-deal-this-time-its-with-his-son-11571457602；採訪卡爾・伊坎（Carl Icahn）。
- 253 **阿倫茲曾讓巴寶莉的銷售額提高了兩倍**：Jeff Chu, "Can Apple's Angela Ahrendts Spark a Retail Revolution?," Fast Company, January 6, 2014, https://www.fastcompany.com/3023591/angela-ahrendts-a-new-season-at-apple.

- 253 **「我們有成千上萬的技術人員」**‥Nicole Nguyen, "Meet the Woman Who Wants to Change the Way You Buy Your iPhone," BuzzFeed News, October 25, 2017, https://www.buzzfeednews.com/article/nicolenguyen/meet-the-woman-who-wants-to-change-the-way-you-buy-your.
- 254 **她被認為**‥Forty thousand retail employees: see Apple Inc.; Form 10-K, United States Securities and Exchange Commission, September 28, 2013, https://www.sec.gov/Archives/edgar/data/320193/000119312513416534/d590790d10k.htm.

【第九章　王冠】

- 257 **艾夫與紐森在毫無準備的狀況下加入這個計畫**‥Paul Goldberger, "Designing Men," Vanity Fair, October 10, 2013, https://www.vanityfair.com/news/business/2013/11/jony-ive-marc-newson-design-auction#~o.
- 257 **單一產品**‥同上。
- 258 **一款新相機，讓它褪去**‥二〇一三年十一月二十一日，強尼・艾夫與馬克・紐森接受查理・羅斯訪談錄專訪。https://charlierose.com/videos/17469。
- 259 **相機設計花了九個多月的時間**‥Goldberger, "Designing Men."
- 261 **在每週會議中**‥"Apple Unveils Apple Watch—Apple's Most Personal Device Ever," Apple, September 9, 2014, https://www.apple.com/newsroom/2014/09/09Apple-Unveils-Apple-Watch-Apples-Most-Personal-Device-Ever/.
- 261 **最後，他選擇了**‥Apple Watch marketing site, April 30, 2015, via Wayback Machine—

Internet Archive, https://web.archive.org/web/20150430052623/http://www.apple.com/watch/apple-watch/.

- 262 **類似的過程也發生在**‥The Apptionary, "Full March 9, 2015, Apple Keynote Apple Watch, Macbook 2015," YouTube, March 9, 2015, https://www.youtube.com/watch?v=U2wJsHWSafc; Benjamin Clymer, "Apple, Influence, and Ive," Hodinkee Magazine, vol. 2, https://www.hodinkee.com/magazine/jony-ive-apple.
- 262 **團隊對矽膠錶帶的顏色選擇也是同樣用心**‥Ariel Adams, "10 Interesting Facts about Marc Newson's Watch Design Work at Ikepod," A Blog to Watch, September 9, 2014, https://www.ablogtowatch.com/10-interesting-facts-marc-newson-watch-design-work-ikepod/.
- 263 **為了支持與擴大**‥Jim Dallke, "Inside the Small Evanston Company Whose Tech Was Acquired by Apple and Used by SpaceX," CHICAGOINNO, February 15, 2017, https://www.bizjournals.com/chicago/inno/stories/inno-insights/2017/02/15/inside-the-small-evanston-company-whose-tech-was.html; "Charlie Kuehmann, VP at SpaceX and Tesla Motors, Is Visiting Georgia Tech!," Georgia Institute of Technology, https://materials.gatech.edu/event/charlie-kuehmann-vp-spacex-and-tesla-motors-visiting-georgia-tech.
- 264 **這件工作落到了**‥Kim Peterson, "Did Apple Invent a New Gold for Its Luxury Watch?," Moneywatch, CBS News, March 10, 2015, https://www.cbsnews.com/news/did-apple-invent-a-new-gold-for-its-luxury-watch/; "Crystalline Gold Alloys with Improved Hardness," patent no. WO 2015038636A1, March 19, 2015, https://patentimages.storage.

googleapis.com/59/52/60/086e50f497e052/WO2015038636A1.pdf; Apple Videos, “Apple Watch Edition—Gold,” YouTube, August 13, 2015, https://www.youtube.com/watch?v=S-aEW0vWdT4.

- 264 **這反映出賈伯斯的哲學**··Walter Isaacson, Steve Jobs.
- 264 **就這款手錶來說**··Anick Jesdanun, “Apple Watch options: 54 combinations of case, band, size” Associated Press, April 9, 2015, https://apnews.com/0cf0112b699a407e9fcc8286946949ff.
- 266 **二〇〇四年，艾夫……散步**··Christina Passariello, “How Jony Ive Masterminded Apple’s New Headquarters,” Wall Street Journal Magazine, July 26, 2017, https://www.wsj.com/articles/how-jony-ive-masterminded-apples-new-headquarters-1501063201.
- 269 **由於手錶的原型**··David Pierce, “iPhone Killer: The Secret History of the Apple Watch,” Wired, May 1, 2015, https://www.wired.com/2015/04/the-apple-watch/.
- 270 **威廉斯被貼上這個標籤**··Apple Inc. Definitive Proxy Statement, Schedule 14A, United States Securities and Exchange Commission, January 7, 2013, https://www.sec.gov/Archives/edgar/data/0000320193/000119312513005529/d450591ddef14a.htm.
- 274 **這個東西的操作原理在於**··“Monitor Your Heart Rate with Apple Watch,” Apple, https://support.apple.com/en-us/HT204666.
- 275 **三星的影響力正在上升**··Jon Russell, “IDC: Smartphone Shipments Hit 1B for the First Time in 2013, Samsung ‘Clear Leader’ with 31% Share,” TNW, January 27, 2014, https://thenextweb.com/news/idc-smartphone-shipments-passed-1b-first-time-2013-samsung-

remains-clear-leader.

- 279 **他們想出**‥Mark Gurman, "Apple Store Revamp for Apple Watch Revealed: 'Magical' Display Tables, Demo Loops, Sales Process," 9to5Mac, March 29, 2015, https://9to5mac.com/2015/03/29/apple-store-revamp-for-apple-watch-revealed-magical-tables-demo-loops-sales-process/.
- 283 **溫圖聽得入迷極了**‥採訪安娜．溫圖（Anna Wintour）。

【第十章　交易】

- 286 **具有品牌意識的消費者**‥Ian Johnson, "China's Great Uprooting: Moving 250 Million into Cities," New York Times, June 15, 2013, https://www.nytimes.com/2013/06/16/world/asia/chinas-great-uprooting-moving-250-million-into-cities.html; Rui Zhu, "Understanding Chinese Consumers," Harvard Business Review, November 14, 2013, https://hbr.org/2013/11/understanding-chinese-consumers.
- 286 **想要獲得許可，得先……官僚機構**‥WikiLeaks, "Cablegate: Apple Iphone Facing Licensing Issues in China," Scoop Independent News, June 12, 2009, https://www.scoop.co.nz/stories/WL0906/S00516/cablegate-apple-iphone-facing-licensing-issues-in-china.htm?from-mobile=bottom-link-01.
- 287 **他與弟弟的兒子安德魯特別親近**‥Zheng Jun, "Interview with Cook: Hope That the Mainland Will Become the First Batch of New Apple Products to Be Launched," Sina Technology (translated) January 10, 2013; John Underwood, "Living the Good Life," Gulf

Coast Media, July 13, 2018, https://www.gulfcoastnewstoday.com/stories/living-the-good-life,64626.

- 287 **該公司公布了有史以來最低**．．Apple Inc., Form 10-Q for the fiscal quarter ended December 27, 2013, Securities and Exchange Commission, https://www.sec.gov/Archives/edgar/data/320193/000119312515259935/d927922d10q.htm.
- 288 **庫克在公開場合**．．"Apple Inc. Presents at Goldman Sachs Technology & Internet Conference 2013," S&P Capital IQ, February 12, 2013, https://www.capitaliq.com/CIQDotNet/Transcripts/Detail.aspx?keyDevId=227981668&companyId=24937.
- 290 **「奚先生，你現在會使用iPhone嗎？」**．．"CNBC Exclusive: CNBC Transcript: Apple CEO Tim Cook and China Mobile Chairman Xi Guohua Speak with CNBC's Eunice Yoon Today," CNBC, January 15, 2014, https://www.cnbc.com/2014/01/15/cnbc-exclusive-cnbc-transcript-apple-ceo-tim-cook-and-china-mobile-chairman-xi-guohua-speak-with-cnbcs-eunice-yoon-today.html.
- 291 **庫克與奚國華後來前往**．．"CEO Tim Cook Visits Beijing," Getty Images, January 17, 2014, https://www.gettyimages.com/detail/news-photo/tim-cook-chief-executive-officer-of-apple-inc-visits-a-news-photo/463193469; Dhara Ranasinghe, "Apple Takes a Fresh Bite into China's Market," CNBC, January 17, 2014, https://www.cnbc.com/2014/01/16/apple-takes-a-fresh-bite-into-chinas-market.html; Mark Gurman, "Apple CEO Cook Hands Out Autographed iPhones at China Mobile Launch, Says 'Great Things' Coming," 9to5Mac, January 16, 2014, https://9to5mac.com/2014/01/16/tim-cook-hands-out-

autographed-iphones-at-china-mobile-launch-says-great-things-in-product-pipeline/.

- 295 **他喜歡說**‧‧Marco della Cava, "For Iovine and Reznor, Beats Music Is 'Personal,' " USA Today, January 11, 2014, https://www.usatoday.com/story/life/music/2014/01/11/beats-music-interview-jimmy-iovine-trent-reznor/4401019/.
- 297 **高昂的成本讓庫克心疼**‧‧Tripp Mickle, "Jobs, Cook, Ive—Blevins? The Rise of Apple's Cost Cutter," Wall Street Journal, January 23, 2020, https://www.wsj.com/articles/jobs-cook-iveblevins-the-rise-of-apples-cost-cutter-11579803981.
- 298 **贏得合約的德國製造商席勒**‧‧Sydney Franklin, "How the World's Largest Curved Windows Were Forged for Apple HQ," Architizer, https://architizer.com/blog/inspiration/stories/architectural-details-apple-park-windows/.
- 298 **在隨後的幾年裡，其他建築……弧形玻璃**‧‧"Steel-and-Glass Design with Curved Glass for LACMA," Seele, https://seele.com/references/los-angeles-county-museum-of-arts-usa.
- 299 **「這個可以再小一點嗎？」**‧‧根據熟悉該計畫的相關人士說法，福斯特建築事務所（Foster + Partners）的建築師努力設法將不鏽鋼條從一英吋減少至不到半英寸。
- 300 **當時，特斯拉正打算將員工人數**‧‧Mike Ramsey, "Tesla Motors Nearly Doubled Staff in 2014," Wall Street Journal, February 27, 2015, https://www.wsj.com/articles/tesla-motors-nearly-doubled-staff-in-2014-1425072207; Daisuke Wakabayashi and Mike Ramsey, "Apple Gears Up to Challenge Tesla in Electric Cars," Wall Street Journal, February 13, 2015, https://www.wsj.com/articles/apples-titan-car-project-to-challenge-tesla-1423868072.

- 301 **產業規模最大的兩個選擇**··"2015 Global Health Care Outlook: Common Goals, Competing Priorities," Deloitte, https://www2.deloitte.com/content/dam/Deloitte/global/Documents/Life-Sciences-Health-Care/gx-lshc-2015-health-care-outlook-global.pdf; "The World's Automotive Industry," International Organizationof Motor Vehicles Manufacturers, November 29, 2006, https://www.oica.net/wp-content/uploads/2007/06/oica-depliant-final.pdf.
- 301 **他認為這些人在提出建議後**··Tom Relihan, "Steve Jobs Talks Consultants, Hiring, and Leaving Apple in Unearthed 1992 Talk," MIT Sloan School of Management, May 10, 2018, https://mitsloan.mit.edu/ideas-made-to-matter/steve-jobs-talks-consultants-hiring-and-leaving-apple-unearthed-1992-talk.
- 301 **有天晚上，庫克在下班後**··"Tim Cook," Charlie Rose, September 12, 2014, https://charlierose.com/videos/18663.
- 301 **每家公司的加入**··Ben Fritz and Tripp Mickle, "Apple's iTunes Falls Short in Battle for Video Viewers," Wall Street Journal, July 9, 2017, https://www.wsj.com/articles/apples-itunes-falls-short-in-battle-for-video-viewers-1499601601.
- 304 **德瑞曾有暴力的紀錄**··Tom Connick, "Dr. Dre Discusses History of Abuse Towards Women: 'I Was Out of My Fucking Mind,' " NME, July 11, 2017, https://www.nme.com/news/music/dr-dre-discusses-abuse-women-fucking-mind-2108142; Joe Coscarelli, "Dr. Dre Apologizes to the 'Women I've Hurt,' " New York Times, August 21, 2015, https://www.nytimes.com/2015/08/22/arts/music/dr-dre-apologizes-to-the-women-ive-hurt.html.

- 306 「**記得在電影**」‥Wall Street Journal, “Behind the Deal—The Weekend That Nearly Blew the $3 Billion Apple Beats Deal,” YouTube, July 13, 2017, https://www.youtube.com/watch?v=A0md3ok60g8.

【第十一章　盛宴】

- 310 **做出的犧牲**‥“Jony Ive: The Future of Design,” Hirshhorn Museum, November 29, 2017, podcast posted to Soundcloud.com by Fuste, https://soundcloud.com/user-175082292/jony-ive-the-future-of-design; Ian Parker, “The Shape of Things to Come: How an Industrial Designer Became Apple’s Greatest Product,” The New Yorker, February 16, 2015, https://www.newyorker.com/magazine/2015/02/23/shape-things-come.
- 310 **這個兩層樓高的帳篷**‥Justin Sullivan, “Apple Unveils iPhone 6,” Getty Images, September 9, 2014, https://www.gettyimages.com/detail/news-photo/the-new-iphone-6-is-displayed-during-an-apple-special-event-news-photo/455054182; Karl Mondon, “Final Preparations Are Made Monday Morning, September 8, 2014, for Tomorrow’s Big Apple Media Event,” Getty Images, September 8, 2014, https://www.gettyimages.in/detail/news-photo/final-preparations-are-made-monday-morning-sept-8-for-news-photo/1172329286; Karl Mondon, “Different Models of the New Apple Watch Are on Display,” Getty Images, September 9, 2014, https://www.gettyimages.com/detail/news-photo/different-models-of-the-new-apple-watch-are-on-display-for-news-photo/1172329258.
- 311 **大約三千英里外的**‥Don Emmert/AFP, “People Wait in Line on Chairs September 9,

2014 Outside the Apple Store on 5th Avenue," Getty Images, September 9, 2014, https://www.gettyimages.com/detail/news-photo/people-wait-in-line-on-chairs-september-9-2014-outside-the-news-photo/455039230.

- 311 **一位正在撰寫報導的《紐約客》雜誌記者**··Parker, "The Shape of Things to Come," The New Yorker.
- 311 **「一切都很好」**··"Apple Special Event, September 2014" (video), Apple Events, September 9, 2014, https://podcasts.apple.com/us/podcast/apple-special-event-september-2014/id275834665?i=1000430692664.
- 319 **「這表示創新依然存在」**··"Apple Watch: Will It Revolutionize the Personal Device?," Nightline, ABC, September 9, 2014, https://abcnews.go.com/Nightline/video/apple-watch-revolutionize-personal-device-25396956.
- 320 **「我仍然不確定」**··Suzy Menkes, "A First Look at the Apple Watch," Vogue, September 9, 2014, https://www.vogue.co.uk/article/suzy-menkes-apple-iwatch-review.
- 321 **為了平息騷亂**··Chris Welch, "Apple Releases One-Click Tool to Delete the U2 Album You Didn't Want," Verge, September 15, 2014, https://www.theverge.com/2014/9/15/6153165/apple-u2-songs-of-innocence-removal-tool; Robert Booth, "U2's Bono Issues Apology for Automatic Apple iTunes Download," Guardian, October 15, 2014, https://www.theguardian.com/music/2014/oct/15/u2-bono-issues-apology-for-apple-itunes-album-download.
- 322 **一大早**··Colette Paris, "Apple Watch at Colette Paris," Facebook, October 1, 2014, https://

www.facebook.com/www.colette.fr/photos/a.10152694538705266/10152694539145266.

- 323 在附近，紐森與《女裝日報》的記者：Miles Socha, "Apple Unveils Watch at Colette," Women's Wear Daily, September 30, 2014, https://wwd.com/fashion-news/fashion-scoops/apple-unveils-watch-at-colette-7959364/.
- 324 拉格斐貶斥阿萊亞：Emilia Petrarca, "Karl Lagerfeld Talks Death and His Enemies in a Wild New Interview," New York, April 13, 2018, https://www.thecut.com/2018/04/karl-lagerfeld-numero-interview-azzedine-alaia-virgil-abloh.html#_ga=2.218658718.629632365.1631210806-1193973995.1631210803; Ella Alexander, "Full of Faults," Vogue, June 23, 2011, https://www.vogue.co.uk/article/alaia-criticises-karl-lagerfeld-and-anna-wintour.
- 324 手拿著白酒的艾夫："Apple Azzedine Alaia Party with Lenny Kravitz, Marc Newson, Jonathan Ive for Apple Watch," AudreyWorldNews, November 11, 2014, http://www.audreyworldnews.com/2014/11/apple-azzedine-alaia-party.html; Vanessa Friedman, "The Star of the Show Is Strapped on a Wrist," New York Times, October 1, 2014, https://www.nytimes.com/2014/10/02/fashion/apple-watch-azzedine-alaia-paris-fashion-week.html.

【第十二章　驕傲】

- 326 在加州的他起床："Apple Inc., Q4 2014 Earnings Call, Oct 20, 2014," S&P Capital IQ, October 20, 2014, https://www.capitaliq.com/CIQDotNet/Transcripts/Detail.aspx?keyDevId=273702454&companyId=24937.

- 326 **該公司的每日銷售數字**：Apple Inc., Form 10-Q for the fiscal quarter ended December 27, 2014, United States Securities and Exchange Commission, https://www.sec.gov/Archives/edgar/data/320193/000119312515023697/d835533d10q.htm.
- 326 **平均而言……五百部**：Walt Mossberg, "The Watcher of the Apple Watch: Jeff Williams at Code 2015 (Video)," Vox, June 18, 2015, https://www.vox.com/2015/6/18/11563672/the-watcher-of-the-apple-watch-jeff-williams-at-code-2015-video.
- 326 **「人們對新iPhone的需求令人震驚」**："Apple Inc., Q4 2014 Earnings Call, Oct 20, 2014," S&P Capital IQ, October 20, 2014, https://www.capitaliq.com/CIQDotNet/Transcripts/Detail.aspx?keyDevId=273702454&companyId=24937.
- 327 **二〇一四年秋天**：Ryan Phillips, "Tim Cook, Nick Saban Among Newest Members of Alabama Academy of Honor," Birmingham Business Journal, October 27, 2014, https://www.bizjournals.com/birmingham/morning_call/2014/10/tim-cook-nick-saban-among-newest-members-of.html.
- 327 **庫克曾在二〇一三年為《華爾街日報》撰寫社論**：Tim Cook, "Workplace Equality Is Good for Business," Wall Street Journal, November 3, 2013, https://www.wsj.com/articles/SB10001424052702304527504579172302377638002.
- 328 **兩年前**：Jena McGregor, "Anderson Cooper was Tim Cook's Guide for Coming Out as Gay," Washington Post, August 15, 2016, https://www.washingtonpost.com/news/on-leadership/wp/2016/08/15/why-tim-cook-talked-with-anderson-cooper-before-publicly-coming-out-as-gay/.

- 329 **他告訴庫柏**‧‧Anderson Cooper on The Howard Stern Show, May 12, 2020, https://www.howardstern.com/show/2020/05/12/robin-quivers-struggles-turning-down-houseguests-amidst-global-pandemic/.
- 329 **庫克打電話給蒂朗吉爾**‧‧Bloomberg Surveillance, "Apple CEO Tim Cook: I'm Proud to Be Gay" (video), Bloomberg, October 30, 2014, https://www.bloomberg.com/news/videos/2014-10-30/apple-ceo-tim-cook-im-proud-to-be-gay.
- 330 **「在我整個職業生涯中」**‧‧Tim Cook, "Tim Cook Speaks Up," Bloomberg, October 30, 2014, https://www.bloomberg.com/news/articles/2014-10-30/tim-cook-speaks-up.
- 331 **二十一世紀初，美國對同性戀關係的接受度**‧‧"LGBT Rights," Gallup, https://news.gallup.com/poll/1651/gay-lesbian-rights.aspx.
- 331 **這是矽谷人長期以來的觀點**‧‧"The History of the Castro," KQED, 2009, https://www.kqed.org/w/hood/castro/castroHistory.html.
- 331 **它在一九九〇年修正招募政策**‧‧"Apple Gives Benefits to Domestic Partners," San Francisco Chronicle, July 25, 1992.
- 331 **二〇〇八年《財富》雜誌的一篇報導**‧‧Adam Lashinsky, "Tim Cook: The Genius Behind Steve," Fortune, November 23, 2008, https://fortune.com/2008/11/24/apple-the-genius-behind-steve/; Owen Thomas, "Is Apple COO Tim Cook Gay?," Gawker, November 10, 2008, https://www.gawker.com/5082473/is-apple-coo-tim-cook-gay.
- 332 **二〇一一年，《Out》雜誌**‧‧Nicholas Jackson, "To Be the Most Powerful Gay Man in Tech, Cook Needs to Come Out," The Atlantic, August 25, 2011, https://www.theatlantic.

com/technology/archive/2011/08/to-be-the-most-powerful-gay-man-in-tech-cook-needs-to-comeout/244083/.

- 332 **高客網的1篇文章**：Ryan Tate, "Tim Cook: Apple's New CEO and the Most Powerful Gay Man in America," Gawker, August 24, 2011, https://www.gawker.com/5834158/tim-cook-apples-new-ceo-and-the-most-powerful-gay-man-in-america；採訪班・凌（Ben Ling）及其友人。班・凌的朋友說班・凌從未與庫克約會過。
- 333 **他將1台iPad**：Erin Edgemon, "Apple CEO Tim Cook Criticizes Alabama for Not Offering Equality to LGBT Community," AL.com, October 27, 2014, updated January 13, 2020, https://www.al.com/news/montgomery/2014/10/apple_ceo_tim_cook_criticizes.html; WKRG, "Apple's Tim Cook Honored, Slams Alabama Education System," YouTube, November 12, 2014, https://www.youtube.com/watch?v=P6xZSCyPWmA.
- 333 **「我們都很熟悉」**：Ismail Hossain, "Apple CEO Tim Cook Speaks at Alabama Academy of Honor Induction," YouTube, January 3, 2015, https://www.youtube.com/watch?v=frpvn_0bxQs.
- 335 **1家著名的保守派新聞媒體**：Ryan Boggus, "Sims Unloads on Apple CEO for 'Swooping In' to 'Lecture Alabama on How We Should Live,' " Yellowhammer News, October 28, 2014, https://yellowhammernews.com/sims-unloads-apple-ceo-swooping-lecture-alabama-live/.
- 336 **「我本來只讓我小圈子裡的人知道這件事」**："Exclusive: Amanpour Speaks with Apple CEO Tim Cook" (video), CNN, October 25, 2018, https://www.cnn.com/videos/

business/2018/10/25/tim-cook-amanpour-full.cnn.

- 336 **它的標題為〈提姆．庫克發聲〉**：Cook, "Tim Cook Speaks Up."
- 337 **同性戀社群成員**：Marc Hurel, "Tim Cook of Apple: Being Gay in Corporate America (letter)," New York Times, October 31, 2014, https://www.nytimes.com/2014/11/01/opinion/tim-cook-of-apple-being-gay-in-corporate-america.html; James B. Stewart, "The Coming Out of Apple's Tim Cook: 'This Will Resonate,'" New York Times,October 30, 2014.

【第十三章　過時了】

- 341 **會議結束後不久**：N586GV飛行紀錄；Ian Parker, "The Shape of Things to Come," The New Yorker, February 16, 2015, https://www.newyorker.com/magazine/2015/02/23/shape-things-come.
- 341 **到二〇一五年，艾夫是搭乘著**：Parker, "The Shape of Things to Come"; Jake Holmes, "2014 Bentley Mulsanne Adds Pillows, Privacy Curtains and Wi-Fi," Motortrend, January 23, 2013, https://www.motortrend.com/news/2014-bentley-mulsanne-adds-pillows-privacy-curtains-and-wi-fi-199127/.
- 342 **「年復一年，他們讓你無法擁有」**："Cramer: Own Apple, Don't Trade It" (video), Mad Money with Jim Cramer, CNBC, January 28, 2015, https://www.cnbc.com/video/2015/01/28/cramer-own-apple-dont-trade-it.html.
- 342 **克瑞莫稱讚庫克**："Cook Calls Cramer: Happy 10th Anniversary!" (video), Mad Money with Jim Cramer, CNBC, March 12, 2015, https://www.cnbc.com/video/2015/03/12/cook-

calls-cramer-happy-10th-anniversary.html.

- 344 在一篇題為〈這個皇帝需要新衣〉的報導中：Vanessa Friedman, “This Emperor Needs New Clothes,” New York Times, October 15, 2014, https://www.nytimes.com/2014/10/16/fashion/for-tim-cook-of-apple-the-fashion-of-no-fashion.html.
- 344 相形之下，艾夫……抵達會場：Parker, “The Shape of Things to Come.”
- 345 「現在，我們有更多理由」：“Apple Special Event, March 2015” (video), Apple Events, March 9, 2015, https://podcasts.apple.com/us/podcast/apple-special-event-march-2015/id275834665?i=1000430692662.
- 346 鋁製運動款：Press Release, “Apple Watch Available in Nine Countries on April 24,” Apple, March 9, 2015, https://www.apple.com/newsroom/2015/03/09Apple-Watch-Available-in-Nine-Countries-on-April-24/.
- 346 該公司之前的新產品：Apple Inc., 2011 Form 10-K for the year ended September 24, 2011, (filed October 26, 2011), p. 30, SEC, https://www.sec.gov/Archives/edgar/data/320193/000119312511282113/d220209d10k.htm.
- 346 在全國廣播公司商業頻道，主播群詢問：Jay Yarow, “There’s ‘Lackluster Interest’ in Apple Watch, Says UBS,” Business Insider, May 1, 2015, https://www.businessinsider.com/ubs-on-the-apple-watch-2015-5; “Can Apple Watch Move the Needle?” (video), CNBC, March 13, 2015, https://www.cnbc.com/video/2015/03/10/can-apple-watch-move-the-needle.html.
- 348 工資大約是每小時兩美元：Karen Turner, “As Apple’s Profits Decline, iPhone Factory

Workers Suffer, a New Report Claims," Washington Post, September 1, 2016, https://www.washingtonpost.com/news/the-switch/wp/2016/09/01/as-apples-profits-decline-iphone-factory-workers-suffer-a-new-report-claims/.

• 348 **在組裝過程的後期**··Daisuke Wakabayashi and Lorraine Luk, "Apple Watch: Faulty Taptic Engine Slows Rollout," Wall Street Journal, April 29, 2015, https://www.wsj.com/articles/apple-watch-faulty-taptic-engine-slows-roll-out-1430339460.

• 350 **在無限迴圈園區**··採訪從瑞士豪華名錶品牌Tag Heuer（豪雅錶）被挖角至蘋果的派翠克·普魯尼奧克斯（Patrick Pruniaux），他在蘋果隸屬於保羅·德內夫團隊。

• 351 **他在……黑色緞面領帶**··Alan F. "Rich and Famous in Milan Get Free Apple Watch," PhoneArena.com, April 17, 2015, https://www.phonearena.com/news/Rich-and-famous-in-Milan-get-free-Apple-Watch-Apple-Watch-Band-and-more_id68390.

• 351 **艾夫與義大利社會與設計界名流飲宴著**··Nick Compton, "Road-Testing the Apple Watch at Salone del Mobile 2015," Wallpaper, April 13, 2015, https://www.wallpaper.com/watches-and-jewellery/the-big-reveal-road-testing-the-apple-watch-at-salone-del-mobile-2015.

• 352 **兩位設計師在台上就座後不久**··Micah Singleton, "Jony Ive: It's Not Our Intent to Compete with Luxury Goods" (video), Verge, April 24, 2015, https://www.theverge.com/2015/4/24/8491265/jony-ive-interview-apple-watch-luxury-goods; Scarlett Kilcooley-O'Halloran, "Apple Explains Its Grand Plan to Suzy Menkes" (video), Vogue, April 22, 2015, http://web.archive.org/web/20150425201744/https://www.vogue.co.uk/

news/2015/04/22/the-new-luxury-landscape.

- 353 **而做出iPad**‧‧Imran Chaudhri, “So the Real Story Is That Steve’s Brief,” Twitter, December 16, 2019, https://twitter.com/imranchaudhri/status/1206785636855758855?lang=en.
- 354 **在美國**‧‧Associated Press, “Shoppers Get to Know Apple Watch on First Day of Sales,” CTV News, April 10, 2015, https://www.ctvnews.ca/sci-tech/shoppers-get-to-know-apple-watch-on-first-day-of-sales-1.2320387.
- 355 **然而，店外的隊伍**‧‧Tim Higgins, Jing Ceo, and Amy Thomson, “Apple Watch Debut Marks a New Retail Strategy for Apple,” Bloomberg, April 24, 2015, https://www.bloomberg.com/news/articles/2015-04-24/apple-watch-debut-marks-a-new-retail-strategy-for-apple.
- 355 **「這兩款錶都不給人精品錶的感覺」**‧‧Sam Byford, Amar Toor, and Tom Warren, “We Went Shopping for an Apple Watch in Tokyo, Paris, and London,” Verge, April 10, 2015, https://www.theverge.com/2015/4/10/8380993/apple-watch-tokyo-paris-london-shopping.
- 355 **這是對艾夫設計……的第一個**‧‧Nilay Patel, “Apple Watch Review,” Verge, April 8, 2015, https://www.theverge.com/a/apple-watch-review; Nicole Phelps, “Apple Watch: A Nine-Day Road Test,” Vogue, April 8, 2015, https://www.vogue.com/article/apple-watch-test-drive.
- 356 **最能體現這些人的觀點**‧‧Joshua Topolsky, “Apple Watch Review: You’ll Want One, but You Don’t Need One,” Bloomberg, April 8, 2015, https://www.bloomberg.com/news/features/2015-04-08/apple-watch-review-you-ll-want-one-but-you-don-t-need-one.

- 357 **消費者的冷漠讓**‥Jay Yarow, "There's 'Lackluster Interest' in Apple Watch, Says UBS," Business Insider, May 1, 2015, https://www.businessinsider.com/ubs-on-the-apple-watch-2015-5; sfgoldberg, "Long Sync Times, Delayed Notifications, and Other Issues—Explained!," Apple, May 12, 2015, https://discussions.apple.com/thread/7039051.
- 357 **他們警告庫克**‥採訪派翠克．普魯尼奧克斯。
- 359 **他病了**‥Parker, "The Shape of Things to Come."
- 360 **有些觀察家推測**‥"Fortune 500," Fortune, 2015, https://fortune.com/fortune500/2015/search/.
- 361 **在這個變動之前**‥Stephen Fry, "When Stephen Fry Met Jony Ive: The Self-Confessed Tech Geek Talks to Apple's Newly Promoted Chief Design Officer," Telegraph, May 26, 2015, https://www.telegraph.co.uk/technology/apple/11628710/When-Stephen-Fry-met-Jony-Ive-the-self-confessed-fanboi-meets-Apples-newly-promoted-chief-design-officer.html.

【第十四章　熔合】

- 366 **iPhone業務**‥Apple Inc., 2015 Form 10-K for the year ended September 26, 2015, (filed October 28, 2011), p. 30, SEC, https://www.sec.gov/Archives/edgar/data/320193/000119312515356351/d17062d10k.htm.
- 366 **最引人注意……的新聞報導**‥Daisuke Wakabayashi and Mike Ramsey, "Apple Gears Up to Challenge Tesla in Electric Cars," Wall Street Journal, February 13, 2015, https://www.wsj.com/articles/apples-titan-car-project-to-challenge-tesla-1423868072; Tim Bradshaw

and Andy Sharman, “Apple Hiring Automotive Experts to Work in Secret Research Lab,” Financial Times, February 13, 2015, https://www.ft.com/content/84906352-b3a5-11e4-9449-00144feab7de.

- 367 **這個傳統可以回溯到**：Nik Rawlinson, “History of Apple: The Story of Steve Jobs and the Company He Founded,” Macworld, April 25, 2017, https://www.macworld.co.uk/feature/history-of-apple-steve-jobs-mac-3606104/.
- 368 **蘋果公司消費者應用副總裁暨iTunes主工程師傑夫・羅賓**：Evan Minsker, “Trent Reznor Talks Apple Music: What His Involvement Is, What Sets It Apart,” Pitchfork, July 1, 2015, https://pitchfork.com/news/60190-trent-reznor-talks-apple-music-what-his-involvement-is-what-sets-it-apart/.
- 369 **這個數字……增加了一百倍**：Todd Wasserman, “Report: Beats Music Had Only 111,000 Subscribers in March,” Mashable, May 13, 2014.
- 372 **談判遭受挑戰**：Josh Duboff, “Taylor Swift: Apple Crusader, #GirlSquad Captain, and the Most Influential 25-Year-Old in America,” Vanity Fair, August 11, 2015, https://www.vanityfair.com/style/2015/08/taylor-swift-cover-mario-testino-apple-music.
- 373 **庫克在信徒面前**：Apple, “Apple—WWDC 2015,” YouTube, June 15, 2015, https://www.youtube.com/watch?v=_p8AsQhaVKI.
- 373 **十年前**：“Steve Jobs to Kick Off Apple’s Worldwide Developers Conference 2003,” Apple, May 8, 2003, https://www.apple.com/newsroom/2003/05/08Steve-Jobs-to-Kick-Off-Apples-Worldwide-Developers-Conference-2003/; “Apple Launches the iTunes Music

"Store," Apple, April 28, 2003, https://www.apple.com/newsroom/2003/04/28Apple-Launches-the-iTunes-Music-Store/; Apple Novinky, "Steve Jobs Introduces iTunes Music Store—Apple Special Event 2003," YouTube, April 3, 2018, https://www.youtube.com/watch?v=NF9o46zK5Jo.

- 375 **流行歌手泰勒絲**：Duboff, "Taylor Swift: Apple Crusader, #GirlSquad Captain, and the Most Influential 25-Year-Old in America"；採訪史考特・波切塔（Scott Borchetta）。
- 376 **致蘋果公司，愛你的泰勒絲**：Peter Helman, "Read Taylor Swift's Open Letter to Apple Music," Stereogum, June 21, 2015, https://www.stereogum.com/1810310/read-taylor-swifts-open-letter-to-apple-music/news/.
- 376 **那個父親節的早晨**："HBO's Richard Plepler and Jimmy Iovine on Dreaming and Streaming—FULL CONVERSATION," Vanity Fair, October 8, 2015, https://www.vanityfair.com/video/watch/hbo-richard-plepler-jimmy-iovine-dreaming-streaming.
- 377 **泰勒絲隸屬於**：Duboff, "Taylor Swift: Apple Cru- sader, #GirlSquad Captain, and the Most Influential 25-Year-Old in America"; Fortune Magazine, "How Technology Is Changing the Music Industry," YouTube, July 17, 2015, https://www.youtube.com/watch?v=5ZdVA-deYE.
- 377 **「這是什麼？」**：採訪史考特・波切塔。
- 377 **「這是在扯後腿」**：Jim Famurewa, "Jimmy Iovine Interview: Producer Talks Apple Music, Zane Lowe, and Taylor Swift's Wrath," Evening Standard, August 6, 2015, https://www.standard.co.uk/tech/jimmy-iovine-interview-producer-talks-apple-music-zane-lowe-

and-taylor-swift-s-wrath-10442663.html.

- 378 **「好消息是」**：Fortune Magazine, "How Technology Is Changing the Music Industry"; 採訪史考特．波切塔。
- 378 **「怎麼樣才是正確的費率？」**：採訪史考特．波切塔。
- 378 **當時，Spotify付給**：Tim Ingham, "Pandora: Our $0.001 per Stream Payout Is 'Very Fair' on Artists. And Besides, Now We Can Help Them Sell Tickets," MusicBusiness Worldwide, February 22, 2015, https://www.musicbusinessworldwide.com/pandora-our-0-001-per-stream-payout-is-very-fair/.
- 379 **「泰勒，」庫伊說**：採訪史考特．波切塔。
- 379 **後來也與波切塔的大機器唱片集團簽約**：Anne Steele, "Apple Music Reveals How Much It Pays When You Stream a Song," Wall Street Journal, April 16, 2021, https://www.wsj.com/articles/apple-music-reveals-how-much-it-pays-when-you-stream-a-song-11618579800.
- 379 **「人們認為這好得不能再好」**：採訪史考特．波切塔。
- 381 **里喬的團隊又開始行動起來**：Taylor Soper, "Amazon Echo Sales Reach 5M in Two Years, Research Firm Says, as Google Competitor Enters Market," GeekWire, November 21, 2016, https://www.geekwire.com/2016/amazon-echo-sales-reach-5m-two-years-research-firm-says-google-competitor-enters-market/.
- 382 **他們開發的這個系統**：Sean Hollister, "Microsoft Releases Xbox One Cheat Sheet: Here's What You Can Tell Kinect to Do," Verge, November 25, 2013, https://www.

theverge.com/2013/11/25/5146066/microsoft-releases-xbox-one-cheat-sheet-heres-what-you-can-tell; Liz Gaines, "Apple Aiming at PrimeSense Acquisition, but Deal Is Not Yet Done," All Things D, November 17, 2013, https://allthingsd.com/20131117/apple-aiming-at-primesense-acquisition-but-deal-is-not-yet-done.

- 382 **價差將抵消價格較高的零組件**‧‧Linda Sui, "Apple iPhone Shipments by Model: Q2 2007 to Q2 2018," Strategy Analytics, February 11, 2019, https://www.strategyanalytics.com/access-services/devices/mobile -phones/handset-country-share/market-data/report-detail/apple-iphone-shipments-by-model-q2-2007-to-q4-2018.
- 383 **《華爾街日報》**‧‧Joanna Stern, "Apple Music Review: Behind a Messy Interface Is Music's Next Big Leap," Wall Street Journal, July 7, 2015, https://www.wsj.com/articles/apple-music-review-behind-a-messy-interface-is-musics-next-big-leap-1436300486; Brian X. Chen, "Apple Music Is Strong on Design, Weak on Networking," New York Times, July 1, 2015, https://www.nytimes.com/2015/07/02/technology/personaltech/apple-music-is-strong-on-design-weak-on-social-networking.html; Micah Singleton, "Apple Music Review," Verge, July 8, 2015, https://www.theverge.com/2015/7/8/8911731/apple-music-review; Walt Mossberg, "Apple Music First Look: Rich, Robust—but Confusing," Recode, June 30, 2015, https://www.vox.com/2015/6/30/11563978/apple-music-first-look-rich-fluid-but-somewhat-confusing.
- 383 **它讓這個應用程式看來比其他同類程式更忙**‧‧Susie Ochs, "Turning Off Connect Makes Apple Music Better," Macworld, July 1, 2015, https://www.macworld.com/article/225829/

turning-off-connect-makes-apple-music-better.html.

- 384 它在六個月內達到一千萬付費使用者：Matthew Garrahan and Tim Bradshaw, "Apple's Music Streaming Subscribers Top 10M," Financial Times, January 10, 2016, https://www.ft.com/content/742955d2-b79b-11e5-bf7e-8a339b6f2164.

【第十五章　會計師】

- 386 賈伯斯一家一直使用：Walter Isaacson, Steve Jobs.
- 386 賈伯斯花了一年多的時間：Walter Isaacson, Steve Jobs, 366.
- 386 對於曾為飛機內裝設計提供意見的艾夫來說：Brad Stone and Adam Satariano, "Tim Cook Interview: The iPhone 6, the Apple Watch, and Remaking a Company's Culture," Bloomberg, September 18, 2014, https://www.bloomberg.com/news/articles/2014-09-18/tim-cook-interview-the-iphone-6-the-apple-watch-and-being-nice.
- 389 年輕時，他曾與父親一起修復：Buster Hein, "These Are the Fabulous Rides of Sir Jony Ive," Cult of Mac, February 27, 2014, https://www.cultofmac.com/254380/jony-ives-cars/.
- 389 他的願景與……觀點不同：Daisuke Wakabayashi, "Apple Scales Back Its Ambitions for a Self-Driving Car," New York Times, August 22, 2017, https://www.nytimes.com/2017/08/22/technology/apple-self-driving-car.html.
- 389 在爭論逐漸升溫之際：Jack Nicas, "Apple, Spurned by Others, Signs Deal with Volkswagen for Driverless Car," New York Times, May 23, 2018, https://www.nytimes.com/2018/05/23/technology/apple-bmw-mercedes-volkswagen-driverless-cars.html.

- 391 **在車外，一名演員扮演Siri**：Aaron Tilley and Wayne Ma, "Before Departure, Apple's Ive Faded from View," The Information, June 27, 2019, https://www.theinformation.com/articles/before-departure-apples-jony-ive-faded-from-view.
- 392 **為了劇院的座椅**：Foster + Partners, "The Steve Jobs Theater at Apple Park," fosterandpartners.com, September 15, 2017, https://www.fosterandpartners.com/news/archive/2017/09/the-steve-jobs-theater-at-apple-park/; Gordon Sorlini, "Full Leather Trim," The Official Ferrari Magazine, March 29, 2021, https://www.ferrari.com/en-GM/magazine/articles/full-leather-trim-poltrona-frau-dashboards; Seung Lee, "Apple's New Steve Jobs Theater Is Expected to Be a Major Reveal of Its Own," Mercury News, September 11, 2017, https://www.mercurynews.com/2017/09/11/apples-new-steve-jobs-theater-is-expected-to-be-a-major-reveal-of-its-own/.
- 394 **傑西・傑克遜牧師**：Dawn Chmielewski, "Rev. Jesse Jackson Lauds Apple's Diversity Efforts, but Says March Not Over," Recode, March 10, 2015, https://www.vox.com/2015/3/10/11560038/rev-jesse-jackson-lauds-apples-diversity-efforts-but-says-march-not.
- 397 **這部電影改編自**：Stephen Galloway, "A Widow's Threats, High-Powered Spats and the Sony Hack: The Strange Saga of 'Steve Jobs,' " Hollywood Reporter, October 7, 2015, https://www.hollywoodreporter.com/movies/movie-features/a-widows-threats-high-powered-829925/.
- 397 **就在賈伯斯逝世一週年後的幾天**："Jony Ive, J. J. Abrams, and Brian Grazer on Inventing Worlds in a Changing One—FULL CONVERSATION" (video), Vanity Fair,

October 9, 2015, https://www.vanityfair.com/video/watch/the-new-establishment-summit-jony-ive-j-j-abrams-and-brian-grazer-on-inventing-worlds-in-a-changing-one-2015-10-09.

- 397 **艾夫告訴《紐約客》**：Ian Parker, "The Shape of Things to Come: How an Industrial Designer Became Apple's Greatest Product," The New Yorker, February 16, 2015, https://www.newyorker.com/magazine/2015/02/23/shape-things-come.
- 399 **安德魯・博爾頓認為**：採訪安德魯・博爾頓；Guy Trebay, "At the Met, Andrew Bolton Is the Storyteller in Chief," New York Times, April 29, 2015, https://www.nytimes.com/2015/04/30/fashion/mens-style/at-the-met-andrew-bolton-is-the-storyteller-in-chief.html.
- 400 **這名模特兒看起來**：Christina Binkley, "Karl Lagerfeld Runway Show Features Pregnant Model in Neoprene Gown," Wall Street Journal, July 9, 2014, https://www.wsj.com/articles/BL-SEB-82150.
- 400 **她打電話給艾夫，詢問**：採訪安娜・溫圖。
- 400 **他向庫克提出**：採訪安娜・溫圖；Maghan Mc-Dowell, "Yahoo's $3 Million Met Ball Sponsorship Comes Under Fire," Women's Wear Daily, December 16, 2015, https://wwd.com/fashion-news/fashion-scoops/yahoos-3-million-met-ball-sponsorship-comes-under-fire-10299361/.
- 401 **這個合作關係是在巴黎共進午餐時誕生的**：Christina Passariello, "Apple's First Foray into Luxury with Herm.s Watch Breaks Tradition," Wall Street Journal, September 11, 2015, https://www.wsj.com/articles/apple-breaks-traditions-with-first-foray-into-luxury-1441944061；採訪安德魯・博爾頓。

【第十六章　安全性】

- 406　二〇一六年十二月的一個清晨．．Rick Braziel, Frank Straub, George Watson, and Rod Hoops, Bringing Calm to Chaos: A Critical Incident Review of the San Bernardino Public Safety Response to the December 2, 2015, Terrorist Shooting Incident at the Inland Regional Center, Office of Community Oriented Policing Services, U.S. Department of Justice, 2016, https://www.justice.gov/usao-cdca/file/891996/download.
- 409　雖然蘋果公司不會解鎖．．Apple, “Legal Process Guidelines: Government & Law Enforcement Within the United States,” https://www.apple.com/legal/privacy/law-enforcement-guidelines-us.pdf.
- 409　聯邦調查局進入．．Lev Grossman, “Inside Apple CEO Tim Cook’s Fight with the FBI,” Time, March 17, 2016, https://time.com/4262480/tim-cook-apple-fbi-2/; The Encryption Tightrope: Balancing Americans’ Security and Privacy, Hearing Before the Committee on the Judiciary, House of Representatives, March 1, 2016, https://docs.house.gov/meetings/JU/JU00/20160301/104573/HHRG-114-JU00-Transcript-20160301.pdf.
- 409　它還發現．．Kim Zetter, “New Documents Solve a Few Mysteries in the Apple-FBI Saga,” Wired, March 11, 2016, https://www.wired.com/2016/03/new-documents-solve-mysteries-apple-fbi-saga/.
- 410　一月初．．John Shinal, “War on Terror Comes to Silicon Valley,” USA Today, February 25, 2016, https://www.usatoday.com/story/tech/columnist/2016/02/25/war-terror-comes-silicon-valley/80918106/.

- 410 **歐巴馬政府代表**．．Ellen Nakashima, “Obama’s Top National Security Officials to Meet with Silicon Valley CEOs,” Washington Post, January 7, 2016, https://www.washingtonpost.com/world/national-security/obamas-top-national-security-officials-to-meet-with-silicon-valley-ceos/2016/01/07/178d95ca-b586-11e5 -a842-0feb51d1d124_story.html.
- 410 **政府與科技巨頭之間的關係**．．Glenn Greenwald, “NSA Prism Program Taps In to User Data of Apple, Google and Others,” Guardian, June 7, 2013, https://www.theguardian.com/world/2013/jun/06/us-tech-giants-nsa-data.
- 410 **他呼籲政府**．．Jena McLaughlin, “Apple’s Tim Cook Lashes Out at White House Officials for Being Wishy-Washy on Encryption,” The Intercept, January 12, 2016, https://theintercept.com/2016/01/12/apples-tim-cook-lashes-out-at-white-house-officials-for-being-wishy-washy-on-encryption/.
- 411 **柯米詳細說明了政府的立場**．．Daisuke Wakabayashi and Devlin Barrett, “Apple, FBI Wage War of Words,” Wall Street Journal, February 22, 2016, https://www.wsj.com/articles/apple-fbi-wage-war-of-words-1456188800.
- 412 **「柯米局長，如果……有何風險？」**．．Current and Projected National Security Threats to the United States, Hearing Before the Select Committee on Intelligence of the United States Senate, February 9, 2016, https://www.govinfo.gov/content/pkg/CHRG-114shrg20544/pdf/CHRG-114shrg20544.pdf, 43–44; C-SPAN, “Global Threats” (video), c-span.org, February 9, 2016, https://www.c-span.org/video/?404387-1/hearing-global-terrorism-threats.
- 412 **報紙記者與新聞主播**．．Dustin Volz and Mark Hosenball, “FBI Director Says Investigators

Unable to Unlock San Bernardino Killer's Phone Content," Reuters, February 9, 2016, https://www.reuters.com/article/california-shooting-encryption/fbi-director-says-investigators-unable-to-unlock-san-bernardino-killers-phone-content-idUSL2N15O246.

· 413 **他們根據……起草了一份法庭判令申請書**‥Orin Kerr, "Opinion: Preliminary Thoughts on the Apple iPhone Order in the San Bernardino Case: Part 2, the All Writs Act," Washington Post, February 19, 2016, https://www.washingtonpost.com/news/volokh-conspiracy/wp/2016/02/19/preliminary-thoughts-on-the-apple-iphone-order-in-the-san-bernardino-case-part-2-the-all-writs-act/; Alison Frankel, "How a N.Y. Judge Inspired Apple's Encryption Fight: Frankel," Reuters, February 17, 2016, https://www.reuters.com/article/apple-encryption-column/refile-how-a-n-y-judge-inspired-apples-encryption-fight-frankel-idUSL2N15W2HZ.

· 413 **二月十六日**‥Attorneys for the Applicant United States of America. In the Matter of the Search of an Apple iPhone Seized During the Execution of a Search Warrant on a Black Lexus IS300, California License Plate 35KGD203, ED No. 15-0451M, Government's Ex Parte Application, U.S. District Court, Central District of California, February 16, 2016, https://www.justice.gov/usao-cdca/page/file/1066141/download.

· 415 **此舉將**‥Issie Lapowsky, "Apple Takes a Swipe at Google in Open Letter on Privacy," Wired, September 18, 2014, https://www.wired.com/2014/09/apple-privacy-policy/.

· 416 **費德里吉剖析了聯邦調查局的要求**‥Attorneys for Apple Inc. Apple Inc's Motion to Vacate Order Compelling Apple Inc to Assist Agents in Search and Opposition to

Government's Motion to Compel Assistance, ED No. CM 16-10 (SP), United States District Court, the Central District of California, Eastern Division, March 22, 2016, https://epic.org/amicus/crypto/apple/In-re-Apple-Motion-to-Vacate.pdf.

・418 **它也成了總統競選的話題**‥Scott Bixby, "Trump Calls for Apple Boycott amid FBI Feud—Then Sends Tweets from iPhone," Guardian, February 19, 2016, https://www.theguardian.com/us-news/2016/feb/19/donald-trump-apple-boycott-fbi-san-bernardino.

・418 **輿論分歧**‥Devlin Barrett, "Americans Divided over Apple's Phone Privacy Fight, WSJ/NBC Poll Shows," Wall Street Journal, March 9, 2016, https://www.wsj.com/articles/americans-divided-over-apples-phone-privacy-fight-wsj-nbc-poll-shows-1457499601.

・418 **二月二十五日，信發出一週後**‥ABC News, "Exclusive: Apple CEO Tim Cook Sits down with David Muir (Extended Interview)," YouTube, February 25, 2016, https://www.youtube.com/watch?v=tGqLTFv7v7c.

・421 **司法部加大了**‥Eric Lichtblau and Matt Apuzzo, "Justice Department Calls Apple's Refusal to Unlock iPhone a 'Marketing Strategy,' " New York Times, February 19, 2016, https://www.nytimes.com/2016/02/20/business/justice-department-calls-apples-refusal-to-unlock-iphone-a-marketing-strategy.html.

・421 **它指出，庫克最近的公開信**‥Matthew Panzarino, "Apple's Tim Cook Delivers Blistering Speech on Encryption, Privacy," Tech-Crunch, June 2, 2015, https://techcrunch.com/2015/06/02/apples-tim-cook-delivers-blistering-speech-on-encryption-privacy/.

・422 **但是在中國**‥Jack Nicas, Raymond Zhong, and Daisuke Wakabayashi, "Censorship,

Surveillance and Profits: A Hard Bargain for Apple in China," New York Times, May 17, 2021, https://www.nytimes.com/2021/05/17/technology/apple-china-censorship-data.html; Reed Albergotti, "Apple Puts CEO Tim Cook on the Stand to Fight the Maker of 'Fortnite,'"Washington Post, May 21, 2021, https://www.washingtonpost.com/technology/2021/05/21/apple-tim-cook-epic-fortnite-trial/.

• 422 **「每次聽到這個問題」**：眾議院司法委員會聽證會，〈加密走鋼絲：平衡美國人的安全和隱私〉（The Encryption Tightrope: Balancing Americans' Security and Privacy）

• 423 **幾年後**：Michael Simon, "Apple's iPhone Privacy Billboard Is a Clever CES Troll, but It's Also Inaccurate," Macworld, January 6, 2019, https://www.macworld.com/article/232305/apple-privacy-billboard.html.

• 424 **政府在……破解恐怖份子的iPhone**：Mark Hosenball, "FBI Paid Under $1 Million to Unlock San Bernardino iPhone: Sources," Reuters, April 28, 2016, https://www.reuters.com/article/us-apple-encryption/fbi-paid-under-1-million-to-unlock-san-bernardino-iphone-sources-idUSKCN0XQ032; Ellen Nakashima and Reed Albergotti, "The FBI Wanted to Unlock the San Bernardino Shooter's iPhone. It Turned to a Little-Known Australian Firm," Washington Post, April 14, 2021, https://www.washingtonpost.com/technology/2021/04/14/azimuth-san-bernardino-apple-iphone-fbi/.

• 424 **聯邦調查局本身並沒有**："A Special Inquiry Regarding the Accuracy of FBI Statements Concerning Its Capabilities to Exploit an iPhone Seized During the San Bernardino Terror Attack Investigation," Office of the Inspector General, U.S. Department of Justice, March

2018, https://www.oversight.gov/sites/default/files/oig-reports/o1803.pdf.

- 425 **十多年來，蘋果公司首次**：Apple Press Release, "Apple Reports Second Quarter Results," Apple, April 26, 2016, https://www.apple.com/newsroom/2016/04/26Apple-Reports-Second-Quarter-Results/.
- 425 **在他說話的同時**：Daisuke Wakabayashi, "Apple Sinks on iPhone Stumble," Wall Street Journal, April 26, 2016.

【第十七章　夏威夷的日子】

- 432 **「當安娜與安德魯」**：報導過程取得強尼．艾夫在大都會藝術博物館（The Metropolitan Museum of Art）演講的影片。Dan Howarth, " 'Fewer Designers Seem to Be Interested in How Something Is Actually Made' says Jonathan Ive," Dezeen, May 3, 2016, https://www.dezeen.com/2016/05/03/fewer-designers-interested-in-how-something-is-made-jonathan-ive-apple-manus-x-machina/.
- 434 **當天晚上，艾夫與庫克**：Jim Shi, "See How Tech and Fashion Mixed at the Met Gala," Bizbash, May 10, 2016, https://www.bizbash.com/catering-design/event-design-decor/media-gallery/13481625/see-how-tech-and-fashion-mixed-at-the-met-gala.
- 434 **最終，艾夫與庫克來到靠近**：Patricia Garcia, "Watch the Weeknd and Nat Perform at the 2016 Met Gala," Vogue, May 3, 2016, https://www.vogue.com/article/the-weeknd-nas-met-gala-performance.
- 438 **「我現在該怎麼辦？」**：Tripp Mickle, "Jony Ive Is Leaving Apple, but His Departure

Started Long Ago," Wall Street Journal, June 30, 2019, https://www.wsj.com/articles/jony-ive-is-departing-apple-but-he-started-leaving-years-ago-11561943376?mod=article_relatedinline.

• 439 **艾夫與紐森是**：Alice Morby, "Jony Ive and Marc Newson Create Room-Size Interpretation of a Christmas Tree," Dezeen, November 21, 2016, https://www.dezeen.com/2016/11/21/jony-ive-marc-newson-immersive-christmas-tree-claridges-hotel-london/; Jessica Klingelfuss, "First Look at Sir Jony Ive and Marc Newson's Immersive Festive Installation for Claridge's," Wallpaper, November 19, 2016, https://www.wallpaper.com/design/first-look-jony-ive-marc-newson-festive-installation-claridges.

【第十八章　煙霧】

• 442 **活動的主角是**：Jonathan Cheng, "Samsung Adds Iris Scanner to New Galaxy Note Smartphone," Wall Street Journal, August 2, 2016, https://www.wsj.com/articles/samsung-adds-iris-scanner-to-new-galaxy-note-smartphone-1470150004; "Gartner Says Worldwide Sales of Smartphones Grew 7 Percent in the Fourth Quarter of 2016," Gartner, February 15, 2017, https://www.gartner.com/en/newsroom/press-releases/2017-02-15-gartner-says-worldwide-sales-of-smartphones-grew-7-percent-in-the-fourth-quarter-of-2016.

• 442 **她是伊利諾州馬里昂市的一名行銷人員**：採訪裘妮．巴維克（Joni Barwick）；Olivia Solon, "Samsung Owners Furious as Company Resists Paying Up for Note 7 Fire Damage," Guardian, October 19, 2016, https://www.theguardian.com/technology/2016/oct/19/samsung-galaxy-note-7-fire-damage-owners-angry; "Samsung Exploding Phone

Lawsuits May Be Derailed by Fine Print," CBS News, February 3, 2017, https://www.cbsnews.com/news/samsung-galaxy-note-7-fine-print-class-action-waiver-lawsuits/; Joanna Stern, "Samsung Galaxy Note 7 Review: Best New Android Phone," Wall Street Journal, August 16, 2016, https://www.wsj.com/articles/samsung-galaxy-note-7-review-its-all-about-the-stylus-1471352401.

- 443 **美國消費者保護機構在Note 7 發布後的幾週內收到了**‥"Samsung Recalls Galaxy Note7 Smartphones Due to Serious Fire and Burn Hazards," United States Consumer Product Safety Commission, September 15, 2016, https://www.cpsc.gov/Recalls/2016/Samsung-Recalls-Galaxy-Note7-Smartphones/.
- 444 **他們解釋說，三星公司**‥Sijia Jiang, "China's ATL to Become Main Battery Supplier for Samsung's Galaxy Note 7: Source," Reuters, September 13, 2016, https://www.reuters.com/article/us-atl-samsung-battery/chinas-atl-to-become-main-battery-supplier-for-samsungs-galaxy-note-7-source-idUSKCN11J1EL; Sherisse Pham, "Samsung Blames Batteries for Galaxy Fires," CNN, January 23, 2017, https://money.cnn.com/2017/01/22/technology/samsung-galaxy-note-7-fires-investigation-batteries/.
- 445 **巨大蘋果商標**‥Tim Cook, Twitter, September 7, 2016, https://twitter.com/tim_cook/status/773530595284529152.
- 445 **這位執行長**‥Apple, "Apple Special Event, October 2016" (video) Apple Events, September 7, 2016, https://podcasts.apple.com/us/podcast/apple-special-event-october-2016/id275834665?i=1000430692673.

- 446 **該公司在第一年估計賣出了**：Daisuke Wakabayashi, "Apple's Watch Outpaced the iPhone in First Year," Wall Street Journal, April 24, 2016, https://www.wsj.com/articles/apple-watch-with-sizable-sales-cant-shake-its-critics-1461524901; Apple Press Release, "Apple Reports Fourth Quarter Results," Apple (with consolidated financial statements), October 25, 2016, https://www.apple.com/newsroom/2016/10/apple-reports-fourth-quarter-results/.
- 447 **第二個鏡頭**：Apple Press Release, "Portrait Mode Now Available on iPhone 7 Plus with iOS 10.1," Apple, October 24, 2016, https://www.apple.com/newsroom/2016/10/portrait-mode-now-available-on-iphone-7-plus-with-ios-101/.
- 450 **在賈伯斯去世的前一年**："Steve Jobs in 2010, at D8," Apple Podcasts, https://podcasts.apple.com/us/podcast/steve-jobs-in-2010-at-d8/id529997900?i=1000116189688.
- 450 **喜劇網站CollegeHumor**：CollegeHumor, "The New iPhone Is Just Worse," YouTube, September 8, 2016, https://www.youtube.com/watch?v=RgBDdDdSqNE.
- 450 **脫口秀主持人康納．歐布萊恩**："Apple's New AirPods Ad | Conan on TBS," YouTube, September 14, 2016, https://www.youtube.com/watch?v=z_wImaGRkNY.
- 451 **發布幾天後**：Paul Blake, "Exclusive: Apple CEO Tim Cook Dispels Fears That AirPods Will Fall out of Ears," ABC News, September 13, 2016, https://abcnews.go.com/Technology/exclusive-apple-ceo-tim-cook-dispels-fears-airpods/story?id=42054658.
- 451 **軟體與硬體團隊**：採訪蘋果前人力資源資深主管克里斯．迪弗（Chris Deaver），他就這個問題撰寫了一份白皮書，並發展了一套他稱之為「設計合作」的解決方案。
- 451 **此一損失致使**：採訪蘋果前人力資源業務夥伴克里斯．迪弗；"From Think Different to

Different Together: The Best Work of My Life at Apple," LinkedIn, August 29, 2019, https://www.linkedin.com/pulse/think-different-together-best-work-my-life-apple-chris-deaver/.

- 452 **公眾對iPhone 7與AirPods的抨擊**：Jonathan Cheng and John D. McKinnon, "The Fatal Mistake that Doomed Samsung's Galaxy Note," Wall Street Journal, October 23, 2016, https://www.wsj.com/articles/the-fatal-mistake-that-doomed-samsungs-galaxy-note-1477248978.
- 453 **庫克降低了消費者對iPhone 7的期望**：Neil Mawston, "SA: Apple iPhone 7 Was World's Best-Selling Smartphone Model in Q1 2017," Strategy Analytics, May 10, 2017, https://www.strategyanalytics.com/strategy-analytics/news/strategy-analytics-press-releases/strategy-analytics-press-release/2017/05/10/strategy-analytics-apple-iphone-7-was-world%27s-best-selling-smartphone-model-in-q1-2017.
- 453 **投資經理泰德・韋斯勒**：Mark B.schen, "Berkshire Hathaway Manager Establishes Apple Investment," Manager Magazin, October 28, 2016; Anupreeta Das, "Warren Buffett's Heirs Bet on Apple," Wall Street Journal, May 16, 2016, https://www.wsj.com/articles/buffetts-berkshire-takes-1-billion-position-in-apple-1463400389; Hannah Roberts, "Warren Buffett's Berkshire Hathaway Has More than Doubled Its Stake in Apple," Business Insider, February 27, 2017, https://www.businessinsider.com/warren-buffetts-berkshire-hathaway-has-more-than-doubled-its-stake-in-apple-2017-2; Becky Quick and Lauren Feiner, "Watch Apple CEO Tim Cook's Full Interview from the Berkshire Hathaway Shareholder Meeting," CNBC, May 6, 2019, https://www.cnbc.

com/2019/05/06/apple-ceo-tim-cook-interview-from-berkshire-hathaway-meeting.html.

- 455 **在週日……的路上**：Emily Bary, "What Warren Buffett Learned About the iPhone at Dairy Queen," Barron's, February 27, 2017, https://www.barrons.com/articles/what-warren-buffett-learned-about-the-iphone-at-dairy-queen-1488216174.
- 456 **為了重啟公司的汽車業務**：Daisuke Wakabayashi, "Apple Taps Bob Mansfield to Oversee Car Project," Wall Street Journal, July 25, 2016, https://www.wsj.com/articles/apple-taps-bob-mansfield-to-oversee-car-project-1469458580; Daisuke Wakabayashi and Brian X. Chen, "Apple Is Said to Be Rethinking Strategy on Self-Driving Cars," New York Times, September 9, 2016, https://www.nytimes.com/2016/09/10/technology/apple-is-said-to-be-rethinking-strategy-on-self-driving-cars.html.
- 458 **iTunes關閉後不久**：Paul Mozur and Jane Perlez, "Apple Services Shut Down in China in Startling About-Face," New York Times, April 21, 2016, https://www.nytimes.com/2016/04/22/technology/apple-no-longer-immune-to-chinas-scrutiny-of-us-tech-firms.html.
- 460 **「我們要讓蘋果公司」**：Liberty University, "Donald Trump—Liberty University Convocation," YouTube, January 18, 2016, https://www.youtube.com/watch?v=xSAyOlQuVX4.
- 461 **整週的民意調查**：Josh Katz, "Who Will Be President?," New York Times, November 8, 2016, https://www.nytimes.com/interactive/2016/upshot/presidential-polls-forecast.html; Gregory Krieg, "The Day That Changed Everything: Election 2016, as It Happened," CNN, November 8, 2017, https://www.cnn.com/2017/11/08/politics/inside-election-day-

2016-as-it-happened/index.html.

【第十九章　強尼五十】

- 464 **他們走進一個**：“About the Battery,” The Battery, https://www.thebatterysf.com/about.
- 466 **斯特恩幾個月前……跳槽到蘋果**：Shalini Ramachandran, “Apple Hires Former Time Warner Cable Executive Peter Stern,” Wall Street Journal, September 14, 2016, https://www.wsj.com/articles/apple-hires-former-time-warner-cable-executive-peter-stern-1473887487.
- 468 **這種有成本意識的決定**：Fred Imbert, “GoPro Hires Designer Away from Apple; Shares Spike,” CNBC, April 13, 2016, https://www.cnbc.com/2016/04/13/gopro-hires-apple-designer-daniel-coster-shares-jump.html; Paul Kunkel, AppleDesign.
- 469 **蘋果公司從股價還是一美元的時候，就開始向**：Mike Murphy, “Apple Shares Just Closed at Their Highest Price Ever,” Quartz, February 13, 2017, https://qz.com/909729/how-much-are-apple-aapl-shares-worth-more-than-ever/.
- 469 **喬德里在……工作了好幾年**：Jay Peters, “One of the Apple Watch’s Original Designers Tweeted a Behind-the-Scenes Look at Its Development,” Verge, April 24, 2020, https://www.theverge.com/tldr/2020/4/24/21235090/apple-watch-designer-imran-chaudhri-development-tweetstorm.
- 469 **依照慣例**：蘋果授與員工股權做為總薪酬的一部分。在經過大約四年的等待期（vesting period）後，員工可轉換這些稱之為「限制股票單位」（restricted share units）的股權。蘋果通常在秋季與春季授與員工股票，並引發一波離職和退休潮。在某些情況下，員工會在新的一年年初獲得授與的股票。

- 473 **科茲窩的主人**：Charlotte Edwardes, "Meet the Glamorous New Tribes Shaking Up the Cotswolds," Evening Standard, July 20, 2017, https://www.standard.co.uk/lifestyle/esmagazine/new-wolds-order-how-glamorous-new-arrivals-are-shaking-things-up-in-the-cotswolds-a3590711.html; Suzanna Andrews, "Untangling Rebekah Brooks," Vanity Fair, January 9, 2012, https://www.vanityfair.com/news/business/2012/02/rebekah-brooks-201202.
- 477 **他憶起一九九〇年代早期的某個時刻**：Bono, The Edge, Adam Clayton, Larry Mullen, Jr., with Neil McCormick, U2 by U2 (London: itbooks, 2006), 270–75.
- 478 **管風琴帶著藍調的反拍樂曲響起**：Bono, Adam Clayton, The Edge, Larry Mullen, Jr., "One," Achtung Baby, 1992, https://genius.com/U2-one-lyrics.

【第二十章　權力運作】

- 480 **他發誓要把工作帶回美國**：" 'America First': Full Transcript and Video of Donald Trump's Inaugural Address," Wall Street Journal, January 20, 2017, https://www.wsj.com/articles/BL-WB-67322.
- 482 **一如預期，蘋果**：Apple Press Release, "Apple Reports Fourth Quarter Results (Consolidated Financial Statements)," Apple, November 2, 2017, https://www.apple.com/newsroom/2017/11/apple-reports-fourth-quarter-results/; Apple Press Release, "Apple Reports Fourth Quarter Results (Consolidated Financial Statements)," Apple, October 27, 2015, https://www.apple.com/newsroom/2015/10/27Apple-Reports-Record-Fourth-Quarter-Results/.

- 483 **蘋果公司從它銷售的每一款應用程式的價格抽三成**··Tripp Mickle, "Apple's Pressing Challenge: Build Its Services Business," Wall Street Journal, January 10, 2019, https://www.wsj.com/articles/apples-pressing-challenge-build-its-services-business-11547121605.
- 483 **其中約八成為**··Tim Higgins and Brent Kendall, "Epic vs. Apple Trial Features Battle over How to Define Digital Markets," Wall Street Journal, May 2, 2021, https://www.wsj.com/articles/epic-vs-apple-trial-features-battle-over-how-to-define-digital-markets-11619964001.
- 484 **詳細說明iPhone 7的強勁表現後**··"Apple Inc., Q1 2017 Earnings Call, Jan 31, 2017," S&P Capital IQ, https://www.capitaliq.com/CIQDotNet/Transcripts/Detail.aspx?keyDevId=415202390&companyId=24937.
- 484 **應用程式商店占了**··Mickle, "Apple's Pressing Challenge:Build Its Services Business."
- 486 **這個做法與**··Nick Wingfield, " 'The Mobile Industry's Never Seen Anything like This': An Interview with Steve Jobs at the App Store's Launch," Wall Street Journal, July 25, 2018, https://www.wsj.com/articles/the-mobile-industrys-never-seen-anything-like-this-an-interview-with-steve-jobs-at-the-app-stores-launch-1532527201.
- 487 **在入主白宮的幾天裡**··Timothy B. Lee, "Trump Claims 1.5 Million People Came to His Inauguration. Here's What the Evidence Shows," Vox, January 23, 2017, https://www.vox.com/policy-and-politics/2017/1/21/14347298/trump-inauguration-crowd-size; Abby Phillip and Mike DeBonis, "Without Evidence, Trump Tells Lawmakers 3 Million to 5 Million Illegal Ballots Cost Him the Popular Vote," Washington Post, January 23, 2017, https://www.washingtonpost.com/news/post-politics/wp/2017/01/23/at-white-house-trump-tells-

congressional-leaders-3-5-million-illegal-ballots-cost-him-the-popular-vote/; Akane Otani and Shane Shifflett, “Think a Negative Tweet from Trump Crushes a Stock? Think Again,” Wall Street Journal, February 23, 2017, https://www.wsj.com/graphics/trump-market-tweets/.

• 487 **史蒂夫・賈伯斯一直是反政治的**‥G. Pascal Zachary, “In the Politics of Innovation, Steve Jobs Shows Less Is More,” IEEE Spectrum, December 15, 2010, https://spectrum.ieee.org/in-the-politics-of-innovation-steve-jobs-shows-less-is-more.

• 488 **羅琳曾試著安排**‥Walter Isaacson, Steve Jobs.

• 489 **庫克的電子郵件信箱塞滿了**‥採訪提姆・庫克。

• 489 **「蘋果公司是開放的」**‥Edward Moyer, “Apple’s Cook Takes Aim at Trump’s Immigration Ban,” CNET, January 28, 2017, https://www.cnet.com/news/tim-cook-trump-immigration-apple-memo-executive-order/.

• 490 **庫克向蘋果員工保證**‥採訪提姆・庫克。

• 491 **五月下旬**‥Lizzy Gurdus, “Exclusive: Apple Just Promised to Give U.S. Manufacturing a $1 Billion Boost” (video), CNBC, May 3, 2017, https://www.cnbc.com/2017/05/03/exclusive-apple-just-promised-to-give-us-manufacturing-a-1-billion-boost.html.

• 491 **克瑞莫並沒有指出**‥Tripp Mickle and Yoko Kubota, “Tim Cook and Apple Bet Everything on China. Then Coronavirus Hit,” Wall Street Journal, March 3, 2020, https://www.wsj.com/articles/tim-cook-and-apple-bet-everything-on-china-then-coronavirus-hit-11583172087; Glenn Leibowitz, “Apple CEO Tim Cook: This Is the No. 1 Reason We Make iPhones in China (It’s Not What You Think),” Inc., December 21, 2017, https://

www.inc.com/glenn-leibowitz/apple-ceo-tim-cook-this-is-number-1-reason-we-make-iphones-in-china-its-not-what-you-think.html.

- 492 **蘋果公司的突破性增長**‥Apple Inc. Form 10-K 2017, Cupertino, CA: Apple Inc, 2017, https://www.sec.gov/Archives/edgar/data/320193/000032019317000070/a10-k20179302017.htm; Apple Inc. Form 10-K 2011, Cupertino, CA: Apple Inc, 2011, https://www.sec.gov/Archives/edgar/data/320193/000119312511282113/d220209d10k.htm; Apple Inc. Definitive Proxy Statement 2018, Cupertino, CA: Apple Inc., December 15, 2017, https://www.sec.gov/Archives/edgar/data/320193/000119312517380130/d400278ddef14a.htm.
- 493 **不過，為了避免有人認為庫克**‥Jonathan Swan, "What Apple's Tim Cook Will Tell Trump," Axios, June 18, 2017, https://www.axios.com/what-apples-tim-cook-will-tell-trump-1513303073-74d6db9f-d6c2-46c7-8e24-a291325d88e9.html.
- 493 **「我希望你在移民政策上多放點感情」**‥David McCabe, "Tim Cook to Trump: Put 'More Heart' in Immigration Debate," Axios, June 20, 2017, https://www.axios.com/tim-cook-to-trump-put-more-heart-in-immigration-debate-1513303104-f5799556-4f78-4c80-aca3-d7b48864a917.html.
- 493 **後來……接受《華爾街日報》採訪時**‥"Excerpts: Donald Trump's Interview with the Wall Street Journal," Wall Street Journal, July 25, 2017, https://www.wsj.com/articles/donald-trumps-interview-with-the-wall-street-journal-edited-transcript-1501023617?tesla=y; Tripp Mickle and Peter Nicholas, "Trump Says Apple CEO Has Promised to Build Three Manufacturing Plants in U.S.," Wall Street Journal, July 25,

2017, https://www.wsj.com/articles/trump-says-apple-ceo-has-promised-to-build-three-manufacturing-plants-in-u-s-1501012372.

- 495 **當庫克打電話給川普**：“Remarks by President Trump to the World Economic Forum,” The White House, January 26, 2018, https://trumpwhitehouse.archives.gov/briefings-statements/remarks-president-trump-world-economic-forum/.
- 495 496 **在二〇一八年春天**：Bob Davis and Lingling Wei, Superpower Showdown.
- 496 **股市震盪**：二〇一八年三月二十日，蘋果股價為四二．三三美元，但到二〇一八年三月二十三日，蘋果股價跌至三十九．八四美元。
- 497 **如果中國在習近平的領導下進行報復**：Jack Nicas and Paul Mozur, “In China Trade War, Apple Worries It Will Be Collateral Damage,” New York Times, June 18, 2018, https://www.nytimes.com/2018/06/18/technology/apple-tim-cook-china.html; Norihiko Shirouzu and Michael Martina, “Red Light: Ford Facing Hold-ups at China Ports amid Trade Friction,” Reuters, May 9, 2018, https://www.reuters.com/article/us-usa-trade-china-ford/red-light-ford-facing-hold-ups-at-china-ports-amid-trade-friction-sources-idUKKBN1IA1O1; Eun-Young Jeong, “South Korea’s Companies Eager for End to Costly Spat with China,” Wall Street Journal, November 1, 2017, https://www.wsj.com/articles/south-koreas-companies-eager-for-end-to-costly-spat-with-china-1509544012.
- 498 **「那些擁抱開放……的國家」**：Yoko Kubota, “Apple’s Cook to Trump: Embrace Open Trade,” Wall Street Journal, March 24, 2018, https://www.wsj.com/articles/apples-cook-to-trump-embrace-open-trade-1521880744; “Apple CEO Calls for Countries to Embrace

Openness, Trade and Diversity at China Development Forum" CCTV, March 24, 2018; "China to Continue Pushing Forward Opening Up and Reform: Li Keqiang," China Plus, March 27, 2018, http://chinaplus.cri.cn/news/china/9/20180327/108308.html.

- 499 **這項推出已有兩年的服務**・・Caroline Cakebread, "With 60 Million Subscribers, Spotify Is Dominating Apple Music," Yahoo! Finance, August 1, 2017, https://finance.yahoo.com/news/60-million-subscribers-spotify-dominating-195250485.html.
- 500 **這樣的內容……截然不同**・・Tripp Mickle and Joe Flint, "No Sex Please, We're Apple: iPhone Giant Seeks TV Success on Its Own Terms," Wall Street Journal, September 22, 2018, https://www.wsj.com/articles/no-sex-please-were-apple-iphone-giant-seeks-tv-success-on-its-own-terms-1537588880; Margaret Lyons, " 'Madam Secretary' Proved TV Didn't Have to Be Hip to Be Great," New York Times, December 8, 2019, https://www.nytimes.com/2019/12/08/arts/television/madam-secretary-finale.html.
- 501 **節目首播時**・・Maureen Ryan, "TV Review: Apple's 'Planet of the Apps,' " Variety, June 6, 2017, https://variety.com/2017/tv/reviews/planet-of-the-apps-apple-gwyneth-paltrow-jessica-alba-1202456477/; Jake Nevins, "Planet of the Apps Review—Celebrity Panel Can't Save Apple's Dull First TV Show," Guardian, June 8, 2017, https://www.theguardian.com/tv-and-radio/2017/jun/08/planet-of-the-apps-review-apple-first-tv-show.
- 504 **當這個二人組結束**・・Tripp Mickle and Joe Flint, "Apple Poaches Sony TV Executives to Lead Push into Original Content," Wall Street Journal, June 16, 2017, https://www.wsj.com/articles/apple-poaches-sony-tv-executives-to-lead-push-into-original-content-1497616203.

- 504 **在幾個月內**：Joe Flint, "Jennifer Aniston, Reese Witherspoon Drama Series Headed to Apple," Wall Street Journal, November 8, 2017, https://www.wsj.com/articles/jennifer-aniston-reese-witherspoon-drama-series-headed-to-apple-1510167626.
- 505 **川普上任一年多後**：採訪美國國家經濟委員會賴利．庫德洛（Larry Kudlow）。
- 506 **在他造訪白宮的前幾天**：Hanna Sender, William Mauldin, and Josh Ulick, "Chart: All the Goods Targeted in the Trade Spat," Wall Street Journal, April 5, 2018, https://www.wsj.com/articles/a-look-at-which-goods-are-under-fire-in-trade-spat-1522939292; Bob Davis, "Trump Weighs Tariffs on $100 Billion More of Chinese Goods," Wall Street Journal, April 5, 2018, https://www.wsj.com/articles/u-s-to-consider-another-100-billion-in-new-china-tariffs-1522970476.
- 506 **庫克大步走過**：Aaron Steckelberg, "Inside Trump's West Wing," Washington Post, May 3, 2017, https://www.washingtonpost.com/graphics/politics/100-days-west-wing/.
- 507 **中國最近通過**：Jack Nicas, Raymond Zhong, and Daisuke Wakabayashi, "Censorship, Surveillance and Profits: A Hard Bargain for Apple in China," New York Times, June 17, 2021, https://www.nytimes.com/2021/05/17/technology/apple-china-censorship-data.html.
- 508 **有位記者後來問道**："Remarks by President Trump Before Marine One Departure," The White House, August 21, 2019, https://trumpwhitehouse.archives.gov/briefings-statements/remarks-president-trump-marine-one-departure-011221/.
- 509 **二〇一八年八月二日，蘋果公司成為**：Noel Randewich, "Apple Breaches $1 Trillion Stock Market Valuation," Reuters, August 2, 2018, https://www.reuters.com/article/us-

apple-stocks-trillion/apple-breaches-1-trillion-stock-market-valuation-idUSKBN1KN2BE.

- 509 **當川普政府在九月發布**：Tripp Mickle and Jay Greene, "Apple Says China Tariffs Would Hit Watch, AirPods," Wall Street Journal, September 7, 2018, https://www.wsj.com/articles/apple-says-china-tariffs-would-hit-watch-airpods-1536353245; Tripp Mickle, "How Tim Cook Won Donald Trump's Ear," Wall Street Journal, October 5, 2019, https://www.wsj.com/articles/how-tim-cook-won-donald-trumps-ear-11570248040.

【第二十一章　不管用】

- 512 **「做一個人有很多方法」**：Apple, "Apple Special Event, September 2017" (video) Apple Events, September 14, 2017, https://podcasts.apple.com/us/podcast/apple-special-event-september-2017/id275834665?i=1000430692674.
- 513 **一九九七年，賈伯斯退回了**：Walter Isaacson, Steve Jobs.
- 514 **他帶著阿布洛走過**：Nick Compton, "In the Loop: Jony Ive on Apple's New HQ and the Disappearing iPhone," Wallpaper, December 2017, https://www.wallpaper.com/design/jony-ive-apple-park.
- 514 **看起來像是個超大的MacBook Air**：Tripp Mickle and Eliot Brown, "Apple's New Headquarters Is a Sign of Tech's Boom, Bravado," Wall Street Journal, May 14, 2017, https://www.wsj.com/articles/apples-new-headquarters-is-a-sign-of-techs-boom-bravado-1494759606.
- 514 **當他停下腳步，抬頭看著它時**：二〇一七年九月十四日採訪蘋果公司聯合創始人史蒂夫・沃茲尼克（Steve Wozniak）。

- 515 **艾夫在舞台附近的老位子坐了下來**：Apple, "Apple Special Event, September 2017" (video), Apple Events, September 14, 2017, https://podcasts.apple.com/us/podcast/apple-special-event-september-2017/id275834665?i=1000430692674.
- 518 **兩個臉部辨識零件也有供應不平衡的問題**：Yoko Kubota, "Apple iPhone X Production Woe Sparked by Juliet and Her Romeo," Wall Street Journal, September 27, 2017, https://www.wsj.com/articles/apple-iphone-x-production-woe-sparked-by-juliet-and-her-romeo-1506510189.
- 519 **在與華爾街分析師的通話中**："Apple Inc., Q4 2017 Earnings Call, Nov 02, 2017," S&P Capital IQ, November 2, 2017, https://www.capitaliq.com/CIQDotNet/Transcripts/Detail.aspx?keyDevId=540777466&companyId=24937.
- 519 **在賈伯斯與後來的庫克的領導下**：Apple Inc. Definitive Proxy Statement 2018, Cupertino, CA: Apple Inc., December 15, 2017, https://www.sec.gov/Archives/edgar/data/320193/000119312517380130/d400278ddef14a.htm.
- 520 **在攝影師安德魯・祖克曼**：祖克曼已放棄關於蘋果園區的紀錄片工作。蘋果尚未說明是否會發表他的任何作品。
- 521 **蘋果公司會監控**：Apple Inc v. Gerard Williams III, Williams Cross-Complaint Against Apple Inc., Superior Court of the State of California, County of Santa Clara, November 6, 2019.
- 522 二〇一**七年底，他**……**飛往華盛頓特區**："Jony Ive: The Future of Design," November 29, 2017, https://hirshhorn.si.edu/event/jony-ive-future-design/; fuste, "Jony Ive: The

Future of Design" (audio recording), Soundcloud, 2018, https://soundcloud.com/user-175082292/jony-ive-the-future-of-design.

- 525 **接下來幾週**‥"Apple Park: Transcript of 911 Calls About Injuries from Walking into Glass," San Francisco Chronicle, March 2, 2018, https://www.sfchronicle.com/business/article/Apple-Park-Transcript-of-911-calls-about-12723602.php.
- 532 **在設計團隊準備搬遷到新園區的過程中**‥Vanessa Friedman, "Is the Fashion Wearables Love Affair Over?," New York Times, January 12, 2018, https://www.nytimes.com/2018/01/12/fashion/ces-wearables-fashion-technology.html.

【第二十二章　十億個口袋】

- 536 **在猶他州的一處偏遠角落**‥Becca Hensley, "Review: Amangiri," Condé Nast Traveler, https://www.cntraveler.com/hotels/united-states/canyon-point/amangiri-canyon-point.
- 536 **大自然為庫克帶來靈感與動力**‥Michael Roberts, "Tim Cook Pivots to Fitness," Outside, February 10, 2021, https://www.outsideonline.com/health/wellness/tim-cook-apple-fitness-wellness-future/; "Tim Cook on Health and Fitness" (podcast), Outside, December 9, 2020, https://www.outsideonline.com/podcast/tim-cook-health-fitness-podcast/.
- 537 **隨著二〇一八年進入尾聲**‥Yoko Kubota, "The iPhone that's Failing Apple: iPhone XR," Wall Street Journal, January 6, 2019, https://www.wsj.com/articles/the-phone-thats-failing-apple-iphone-xr-11546779603.

- 538 **中國最大的智慧型手機製造商華為**：“Compare Apple iPhone XR vs Huawei P20,” Gadgets Now, https://www.gadgetsnow.com/compare-mobile-phones/AppleiPhone-XR-vs-Huawei-P20.
- 538 **曾經在中國市場居領導地位的蘋果公司**：Yoko Kubota, “Apple iPhone Loses Ground to China's Homegrown Rivals,” Wall Street Journal, January 3, 2019, https://www.wsj.com/articles/apple-loses-ground-to-chinas-homegrown-rivals-11546524491.
- 539 **隨著一箱箱iPhone XR**：Debby Wu, “Apple iPhone Supplier Foxconn Planning Deep Cost Cuts,” Bloomberg, November 21, 2018, https://www.bloomberg.com/news/articles/2018-11-21/apple-s-biggest-iphone-assembler-is-said-to-plan-deep-cost-cuts.
- 539 **它制定了一個舊換新方案**：Hayley Tsukayama, “Apple Launches iPhone Trade-in Program,” Washington Post, August 30, 2013, https://www.washingtonpost.com/business/technology/apple -launches-trade-in-program/2013/08/30/35c360a0-1183-11e3-b4cb-fd7ce041d814_story.html.
- 539 **行銷團隊……增加吸引力**：Mark Gurman, “Apple Resorts to Promo Deals, Trade-ins to Boost iPhone Sales,” Bloomberg, December 4, 2018, https://www.bloomberg.com/news/articles/2018-12-04/apple-is-said-to-reassign-marketing-staff-to-boost-iphone-sales.
- 540 **蘋果公司在二〇一八年底損失了三千多億美元**：二〇一八年九月四日蘋果市值為一兆一千三百一十億美元，但同年十二月四日，市值只剩六千九百五十億美元。資料來源：Macrotrends.net。
- 540 **蘋果公司近十年來**：Jay Greene, “How Microsoft Quietly Became the World's Most

Valuable Company," Wall Street Journal, December 1, 2018, https://www.wsj.com/articles/how-microsoft-quietly-became-the-worlds-most-valuable-company-1543665600.

- 540 二〇一九年一月二日收市後不久··"Letter from Tim Cook to Apple Investors," Apple, January 2, 2019, https://www.apple.com/newsroom/2019/01/letter-from-tim-cook-to-apple-investors/.
- 541 那天下午，庫克……在蘋果總部坐了下來··"CNBC Exclusive: CNBC Transcript: Apple CEO Tim Cook Speaks with CNBC's Josh Lipton Today," CNBC, January 2, 2019, https://www.cnbc.com/2019/01/02/cnbc-exclusive-cnbc-transcript-apple-ceo-tim-cook-speaks-with-cnbcs-josh-lipton-today.html.
- 542 次日··Sophie Caronello, "Apple's Market Cap Plunge Must Be Seen in Context," Bloomberg, January 4, 2019, https://www.bloomberg.com/news/articles/2019-01-04/apple-s-market-cap-plunge-must-be-seen-in-context.
- 544 她在蘋果公司待了五年··Apple Inc. Definitive Proxy Statement, 2014, Schedule 14A, United States Securities and Exchange Commission, https://www.sec.gov/Archives/edgar/data/320193/000119312514008074/d648739ddef14a.htm; Apple Inc. Definitive Proxy Statement, 2017, Schedule 14A, United States Securities and Exchange Commission, https://www.sec.gov/Archives/edgar/data/320193/000119312517003753/d257185ddef14a.htm.
- 547 在活動結束之前··John Koblin, "Hollywood Had Questions. Apple Didn't Answer Them," New York Times, March 26, 2019, https://www.nytimes.com/2019/03/26/business/media/apple-tv-plus-hollywood.html.

- 548 **當人群魚貫進入劇院**：Apple, "Apple Special Event, March 2019" (video), Apple Events, March 25, 2019, https://podcasts.apple.com/us/podcast/apple-special-event-march-2019/id275834665?i=1000433397233.
- 550 **兩週前，Spotify**：Valentina Pop and Sam Schechner, "Spotify Accuses Apple of Stifling Competition in EU Complaint," Wall Street Journal, March 13, 2019, https://www.wsj.com/articles/spotify-files-eu-antitrust-complaint-over-apples-app-store-11552472861.
- 555 **幾乎翻了一倍**：Kevin Kelleher, "Apple's Stock Soared 89% in 2019, Highlighting the Company's Resilience," Fortune, December 31, 2019, https://fortune.com/2019/12/31/apple-stock-soared-in-2019/.

【第二十三章　昨日】

- 558 **這座耗資三百萬美元的建築有**："Pac Heights Carriage House in Contract at $4K Per Square Foot," SocketSite, June 10, 2015, https://socketsite.com/archives/2015/06/3-5m-carriage-house-in-contract-at-4k-per-square-foot.html.
- 559 **然後，裡頭有人拉上了百葉窗**：Aaron Tilley and Wayne May, "Before Departure, Apple's Jony Ive Faded from View," The Information, June 27, 2019, https://www.theinformation.com/articles/before-departure-apples-jony-ive-faded-from-view.
- 559 **電子邀請函在五月初寄出**：邀請函影本。
- 560 **在一則向員工說明這個舞台的訊息中**：Lewis Wallace, "How (and Why) Jony Ive Built the Mysterious Rainbow Apple Stage," Cult of Mac, May 9, 2019, https://www.cultofmac.

com/624572/apple-stage-rainbow/.

- 560 **艾夫對這個活動非常積極**：採訪強尼．艾夫前私人助理卡蜜兒．克勞福德（Camille Crawford）。
- 561 **多年來**：採訪麥克．艾夫多年好友約翰．卡夫，他也是麥克在密德薩斯理工學院的同事。
- 564 **「你們準備好要為史蒂夫．賈伯斯慶祝了嗎？」**：Sina Digital, "Apple Park, Apple's New Headquarters, Opens Lady Gaga Rainbow Stage Singing (translated)," Sina, May 19, 2019, https://tech.sina.com.cn/mobile/n/n/2019-05-19/doc-ihvhiqax9739760.shtml
- 564 **「我也想感謝」**：Monster Nation, PAWS UP, "Lady Gaga Live at the Apple Park" (video), Facebook, May 17, 2019, https://www.facebook.com/MonsterNationPawsUp/videos/671078713305170/.
- 564 **他們想逃離**：Peggy Truong, "The Real Meaning of 'Shallow' from 'A Star Is Born,' Explained," Cosmopolitan, February 25, 2019, https://www.cosmopolitan.com/entertainment/music/a26444189/shallow-lady-gaga-lyrics-meaning/; Lady Gaga, Mark Ronson, Anthony Rossomando, and Andrew Wyatt, "Shallow," A Star Is Born,
- 566 **希望公司像樂團一樣**：Paulinosdepido, "Steve Jobs My Model in Business Is the Beatles," YouTube, December 13, 2011, https://www.youtube.com/watch?v=1QfK9UokAIo.
- 572 **這位設計師獲得的報酬**："10 of the Largest Golden Parachutes CEOs Ever Received," Town & Country, December 6, 2013.
- 572 **在直接向執行長報告十五年以後**：Tripp Mickle, "Jony Ive's Long Drift from Apple—

The Design Chief's Departure Comes After Years of Growing Distance and Frustration," Wall Street Journal, July 1, 2019.

【後記】

- 574 **在賈伯斯去世後的幾個月及幾年裡**：Tripp Mickle, "How Tim Cook Made Apple His Own," Wall Street Journal, August 7, 2020, https://www.wsj.com/articles/tim-cook-apple-steve-jobs-trump-china-iphone-ipad-apps-smartphone-11596833902.
- 575 **一封電子郵件中**：羅琳・鮑威爾・賈伯斯（Laurene Powell Jobs）二〇一一年三月二十五日的電子郵件。
- 577 **在他的努力下**：Apple Inc., "Apple Return of Capital and Net Cash Position," Cupertino, CA, Apple Inc, 2021, https://s2.q4cdn.com/470004039/files/doc_financials/2021/q3/Q3'21-Return-of-Capital-Timeline.pdf.
- 578 **銷售額更是……相當**："Fortune 500," Fortune, 2020, https://fortune.com/fortune500/2020/.
- 578 **該公司的本益比**："Apple Inc.," FactSet, https://www.factset.com.
- 578 **變化如此巨大**：Tripp Mickle, "Apple Was Headed for a Slump. Then It Had One of the Biggest Rallies Ever," Wall Street Journal, January 26. 2020, https://www.wsj.com/articles/apple-was-headed-for-a-slump-then-it-had-one-of-the-biggest-rallies-ever-11580034601.
- 579 **當Epic代表律師問及**：Tim Higgins, "Apple's Tim Cook Faces Pointed Questions

from Judge on App Store Competition," Wall Street Journal, May 21, 2021, https://www.wsj.com/articles/apples-tim-cook-expected-to-take-witness-stand-in-antitrust-fight-11621589408.

- 580 **庭審期間曝光的內部文件顯示**：Tim Higgins, "Apple Doesn't Make Videogames. But It's the Hottest Player in Gaming," Wall Street Journal, October 2, 2021, https://www.wsj.com/articles/apple-doesnt-make-videogames-but-its-the-hottest-player-in-gaming-11633147211.
- 580 **該公司贏得了**：Ben Thompson, "The Apple v. Epic Decision," Stratechery, September 13, 2021, https://stratechery.com/2021/the-apple-v-epic-decision/.
- 581 **有些維吾爾族被迫**：Wayne Ma, "Seven Apple Suppliers Accused of Using Forced Labor from Xinjiang," The Information, May 10, 2021, https://www.theinformation.com/articles/seven-apple-suppliers-accused-of-using-forced-labor-from-xinjiang.
- 581 **自從他在……晉升為執行長以來**："Apple Inc. Notice of 2021 Annual Meeting of Shareholders and Proxy Statement," Apple, January 5, 2021, https://www.sec.gov/Archives/edgar/data/320193/000119312521001987/d767770ddef14a.htm.
- 582 **蘋果公司董事會**：Anders Melin and Tom Metcalf, "Tim Cook Hits Billionaire Status with Apple Nearing $2 Trillion," Bloomberg, August 10, 2020, https://www.bloomberg.com/news/articles/2020-08-10/apple-s-cook-becomes-billionaire-via-the-less-traveled-ceo-route; Mark Gurman, "Apple Gives Tim Cook Up to a Million Shares That Vest Through 2025," Bloomberg, September 29, 2020, https://www.bloomberg.com/news/

articles/2020-09-29/apple-gives-cook-up-to-a-million-shares-that-vest-through-2025.

583 **二〇二一年，該公司所謂可穿戴設備的銷售額**：Apple Inc. Form 10-K 2020. Cupertino, CA: Apple Inc, 2020, https://s2.q4cdn.com/470004039/files/doc_financials/2020/q4/_10-K-2020-(As-Filed).pdf.

584 **這群創意人**：Dave Lee, "Airbnb Brings in Jony Ive to Oversee Design," Financial Times, October 21, 2020, https://www.ft.com/content/8bc63067-4f58-4c84-beb1-f516409c9838; Tim Bradshaw, "Jony Ive Teams Up with Ferrari to Develop Electric Car," Financial Times, September 27, 2021, https://www.ft.com/content/c2436fb5-d857-4aff-b81e-30141879711c; Ferrari N.V. Press Release, "Exor, Ferrari and LoveFrom Announce Creative Partnership," Ferrari, September 27, 2021, https://corporate.ferrari.com/en/exor-ferrari-and-lovefrom-announce-creative-partnership; Nergess Banks, "This Is Ferrari and Superstar Designer Marc Newson's Tailored Luggage Line," Forbes, May 6, 2020, https://www.forbes.com/sites/nargessbanks/2020/05/05/ferrari-marc-newsons-luggage-collection/?sh=248a8e762d11.

586 **房間裡的唯一的顏色，是由**：採訪卡蜜兒．克勞福德。

587 **她轉過身隨著他的目光看過去**：採訪卡蜜兒．克勞福德；Alexa Tsoulis-Reay, "What It's Like to See 100 Million Colors," New York, February 26, 2015, https://www.thecut.com/2015/02/what-like-see-a-hundred-million-colors.html.

參考資料 Bibliography

【書籍】

- Austin, Rob, and Lee Devin. *Artful Making: What Managers Need to Know About How Artists Work. New York*: FT Prentice Hall, 2003.
- Brennan-Jobs, Lisa. *Small Fry: A Memoir*. New York: Grove Press, 2018.
- Brunner, Robert, and Stewart Emery with Russ Hall. *Do You Matter? How Great Design Will Make People Love Your Company*. Upper Saddle River, NJ: FT Press, 2009.
- Cain, Geoffrey. *Samsung Rising: The Inside Story of the South Korean Giant That Set Out to Beat Apple and Conquer Tech*. New York: Currency, 2020.
- Carlton, Jim. *Apple: The Inside Story of Intrigue, Egomania, and Business Blunders*. New York: Times Books, 2017.
- Davis, Bob, and Lingling Wei. *Superpower Showdown: How the Battle Between Trump and*

Xi Threatens a New Cold War. New York: Harper Business, 2020.

- Dormehl, Luke. *The Apple Revolution: Steve Jobs, the Counter Culture and How the Crazy Ones Took Over the World*. London: Virgin Books, 2012.
- Esslinger, Hartmut. *Keep It Simple: The Early Design Years at Apple. Stuttgart, Germany*: Arnoldsche Art Publishers, 2013.
- Higgs, Antonia. *Tangerine: 25 Insights into Extraordinary Innovation & Design*. London: Goodman, 2014.
- Iger, Robert. *The Ride of a Lifetime: Lessons Learned from 15 Years as CEO of the Walt Disney Company*. New York: Random House, 2019.
- Isaacson, Walter. *Steve Jobs*. New York: Simon & Schuster, 2011.

（華特・艾薩克森，《賈伯斯傳》最新增訂版，天下文化，2017.）

- Ive, Jony, Andrew Zuckerman, and Apple Inc. *Designed by Apple in California*. Cupertino, CA: Apple, 2016.
- Kahney, Leander. *Jony Ive: The Genius Behind Apple's Greatest Products*. New York: Portfolio/Penguin, 2013.
- ———. *Tim Cook: The Genius Who Took Apple to the Next Level*. New York: Portfolio/Penguin, 2019.
- Kane, Yukari Iwatani. *Haunted Empire: Apple After Steve Jobs*. New York: Harper Business, 2014.
- Kocienda, Ken. *Creative Selection: Inside Apple's Design Process During the Golden Age of*

Steve Jobs. New York: St. Martin's Press, 2018.
- Kunkel, Paul. *AppleDesign: The Work of the Apple Industrial Design Group*.Cupertino, CA: Apple, 1997.
- Lashinsky, Adam. *Inside Apple: How America's Most Admired—and Secretive—Company Really Works*. New York: Business Plus, 2013.
- Levy, Steven. *Insanely Great: The Life and Times of Macintosh, the Computer That Changed Everything*. New York: Penguin, 1994.
- Merchant, Brian. *The One Device: The Secret History of the iPhone*. New York: Back Bay Books, 2017.
- Moritz, Michael. *Return to the Little Kingdom: How Apple & Steve Jobs Changed the World*. New York: Overlook Press, 1984, 2009.
- Nathan, John. *Sony: The Private Life*. Boston: Houghton Mifflin Harcourt, 1999.
- Rams, Dieter. *Less but Better*. Berlin: Gestalten, 1995.
- Schendler, Brent, and Rick Tetzeli. *Becoming Steve Jobs: The Evolution of a Reckless Upstart into a Visionary Leader*. New York: Crown Business, 2015.（史蘭德、特茲利，《成為賈伯斯：天才巨星的挫敗與孕成》，天下文化，2019.）
- Shenk, Joshua Wolf. *Powers of Two: How Relationships Drive Creativity*. New York: First Mariner Books, 2014.
- Stalk, George, Jr., and Thomas M. Hout. *Competing Against Time: How Time-Based Competition Is Reshaping Global Markets*. New York: Free Press, 1990.

・Vogelstein, Fred. *Dogfight: How Apple and Google Went to War and Started a Revolution*. New York: Sarah Crichton Books, 2013.

【電影】

・*First Monday in May*. Andrew Rossi. Magnolia Pictures, 2016.
・*Objectified*. Gary Hustwit. Plexi Productions, 2009.
・*September Issue*. R. J. Cutler. A&E Indie Films, 2009.
・*The Defiant Ones*. Allen Hughes. Alcon Entertainment, 2017.
・*Yesterday*. Danny Boyle. Decibel Films, 2019.

財經企管BCB773

蘋果進行式

從革新到鍍金，解鎖Apple高成長動能的秘密

After Steve: How Apple Became a Trillion-Dollar Company and Lost Its Soul

特里普・米克爾（Tripp Mickle）── 著
林潔盈 ── 譯

總編輯 ── 吳佩穎
責任編輯 ── 郭昕詠
附錄翻譯 ── 黃雅蘭
校對 ── 沈如瑩
封面設計 ── 許晉維
內頁排版 ── 簡單瑛設

出版者 ── 遠見天下文化出版股份有限公司
創辦人 ── 高希均、王力行
遠見・天下文化・事業群　董事長 ── 高希均
事業群發行人／CEO ── 王力行
天下文化社長 ── 林天來
天下文化總經理 ── 林芳燕
國際事務開發部兼版權中心總監 ── 潘欣
法律顧問 ── 理律法律事務所陳長文律師
著作權顧問 ── 魏啟翔律師
社址 ── 臺北市104松江路93巷1號2樓

讀者服務專線 ── 02-2662-0012｜傳真 ── 02-2662-0007；02-2662-0009
電子郵件信箱 ── cwpc@cwgv.com.tw
直接郵撥帳號 ── 1326703-6號　遠見天下文化出版股份有限公司

製版廠 ── 中原造像股份有限公司
印刷廠 ── 中原造像股份有限公司
裝訂廠 ── 中原造像股份有限公司
登記證 ── 局版台業字第2517號
總經銷 ── 大和書報圖書股份有限公司｜電話 ── 02-8990-2588
出版日期 ── 2022年9月13日第一版第1次印行

定價 ── NT700元
ISBN ── 9789865257613
書號 ── BCB773
天下文化官網 ── bookzone.cwgv.com.tw

蘋果進行式：從革新到鍍金，解鎖 Apple 高成長動能的秘密 / 特里普．米克爾 (Tripp Mickle) 著；林潔盈譯．-- 第一版．-- 臺北市：遠見天下文化出版股份有限公司，2022.09
面；　公分．--（財經企管 BCB773）
譯自：After Steve : how Apple became a trillion-dollar company and lost its soul

ISBN 978-986-525-761-3（平裝）

1.CST: 蘋果電腦公司 (Apple Computer, Inc.)
2.CST: 電腦資訊業　3.CST: 企業經營

484.67　　111012738